WISSENSCHAFTLICHE FORSCHUNGSBERICHTE

WISSENSCHAFTLICHE FORSCHUNGSBERICHTE

NATURWISSENSCHAFTLICHE REIHE

Herausgegeben von

DR. W. BRÜGEL und DR. R. JÄGER
Ludwigshafen/Rh. Bad Homburg v. d. H.

Band 69

GRUNDLAGEN DER INSEKTENPATHOLOGIE

SPRINGER-VERLAG BERLIN HEIDELBERG GMBH 1961

GRUNDLAGEN DER INSEKTENPATHOLOGIE

VIREN-, RICKETTSIEN- UND BAKTERIEN-INFEKTIONEN

Von

DR. RER. NAT. ALOYSIUS KRIEG

Mikrobiologe an der Biologischen Bundesanstalt für Land- und Forstwirtschaft
Institut für biologische Schädlingsbekämpfung, Darmstadt

Mit 33 Abbildungen in 42 Einzeldarstellungen,
3 Schemata und 6 Tabellen

SPRINGER-VERLAG BERLIN HEIDELBERG GMBH 1961

Abbildungsnachweis (Mikrophotographien):

Dr. A. Huger Abb. 13, 15

Dr. A. Huger und Dr. A. Krieg Abb. 31, 32

Prof. Dr. A. Koch und Dr. A. Krieg Abb. 33

Dr. A. Krieg Abb. 9, 10, 11, 12, 16, 17, 18, 26, 27, 28, 29, 30

Dr. R. Langenbuch Abb. 7, 8

Dr. E. Müller-Kögler Abb. 14

ISBN 978-3-662-11917-4 ISBN 978-3-662-11916-7 (eBook)
DOI 10.1007/978-3-662-11916-7

Ursprünglich erschienen bei Dr. Dietrich Steinkopff, Darmstadt 1961

Zweck und Ziel der Sammlung

Als Raphael Eduard Liesegang am 13. November 1947 starb, lagen 57 Bände der Sammlung vor, die er gegründet und mehr als ein Vierteljahrhundert lang herausgegeben hatte.

Brücken zu schlagen zwischen den einzelnen Teilgebieten von Naturwissenschaft und Medizin, ist das Ziel der „Wissenschaftlichen Forschungsberichte". Schon unter Liesegangs Herausgeberschaft wandelten und erweiterten sich Charakter und Absichten der Sammlung. Die ersten Bände erfaßten in Form kritischer Sammelreferate die Literatur einzelner Disziplinen aus der Zeit des ersten Weltkriegs. Später folgten monographische Darstellungen junger, inzwischen selbständig gewordener Zweige der Wissenschaft und neuer Methoden, die auf vielen Teilgebieten naturwissenschaftlicher Forschung allgemeine Bedeutung erlangt hatten.

Verlag und Herausgeber bemühen sich, die „Wissenschaftlichen Forschungsberichte" im Geiste Liesegangs weiterzuführen, und sie sind überzeugt, daß der Sinn dieser Tradition gerade darin besteht, die Sammlung so lebendig und wandlungsfähig zu erhalten, daß sie die Forderungen des Tages zu erfüllen vermag.

Physikalische Meßmethoden werden heute auf vielen weit auseinanderliegenden Teilgebieten der Naturwissenschaft, der Medizin und der Biologie angewandt. Wo gemessen wird, da ist Physik. Die Brücken, die die Einzeldisziplinen verbinden, sind heute zu einem guten Teil die allgemein angewandten physikalischen Methoden. Sie sollen in künftigen Bänden unserer Sammlung so dargestellt werden, daß der Physiker findet, was er braucht, also theoretische Grundlagen, Kenntnis der apparativen Hilfsmittel und eine Übersicht über die wichtigste Literatur. Der Nicht-Physiker aber soll so viel über die Grundlagen, Anwendungsmöglichkeiten und Grenzen finden, daß er die Meßergebnisse der Physiker interpretieren und für seine Wissenschaft verwenden kann.

April 1956.

Die Herausgeber:

Werner Brügel
Ludwigshafen/Rhein

Rolf Jäger
Bad Homburg v. d. H.

Vorwort

Pathologische Veränderungen sind bisher in ausgedehnter Form besonders bei Wirbeltieren und dort im Zusammenhang mit veterinär- und humanmedizinischen Bemühungen besonders bei Säugetieren und am Menschen untersucht worden. Über die Verhältnisse bei Wirbellosen stehen wir noch am Anfang. Heute richten sich vergleichende pathologische Untersuchungen an Wirbellosen vornehmlich auf die Insekten als die für uns stärksten evolutorischen Konkurrenten. Die Bedeutung, welche die moderne Ökologie den Krankheiten als natürlichen Begrenzungsfaktoren von Arten zumißt, sowie die Bedeutung der Insekten als Vektoren für bestimmte Krankheitserreger anderer Lebewesen, hat das große Interesse an der Insektenpathologie wachgerufen. Sie ist als Grundlagenforschung unentbehrlich, sowohl für den Kampf gegen insektenübertragene Krankheiten des Menschen, seiner Nutztiere und Nutzpflanzen, als auch zur Beurteilung der Bedeutung von Krankheiten der Schädlinge für deren Massenwechsel und eventuelle biologische Bekämpfung.

Bisher sind auf dem Gebiet der Insektenpathologie nur zwei zusammenfassende, aber heute bereits veraltete Werke erschienen, die „L'infection chez les insectes" von A. PAILLOT (Trévoux 1933) und die „Principles of Insect Pathology" von E. A. STEINHAUS (New York 1949), denen ich allerdings wertvolle Informationen für meine Arbeit verdanke. Die Anlage dieses Abrisses berücksichtigt Viren, Rickettsien und Bakterien als Infektionserreger und ist streng auf die *Insekten* beschränkt, so daß andere Arthropoden-Ordnungen wie z. B. die pathologisch sehr interessanten *Arachnoidea* (unter ihnen speziell die *Ixodoidea* und *Acarina*) außerhalb der Betrachtung bleiben mußten.

Hinsichtlich der Behandlung der symbiontischen Bakterien konnte weitgehend auf das Werk von BUCHNER „Endosymbiose der Tiere mit pflanzlichen Mikroorganismen" (Basel 1953) zurückgegriffen werden. Für klärende Diskussionen habe ich in diesem Zusammenhang Herrn Prof. Dr. P. BUCHNER-Porto d'Ischia, Herrn Prof. Dr. A. KOCH-München und Herrn Prof. Dr. H. J. MÜLLER-Quedlinburg zu danken.

Am Ende der Arbeit ist es mir eine angenehme Pflicht, weiterhin allen denen zu danken, die mir mit Rat und Tat zur Seite standen, so Herrn Prof. Dr. H. SACHTLEBEN-Berlin für die Überprüfung der Insekten-Nomina im vorläufigen Index[1]), Herrn Dr. O. LYSENKO-Prag für die

[1]) Bei diesem Abriß wurden einerseits die Insektenwirte so benannt, wie es in der Originalarbeit geschehen ist; andererseits haben wir uns bemüht, die zur Zeit gültige wissenschaftliche Benennung ebenfalls zu bringen und setzen sie in eckige Klammer hinter die Originalbezeichnung.

kritische Durchsicht des Manuskripts und Ergänzungen hinsichtlich der asporogenen Bakterien. – Insbesondere gebührt mein Dank Herrn Dr. J. FRANZ, dem Leiter des Instituts für biologische Schädlingsbekämpfung, für anregende Diskussion und Unterstützung dieser Arbeit sowie meinen Instituts-Kollegen Herrn Dr. A. HUGER, Herrn Dr. R. LANGENBUCH und Herrn Dr. E. MÜLLER-KÖGLER für die Bereitstellung von Mikrophotographien. – Für ihre unermüdliche Hilfe danke ich meinen Assistentinnen Frau E. ULLRICH und Frau G. NEUMANN.

Der vorliegende Abriß ist weder ein Lehrbuch noch eine Arbeitsanleitung zur Durchführung insektenpathologischer Untersuchungen. Er will eine Handhabe sein, mit deren Hilfe eine Orientierung über die allgemeine insektenpathologische Fragestellung möglich ist. Über die Infektionserreger wird im speziellen Teil referiert, und zwar hinsichtlich ihrer Art und Wirtsspezifität, ihrer Übertragung, ihrer Pathologie, ihrer Diagnose, ihrer Vermehrung und ihrer gradologischen Bedeutung, ihrer Bekämpfung oder ihrer Anwendung.

Die schnelle Entwicklung auf dem Gebiet der Insektenpathologie machte es nötig, bei der Korrektur noch wesentliche Ergänzungen in den Text einzufügen. Ich danke dem Verleger dafür, daß er diesbezüglichen Wünschen des Autors verständnisvoll Rechnung getragen hat. Dabei wurde die Literatur weitgehend bis Mitte 1959 berücksichtigt und in Nachträgen zu den Literaturverzeichnissen gebracht.

Darmstadt, Herbst 1959

ALOYSIUS KRIEG

Inhaltsverzeichnis

B. *Protophyta* Sachs

ALLGEMEINER TEIL

I. Sterilität orthologischer Zellgewebe und Kontinuität der Keime

Für die Infektions-Lehre ist die Tatsache, daß der orthologische Wirtsorganismus normalerweise nicht infiziert ist [Sterilität des Makroorganismus] ebenso eine unabdingbare Voraussetzung jeden Verständnisses wie der von PASTEUR 1860 geführte Nachweis, daß es keine „generatio spontanea" gibt und auch mikrobielle Erreger stets aus ihresgleichen hervorgehen [Kontinuität des Mikroorganismus]. Von dem also normalerweise sterilen Wirtsorganismus werden die pathologischen und symbiontischen Veränderungen als Reaktion auf eine Infektion mit Mikroorganismen abgeleitet und verstanden.

Diese Auffassung ist jedoch nicht immer ohne weiteres anerkannt worden, und es gibt eine ganze Reihe von Autoren, die sie abgelehnt haben in der Überzeugung, daß eine Symbiose von Elementarorganismen das Grundprinzip allen Lebens sei: Die Zelle als Symbionten-Symplex. Diese Annahme war die tragende Kraft der Lehre von BÉCHAMPS (1875), wonach kokkenartige Mikroorganismen, sog. Mikrozyme, eine lebenswichtige Bedeutung für die Zellen besitzen und somit in allen Zellgeweben vorkommen sollen. Ähnliche Auffassungen vertraten ALTMANN (1893), HEIDENHAIN (1907, 1911), MEVES (1918), WALLIN (1927) und auch PIERANTONI (1922).

Bei den Elementarorganismen dieser Autoren handelt es sich durchweg um Gebilde, die die Zytologie als Mitochondrien, Chondriosomen oder Mikrosomen anspricht. Der Aufbau dieser Organellen besitzt aber, nach elektronenmikroskopischen Untersuchungen von Dünnschnitten [hierzu vgl. PALADE 1951; SJÖSTRAND 1953; HEITZ 1957] zu urteilen, keinerlei Ähnlichkeit mit der Morphologie von Mikroorganismen [hierzu vgl. RUSKA 1957].

Während die oben genannten Autoren [ALTMANN, HEIDENHAIN, MEVES, WALLIN und PIERANTONI] sich auf rein morphologischer Basis mit dem Problem auseinandersetzten, beschrieben PORTIER (1918), HIRST und STRONG (1932) sowie SCHANDERL (1947) Regenerationen von Mikroben aus orthologischen Zellgeweben zu klassischen Bakterien, wobei sie glaubten, daß diese aus Mitochondrien oder äquivalenten Strukturen entstehen. Die Untersuchungen von PORTIER wurden von BIERRY und Mitarb. 1920 am Institut Pasteur nachgeprüft mit negativem Ergebnis. Weitere ablehnende Autoren: LUMIÈRE (1919), BUCHNER (1921), KRIEG (1952). Die Kritik an PORTIER gilt ebenso gut für HIRST und STRONG. Die Untersuchungen von SCHANDERL wurden von STAPP (1951, 1953) und von KRIEG (1952) gleichfalls mit negativem Resultat nachgeprüft.

Echte Symbionten lassen sich auch histologisch im Lichtmikroskop von Mitochondrien und äquivalenten Gebilden deutlich differenzieren. Für die

Rhizobien [der Leguminosen] haben dies u. a. COWDRY (1923) und für die obligat symbiontischen Bakterien der Insekten A. KOCH (1930) z. B. an *Blatta* und *Pseudococcus* überzeugend nachgewiesen. In neuerer Zeit wurden von ZIEGLER (1958) die Rhizobien aus *Robinia pseudoacacia* L. und von MEYER und FRANK (1957) die symbiontischen Bakterien aus *Blatta orientalis* L. im Elektronenmikroskop abgebildet. Hierbei zeigte sich keinerlei Übereinstimmung zwischen deren Aufbau und dem chondriosomaler Strukturen. SCHANDERL (1947) sieht indessen die physiko-chemischen Unterschiede zwischen Mitochondrien und [anerkannten] Symbionten als Ausdruck einer verschieden lang zurückliegenden Aquisition der Mikroorganismen an. Im Widerspruch hierzu steht aber die leichte „Regenerationsfähigkeit zu klassischen Bakterien“, die SCHANDERL seinen vermeintlichen Symbionten nachrühmt, und die angebliche Befähigung dieser „Regenerate“, auf gewöhnlichen Nährböden leicht züchtbar zu sein. Auf alle Fälle sind SCHANDERL, HIRST und STRONG sowie PORTIER den Beweis dafür schuldig geblieben, daß (1.) ihre Kulturbakterien mit den postulierten Symbionten identisch sind und (2.), daß ihre Ergebnisse beliebig reproduzierbar sind.

Es kann also keine Rede davon sein, daß die klassische Theorie der Sterilität orthologischer Zellgewebe einer Revision bedarf. Diese Sterilität wird lediglich durchbrochen durch Infektionsprozesse in mehr oder minder [pathologisch oder symbiontologisch] veränderten Zellgeweben.

Nicht unerwähnt sollen in diesem Zusammenhang noch die Folgerungen bleiben, die aus der Ablehnung einer inneren Sterilität der Organismen gezogen wurden. Sie sind wohl am deutlichsten ausgesprochen in der Annahme von BÉCHAMPS, daß Bakterien nicht nur Ursache sondern auch Krankheits-Wirkungen sein könnten und in der Auffassung SCHANDERLS, daß die Leichenfäulnis eine endogen bedingte Sepsis sei: „Jeder Organismus trägt sein Vernichtungsprinzip in sich.“

Aber nicht nur die These der Sterilität des Makroorganismus, sondern auch die Kontinuität der Keime ist von verschiedenen Autoren abgelehnt worden, so von ENDERLEIN (1925), SCHANDERL (1946) und MEINECKE (1952). Diese Autoren halten speziell den Artbegriff als solchen für überholt und nehmen einen zyklischen Zusammenhang zwischen Bakterien und anderen Mikroorganismen an. In ähnlichem Sinne sprechen UTENKOW (1941), BOSCHJAN (1949) und BERULAWA (1951) von genetischen Zusammenhängen zwischen Bakterien und Viren. Bei all diesen Überlegungen spielt der induzierbare Formwechsel bei Bakterien eine wichtige Rolle. Doch handelt es sich nach den Ergebnissen von TULASNE (1949), DIENES (1951), v. PRITTWITZ UND GAFFRON (1953) u. a. hierbei lediglich um Reiz- bzw. Regenerationsformen von Bakterien. Aus den einschlägigen Untersuchungen geht jedenfalls eindeutig hervor, daß von einer Überführung von Arten nirgends die Rede sein kann: Aus einer filtrablen oder L-Form lassen sich lediglich wieder Bakterien des Ausgangsstammes herauszüchten. Auch die Ergebnisse dieser Arbeitsrichtung haben somit die Hoffnungen der Pleomorphisten enttäuscht. Speziell die Auffassungen von UTENKOW, BOSCHJAN und BERULAWA sind von SHDANOW (1953) in scharfer Form abgelehnt worden.

Aber auch von Virologen ist die Sterilität orthologischer Gewebe und die Kontinuität der Keime angezweifelt worden, so z. B. von YAMAFUJI und RAETTIG.

YAMAFUJI nimmt seit 1950 an, daß Polyederviren von Insekten jederzeit de novo aus dem genetischen Material von „empfindlichen Zellen" entstehen könnten. Diese Hypothese einer endogenen Virogenese stützt er durch die Behauptung, daß es ihm experimentell gelungen sei, in gesunden Raupen von *Bombyx mori* L. durch Behandlung mit bestimmten Chemikalien [s. S. 63] Viren künstlich zu erzeugen. VAGO (1953), der ähnliche Versuche durchführte, deutete die Ergebnisse hingegen als Provokation einer latenten Virose. Die Klärung der Streitfrage [künstliche Virogenese oder Provokation einer latenten Virose] ist lediglich durch negativ ausfallende Induktions-Versuche an nicht nur symptomatisch, sondern wirklich gesunden Populationen zu entscheiden. Solche Versuche wurden von KRIEG (1955a) durchgeführt. Nach seinen Ergebnissen können die Versuche von YAMAFUJI nur als Provokation der spezifischen Polyedervirose in latent verseuchten Stämmen [also im Sinne von VAGO] gedeutet werden. Die Ergebnisse von KRIEG konnte STEINHAUS (1955) bestätigen.

Eine ähnliche Auffassung wie YAMAFUJI vertritt RAETTIG (1955) hinsichtlich der Bakteriophagen auf Grund von Untersuchungen an „fortzüchtbaren Lysinen". Bei diesen Lysinen handelt es sich um fermentähnliche Stoffe, denen die Eigenschaft zugeschrieben wird, z. B. bei *Shigella*-Arten, eine bakteriophage Lyse auszulösen. Die „fortzüchtbaren Lysine" sollen also eine endogene Entstehung von Phagen induzieren können. Die Lysin-Produktion ist genetisch determiniert und weist viele Ähnlichkeiten mit der Lysogenie auf. Die Befunde von RAETTIG lassen sich deshalb nach WEIDEL (1953) ohne weiteres durch Annahme eines sog. temperierten Phagen verstehen. In diesem Zusammenhang ist aber auch zu erwähnen, daß im Zuge der Phagenvermehrung von der Wirtszelle Stoffe gebildet werden, die für die eigentliche Lyse der Bakterien verantwortlich sind. Diese sog. Prolysine können von bestimmten Bakterienstämmen spontan gebildet werden, auch ohne gleichzeitige Vermehrung von Phagen. Interessant ist nun, daß die Prolysine mit bestimmten, von Bakterien erzeugten, antibiotischen Stoffen, den sog. Bakteriocinen (z. B. Colicine), den gleichen Aufbau besitzen und daß die Synthese von Prolysinen bei einigen colicinogenen, nicht lysogenen Bakterien künstlich induziert werden kann [PANIJEL und HUPPERT (1956)]. Es könnte sich deshalb hier auch um bakteriocinogene Stämme gehandelt haben, wenn Lysogenie sicher ausgeschlossen werden kann. Jedenfalls scheint es nicht nötig zur Erklärung des Phänomens der „fortzüchtbaren Lysine" eine endogene Virusentstehung anzunehmen.

Im Gegensatz zu den Hypothesen von YAMAFUJI und RAETTIG besteht kein Grund zu der Annahme, daß es im Bereich der Viren eine permanente „generatio spontanea" gibt. Ebenso wie in der übrigen Mikrobiologie gilt auch bei den Viren streng das eingangs erwähnte PASTEURsche Prinzip von der Kontinuität solcher biologischer Einheiten, die zur identischen Reproduktion befähigt sind.

Abschließend seien noch andere revolutionäre Betrachtungsweisen hinsichtlich latenter Virosen referiert. – Im Gegensatz zu YAMAFUJI und RAETTIG geht eine Hypothese von D'HERELLE von selbständigen Viren aus und führt über die latente Infektion zur Theorie einer allgemeinen Symbiose von Zellen mit Viren. Sie nimmt ihren Ausgang von Beobachtungen an Bakteriophagen, bei denen eine bestimmte Form der latenten Infektion durch den Begriff „Lysogenität" umschrieben wird. Bei lysogenen Bakterien wird nach LWOFF das latente Virus als „temperierter Phage" germinativ auf die Nachkommen übertragen. Die Beobachtung, daß solche lysogenen Bakterien von Phagen (die mit dem temperierten Phagen biologisch verwandt sind) nicht mehr erfolgreich infiziert werden können [sog. Interferenz oder cross-protection], veranlaßte D'HERELLE (1938) zu der Annahme, daß eine Reihe von Bakterien, von denen keine Phagen bekannt sind, von Natur aus in einer „festen Symbiose" mit temperierten Phagen leben. Auch glaubt er, daß ähnliche Verhältnisse bei Pflanzen und Tieren herrschen, da auch hier latente Virosen bekannt sind.

Die gleiche Auffassung wie D'HERELLE, daß nämlich alle Arten von Lebewesen Träger symbiontischer Viren seien, vertritt L'HERITIER, welcher in diesem Zusammenhang von „integrierten Viren" spricht. In deren Existenz sieht er eine Erklärung für die sog. plasmatische Vererbung. L'HERITIER (1955) leitet seine Auffassung von eigenen Beobachtungen und solchen seiner Mitarbeiter am Sigma-Faktor von *Drosophila melanogaster* MEIG. ab. Dieser Faktor bedingt die CO_2-Empfindlichkeit der mit ihm belasteten Stämme; er wird natürlicherweise nur im Zeugungszusammenhang übertragen, doch lassen sich experimentell auch Infektionen durch Applikation von Extrakten aus CO_2-empfindlichen Fliegen erzielen. Der besonderen theoretischen Bedeutung des Sigma-Faktors wegen sei auf ihn kurz eingegangen [s. S. 114].

Es lassen sich bei Sigma zwei Arten des Infektionserfolges unterscheiden: Unstabilisierte und stabilisierte Typen[1]). Bei unstabilisierter *Sigma-Drosophila* werden die Eizellen irgendwann im Verlauf der Entwicklung durch Virusteilchen infiziert, nicht aber die Spermatocyten; die Höchstausbeute infizierter Nachkommen beträgt nur etwa 40%. Die infizierten Nachkommen bestehen aus nicht stabilisierten und stabilisierten Typen. Bei stabilisierter *Sigma-Drosophila* wird hingegen das Virus plasmatisch vererbt und ist von Anfang an sowohl im Ovoplasma als auch im Spermatoplasma enthalten. Die Nachkommen Sigma-stabiler Eltern sind alle infiziert und Sigma-stabil. Nachkommen stabiler Weibchen und gesunder Männchen sind Sigma-stabil, Nachkommen von gesunden Weibchen und Sigma-stabilen Männchen sind Sigma-unstabil. Der Zustand der Sigma-Stabilität wird also von den Weibchen übertragen wie Anlagen bei der klassischen plasmatischen Vererbung. Die Stabilisierung ist somit ein irreversibler genetischer Prozeß wie die Lysogenisation bei bestimmten Phagen-infizierten Bakterien und hat den Charakter einer Mutation. – Die beiden oben genannten Typen des Infektionserfolges unterscheiden sich auch im Hinblick auf den Verlauf des Infektionstiters: Bei nicht stabilisierten *Sigma-Drosophila* erfolgt, ähnlich wie bei *Borrelinavirus bombycis*, im Anschluß an eine Eklipse [post infectionem] ein rascher Anstieg des Infektionstiters bis zu einem Maximum, das während der gesamten Lebenszeit des Individuums beibehalten wird. Bei stabilisierter *Sigma-Drosophila* steigt der Infektionstiter langsam progressiv an, erreicht aber nie einen so hohen Wert wie bei den nicht stabilisierten Individuen [PLUS 1955]. Es liegt offenbar bei den stabilisierten Fliegen, ähnlich wie bei den lysogenen Bakterien, eine selektionierte, extreme Toleranz des Wirtes

[1]) Stabilisierte Verhältnisse wurden bisher bei anderen latenten Virosen von Insekten nicht gefunden.

gegenüber dem spezifischen Virus vor. Dieses Gleichgewicht spiegelt eine Art von Gen-Äquivalenz des Virus wieder. Da die CO_2-Empfindlichkeit jedoch einen negativen Auslesewert hat, kann man diese Verhältnisse nur mit großem Vorbehalt als „Symbiose" bezeichnen.

Folgen wir jedoch den allgemeinen Symbiose-Hypothesen von d'Herelle und l'Heritier, so verlassen wir den Boden gesicherter Tatsachen.

II. Symbiose

Unter Symbiose versteht man in der Biologie seit DE BARY (1879) das Zusammenleben zweier artfremder Organismen, denen dies zu wechselseitigem Vorteil gereicht. Solche Verbindungen scheinen unvoreingenommen betrachtet gerade das Gegenteil von pathologischen Erscheinungen darzustellen; tatsächlich aber ist die Grenze zwischen Symbiose und Parasitismus gar nicht so scharf. Parasitismus ist wahrscheinlich ebenso oft die Vorstufe für eine Symbiose gewesen wie Kommensalismus. Außerdem ist es bei einer Symbiose meist so, daß der eine Partner [im allgemeinen der Makroorganismus] Ausbeuter ist, der andere [meist der Mikroorganismus] hingegen der Sklave. Es handelt sich also bei der Symbiose meist um eine Pathobiose mit umgekehrten Vorzeichen: Der Makroorganismus beherrscht den Mikroorganismus, indem er ihn in seiner Vermehrung hemmt und ihn sich nur soweit entwickeln läßt, daß er für ihn nicht gefährlich wird. Dies mag auch der Grund sein, warum gelegentlich die Kernäquivalente der Symbionten bis an die Grenze der cytologischen Nachweisbarkeit reduziert sind. Symbiosen zwischen Insekten und Mikroorganismen etc. wurden erstmalig von PIERANTONI (1911) und ŠULC (1910) unabhängig voneinander beschrieben. Sie wurden in der Folgezeit besonders von P. BUCHNER, A. KOCH und ihren Schülern bearbeitet. Bei diesen Symbiosen handelt es sich um ein nach bestimmten Regeln ablaufendes Geschehen, bei dem die Mikroorganismen, meist in besonderen Reservoiren gehalten werden. Extrazellulären Symbionten dienen Hohlorgane, wie z. B. Darmblindsäcke [Coeca] als Wohnstätte. Sie werden durch Schmierinfektion weitergegeben. Enger sind die Beziehungen zwischen Symbionten und Wirt bei der intrazellulären Symbiose. Hier stellt der Wirt ganz bestimmte Zellen [Mycetocyten] oder bestimmte Organe [Mycetome] dem Symbionten als Sitz zur Verfügung. Diese Symbionten-Reservoire sind art-spezifische, erblich im Bauplan verankerte Einrichtungen, die im allgemeinen auch dann im Verlauf der Ontogenese angelegt werden, wenn die Symbionten auf künstlichem Wege eliminiert werden [vgl. A. KOCH 1936]. Im allgemeinen wird auch Vorkehrung getroffen, um diese Symbionten auf die Nachkommen germinativ zu übertragen.

Die Symbiose der Insekten scheint [neben solchen mit Hefen] auf Bakterien und Actinomyceten als mikrobielle Partner beschränkt zu sein, da nur sie mit ihrem wohl ausgebildeten Stoffwechselapparat dem Wirtsorganismus von Nutzen sein können. Gleichgewichtszustände zwischen Insekt und Viren bzw. Rickettsien sind wohl allgemein latent gebliebenen Infektionskrankheiten zuzurechnen.

Im Hinblick auf die Irrwege der Symbioseforschung, die eine eingehende Kritik bei BUCHNER (1953) finden, hat STAMMER (1952) bestimmte deskriptive Forderungen für den Nachweis einer Symbiose aufgestellt:

(1.) Nachweis der Regelmäßigkeit des Auftretens der Symbionten in den verschiedenen Entwicklungsstadien des Wirtes.

(2.) Kenntnis der Morphologie und des Formenwechsels auf Grund mikrobiologischer Färbemethoden.

(3.) Nachweis der Übertragung des Symbionten auf die Nachkommen.

Die Zucht der Symbionten auf Nährböden dagegen ist ein viel zu schwieriges Problem[1]), als daß sie primär als Nachweis einer Symbiose gelten kann; außerdem ist es sehr schwer, die Identität der gezüchteten Mikroorganismen mit den Symbionten zu beweisen. Die Wahrscheinlichkeit aber, Fremdkeime gerade bei Insekten zu züchten, ist sehr groß. Wird doch ihr ganzer Körper von Tracheen durchzogen, die mit der Außenwelt kommunizieren. Aus diesem Grund wird vom Autor fast allen bisherigen Berichten über Kulturen endosymbiontischer Bakterien größte Skepsis entgegengebracht, da diese Kulturen im allgemeinen nicht reproduzierbar sind und einer Nachprüfung nicht standhalten. Das Mißtrauen des Verf. gilt besonders den verschiedenen als Corynebakterien angesprochenen Kultursymbionten. Auch an einen serologischen Nachweis der Identität von Kultursymbionten und Mycetomsymbionten müssen strenge Maßstäbe gelegt werden, um heterophile Seroreaktionen auszuschalten.

Ebenso wichtig wie das morphologische Verhalten der Symbionten ist der Nachweis ihrer physiologischen Bedeutung. Unter diesem Gesichtspunkt gewinnen die besonders von A. KOCH und seinen Schülern durchgeführten Ausschaltungsversuche eine vielleicht allein überzeugende Bedeutung. Nach diesen Untersuchungen wirken die Symbionten bei sich einseitig ernährenden Tieren [Blutsaugern, Pflanzensaftsaugern] im allgemeinen als Wuchsstofflieferanten [vgl. A. KOCH 1955]. Den drei Forderungen STAMMERs wäre deshalb eine weitere anzuschließen:

(4.) Nachweis der physiologischen Bedeutung der Symbionten durch Ausschaltungsversuche.

Als Methoden kommen hier in Betracht: Exstirpation der Mycetome, Applikation von Chemotherapeutica oder Antibiotica und Wärmetherapie.

---

[1]) Die Nichtzüchtbarkeit von obligat symbiontischen Bakterien ist auch kein Argument gegen ihre Natur als Mikroorganismen. Wäre dies der Fall, so müßten auch eine Reihe obligater Parasiten wie Rickettsien, Bartonellen, Anaplasmen, ferner Hämosporidien und Mikrosporidien, die sich bis heute einer Kultur widersetzt haben, aus dem Bereich der Mikroorganismen ausgeklammert werden, ganz abgesehen von den Viren.

1. Darmflora

Streng genommen gehört der Darminhalt der Außenwelt an und kann daher wie diese die verschiedensten Bakterienarten aufweisen. Immerhin schränken die im Darmtraktus herrschenden Verhältnisse die vorkommenden Arten stark ein. Meist beherbergt der Insektendarm Bakterien, die auch in Därmen anderer Tierklassen vorkommen können. Es wurden gefunden Enterobacteriaceen, Achromobacteriaceen, Micrococcaceen, Lactobacteriaceen, Brevibacteriaceen. Andererseits gibt es Insekten, deren Darm oder Abschnitte desselben eine spezielle Flora aufweist, wie z. B. die Gärkammer [Rectum] von Scarabaeiden, Tipuliden und Termiten, in der zellulosespaltende Bakterien (meist anaerobe Sporenbildner – Clostridien) vorkommen. Endlich gibt es noch Insekten, so z. B. eine ganze Reihe Blutsauger, deren Darm völlig steril ist. Es würde zu weit führen, im vorliegenden Abriß ausführlich die Darmflora zu behandeln, da diese nicht nur von Art zu Art wechselt, sondern auch in Abhängigkeit von der Nahrung beim einzelnen Insekt verschieden ist. Speziell bei synanthropen Fliegen [*Musca domestica* L., *Phormia terraenovae* (Rob. et Desv.), *Lucilia sericata* (Meig.), *Piophila casei* (L.)] konnte Lysenko (1958) zeigen, daß deren Darmflora nicht autochthon ist, sondern abhängig vom Substrat. Deshalb besteht auch im allgemeinen keine Übereinstimmung zwischen der Darmflora der Larven und der Imagines. Es kommen jedoch Ausnahmen von dieser Regel vor. So konnten Steinhaus und Brinley (1957) nachweisen, daß bei manchen saprophagen Dipteren der Genera *Tendipes* und *Psychota* [deren Larven in Abwässern leben] Bakterien, die die Larven in ihren Darmtraktus aufnehmen, die Metamorphose überdauern. So können diese Bakterien später durch die adulten Fliegen verbreitet werden. Im Falle von Krankheitserregern müssen diese Verhältnisse epidemiologisch und epizootiologisch bedeutsam werden. Über andere Fälle, bei denen eine Persistenz von Bakterien auch bei *Tendipes*-Arten nicht zu beobachten war, berichtete Lysenko (1957).

2. Extrazelluläre Symbiose

Im Gegensatz zur Darmflora haben wir es bei der extrazellulären Symbiose mit Bakterien zu tun, die ganz charakteristisch für ihren Wirt sind, die sich über die Metamorphose erhalten und durch Schmierinfektion auf die Eier übertragen werden. Dabei kann die Bindung des Bakteriums an den Mikroorganismus relativ lose sein, wie beim sog. *Hylemya*-Typ oder fester, wie etwa beim *Heteroptera*-Typ.

2.1. Hylemya-Typ

Hier werden die in der Umwelt des Insekts vorkommenden und die für dasselbe wichtigen Bakterien in den Darmkanal aufgenommen: Fakultative und unspezifische Symbionten. Typisch sind diese Verhältnisse für

Hylemya cilicrura (ROND.) *(Diptera)*. Die Larven leben auf einer ganzen Reihe von Kulturpflanzen, wo sie einen für ihr Gedeihen notwendigen Aufschluß des Nährsubstrats durch Fäulnis erregen. Hierdurch werden sie pfl. pathologisch bedeutsam. Die Fäulnis der als Substrat dienenden Pflanze wird durch Bakterien erzeugt, die im Mitteldarm der Larven leben. Sie werden durch Schmierinfektion weitergegeben und überdauern die Verpuppung. Wird die Eioberfläche z. B. durch schwache Sublimat-Lösung desinfiziert, so gehen die schlüpfenden Larven auf sterilen Kartoffelscheiben, auf denen sie sich normalerweise gut entwickeln, zugrunde. Bei Zusatz von Bakterien entwickeln sie sich normal. Bei den Bakterien handelt es sich am häufigsten um Verwandte von *Pseudomonas fluorescens*, *Pseudomonas eisenbergii* MIGULA [syn. *Pseudomonas non liquefaciens* BERGEY]; gelegentlich kommt auch die pflanzenpathogene *Erwinia carotovora* (JONES) HOLLAND vor. Ähnliche Verhältnisse liegen bei anderen *Hylemya*-Arten vor wie z. B. bei *Hylemya brassicae* (BOUCHÉ), *Hylemya antiqua* (MEIG.) [LEACH 1940].

2. 2. Trypetiden-Typ

Bei den Trypetiden (Dipteren) sind die Bakterien wesentlich fester an ihre Wirte gebunden: Ständige Symbionten. Auch ihre Larven leben in einer Reihe von Pflanzenteilen, u. a. in verschiedenen Früchten. Besonders gut untersucht ist *Dacus oleae* (GMELIN), bei der von allen Trypetiden die symbiontischen Einrichtungen am differenziertesten sind [PETRI 1909]. Die Symbionten sind in den Larven in vier am Vorderende des Mitteldarms sich befindenden, kugeligen Hohlorganen untergebracht, deren Lumen von ihnen völlig erfüllt ist. Die Bakterien überdauern bei den Dacinen und Trypetinen in einer unpaaren Ausstülpung des Oesophagus, bei Tephritinen in einem oft mit Zotten bedeckten mittleren Abschnitt des Mitteldarms, die Metamorphose. Zur äußerlichen Infektion der Eier hat sich hier fast durchweg ein besonderer Beschmierapparat am Enddarm entwickelt, der entweder wie bei *Dacus oleae* kryptenartige Symbionten-Reservoire besitzt oder häufiger nur rinnenförmige Symbiontenlager. Die Bakterien der Trypetiden zeigen große physiologische Ähnlichkeiten mit denen der *Hylemya*-Arten und sind wie diese pflanzenpathologisch bedeutsam. Auch sie erregen in fleischigen Pflanzenteilen Fäulnis, welche die Nahrung für die Larven aufschließt. Genauer bekannt durch die Untersuchungen von PETRI (1910) ist der Symbiont von *Dacus oleae:* Es handelt sich hierbei um den Erreger der „Tuberkulose des Ölbaums", *Pseudomonas savastonoi* (SMITH) STEVENS [s. S. 187]. Um die Aufklärung der Trypetiden-Symbiose innerhalb der gesamten Familie hat sich STAMMER (1929) besonders verdient gemacht.

2. 3. Heteropteren-Typ

Bei den Pflanzensaft-saugenden höheren Heteropteren findet sich eine sehr feste Bindung der Bakterien an den Wirt: Ständige und spezifische Symbiose. Die symbiontischen Bakterien sind in charakteristischen Anhängen des Mitteldarms, sog. Coeca, untergebracht. Es handelt sich im allgemeinen um Gram-negative, begeißelte Kurzstäbchen, die den *Pseudomonadaceae* zuzurechnen sind. Diese lassen sich meist auf einfache Weise kultivieren: So gelang GLASGOW (1914) bei *Anasa tristis* (DE GEER), *Alydus spec.* und *Metapodius spec.* die Isolierung in Bouillon mit einem Zusatz von Kürbisblätter-Dekokt. Die Identifizierung der „Kultur-Symbionten" mit den Coecal-Symbionten führte er auf serologischem Wege. STEINHAUS und Mitarb. (1956) isolierten eine *Pseudomonas*-Art aus *Chelinidae vittiger* (UHLER) auf Nähragar. Die Identität dieser Kultur-Symbionten mit den Coecal-Symbionten wurde serologisch erbracht. Auf die gleiche Weise wurden weitere Arten von *Aeromonas* aus *Euryophthalmus cinctus californicus* (V. DUZEE) und *Euschistus conspersus* (UHLER) isoliert.

Diese Symbionten werden bei der Eiablage durch Schmierinfektion übertragen. Ausschaltungsversuche wurden von MÜLLER (1956) an *Coptosoma scutellatum* (GEOFFR.) durchgeführt. Bei dieser Wanze werden zur Infektion der jungen Larven bakteriengefüllte Kapseln zwischen den Eiern deponiert. Werden die Eier von den Kapseln entfernt, so wachsen die jungen Larven symbiontenfrei auf. Solche Larven zeigen eine hohe Sterblichkeit, und nur wenige erreichen das Imaginalstadium. Offenbar synthetisieren die Coecal-Symbionten Wuchsstoffe [Vitamine]. MÜLLER ging in seinem Experiment noch einen Schritt weiter. Er ersetzte die den Eiern beigegebenen bakteriengefüllten Kapseln durch Agar-Klötzchen mit Bakterienkulturen. Diese wurden von den Larven in gleicher Weise wie die natürlichen Bakterienkapseln angenommen. Er verwendete als Symbiontenersatz *Pseudomonas fluorescens* (MIGULA), *Pseudomonas trifolii* (HUSS) [syn. *Bacterium herbicola* BURRI et DÜGGELI] und *Bacillus cereus* var. *mycoides* (FLÜGGE). Dabei wurden diese entweder verdaut oder griffen die Darmzellen an oder führten über eine Allgemeininfektion zum Tod des Wirtes. Auch „Kultur-Symbionten" von *Coptosoma* waren so virulent, daß die damit infizierten symbionten-freien Larven starben. Lediglich die nativen (also devirulenten) Übertragungsformen aus den Kapseln siedelten sich in den Darmkrypten an. Auch diese Verhältnisse sprechen für die hier geäußerte Auffassung von der Symbiose als einer Pathobiose mit umgekehrtem Vorzeichen. Während bei pathogenen Erregern Nährbodenpassagen oft zu devirulenten Keimen führen, kann eine Nährbodenpassage bei diesen Symbionten eine Virulenzsteigerung bedingen. Zu erwähnen ist in diesem Zustand auch die Beobachtung von STEINHAUS und Mitarb. (1956), daß die Injektion der „Kultur-Symbionten" von *Euschistus conspersus* UHLER in das Haemocoel des Wirtes, dort eine Septikämie erzeugte. –

Andererseits waren nach den Untersuchungen von STEINHAUS und Mitarb. (1956) die „Kultur-Symbionten" von *Chelinidae vittiger* (UHLER) [d. i. *Pseudomonas excibis* STEINHAUS et al.] nach intracoelomaler Applikation jedoch nicht pathogen für eine Reihe von Lepidopteren-Larven [*Bombyx mori* L., *Pseudaletia unipuncta* (HAW.), *Colias philodice eurytheme* BOISD., *Heliothis armigera* (HBN.), *Junonia coenia* HBN., *Malacosoma fragile* STRETCH und *Prodenia praefica* GROTE].

Die Verhältnisse in der Darmflora von Pyrrhocoriden *(Heteroptera)* können vielleicht als Beginn einer Aquisition von Symbionten aufgefaßt werden. Speziell *Pyrrhocoris apterus* (L.) besitzt zwar keine ausgesprochenen Symbionten, doch weist der erste erweiterte Abschnitt des Mitteldarms eine typische Bakterienflora auf. Diese Bakterien sind immer von gleicher Form (Stäbchen). Sie kommen im Speisebrei vor und besiedeln z. T. die Oberfläche des Mitteldarmepithels, wo sie einen palisadenartigen Belag bilden [BUCHNER, 1953].

3. Intrazelluläre Symbiose

Die Aquisition der intrazellulären Symbionten dürfte sich ohne Zweifel über extrazelluläre Darm-Symbionten vollzogen haben. Es lassen sich im wesentlichen drei Stufen unterscheiden:

(1.) Intrazelluläre Darm-Symbiose mit fakultativ-extrazellulärer Phase zur äußerlichen Infektion der Eier.

(2.) Intrazelluläre Darm-Symbiose mit fakultativem Befall von Organen der Leibeshöhle zur inneren Infektion der Eier.

(3.) Intrazelluläre Symbiose in Mycetomen der Leibeshöhle mit innerer Infektion der Eier.

Fälle der ersten Art finden wir bei *Triatoma*, aber auch bei *Cleonus*, *Cassida* und *Bromius [Adoxus]*, wobei die *Nocardia*-Symbiose der Triatomiden besonders locker ist [s. d.]. Sie stellt gewissermaßen das „missing link“ zwischen der extrazellulären und intrazellulären Form der Symbiose dar. Fälle der zweiten Art sind die Symbiosen von *Glossina* und *Melophagus*, Fälle der dritten Art die Verhältnisse bei *Columbicola*, *Pediculus*, *Phthirus*, *Oryzaephilus*, *Cimex*, *Calandra [Sitophilus]*, *Rhizopertha* und *Lyctus*.

Über die Phylogenese der Mycetome in der Leibeshöhle liegen unterschiedliche Ansichten vor. Während BUCHNER an einen raschen Übertritt der Symbionten vom Darmrohr in die Haemocoele denkt und dafür ontogenetische Beobachtungen heranzieht [Entwicklung der Symbionten in dem die Mitteldarmanlage füllenden Dotter und anschließende Flucht in den Raum zwischen Darmrohr und Hypodermis], spricht STEINHAUS von einer phylogenetischen Ableitung der Mycetome von Teilen des Darmtraktus durch Invagination über Divertikelbildung [Coeca] als Zwischenstufe. Für die letzte Ansicht mögen die Verhältnisse bei *Haematopinus*, aber auch die bei *Pediculus* und *Phthirus* sprechen, denn die „Magenscheibe" geht auf eine Abschnürung des Darmepithels zurück. Die Besiedlung des Fettkörpers durch Symbionten, wie z. B. bei Blattiden und Mastothermitiden, dürfte nach BUCHNER nur eine scheinbare sein und wird auf Einsprengung eines ursprünglich selbständigen Mycetoms zurückgeführt.

4. Symbiose und Immunität

Symbiosen sind das Ergebnis einer komplementären genetischen Anpassung von Symbiont und Wirt. Diese Anpassung aber hat erst eine gemeinsame Evolution [= Co-Evolution] von Mikro- und Makroorganismus ermöglicht. Das Wissen um diese Co-Evolution gestattet uns Aussagen über die gegenseitige Zuordnung von obligaten Symbionten aus dem natürlichen [phylogenetischen] System ihrer Wirte abzuleiten. (s. S. 261ff.). Die Symbiose ist ein geordnetes Wechselspiel zwischen mikrobiellem Reiz und der Reaktion des Makroorganismus, wobei die Reaktion immunologischen Charakter trägt. Sie besteht in einer Regulation der Vermehrungsrate, der Reduktion der Virulenz und in der Beeinflussung der Gestalt der Symbionten. Dies kommt allgemein in der Unterdrückung der Expansionsbestrebungen der Keime, manchmal aber auch in einer Elimination der Symbionten, z. B. bei *Pediculus*-Männchen, zum Ausdruck. Ergebnis des eingespielten Gleichgewichts zwischen Symbionten und Wirtstier ist die Ausgestaltung von Mycetocyten bzw. Mycetomen.

Ähnliche Neubildungen [„Knötchen"] fakultativer Art bringen auch andere Infektionen hervor, und zwar mit Keimen, die keine akute Infektion bedingen, wie z. B. mit Mycobakterien [s. S. 21f.]. Sie wurden ferner von RIES (1931) im Zusammenhang mit Transplantations-Versuchen beschrieben; RIES transplantierte Bacteriocyten aus *Blattella germanica* (L.) in die Haemocoele von *Tenebrio molitor* L. Hier wurden die Bacteriocyten mit ihren Symbionten alsbald von Hämocyten in „Knötchen" eingeschlossen und melanisiert. Während die Zellen unter diesen Umständen desorganisieren [Plasma wird homogen, Kerne verklumpen], blieben die Bakterien interessanterweise monatelang unverändert. Wurde dieses Transplantations-Experiment an *Galleria mellonella* (L.) durchgeführt, so ließ sich eine weit stärkere Reaktion als bei *Tenebrio molitor* L. erkennen. Zwar kam es auch hier zum Einschluß in „Knötchen" bei starker Melanisierung des Transplantats, aber schon nach Tagen war das gesamte Transplantat einschließlich der Bakterien desorganisiert und lytisch verändert.

III. Pathobiose (Infektionskrankheiten)

Louis Pasteur, Robert Koch und ihre Schüler erbrachten den Beweis, daß die Bakterien und andere Mikroorganismen als Erreger infektiöser Krankheiten eine führende Rolle spielen. Warum diese auf bestimmte Lebewesen schädlich wirken, auf andere hingegen nicht, wird meist durch die Begriffe Pathogenität, Virulenz, Resistenz und Immunität umschrieben. Im allgemeinen versteht man unter Pathogenität die konstitutive [erbliche], unter Virulenz die adaptive [erworbene] Befähigung von Mikroorganismen, auf einen Wirt krankheitserregend zu wirken. Unter dem Begriff der natürlichen Immunität oder Resistenz wird die erbliche, unter erworbener Immunität die individuell erworbene Abwehr des Makroorganismus betrachtet.

Es ist zu beachten, daß die Begriffe Infektion und Infektionskrankheit nicht identisch sind. Es gibt durchaus Infektionen ohne nachfolgende ernstliche Schädigung bzw. Krankheit. Man spricht in diesem Falle von inapparenten oder latenten Infektionen. Es stellt sich dann eine Art Gleichgewichtszustand zwischen Mikro- und Makroorganismus ein, den wir auch bei der Symbiose beobachten.

Für den sicheren Nachweis von Infektionskrankheiten hat R. Koch[1]) 1876 in Anlehnung an Henle (1840) drei Mindestforderungen aufgestellt:

(1.) Lichtmikroskopischer Nachweis des Erregers im kranken Organismus.
(2.) Züchtung des Erregers auf künstlichem Nährboden.
(3.) Auftreten der typischen Erkrankung im Versuchstier nach Rückimpfung des Erregers.

Aber schon bald stellte sich heraus, daß es eine Reihe von Kontagien gibt, die sich nicht auf künstlichem Nährboden züchten ließen und sich nur durch ihre krankmachende Wirkung verrieten [Iwanowski 1892; Löffler und Frosch 1898]. Sie waren zudem mikroskopisch nicht sichtbar und passierten bakteriendichte Filter. In der Folgezeit bezeichnete man sie als Virus. Später traten zu ihnen die im Verhalten ähnlichen Rickettsien [da Rocha-Lima 1916]. Für diese Gruppen werden in Analogie zu den Kochschen Postulaten ebenfalls Mindestforderungen für ihren Nachweis als Krankheitserreger aufgestellt [s. a. Krieg 1955b]:

(1.) Isolierung des Erregers und seine Darstellung im Elektronenmikroskop.
(2.) Nachweis der spezifischen Erkrankung des Wirtsorganismus nach künstlicher Infektion mit dem isolierten Erreger.

---

[1]) Im Zusammenhang mit dem Nachweis des *Bacillus anthracis* Cohn als Erreger des Milzbrandes der Rinder.

(3.) Rückgewinnung des Infektionsmaterials, das sich im spezifischen Wirt nachweislich vermehrt haben muß.

Zur vollständigen Beschreibung einer Infektionskrankheit ist noch eine weitere Forderung zu stellen, nämlich:

(4.) Histopathologische Untersuchungen über die Reaktion des Wirtstieres auf die Infektion.

Alle diese Forderungen setzen für den sicheren Nachweis einer Infektionskrankheit durch Bakterien, Rickettsien und Viren einen typischen, d. h. eindeutigen, Krankheitsverlauf voraus. Atypische Verläufe erschweren die Analyse beträchtlich. Hierbei ist mit folgenden drei Möglichkeiten zu rechnen:

(1.) Die Infektion haftet nicht, da der Erreger im Initialstadium der Krankheit der Keimabwehr erliegt (spontane Heilung).

(2.) Es stellt sich ein Gleichgewicht zwischen Erreger und Wirt ein: Inapparenz (latente Infektion).

(3.) Komplikation durch sekundäre Erkrankung, die in den Vordergrund treten kann.

Ein Beispiel für eine solche Komplikation ist das Auftreten sekundärer Septikämien durch normalerweise nicht pathogene Bakterien, wenn gleichzeitig eine latente Virose vorhanden ist. Solche Fälle von Synergismus beschrieben VAGO (1956) bei *Thaumetopoea pityocampa* (SCHIFF.) [gleichzeitiges Vorkommen einer latenten Kern-Polyedrose und von *Escherichia (para-)coli* führte zu einer Septikämie durch die Bakterien] und KRIEG (1957) bei *Aporia crataegi* (L.) [Infektion mit einer Kern polyedrose führte bei gleichzeitiger Anwesenheit von verschiedenen Bakterien-Arten wie *Pseudomonas spec.*, *Achromobacter spec.*, *Micrococcus spec.*, zu einer Septikämie]. Ein anderes Beispiel sind Septikämien, die nach WEISER (1956) im Anschluß an eine Protozoen-Infektion speziell bei Mikrosporidien auftreten und die etwa 20–30% der infizierten Raupen töten können. Bei der Durchdringung der Darmwand durch die Planonten werden Bakterien in die Hämocoele eingeschleppt, wo sie sich schnell ausbreiten und der Protozoonose vorauseilen. Im Zusammenhang mit Mycosen wurden bisher noch keine Synergismen beschrieben. Hingegen kann man sich hier leicht einen Antagonismus zwischen Antibiotica-bildenden Pilzen und insektenpathogenen Bakterien vorstellen. Für dieses Problem ist interessant, daß auch unter den insektenpathogenen Bakterien Antibiotica-Bildner bekannt sind, z. B. *Bacillus thuringiensis*. Antibiotische Hemmung bzw. stoffwechselphysiologischer Antagonismus ist offenbar auch der Grund dafür, daß echte Mischinfektionen durch verschiedene pathogene Bakterien im allgemeinen nicht beobachtet werden. Interessante Ausnahme: Sauerbrut der Bienen (s. S. 215).

Über einen synergistischen Effekt bei verschiedenen Virusinfektionen berichtet TANADA (1956), und zwar hinsichtlich einer Polyedrose und einer Granulose bei *Pseudaletia unipuncta* (HAW.) [s. S. 71].

1. Infektionsweg

Im wesentlichen kommen drei Wege in Betracht, auf denen Erreger in den orthologisch sterilen Körper einzudringen vermögen:

(1.) *Die perorale Infektion:* Hierbei werden die Kontagien mit der Nahrung aufgenommen. Sie verursachen dann entweder eine lokale Darmerkrankung [Dysenterie, Enteritis, Darmparalyse] oder durchdringen die Darmwand, und es kommt zu einer Überschwemmung der Hämolymphe [Virämie oder Bakteriämie]. Die meisten Virosen und Bakteriosen werden peroral übertragen.

(2.) *Die parenterale Infektion:* Hierbei durchdringen die Pathogene entweder die dünnen Tracheolen als Folge eines aufsteigenden Befalls der Tracheen [intratracheale Infektion] oder sie treten infolge einer Verletzung [traumatische Infektion] in die Hämocoele ein. Auch die experimentelle Infektion durch intracoelomale Injektion ist hierher zu rechnen.

(3.) *Die germinative Übertragung:* Hierbei erfolgt von latent verseuchten Elterntieren eine Übertragung der Kontagien auf die Nachkommenschaft durch innerlich oder äußerlich infizierte Eier. Diese Übertragungsweise kommt bei Virosen, Rickettsiosen, Spirochaetosen und symbiontischen Bakteriosen vor.

2. Infektionsverlauf

Infektionskrankheiten können räumlich begrenzt bleiben und in verschiedenen Organen eine Lokalinfektion bedingen. So bewirken z. B. *Borrelinavirus diprionis* und *Enterella stethorae* eine ausgesprochene Darmerkrankung. *Bacillus popilliae* befällt lediglich die Hämolymphe und bewirkt hier eine Bakteriämie. *Borrelinavirus bombycis* und *Bergoldiavirus calypta* befallen Fettkörper, Hypodermis und Trachealmatrix aber nicht die übrigen Gewebe. *Rickettsiella melolonthae* befällt vornehmlich den Fettkörper und die Hämocyten.

Andere Erreger bewirken nach Eindringen in die Hämocoele eine Allgemeininfektion oder Sepsis, so die meisten saprophytischen Bakterien, wie z. B. *Pseudomonas aeruginosa*.

Was den zeitlichen Verlauf betrifft, so sind alle Krankheiten akut, bei denen der Wirt dem Erreger ohne Gegenwehr erliegt, so z. B. die durch toxigene und enzymogene Bakterien wie *Bacillus thuringiensis* und *Bacillus cereus* erzeugten Infektionen.

Ausgesprochen chronisch verlaufen Infektionen mit wenig aggressiven Bakterien, denen der Körper durch Abwehrmaßnahmen [s. u.] entgegenwirkt, solche sind z. B. Infektionen mit *Bacillus popilliae* und dem von Heinecke (1956) aus *Blatta orientalis* L. isolierten *Bacillus*.

Zwischen den beiden Extremen liegt die Mehrzahl der Virosen, die einen mehr oder minder dramatischen Verlauf nehmen.

Der Mechanismus der Infektionskrankheit ist je nach der Art des Erregers ein verschiedener. Während bei den Viren eine Umstimmung des Stoffwechsels stattfindet, in deren Verlauf die Wirtszelle veranlaßt wird, anstelle zelleigener Bausteine Virusnukleinsäuren und Virusproteine zu synthetisieren [und worüber die Zelle zugrunde geht], zerstören die Rickettsien, soweit sie sich intrazellulär auf Kosten der Zellbausteine stark vermehren die Zellstruktur und führen auf diese Weise den Tod der befallenen Zellen herbei. Die extrazellulär verbleibenden Bakterien parasitieren den Wirt entweder durch einfachen Nährstoffentzug und Belastung mit Stoffwechselschlacken *[Bacillus popilliae]* oder sie greifen ihn mit energisch wirkenden Toxinen oder Enzymen an *[Bacillus thuringiensis]*. Vermehren sich die Bakterien dabei hemmungslos in der Leibeshöhle des Wirtes unter Affizierung der Wirtszellen, so haben wir das bekannte Bild einer Sepsis vor uns *[Pseudomonas aeruginosa]*.

Der ausgelösten Infektionskrankheit entspricht eine Potenz des Erregers, die als Pathogenität bezeichnet wird. Hinsichtlich der beobachteten Wirkung [unbedeutend bis tödlich] auf den Wirtsorganismus kann man von geringer oder hoher Pathogenität des Erregers sprechen. So ist z. B. *Bacillus thuringiensis* gegenüber *Pieris brassicae* (L.) sehr pathogen, weniger gegenüber *Porthetria dispar* L. [*Lymantria dispar* (L.)]; gegenüber *Apis mellifera* L. und *Melolontha melolontha* L. ist er apathogen. Die Pathogenität einer Erregerart gegenüber einem Wirt ist konstant und erblich fixiert. – Anders ist es hinsichtlich der Virulenz. Es handelt sich hierbei um die variable Aggressivität des Erregers. So ist bei vielen bakteriellen Krankheitserregern [z. B. *Cloaca cloacae var.*] eine Virulenz-Steigerung durch Tierpassagen möglich und eine Virulenz-Minderung durch Nährbodenpassage.

Der Infektionserfolg bei bakteriellen Erregern ist also abhängig von der Pathogenität als auch von der Virulenz des Erregers in einer vorgegebenen Wirtspopulation; er ist z. B. meßbar an der ID_{50}*) [bei schwach pathogenen Formen] oder der LD_{50}**) [bei stark pathogenen Formen]. Bei Viren sind keine adaptiven Virulenzänderungen bekannt. Wird bei Viren unter Verwendung des gleichen Tiermaterials eine Änderung des Infektionserfolges beobachtet, so ist eine mutative Änderung ihrer Pathogenität anzunehmen.

Infolge des verschiedenen Baues und der verschiedenen Reaktion von Wirbeltier und Insekt auf die Invasion von Kontagien können nur grobe Vergleiche gezogen werden. Der Begriff der virösen, zyklischen Infektionskrankheit ist bei Insekten ebensowenig direkt anwendbar wie der Begriff der bakteriellen, entzündlichen Lokalinfektion, wenn auch gewisse

*) Dosis, bei der 50% der Tiere infiziert werden.
**) Dosis, bei der 50% der Tiere eingehen.

Parallelen existieren. Denn es gibt bei Insekten weder eine individuell erworbene Krankheitsimmunität gegenüber Virosen noch eine bakteriell induzierte Entzündung. Bei den Insekten ist von den verschiedenen Stadien der virösen [hier azyklisch verlaufenden] Infektionskrankheit nur die zeitlich normierte Inkubation, Generalisation und Organmanifestation erhalten. Beim [hier nicht entzündlich verlaufenden] bakteriellen Lokalinfekt kann man stadiummäßig nur eine zeitlich nicht normierte [weil Virulenz-abhängige] Inkubation von einer Organmanifestation unterscheiden. Die bakterielle Lokalinfektion sitzt an der Eintrittspforte der Keime, bei Insekten also fast ausschließlich in der Darmwand. Sie führt zu Störungen der Darmfunktion und bei irreparablen Schädigungen zum Verhungern der Tiere, wie z. B. bei der Infektion mit dem von BUCHER (1957) aus *Malacosoma pluviale* DYAR isolierten *Bacillus*. Oft kommt es im Anschluß an eine Lokalinfektion des Darmes zu einem Durchbruch der bakteriellen Erreger durch die Darmwand und somit zu einer allgemeinen Sepsis, wie z. B. bei Infektionen mit *Cloaca cloacae var. acridiorum*. –

Einfluß des Klimas auf den Verlauf der Infektionskrankheiten: Da die Insekten poikilotherme Tiere sind, hängt bei ihnen der Verlauf, sowohl der Infektionskrankheiten als auch der orthologischen Lebensfunktionen, weitgehend von der Temperatur ab. Der Verlauf der Infektionskrankheit folgt in gewissen Grenzen der RGT-Regel. Ausnahmen treten dadurch ein, daß bakterielle Erreger evtl. ein niedrigeres Temperatur-Optimum besitzen oder daß Viren bei höheren Temperaturen inaktiviert werden. Zum Beispiel berichtete BIRD (1953) über eine Arretierung der virösen Infektion bei *Diprion hercyniae*-Larven (Erreger: *Borrelinavirus gilpiniae*) bei einer Zucht-Temperatur von + 32° C und TANADA (1953) über ähnliche Erfolge bei virösen *Pieris rapae*-Larven (Erreger: *Bergoldiavirus virulenta*) bei einer Zuchttemperatur von + 36° C. Auch bei arthropodophilen Viren, z. B. *Chlorogenusvirus callistephi*, war es möglich, durch Wärmebehandlung das Virus in der Zikade (bei + 32° C) oder auch in der Pflanze (bei + 38 bis 42° C) zu inaktivieren (KUNKEL 1948).

Die Luftfeuchtigkeit ist meist weniger entscheidend, da Insekten weitgehend homoihydre Tiere sind. Auch spielt für die hier behandelten Krankheitserreger, im Gegensatz zu den Pilzen, die Luftfeuchtigkeit keine große Rolle. Sie kann jedoch als Stressor im Zusammenhang mit der Provokation latenter Virosen wirksam werden.

3. Keimabwehr und Immunität

Die verschiedenen Arten der Keimabwehr bedingen die Immunität des Organismus gegenüber Krankheitserregern. Je nachdem, ob dieser Schutz bei allen Individuen einer Art grundsätzlich vorhanden ist, oder erst im Laufe des Individuallebens erworben wird, trennt man die Resistenz oder natürliche Immunität [immunité naturelle] von der erworbenen Immunität [immunité acquise]. Beide Typen sind, hinsichtlich ihrer Wirkungsbreite, in wechselndem Maße genetisch fixiert oder von der Umwelt induziert.

Hinsichtlich der Ursache der Immunität gibt es 2 Möglichkeiten: (1) Es existiert eine Keimabwehr durch „Resistenzfaktoren" bei unempfindlichen Individuen, wobei sich mechanische, humorale und zelluläre Anteile unterscheiden lassen. Hiervon wird in den folgenden Abschnitten die Rede sein. (2) Es existiert eine Anfälligkeit durch das Vorhandensein spezieller „Anfälligkeitsfaktoren" bei empfindlichen Individuen; sie entsprechen dem, was Ehrlich als „Rezeptoren" bezeichnet hat. Rezeptoren spielen allgemein eine besondere Rolle bei den Virosen: Sie ermöglichen nämlich das Haften und Eindringen der Viren in die Zelle. Auch die spezifische Empfindlichkeit von Zellen gegenüber den Insektenviren dürfte – ähnlich wie bei Bakteriophagen – von dem Vorhandensein spezifischer Rezeptoren in der Zelloberfläche abhängig sein. So sind beispielsweise für *Borrelinavirus bombycis* Rezeptoren nur an Gewebezellen von *Bombyx mori* L. vorhanden, kommen aber bei der Mehrzahl der Insekten nicht vor. – Im Gegensatz zu den übrigen körperlichen Wirkstoffen verursacht Besitz oder Mangel an Resistenz- und Anfälligkeits-Faktoren an sich noch keine Krankheit. Ihr Fehlen bzw. Vorhandensein tritt erst dann in Erscheinung, wenn eine Infektion den Körper trifft.

3. 1. Natürliche Immunität und passive Keimabwehr

Die natürliche Immunität kann – wenn wir von einem Fehlen der Rezeptoren absehen – dadurch bedingt sein, daß die Ansprüche, die der Erreger an seine Umwelt stellt, im Wirt nicht erfüllt werden, sei es, daß für die Vermehrung von Zellparasiten [Viren, Rickettsien] die notwendigen stoffwechselphysiologischen Voraussetzungen in der Wirtszelle fehlen [deshalb bleibt die Vermehrung von Insekten-Viren bei holometabolen Insekten im wesentlichen auf die Larvenstadien und auf Gewebe mit hohen synthetischen Leistungen beschränkt], sei es, daß die Voraussetzungen zur Vermehrung extrazellulärer Parasiten [Bakterien etc.] in den Körpersäften des Wirtes nicht gegeben sind.

Für die natürliche Immunität ist von grundlegender Bedeutung die Abgeschlossenheit der Körperhöhle gegenüber der Umwelt. Einen mechanischen Schutz bietet das chitinisierte Integument nach außen und die ebenfalls chitinisierte, peritrophische Membran des Darmkanals nach innen. Wird dieser Schutz durchbrochen, indem man Bakterien in das Hämocoel injiziert, so läßt sich experimentell dessen Bedeutung abschätzen. Beispielsweise sind *Pseudomonas aeruginosa*, *Escherichia coli*, *Proteus vulgaris*, *Streptococcus pyogenes*, *Bacillus subtilis* u. a. für die Larven von *Galleria mellonella* L. verfüttert apathogen; sie töten aber diese Tiere in kürzester Zeit nach Injektion.

Einen weiteren Faktor gegenüber bestimmten Infektionen mit Bakterien stellen die Säfte des Verdauungskanals dar, deren Fermente Bakterien zu verdauen vermögen und deren z. T. sehr hohes p_H die Vermehrung der Bakterien behindert. Speziell über die Abtötung von verschiedenen wirbeltierpathogenen Keimen [Enterobakterien, Mycobakterien u. a.] durch Darmpassage bei *Bombyx mori* berichtete REHM (1948). Im Darminhalt [und als Folge davon auch in den Exkrementen] können dabei regelrechte Bactericide wirksam sein, wie PAVILLAND und WRIGHT (1957) dies bei *Phormia terraenovae* ROB. et DESV. gegenüber Streptococcen und Micrococcen nachwiesen. Auf der anderen Seite lösen die alkalischen Darmsäfte bestimmte Endotoxine [z. B. das von *Bacillus thuringienssis*] und die Einschlußkörper von Polyeder- und Kapsel-Viren auf und leisten so einer Intoxikation bzw. virösen Infektion Vorschub oder ermöglichen sie überhaupt erst.

Bactericide, d. h. Stoffe, welche Bakterien abzutöten vermögen ohne sie aufzulösen, kommen indessen nicht nur im Darm vor. VOILLE und SAUTET (1938) berichteten über ein Bactericid in *Culex pipiens* L. gegenüber *Escherichia coli*. OLIVER (1947) fand ein Bactericid gegenüber *Mycobacterium tuberculosis* in der Hämolymphe von *Galleria mellonella* L. und FRINGS und Mitarb. (1948) gegen *Micrococcus pyogenes* und *Bacillus subtilis* in der Hämolymphe von *Oncopeltus fasciatus* DALL. REHM (1948) wies proteinartige Bactericide in der Hämolymphe verschiedener Lepidopteren-Arten nach, z. B. bei *Galleria mellonella* (L.), *Bombyx mori* L., *Dasychira pudibunda* (L.), *Sphinx ligustri* L., *Macrothylacia rubi* (L.). In *Apis mellifera* L. und *Melolontha spec.* konnte KRIEG (1958) solche Substanzen nicht nachweisen. Sie scheinen nicht allgemein bei Insekten verbreitet.

Die Tatsache, daß toxigene Erreger im allgemeinen nur einen begrenzten Wirkungsbereich haben, hat seinen Grund darin, daß entweder in dem zur Diskussion stehenden Wirt keine empfindlichen Rezeptoren vorhanden sind [entsprechend der Vorstellung der EHRLICHschen Seitenketten-Theorie] oder aber, daß das Toxin im Wirtstier neutralisiert wird.

3. 2. Aktive Keimabwehr und erworbene Immunität

Die aktive Abwehr von Mikroorganismen durch eine zelluläre Reaktion, und zwar durch Phagozytose seitens der Hämozyten (Abb. 1)[1]) wurde erstlich von METSCHNIKOFF (1883) bei Arthropoden *[Daphnia spec.]*

---

[1]) Bei den meisten Insekten lassen sich zwei Typen von Hämozyten unterscheiden: Plasmatozyten und Sphäroidozyten. Die reifen Plasmatozyten sind amöboid beweglich und zur Phagozytose befähigt. Die unreifen, kleinen Formen [Plasmatoblasten] haben nur einen schmalen Plasmasaum um ihren Kern. Die Plasmatozyten lassen sich differenzieren in die kleineren, 5–10 μ messenden Macronucleozyten [auch Lymphozyten genannt] und die größeren,

nachgewiesen. [Erst später fand er diese Reaktion auch bei Wirbeltieren vor.] Diese Reaktion ist unspezifisch und richtet sich ebenso gegen Tuschepartikel, wenn man sie in die Hämolymphe einbringt, wie auch gegen Bakterien u. a. fremde Zellen. Was die Geschwindigkeit der Reaktion betrifft, so erfolgt die Ingestion [von *Bacillus spec.* in Blattiden] durchschnittlich in etwa 5 Minuten, die Digestion innerhalb der Phagozyten in etwa 5 Tagen. Bei Insekten erfolgt nun, sowohl nach Verletzungen als auch nach bakteriellen Infektionen, auf einen schwachen Abfall der Hämozyten post infectionem ein rascher Anstieg [analog der RES-Aktivierung bei den Wirbeltieren in der ersten Phase der Entzündung] innerhalb 6–8 Stunden, der 200% und mehr erreichen kann und dem die Elimination des Erregers gelingen kann [wie z. B. bei *Periplaneta americana* (L.) bezüglich *Bacillus*

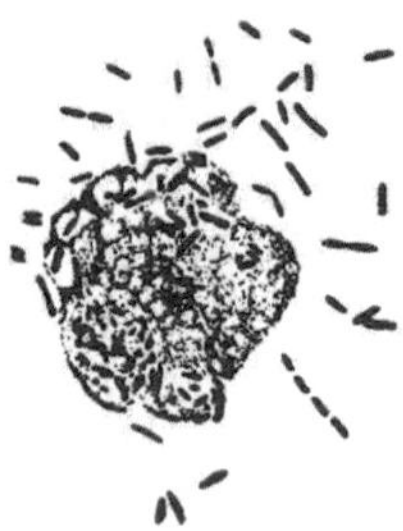

Abb. 1. Phagozytose von *Bacillus melolomthae nonliquefaciens* in *Euproctis chrysorrhoea* (L.) [n. PAILLOT 1933]

spec. [HEINECKE 1956]]. Andernfalls erfolgt eine progressive Reduktion der Phagozyten, die von einem gewissen Minimum an, den Tod des Tieres nach sich zieht. Der Verlauf der Phagozyten-Reaktion bei einer fatalen Infektion ist in Abb. 2 dargestellt.

Während bei Versuchen von KRIEG mit Engerlingen des Maikäfers diese eine intracoelomale Injektion von *Micrococcus pyogenes* var. *aureus* und *Escherichia coli* gut überstanden, fielen sie Injektionen von *Bacillus cereus* bzw. *Bacillus thuringiensis* schnell zum Opfer. Dabei waren die Phagozyten gegenüber den Bakterien erfolgreich; gegen die aggressiven Sporenbildner hingegen schien dieses zelluläre Abwehrprinzip zu ver-

10–25 μ messenden, Micronucleozyten [auch Leukozyten genannt]. – Die Sphäroidozyten phagozytieren nicht. Sie sind unbeweglich und mit Einschlüssen [Albuminoiden] angefüllt, die den Kern verdecken können. Diese Zellen zerfallen leicht bei Druckanwendung und werden daher auch als „Eruptivzellen" bezeichnet. – In geringer Anzahl können auch noch andere Zellen in der Hämolymphe vorkommen, wie z. B. Oenozytoide.

sagen [vgl. Abb. 1], daher die tödliche Wirkung der Infektion. Ganz entsprechend reagierten die Afterraupen einer Blattwespe [*Neodiprion sertifer* (GEOFFR.)]. Diese Beobachtungen stimmen mit denen von METALNIKOV und CHORINE (1929) und CAMERON (1934) an Pyraliden [*Galleria mellonella* (L.) und *Pyrausta nubilalis* (HBN.)] weitgehend überein mit der Einschränkung, daß diese auch gegen *Escherichia coli* und *Micrococcus pyogenes* var. *aureus* empfindlich sind. Auch nach den Untersuchungen von TOUMANOFF (1949) scheint die Phagozytose bei Insekten die wichtigste aktive Keimabwehr darzustellen.

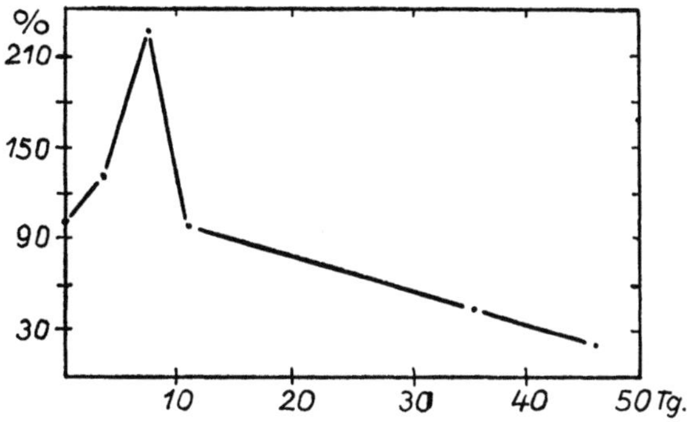

Abb. 2. Phagozyten-Reaktion bei *Blattella germanica* L. nach Injektion von *Bacillus spec.* [n. HEINECKE 1956]

VAGO und VASILJEVIC konnten bei Raupen von *Lymantria dispar* (L.), *Saturnia pyri* (L.) und *Bombyx mori* L. in Zusammenhang mit der Injektion von *Bacillus popilliae* in die Hämocoele die Phagozytose bei + 4° C auf ihrem Anfangsstadium [oberflächliche Anlagerung der Sporen] arretieren. Bei + 24° C dagegen wurde diese Reaktion, die sie als „attraction épicytaire" bezeichnen, nicht beobachtet.

Neben der phagozytären Reaktion ist bei Insekten noch eine chronisch verlaufende, histiozytäre Reaktion bekannt, die als „Knötchen"-Bildung [Riesenzelle, nodule, teratocyte] bezeichnet wird und die u. a. von IWASAKI (1927) und HOLLANDE (1930) eingehend untersucht wurde. In solchen Knötchen werden z. B. Mycobakterien [*Mycobacterium tuberculosis* (SCHROETER), LEHM. et NEUM. und *Mycobacterium smegmatis* (TREVISAN) CHESTER] nach ihrer Injektion in die Hämocoele eingeschlossen. Dies konnte von METALNIKOV und CHORINE (1929) speziell bei *Pyrausta nubilalis* (HBN.) und von CAMERON (1934) bei *Galleria mellonella* (L.) nachgewiesen werden. In einem späteren Zustand enthalten die Knötchen fibrilläre Strukturen und sind mit melanisiertem Detritus angefüllt (Abb. 3).

Im Gegensatz zur Phagozytose und Knötchen-Bildung sind andere zelluläre Abwehr-Reaktionen bei Insekten nicht so ausgeprägt wie bei den Wirbeltieren. So gibt es, wie schon erwähnt, bei ihnen kein Phänomen, das etwa der Entzündung [mit Kapillar- und Gewebe-Reaktion] entspricht.

Die erworbene und sekundäre Immunität besteht nun darin, daß durch Induktion (seitens des Mikroorganismus) im Wirt fakultative Abwehrkräfte mobilisiert werden. Die Folge davon kann eine Vaccination sein, d. h., daß im Anschluß an eine Erstinfektion eine erneute Infektion durch die aktivierte Abwehr unterdrückt oder unmöglich gemacht wird. Auch bei Insekten wurden solche fakultativen Abwehrkräfte beobachtet, die sich im allgemeinen aber als relativ unspezifisch erwiesen. So konnten

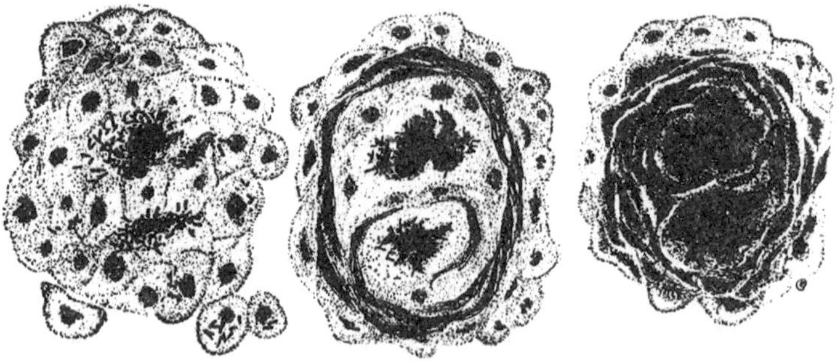

Abb. 3. Knötchenbildung durch *Mycobacterium tuberculosis* in *Galleria mellonella* (L.) [n. Steinhaus 1949]

Ishimori und Metalnikov (1924) *Galleria mellonella* (L.) nicht nur mittels *Bacillus anthracis* Cohn und *Escherichia coli* gegen *Vibrio comma* (Schroeter) Winslow et al. immunisieren, sondern auch einfach durch Tusche-Applikation (!). Metalnikov (1927) und seine Schule sieht die gelegentlich beobachtete, erworbene Immunität von Insekten gegenüber Bakterien als eine Phagozytose-Steigerung an. Auf diese Weise sollen die für die Insekten unspezifischen Immun-Reaktionen gegenüber Bakterien erklärt werden.

Andere Autoren machen für die erworbene Immunität bei Insekten humorale Abwehrreaktionen verantwortlich, vergleichbar der Bildung von Antikörpern, wie sie von Behring und Kitasato (1890) bei Wirbeltieren (einschließlich des Menschen) nach Applikation einer Bakterien-Vakzine nachgewiesen werden konnte. So berichtete Paillot (1920) bei *Euxoa segetum* Schiff, [*Agrotis segetum* (Schiff.)] und Zernoff (1931) bei *Galleria mellonella* (L.) und *Pyrausta nubilalis* (Hbn.) über fakultativ auftretende Bacteriolysine. Gleichzeitig teilte Zernoff aber auch mit, daß die Insekten im allgemeinen nicht mit der Bildung von Lysinen reagierten. Ungewöhnlich ist insbesondere die fehlende Erregerspezifität dieser Lysine und ihre relativ hohe Hitzestabilität. Außerdem soll die Bildung der humoralen Abwehrstoffe schneller und intensiver als die Bildung von Antikörpern bei Wirbeltieren verlaufen. Nach PAILLOT (1920) genügt eine einzige Impfung, um *Euxoa segetum* SCHIFF. innerhalb 24 Stunden gegen virulente Bazillen *[Bacillus melolontha nonliquefaciens]* immun zu machen. Die Mitwirkung eines thermolabilen Komplementsystems bei der Bacteriolyse in Insekten konnte bisher nicht nachgewiesen werden. Gleichfalls ist der Nachweis von Bacterio-Agglutininen bisher nicht allgemein gelungen, obgleich GLASER (1918) bei einer Orthoptere [*Melanoplus femurrubrum* (DE G.)] die Induktion von Agglutininen gegen *Bacterium poncei* und GARY und Mitarb. (1948) solche bei *Apis mellifera* gegen *Bacillus larvae* beschrieben. Diese Befunde stehen jedoch bisher isoliert da. KRIEG (1957a, b) gelang es weder mit Hilfe klassischer Methoden [Präzipitations-, Agglutinations- und Cytolysin-Test] noch mit Hilfe der Retentions-Elektrophorese, in verschiedenen Insektenarten [*Melolontha melolontha* (L.) *Bombyx mori* L., *Neodiprion sertifer* (GEOFFR.)] echte Antikörper nachzuweisen.

Während auch BRIGGS (1956) keine Reaktion zwischen Immun-Hämolymphe und Antigenen in vitro demonstrieren konnte, gelang ihm der Nachweis von hitzestabilen humoralen Immunitätsfaktoren anderer Art bei verschiedenen Lepidopteren-Arten mit Hilfe eines Neutralisationstestes. Es handelt sich hierbei um eine sog. Antigen-Inhibition, die in vivo durch Hemmungszonen im Bakterienrasen einer Plattenkultur (Loch-Test) demonstriert werden kann. Die Inhibition ging parallel einer erworbenen Toleranz der Larven gegenüber Injektionen des Pathogens nach erfolgter Vakzination[1]).

Die Bakterien-Inhibition konnte in der Larven-Hämolymphe innerhalb 24 Stunden nach der Injektion [aber nicht vor 8 Stunden] nachgewiesen werden. Was die Spezifität dieser humoralen Immunitäts-Faktoren [„Inhibine"] anbetrifft, so konnte BRIGGS (1956) zeigen, daß die Inhibition durch das Serum beimpfter Larven innerhalb einer verwandten Bakteriengruppe, wie z. B. *Escherichia-Cloaca-Salmonella*-Gruppe nicht gruppenspezifisch ist. Andererseits war eine heterophile Reaktion zwischen *Escherichia coli* und *Micrococcus pyogenes* festzustellen (!). Es darf in diesem Zusammenhang nicht übersehen werden, daß eine Bakterizidie auch der Hämolymphe unvakzinierter Larven eigen sein kann. Solche Wirkungen sind aber völlig unspezifisch und der passiven Keimabwehr zuzurechnen.

---

[1]) Es erfolgte jedoch kein Schutz der Larven gegenüber Diphtherie-Toxin als Ergebnis einer Vakzination mit Diphtherie-Toxoid. Dieses Exotoxin ist also für Insekten kein „Antigen".

Bei *Galleria mellonella* konnte STEPHENS (1959b) im Anschluß an eine Vakzinierung mit *Pseudomonas aeruginosa* gegen diese Bakterienart einen kurzfristigen Schutz (20–24 Stunden post injectionem einsetzend und 3 Tage anhaltend) erreichen. Obwohl die Immun-Hämolymphe im Vergleich zur normalen Hämolymphe etwa die doppelte Bakterizidie aufwies, waren echte Antikörper ebensowenig nachweisbar wie eine Lysinwirkung; der wirksame Immunfaktor war nicht hitzestabil. Die erworbene Immunität war spezifisch für *Pseudomonas aeruginosa* [und schützte beispielsweise nicht überzeugend gegen *Proteus spec.* und *Serratia marcescens*]. Positive Ergebnisse wurden auch bei Vakzinierungs-Versuchen mit *Serratia marcescens* und an anderen Lepidopteren [*Bombyx mori* L., *Euxoa ochrogaster* (GUÉN.)] erhalten; schwach positiv reagierte die Orthoptere *Melanoplus bivittatus* (SAY) während die Ergebnisse bei Verwendung eines Sporenbildners (*Bacillus cereus*) nicht überzeugend ausfielen. – Bemerkenswert sind auch die Befunde der Autorin hinsichtlich einer Antigen-Aktivierung in der Larve von *Galleria mellonella.* Wurde nämlich Immun-Hämolymphe [aus einer vakzinierten Larve] Kaninchen intravenös injiziert, so ließen sich etwa 10fach höhere Agglutinations-Titer im Kanin-Serum erzielen als bei Verwendung des zur Vakzination benutzten Antigens allein (d. h. ohne vorherige Inkubation in *Galleria*). Diese Steigerung der Antigenität durch Einwirkung von Insekten-Hämolymphe auf Bakterien war in vivo nach einigen Stunden, in vitro erst nach 3 Tagen nachweisbar; sie muß auf einer Reaktion zwischen den Bakterien und zellulären oder humoralen Anteilen beruhen, die zu einer Abspaltung von effektivem Antigen führt [Abspaltung effektiven Antigens von Bakterien ist auch bei Wirbeltieren eine Voraussetzung für eine erfolgreiche Immunisierung].

Während es also bei Raupen von Lepidopteren im allgemeinen gelingt, durch Vakzination einen kurzfristigen Schutz gegenüber Injektionen pathogener Bakterien zu erreichen [CHORINE 1927; HOLLANDE und VICHER 1928; METALNIKOV 1923; PAILLOT 1920; BRIGGS 1956; STEPHENS 1959b], war es bisher nicht möglich, echte Antikörper vergleichbar denen von Wirbeltieren nachzuweisen.

BRIGGS (1956) vergleicht die humoralen Immunitätsfaktoren der Insekten mit dem Properdin der Wirbeltiere. Interessant sind deshalb in diesem Zusammenhang seine Versuche mit Zymosan[1]). Wird dieser

[1]) Zymosan ist ein Kohlenhydrat-Komplex aus der Hefe-Zellwand, welcher nach den Untersuchungen von PILLEMER und Mitarb. (1954, 1955) mit dem Properdin, einem Bactericidfaktor des Wirbeltierserums, reagiert. Daher wird nach seiner parenteralen Applikation eine Reduktion der Widerstandsfähigkeit von Wirbeltieren beobachtet. Ähnliche Beobachtungen sind früher im Zusammenhang mit Mucin gemacht worden. Aber auch die Zellwand-Polysaccharide vieler Bakterien haben die Fähigkeit, Properdin zu binden und damit die Widerstandsfähigkeit ihrer Wirte gegen Infektionen herabzusetzen.

Kohlenhydrat-Komplex *Colias philodice eurytheme* BOISD. parenteral appliziert und gleichzeitig oder danach *Escherichia coli*, so wird eine Mortalität von 70% erzielt, während ohne Zymosan nur eine solche von 40% beobachtbar ist. Ähnliches ließ sich bei *Peridroma margaritosa* nachweisen: Während *Bacillus thuringiensis* hier – bei peroraler Applikation – keine Mortalität erzeugt, wurden bis 68% der Tiere getötet, wenn sie vorher Zymosan injiziert bekamen. Zymosan setzt hier also, ähnlich wie bei Wirbeltieren, die Widerstandsfähigkeit gegen Infektionen herab. Ähnliche Ergebnisse erzielte STEPHENS (1959a) mit Mucin. Bei Infektionen von *Melanoplus bivittatus* (SAY) mit *Pseudomonas aeruginosa* ließ sich sowohl bei peroraler als auch bei intrazoelomaler Applikation eine deutliche Reduktion der LD_{50} beobachten, wenn gleichzeitig 1% Mucin gegeben wurde.

Ausgehend von der Tatsache, daß Bakterien im Darm z. T. der Digestion durch Verdauungsfermente anheimfallen, berichtete POLTEV (1954) über eine Art enteraler Vakzination von Insekten: Durch wiederholte Applikation von Bakterien kommt es zur adaptiven Überproduktion von Verdauungsfermenten und so zum vermehrten Schutz gegenüber bakteriellen Infektionen des Darmkanals.

Besitzen wir hinsichtlich der Abwehr bakterieller Infektionen einige Informationen, so fehlen uns solche völlig hinsichtlich der Abwehr von Virosen. Bakterizide Prinzipien sind als passive Keimabwehr hier ebenso unwirksam wie die Phagozytose als aktive. Zwar werden bei einer Polyedrose bzw. Granulose Einschlußkörper phagozytiert [ESCHERICH 1913; WITTIG und FRANZ 1957], aber diese Reaktion ist keine eigentliche Abwehr, sondern eine „Leerlauf-Reaktion", da sie sich nicht gegen die eindringenden Viren richtet. Neutralisierende Antikörper bzw. eine erfolgreiche Vakzination konnten bisher bei Insekten, im Zusammenhang mit einer Virusinfektion, nicht nachgewiesen werden. Vielmehr führte jede Re-Injektion von arthropodophagen Viren bei Insekten zu einem Additionseffekt [Superinfektion] [KRIEG 1957]. Es existiert in der Literatur nur eine Stelle über die Wirksamkeit von Virus-Vakzine bei Insekten: AIZAWA (1953) konnte mittels einer aus freien Virusteilchen des *Borrelina-virus bombycis* gewonnenen Formol-Vakzine Puppen von *Bombyx mori* gegen eine schwache Infektionsdosis (10^{-6}) partiell schützen. Diese Prophylaxe versagte jedoch gegenüber Infektionen mit stärkeren Viruskonzentrationen. Es dürfte sich hierbei wohl ähnlich wie bei der cross-protection um einen Rezeptoren-Block handeln und nicht um eine Neutralisierung auf Grund echter Antikörperbildung.

Theoretisch interessant ist noch, daß sich bei arthropodophilen Viren das Phänomen der Interferenz oder cross-protection nachweisen ließ [s. S. 46]. Hierunter versteht man die Unmöglichkeit der Infektion einer Zelle mit einem zweiten [homo- oder heterotypischen] Virus, wenn bereits ein Virus eingedrungen ist. Befunde über Interferenz von verwandten Virusstämmen im Insektvektor liegen bei arthropodophilen Viren vor, z. B. von *Chlorogenusvirus callistephi* und bei *Chlorogenusvirus zeae* [s. S. 143f.]. Über entsprechende Befunde bei arthropodophagen Viren berichtete GERSCHENSON (1956). Im Gegensatz etwa zur Prämunität latent verseuchter Pflanzen, konnte jedoch der Interferenz bei Arthropodophagales keine praktische Bedeutung [hinsichtlich einer Inhibition der Virose im Gesamt-Organismus] nachgewiesen werden.

4. Resistenz und Toleranz

Neben den bisher gebrauchten Begriffen müssen wir noch den Begriff der Toleranz einführen. Hierunter ist die selektiv erworbene Widerstandskraft [fehlende Disposition] der Individuen einer an sich sensiblen Art zu verstehen. Sie [und nicht etwa die individuell erworbene Immunität] ist das begriffliche Gegenstück zur Virulenzänderung der Erreger. Die sog. erworbene Immunität ist nur eine Komponente der Toleranz, da es Erreger [z. B. Viren] gibt, die zwar toleriert werden, gegenüber denen aber keine individuell erworbene Immunität nachweisbar war.

So können z. B. Raupen von *Bombyx mori* L. [also eine gegenüber *Borrelinavirus* empfindliche Art] als Folge einer Infektion an Polyedrose erkranken – bei vorhandener Disposition –, oder nicht erkranken – bei Toleranz –. Der Engerling von *Melolontha melolontha* (L.) ist im Gegensatz dazu vollkommen resistent gegenüber einem Infektionsversuch mit *Borrelinavirus bombycis*[1]).

Während Resistenzänderungen nur auf mutativem Wege erfolgen, werden Disposition bzw. Toleranz durch Umwelteinflüsse [Reize] variiert. Die unspezifische Wirkung von [schädlichen] Reizen auf den Organismus wird nach SELYE unter dem Begriff „stress“ zusammengefaßt. Über das sog. Adaptations-Syndrom [das neben stoffwechselphysiologischen Bedingungen auch die einer möglichen aktiven Keimabwehr umfaßt] gewinnt „stress“ Einfluß auf die Disposition des Organismus gegenüber Infektionskrankheiten. Das Adaptations-Syndrom besitzt drei Phasen: (1.) Alarm-Reaktion [Anpassung besteht noch nicht], (2.) Adaptation [bestmögliche Anpassung wird erreicht], (3.) Erschöpfung [Anpassung geht wieder verloren]. Diese Phasen lassen sich auch an jedem Symptom beobachten, das zum Adaptations-Syndrom beiträgt, so z. B. auch an der Phagozyten-Reaktion [vgl. Abb. 2]. Am Adaptations-Syndrom selbst sind (nach Untersuchungen von SELYE an Wirbeltieren) die beiden Haupt-Integratoren des Organismus maßgeblich beteiligt: Hormon- und Nervensystem. Reize, die über die stress-Wirkung eine Adaptation anregen, werden als Stressoren bezeichnet. Als solche kommen u. a. in Frage: (1.) Hohe Populationsdichte bzw. übervölkerte Zuchten

---

[1]) Der Begriff der Empfindlichkeit seitens des Wirtes korrespondiert mit dem Begriff der Pathogenität seitens des Erregers.

(crowding), (2.) Abnorme Ernährung, (3.) Applikation von Chemikalien oder Strahlung, (4.) Extreme Klimabedingungen, (5.) Trauma.

In diesem Zusammenhang interessiert speziell die stress-bedingte Änderung von Disposition bzw. Toleranz gegenüber Infektionskrankheiten. Ein Maßstab für die Wirksamkeit von Stressoren ist z. B. ihr provozierender Einfluß auf eine latent gebliebene Infektion. Durch eine starke bzw. ständige stress-Wirkung kann nämlich die Adaptationsphase schnell in die Erschöpfungsphase umschlagen. Beispiele hierfür gibt es eine ganze Reihe: Ad (1) Nach STEINHAUS (1956, 1958) ließ sich eine deutliche Zunahme der Sterblichkeit registrieren bei Erhöhung der Dichte einer eingekäfigten Population. Jüngere Larven sind unter solchen Bedingungen besonders anfällig gegenüber Bakteriosen, ältere gegenüber Polyedrosen. Ad (2) Die provozierende Wirkung der Nahrung gegenüber bestimmten Virosen ist von verschiedenen Untersuchern beschrieben worden: RIPPER (1915) berichtete über eine provozierende Wirkung gegenüber der Kernpolyedrose von *Bombyx mori* L. durch Verfütterung von *Scorzonera hispanica* L. und VAGO (1951) durch Verfütterung von *Maclura aurantiaca* NUTT. GERSCHENSON (1958b) machte Mitteilung über die Provokation der Kernpolyedrose von *Galleria mellonella* (L.) durch Verfütterung von Erbsen (*Lens esculenta* MOENCH)-Mehl. Freilandbeobachtungen bei anderen Virosen liegen von MACDONALD (1951) und KOVAČEVIČ (1953) vor. Ad (3) Durch Applikation von Chemikalien gelang es ebenfalls, latente Virosen zu provozieren. So berichteten VENEROSO (1934) und VAGO (1951) über den Ausbruch der Kernpolyedrose in latent verseuchten Zuchten von *Bombyx mori* L. nach Behandlung des Futters mit Natriumfluorid. YAMAFUJI erzielte ähnliche Ergebnisse bei der gleichen Krankheit durch Verwendung von Hydroxylamin, Kaliumnitrit und Peroxyden. KRIEG (1956, 1957a) provozierte Polyedrosen mit Hilfe von Natriumfluorid, Kaliumnitrit, Hydroxylamin und Thioglycolsäure bei latent mit *Borrelinavirus* infizierten Afterraupen von *Neodiprion sertifer* (GEOFFR.) und mit Hilfe von Natriumfluorid bei latent mit *Borrelinavirus* infizierten Raupen von *Aporia crataegi* (L.). Ad (4) Bei extrem hohen Temperaturen (+ 40° C) beobachtete STEINHAUS eine Anfälligkeit von *Peridroma margaritosa* (HAW.)-Raupen gegenüber *Bacillus thuringiensis*, gegenüber dem sie normalerweise nicht anfällig sind. Hohe Luftfeuchtigkeit soll nach WALLIS (1957) auf die Kernpolyedrose von *Lymantria dispar* (L.) provozierend wirken.

Anm.: In diesem Zusammenhang muß darauf hingewiesen werden, daß auch andere Erreger eine latente Infektion zu provozieren vermögen und auf diese Weise eine Kreuzinfektion vortäuschen können. So gelang es z. B. KRIEG (1957) durch Verfütterung der Plasmapolyeder von *Smithiavirus pudibundae* in *Neodiprion sertifer* (GEOFFR.) eine Kernpolyedrose von *Borrelinavirus* zu provozieren. Weitere Beispiele hierfür gibt es eine ganze Reihe; vgl. auch SMITH und XEROS (1953) und SMITH und RIVERS (1956).

5. Epizootiologie

Im Gegensatz zur Pathologie, die sich die Aufgabe stellt, die Pathogenese, d. h. das Zustandekommen der Einzelerkrankung zu erhellen, versucht die Epizootiologie [syn. Epidemiologie] die Bedingungen zu erforschen, die zu Massenerkrankungen in Populationen führen. Für die epizootiologische Forschung sind daher besonders die Ergebnisse der Populationsdynamik[1]) von grundlegender Bedeutung.

Wichtige Probleme der Epizootiologie sind das Auftreten von Seuchen, der Ablauf derselben, ihre Weiterverbreitung und ihr Verlöschen. Nicht alle Infektionskrankheiten können als seuchenhafte Erkrankungen bezeichnet werden. Unter Seuchen versteht man speziell solche Infektionen, die mehr oder weniger Dichte-abhängig [density dependent] sind. Das sind in erster Linie jene Infektionen, bei denen sich das Geschehen von Tier zu Tier überträgt und so aus eigenem Bestand erhält. Zu ihnen gehören daher mit Vorrang die Virosen und Rickettsiosen. Bei vielen Bakteriosen vermag sich der Erreger auch außerhalb des Tieres [saprophytisch] weiter zu vermehren, wodurch die Dichte-Abhängigkeit durchbrochen werden kann. Dies muß aber nicht der Fall sein, da die Virulenz des Erregers oft nur bei Wirtspassagen [voll] erhalten bleibt.

Der Ausbruch einer Seuche kann sowohl durch Einbruch von Erregern in eine gesunde Wirts-Population erfolgen als auch durch Manifestation der Krankheit in einer bereits latent verseuchten Population. Für diese Fälle liefert die Polyedervirose von *Neodiprion sertifer* (GEOFFR.) ein Beispiel, vgl. KRIEG (1956, 1957a) [s. a. unter *Borrelinavirus diprionis*].

Ob Infektionskrankheiten in apparenter Form verlaufen und in deren Folgen zur Vernichtung einer Population führen oder nicht, ist vom Gleichgewichtszustand zwischen Erreger und Wirt abhängig. Die Ver-

[1]) Ihre Grundlagen sind grob skizziert folgende: Läßt man eine Organismenart in einem unbegrenzten Raum gewähren, der nicht an Nährstoffen verarmt, so vermehrt sie sich ad infinitum. Da diese Tendenz zur Massenvermehrung in jedem Lebewesen potentiell vorhanden ist, liegt das Problem der Populationsdynamik in der Analyse der Begrenzungsfaktoren. Eine intraspezifische Begrenzung kann z. B. in einer Zucht auf Interferenz der Individuen beruhen [physiologisch oder verhaltensmäßig] oder auf Konkurrenz der Individuen [die sich Raum oder Nahrung streitig machen] untereinander. In der Natur treten dazu noch extraspezifische Faktoren auf. Zu ihnen zählen neben den Nahrungsverhältnissen die natürlichen Feinde [Krankheiten, Parasiten, Räuber]. Viele dieser biotischen Begrenzungsfaktoren sind mehr oder minder Dichte-abhängig [density dependent]. Zu ihnen treten noch abiotische, Dichte-unabhängige Begrenzungsfaktoren, wie z. B. das Klima. Während die bisher genannten, selektiv wirksamen Einflüsse exogener Natur sind, muß bei populationsdynamischen Veränderungen auch an genetische Einflüsse endogener Natur, wie Populationsheterogenität und Variation gedacht werden. Gute Zusammenfassung über die Probleme der Populationsdynamik s. SOLOMON (1949), MILNE (1957) und SCHWERDTFEGER (1957).

hältnisse lassen sich vielleicht am besten mit Hilfe von Schema 1 zum Ausdruck bringen.

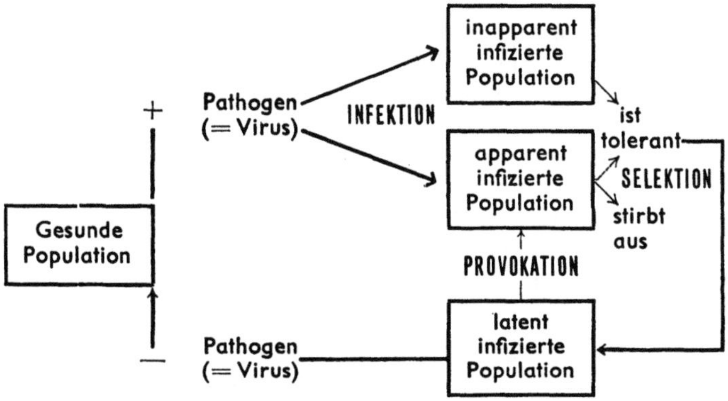

Schema 1: INFEKTION I (Virus = const. Wirt = var.)

Hier sind die Möglichkeiten aufgezeigt, die zu einer Epizootie führen können: In eine gesunde, aber disponierte Population wird der spezifische Krankheitserreger eingeschleppt, und es kommt damit zu einer apparenten Infektion der Population. In diesem akuten Stadium, das durch starke Vermehrung des Erregers im Wirtstier ausgezeichnet ist, verbreitet sich die Krankheit über Infektketten von Tier zu Tier und vermag so die Population zu vernichten, wenn der Wirt genügend disponiert und der Erreger genügend aggresiv ist. Sind diese Bedingungen nicht erfüllt, so toleriert zumindest ein Teil der Wirtspopulation den Erreger. Damit tritt die Durchseuchung der Restpopulation vom apparenten in den latenten Zustand über, der im extremen Fall zu einer Art „Symbiose" führen kann. Andererseits kann eine latente Verseuchung auch dadurch entstehen, daß der Wirt mit einer ungenügenden Dosis oder, was auf das gleiche herauskommt, zu spät im Hinblick auf ein empfindliches Stadium infiziert wird. – Das Schicksal einer Population ist nun weitgehend von ihrem Durchseuchungsgrad abhängig. Dieser wirkt selektionierend. VAGO (1953) konnte dies in einem Modellfall an latent mit *Borrelinavirus* verseuchten Zuchten von *Bombyx mori* L. demonstrieren: Im Anschluß an eine künstliche Provokation gingen die stark verseuchten Individuen an der Polyedrose ein und waren auf diese Weise im Gegensatz zu den schwach verseuchten Tieren von der Weiterzucht ausgeschlossen. Eine ähnliche Selektion könnte der Beobachtung zugrunde liegen, daß nach dem Zusammenbruch einer Gradation von *Neodiprion sertifer* (GEOFFR.) in einem Enzootiegebiet von *Borrelinavirus diprionis* im Verlaufe von 3 Jahren wieder einzelne, gesunde Larven-Familien gefunden wurden, die nicht mehr latent infiziert waren. Im latenten Zustand wird das Virus wohl nicht mehr durch zufällige Infektketten übertragen, sondern nach Erfahrungen von ROEGNER-AUST (1949), BIRD (1955), CLARK (1955), KRIEG (1956) u. a. germinativ, d. h. im Zeugungszusammenhang gleichsam „vererbt". Um den Nachweis für eine germinative Übertragung des *Borrelinavirus bombycis* zu erbringen, injizierten UMEYA und Mitarb. (1955) 3–4 Tage vor dem Schlüpfen das Virus in Seidenspinner-Puppen. Die schlüpfenden Falter legten Eier ab und die aus ihnen hervorgegangenen Raupen, zeigten im 3. bis 5. Larvenstadium die typischen Symptome der Polyedrose. Ähnliche Beobachtungen liegen von Rickettsiosen [s. d.] [und symbiontischen Bakteriosen] vor.

Das Schema 1 geht von der Existenz unterschiedlich disponierter Wirtspopulationen aus. Solche unterschiedlich empfindlichen Stämme wurden von verschiedenen Autoren beschrieben: von RIVERS (1958) bei *Pieris brassicae* (L.) gegenüber einer Granulose, von SIDOR (1959) bei *Pieris brassicae* gegenüber einer Plasmapolyedrose und von OSSOWSKI (1958) bei einer Kernpolyedrose von *Kotochalia junodi* (HEYL).

Für die Entseuchung einer Population spielt die selektionierte Toleranz offenbar eine wichtige Rolle. Sie ist ein Grund dafür, daß eine Wirtsart als Folge eines seuchenhaften Zusammenbruchs in einem bestimmten Gebiet nicht ausstirbt. In diesem Sinne sind die Beobachtungen von RIVERS (1958) bei der Granulose von *Pieris brassicae* zu deuten, die für eine Zunahme der Toleranz im Laufe von Generationen unter Viruseinwirkungen sprechen. Außerdem konnte er zeigen, daß verschiedene Wirtspopulationen verschieden empfindlich sind gegenüber dem gleichen Virus. Zu entsprechendem Ergebnis kam MARTIGNONI (1957) bei der Granulosekrankheit von *Eucosma griseana* (HBN.), bei der er 1 Jahr nach dem Höhepunkt der Gradation einen wesentlichen Anstieg der Toleranz in der Wirtspopulation [gemessen an der LD_{50} gegenüber dem spezifischen *Bergoldiavirus*] beobachtete. Umgekehrt scheint bis zum Höhepunkt einer Massenvermehrung die Selektion eingeschränkt zu sein, so daß die Populationen für Virosen disponiert werden. Die Folge davon dürfte der oft zu beobachtende Zusammenbruch einer Gradation an einer Virusseuche sein: z. B. Zusammenbruch der Kalamitäten von *Lymantria monacha* (L.) durch *Borrelinavirus efficiens* als Krankheitserreger [s. S. 68].

Die genannten Ursachen sind indessen sicher nicht die einzigen, die für den Ausbruch und die Verlaufsform einer Epizootie in Frage kommen; hier sind besonders selektions-bedingte Steigerungen der Infektiosität durch geeignete Wirtspassagen innerhalb der Infektkette bzw. Abschwächungen der Infektiosität durch verschiedene, inhibierende Ursachen anzunehmen. Dies ist für die meisten Bakteriosen experimentell nachgewiesen und dürfte bei dieser Krankheitsgruppe eine große Rolle spielen: z. B. bei *Cloaca cloaca var. acridiorum*, *Serratia marcescens* u. a.

Auch Stämme von *Bacillus thuringiensis* zeigen Variationen hinsichtlich ihrer Virulenz. Während zwar der von MATTES (1927) isolierte Stamm

keinen Virulenzverlust nach längerer Kultivierung auf künstlichem Substrat zeigte (STEINHAUS 1951), beschrieben eine Reihe anderer Untersucher (TOUMANOFF und VAGO 1952, TOUMANOFF 1955, LEMOIGNE und Mitarb. 1956, MAJUMDER und Mitarb. 1956, VĂNKOVÁ 1057) einen mehr oder weniger bemerkenswerten Virulenzverlust bei ununterbrochener Züchtung auf künstlichen Nährmedien. Diese Abschwächung konnte jedoch durch Wirtspassage wieder rückgängig gemacht werden. Auch die Untersuchungen von TOUMANOFF über die Virulenzänderung und Umwandlung von nichtkristallführenden in kristallführende Stämme bei *Bacillus cereus* var. bzw. *Bacillus thuringiensis* gehören hierher (TOUMANOFF 1956). Abschwächung und Aktivierung hinsichtlich der Virulenz beschrieb auch STEPHENS (1952 und 1957) bei *Bacillus cereus.*
Die Änderung der Virulenz ist dabei aufzufassen als eine gegenregulierende adaptive Anpassung an die Abwehr-Reaktion des Wirtes. Das Schema 2 soll diese Möglichkeiten erläutern:

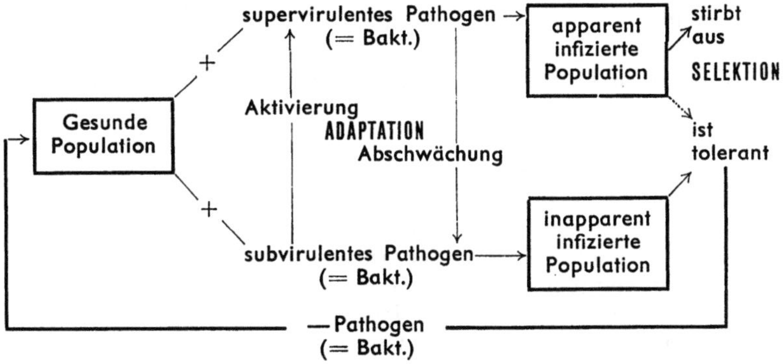

Schema 2: INFEKTION II (Bakt. = var. Wirt = const.)

COX (1954) sieht auch im Kommen und Gehen von Virus-Epizootien bei Wirbeltieren einschließlich des Menschen eine Folge der Variabilität der Viren. Ob solche Änderungen in der Pathogenität für *Arthropodophagales* epizootiologisch von Bedeutung sind, ist bisher noch nicht eingehend untersucht worden, wenn auch Hinweise existieren [offenbar 3 Stämme von unterschiedlicher Pathogenität bei *Bergoldiavirus euxoae*]. In diesem Zusammenhang dürfte auch die eingehende Analyse von Kreuzinfektionsversuchen aufschlußreich sein. Über spontane Mutationen beim *Borrelinavirus* von *Bombyx mori* L. und von *Antheraea pernyi* (GUÉR) berichtete GERSCHENSON (1956), über wirtsinduzierte Variationen beim *Borrelinavirus* von *Bombyx mori* AIZAWA (1958). Bei *Arthropodophiliales* liegen in dieser Hinsicht bereits eingehende Beobachtungen vor, und zwar beim Gelbfieber-Virus *[Insectophilusvirus evagatus]*. Hier läßt sich eine

Änderung der Pathogenität im allgemeinen beim Wechsel des Wirbeltierwirts feststellen. Bei dieser pathogenetischen „Anpassung" an eine neue Wirts- oder Zell-Art findet eine Abnahme der Pathogenität gegen die alte Art und eine Steigerung der Pathogenität gegen die neue Art statt: Wirts-induzierte Variation. Die beobachteten Pathogenitätsänderungen bei wirbeltierpathogenen Viren dürften durch die individuell erworbenen Immunitäts-Vorgänge der Wirte, speziell durch den Einsatz von neutralisierenden Antikörpern selektioniert werden. Von KUNKEL (1937) liegen Beobachtungen über Mutationen beim Aster-Yellow-Virus *[Chlorogenus-virus callistephi]* vor. Bei den häufigen [reversiblen] Variationen der Virulenz der Bakterien handelt es sich wohl durchweg um sog. enzymatische Adaptationen, während die Pathogenitäts-Änderungen bei Viren [hierzu sind auch die sog. fixe-Varianten zu rechnen, wie der 17 D-Stamm von *Insectophilusvirus evagatus*, die zu einer aktiven Immunisierung von Wirbeltieren dienen] das Ergebnis von Mutationen sein dürften[1]). Mutative Pathogenitäts-Änderungen sind selbstverständlich auch bei Bakterien bekannt.

Was die allgemeine Bedeutung der Latenz für die Virus-Epizootiologie betrifft, so ist LURIA (1953) der Ansicht, daß den Viren (und auch anderen obligaten Pathogenen), wenn sie sich nicht selbst mit dem von ihnen tödlich infizierten Wirt ausrotten wollen, die Befähigung zukommen muß, in einem Virus-Reservoir zu überleben. Ein solches Überleben des Virus wird ermöglicht durch Toleranz des Wirtes, d. h. letzten Endes ähnlich wie bei den Symbionten durch komplementäre Anpassung der genetischen Systeme beider Partner (Pathogenität/Resistenz). Die latente Infektion kann somit als eine Art Gleichgewicht im System Virus/Wirt betrachtet werden, das für beide Partner vorteilhaft ist. Ein solches Gleichgewicht ist die notwendige Voraussetzung für eine gemeinsame Evolution (= Co-Evolution) von Wirt und obligatem Parasit (vgl. MODE 1958), wie sie für viele wirtsspezifische Erreger anzunehmen ist. Latent verseuchte tolerante Populationen scheinen somit für das enzootische Auftreten von Virosen eine Voraussetzung zu sein. Eine Epizootie dagegen ist auf den Einbruch von Viren [aus einem Reservoir] in eine unverseuchte empfindliche Population angewiesen. Diese beiden Extreme können auch gemischt vorkommen, wenn in einem Enzootiegebiet durch Superinfektion eine epizootische Welle auftritt. Solche Superinfektionen sprechen gegen das Vorkommen einer erworbenen Immunität bei Insekten gegenüber Viren. – Bei den Bakteriosen scheint das Auf-

[1]) Dieser Auffassung widerspricht nicht die Existenz von „wirtsinduzierten Varianten"; diese sind als „gerichtete Mutationen" aufzufassen, sind also vom Typ der Transformation in der Bakteriengenetik. Sie dürften durch die Wechselwirkung des Virus mit dem Nucleinsäure-Stoffwechsel der Wirtszelle entstehen.

treten einer Epizootie, abgesehen von dem Einbruch der Erreger in eine gesunde Population, an ein Aufschaukeln ihrer Virulenz gebunden zu sein.

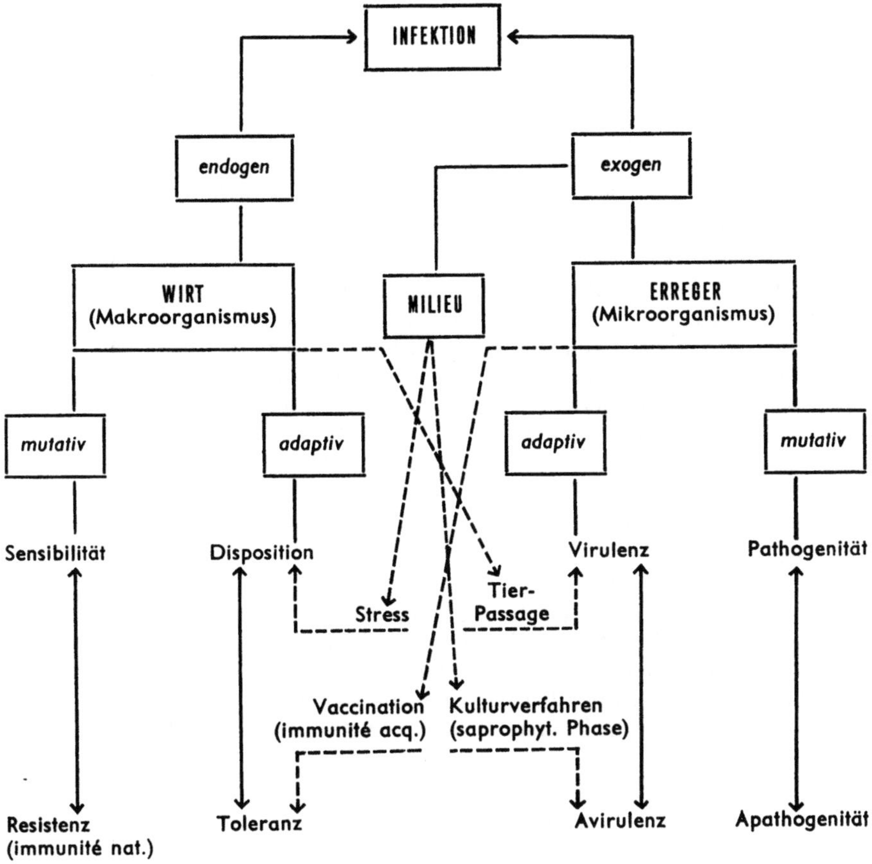

Schema 3: Schematische Darstellung der begrifflichen Analyse des Infektionsprozesses

6. Infektketten

Nur durch reihenweise Übertragung eines Pathogens von Wirt zu Wirt erhält sich eine Infektionskrankheit. Sie erlischt, wenn die „Infektionskette" abreißt. Je nachdem ob ein Pathogen direkt von Wirt zu Wirt weitergegeben wird oder nicht, spricht man von kontinuierlichen oder diskontinuierlichen Infektketten [GÄUMANN 1951]. Eine Diskontinuität in der Infektkette liegt z. B. dann vor, wenn zwischen die Übertragung von Wirt zu Wirt eine saprophytische Phase (z. B bei Bakterien) oder eine Ruhepause des Erregers eingeschaltet ist. Letzteres ist bei vielen insekten-pathogenen Erregern der Fall: So z. B. bei Viren, die Einschlußkörper besitzen *[Bergoldiavirus, Borrelinavirus, Smithiavirus]* und bei sporenbildenden Bakterien *[Bacillus]*. Diskontinuierliche Infektketten sind in der Insektenpathologie deswegen häufig, weil bei den holometabolen Insekten die empfindlichen Larvenstadien aufeinanderfolgender Generationen durch das relativ unempfindliche Imaginalstadium getrennt sind. Außerdem wächst bei vielen Insekten im Jahr nur eine einzige Generation synchron heran [annuelle Rassen und Arten], so daß der Erreger, der sich in den kranken Larven vermehrt hat, erst nach Ablauf einer gewissen Zeit wieder auf empfindliche Wirte treffen kann.

Nach der Art der Zugehörigkeit der Wirte lassen sich nach DOERR (1941) unterscheiden: Homogene Infektketten [wirtstreue Erreger] und heterogene Infektketten [wirtswechselnde Erreger]. Im allgemeinen handelt es sich bei den meisten insektenpathogenen Viren *[Arthropodophagales]* und Bakterien um homogene Infektketten. Hier soll in erster Linie von heterogenen Infektketten die Rede sein, bei denen Insekten den einen Vektor darstellen: Nach DAY und BENNETS waren bereits 1954 als Vektoren bekannt: 37 Aphiden- und 32 Cicadelliden-Arten, ferner 15 Culiciden-Arten [dazu kommen noch 23 Arachnoiden-Arten]. Diese Zahl hat sich mittlerweile beträchtlich erhöht, s. a. HEINZE (1951) und MARTINI (1952).

Besonders bedeutsam ist die sog. biologische Übertragung von Pathogenen. Die auf diese Weise übertragenen Viren wurden daher zur taxonomischen Gruppe der *Arthropodophiliales* [s. spezieller Teil] zusammengefaßt. Den Unterschied zwischen mechanischer und biologischer Übertragung gibt folgende Übersicht nach FENNER und DAY (1952) wieder:

Tabelle 1. *Übertragungsmodi*

	Übertragung	
	Mechanische	Biologische
Vorkommen des Virus (vorwiegend)	Wirbeltier: Cutis Blütenpflanze: Parenchym	Wirbeltier: Blutbahn Blütenpflanze: Phloem
Spezifität des Vektors	relativ gering	relativ hoch
Celationszeit	keine	vorhanden
Übertragung nur durch Arthropoden	nein	ja
Virusvermehrung im Vektor	nein	ja

Mechanisch übertragene Viren gehören verschiedenen taxonomischen Gruppen an. Zu den durch Insekten mechanisch übertragenen Wirbeltier-Virosen zählen u. a. verschiedene *Borreliota*-Viren [„große Virusarten"]. Es handelt sich dabei um die Erreger der Myxomatose, der Geflügelpocken, der Schweinepocken und der Mäusepocken. Mechanisch durch Insekten übertragene Pflanzenviren sind u. a. das Y- und A-Virus der Kartoffel, das Rübenmosaik-Virus, das Bohnenmosaik-Virus.

Auch bei den arthropodophagalen Viren kommt gelegentlich eine mechanische Übertragung durch andere Insekten vor. So können insbesondere parasitische Schlupfwespen durch Anstich gesunde Wirtsraupen infizieren. THOMPSON und STEINHAUS berichteten (1950) von einer Übertragung des *Borrelinavirus campeoles* durch *Apanteles medicaginis* MUES auf *Colias philodice eurytheme* BOISD. und STEINHAUS und HUGHES (1953) von einer Übertragung des *Bergoldiavirus brillians* durch *Apanteles harrisianae* MUES und *Sturmia harrisianae* COQ. auf *Harrisiana brillians* B. et McB.. FRANZ und Mitarb. (1955) konnten bei Versuchen mit der Raubwanze *Rhinocoris annulatus* (L.) feststellen, daß deren Kot infektiös war, wenn sie sich zuvor durch Saugen an Larven von *Neodiprion sertifer* (GEOFFR.), die mit *Borrelinavirus diprionis* infiziert war, ernährt hatte. Ähnliche Verhältnisse dürften bei verschiedenen Prädatoren herrschen.

(Für die Übertragung der Arthropodophagales in homogenen Infektketten ist wichtig, daß nur die Darmpolyedrosen infektiöse Faeces bedingen [Borrelinaviren der Hymenopteren und Smithiaviren der Lepidopteren] und auf diese Weise weiter verbreitet werden können. Dagegen werden bei Befall der Leibeshöhle durch Polyedrosen [Borrelinaviren der Lepidopteren] und Granulosen [Bergoldiaviren der Lepidopteren] die Faeces nicht infektiös; vielmehr werden diese Viren sogar durch die Verdauungssäfte der Lepidopteren bei der Darmpassage abgetötet. In diesen Fällen werden die Polyeder bzw. Kapseln erst bei der Verjauchung der Leichen frei.)

Aber nicht nur Viren werden von Insekten verbreitet, sondern auch Rickettsien, Spirochaeten und Eubakterien. – So werden auch fast alle wirbeltierpathogenen Rickettsien durch Insekten oder Zecken biologisch übertragen [s. d.]. Von Spirochaeten sei der Erreger des Rückfallfiebers *Borrelia recurrentis* erwähnt, der durch Läuse [*Pediculus humanus* DE G.] aber auch [wie andere *Borrelia*-Arten] durch Zecken weiter verbreitet wird. – Von den Insekten-übertragenen Eubakterien sind insbesondere die Pasteurellen interessant: *Pasteurella pestis*, der Erreger der Pest, wird im allgemeinen passiv vom Rattenfloh *[Xenopsylla cheopsis* (ROTHSCH.)*]* gelegentlich auch von anderen Insekten weitergegeben. Er vermehrt sich dabei offenbar auch im Darmkanal [Proventriculus] des Flohes. – *Pasteurella tularensis*, der Erreger der Tularämie, wird außer von verschiedenen Zecken und Milben durch Läuse *[Haemodipsus spec.* und *Polyplax spec.]*,

Dipteren [*Chrysops discalis* WILLISTOW, *Stomoxys spec.*] und Flöhe verbreitet. Bei Zecken auch transovarielle Übertragung. [s. S. 207ff.].

Pflanzenpathogene Eubakterien werden von einer Reihe von Coleopteren, Hymenopteren, Dipteren und Hemipteren passiv übertragen. Hierzu gehört u. a. *Erwinia amylovora* (BURRILL) WINSLOW et al., der Erreger des „fire blight" von Rosaceen [THOMAS und ARK 1934]. Weitere Fälle s. LEACH (1940). Daneben kommt aber auch eine biologische Übertragung durch bestimmte Fliegen vor, mit denen die Bakterien in einer losen oder festen Symbiose leben: *Hylemya*-Arten und *Trypetiden* [s. S. 8].

Literatur zu Kapitel I—III

ALTMANN, R., Die Elementarorganismen und ihre Beziehung zu Zellen (Leipzig 1893). — BARY, A. DE, Die Erscheinung der Symbiose (Straßburg 1879). — BÉCHAMPS, J., Microzymas (Montpellier 1875). — BERULAWA, S. I., Die Veränderlichkeit der Mikroben und die Immunität. (Moskau 1951.) — BIERRY, H., MARCHOUX, E., MARTIN, L. und PORTIER, P., Compt. rend. Soc. Biol. **83** (1920). — BIRD, F. T., Canad. Entomologist **85**, 437–446 (1953); Canad. Entomologist **87**, 124–127 (1955). — BOSCHJAN, G. H., Über die Natur der Viren und Mikroben. (Moskau 1949.) — BRIGGS, J. D., 10. Int. Congr. Entomology, Sect. 14., Montreal 1956. — BUCHNER, P., Tier und Pflanze in intrazellulärer Symbiose (Berlin 1921). — Endosymbiose der Tiere mit pflanzlichen Mikroorganismen (Basel 1953). — CAMERON, G. R., J. Path. Bact. **38**, 341–366 (1934). — CLARK, E. C., Ecology **36**, 373–376 (1955). — COWDRY, E. V., Amer. J. Anat. **31**, (1923). — COX, H. R., Behringwerke Mittlg. **29**, 87–112 (1954). — DAY, M. F. und BENNETS, M. J., Canberra, Div. Ent. Commonw. Sci, Industr. Res. Arg. Austr. **1954**; Rev. appl. Entom. Ser. A. **43**, 300–301 (1955). — DIENES, L., J. Bacteriol. **57**, 529 (1951). — DOERR, R., Arch. ges. Virusforschg. **2**, 87–155 (1941). — DUHAMEL, C., C. r. Acad. Sci. **239**, 1157–1159 (1954). – ENDERLEIN, G., Bakterien-Zyklogenie (Berlin 1925). — FENNER, F. und DAY, M. F., Nature **170**, 204 (1952). — FRANZ, J., KRIEG, A. und LANGENBUCH, R., Z. Pflanzenkrh. **62**, 407–412 (1956). — FRINGS, H., GOLDBERG, E. und ARENTZEN, J. C., Science **108**, 689–690 (1948). — GARY, N. D., NELSON, C. I. und MUNRO, J. A., J. Econ. Entomol. **41**, 661–663 (1948). — GÄUMANN, E., Pflanzliche Infektionslehre (Basel 1951). — GERSCHENSON, S. M., ČS-Parasitol. **5**, 105–112 (1958a). — GERSCHENSON, S. M., Dokl. Akad. Nauk SSSR. **110**, 1199–1201 (1956). — GERSCHENSON, S., (Pers. Mitt. 1958b). — GLASER, R. W., Psyche **25**, 39–46 (1918). — GLASGOW, H., Biol. Bull. **26**, 101–170 (1914). — HEIDENHAIN, M., Plasma und Zelle (Jena 1907, 1911). — HEINECKE, H., Zbl. Bakteriol. II. **109**, 524–535 (1956). — HEINZE, K., Die Überträger pflanzlicher Viruskrankheiten; Mitt. Biol. Zentralanst. Land- und Forstwirtsch., Berlin-Dahlem **1951**, Nr. 71. — HEITZ, E., Z. Naturforschg. **12b**, 576–578 (1957). — HENLE, J., Von den Miasmen und Kontagien (Göttingen 1840). — D'HERELLE, F., Le phénomène de la guérison dans les maladies infectieuses (Paris 1938). — L'HERITIER, P., Ann. Biol. **31**, 481–496 (1955). — HIRST, C. T.

und STRONG, J. C., Arch. Protistenkde. **77**, 395 (1932). — HOLLANDE, A. C., Arch. Zool. **70**, 231–280 (1930). — ISHIMORI, N. und METALNIKOV, S., C. r. Acad. Sci. **178**, 2136–2138 (1924). — IWANOWSKI, G. L., Über zwei Tabakkrankheiten (St. Petersburg 1892). — IWASAKI, Y., Arch. anat. Mikroskopie **23**, 319–346 (1927). — KOCH, A.: Z. Morph. Ök. Tiere **19**, 259–290 (1930); **32**, 138–180 (1936); Verh. Dtsch. zool. Ges. Erlangen **1955**, 328–348. — KOCH, R., Beitr. Biol. Pfl. **2**, 297 (1876). — KOMAREK, J. und BREINDL, V., Z. angew. Entomol. **10**, 99–162 (1924). — KOVAČEVIC, Ž., 1953; zit. nach BERGOLD (1958). — KRIEG, A., Z. Hyg. **135**, 330–337 (1952); Naturwiss. **42**, 589–590 (1955a); Mikroskopie **10**, 258–262 (1955b); Arch. ges. Virusforschg. **6**, 472–481 (1956); **7**, 212–218 (1957a); Naturwiss. **44**, 309 (1957b); **44**, 309–310 (1957c); Z. Immunitätsforschg. **115**, 472 (1958). — KUNKEL, L. O., J. Bacteriol. **34**, 132 (1937). — LEACH, J. G., Insect transmission of plant diseases (New York 1940). — LÖFFLER, F. und FROSCH, P., Zbl. Bakteriol. I. **23**, 371–391 (1898). — LUMIÈRE, A., Le mythe des symbiotes (Paris 1919). — LURIA, S. E., General Virology (New York-London 1953). — LWOFF, A., Ann. Inst. Pasteur **81**, 370 (1951); **82**, 676 (1952); **84**, 225 (1953). — LYSENKO, O., ČS-Mikrobiol. **2**, 248–250 (1957); **3**, 51–53 (1958). — McDONALD, 1951; zit. nach BERGOLD (1958). — MARTIGNONI, M. E., Mitt. Schweiz. Anst. forstl. Versuchsw. **32**, 371–418 (1957). — MARTINI, E., Lehrbuch der Medizinischen Entomologie, 4. Aufl. (Jena 1952). — MEINECKE, G., Mikroskopie **7**, 89 (1952a); **8**, 357 (1952b). — METALNIKOV, S., L'infection microbienne et l'immunité chez la mite des abailles Galleria mellonella. Monogr. Inst. Pasteur (Paris 1927). — METALNIKOV, S. und CHORINE, V., Internat. Corn. Borer. Invest. Sci. Rept. **2**, 22–38 (1929). — METSCHNIKOFF, E., Arb. Zool. Inst. Wien **5**, 141 (1883). — MEVES, F., Plastosomentheorie d. Vererbung Arch. Mikr. Anat. **92** (1918). — MEYER, F. G. und FRANK, W., Z. Zellforschg. **47**, 29–42 (1957). — MILNE, A., Cold. Spring Harb. Symp. Quant. Biol. (USA) **22**, 253–271 (1957). — MÜLLER, H. J., Z. Morph. Ök. Tiere **44**, 459–482 (1956). — NORTH, E. A. und DOERY, H. M., Nature **182**, 1374–1375 (1958). — OLIVER, H. R., Nature **159**, 685 (1947). — PAILLOT, A.: C. r. Soc. Biol. **83**, 278–280 (1920). — PALADE, G. E., J. Exper. Med. **95**, 285 (1951). — PANJEL, J. und HUPPERT, J., Compt. rend. Acad. Sci. (Paris) **242**, 199–201 (1956). — PASTEUR, A., Proc. Verbal. Franc. Acad. Sci. Paris **1860**. — PAVILLAND, E. R. und WRIGHT, E. A., Nature **180**, 916–917 (1957). — PETRI, L., Mem. Staz. Patol. vegetale Roma **4**, 1–130 (1909); Zbl. Bakteriol. II. **26**, 357 bis 367 (1910). — PIERANTONI, U., Boll. Soc. Nat. Napoli **24**, 303 (1911); Monit. zool. ital. **33**, (1922). — PLUS, N., Ann. Inst. Pasteur **88**, 347–364 (1955). — POLTEV, V. J., Infektionskrankheiten bei Insekten. Sitzungsber. Lenin-Akademie Landw.Wiss. (Leningrad 1954); Trans. 1. Conf. Insect. Path. Biol. Control (Prag 1958). — PORTIER, P., Les symbiotes (Paris 1918). — PRITTWITZ u. GAFFRON, J. v., Naturwiss. **40**, 590 (1953). — REHM, E., Klin. Wschr. **26**, 120–121 (1948). — RAETTIG, H. J., 25. Kongr. Dtsch. Ges. Hyg. u. Mikrobiol. (Bad Kissingen 1955); Zbl. Bakteriol I. O. **164**, 173–184 (1955). — RIES, E., Z. Morph. Ök. Tiere **20**, 233–367 (1931). — RIPPER, M., Z. Landw. Versuchsw. Österr. **1915**, 12–15. — ROCHA-LIMA, H. DA, Berlin. Klin. Wschr. **53**, 567–569 (1916). — ROEGNER-AUST, S., Z. angew. Entomol. **31**, 3–37 (1949). — RUSKA, H., Erg. Mikrobiol., Immunforschg. exp. Therapie **30**, 280–287 (1957). — SCHANDERL, H., Bot. Bakteriologie und Stickstoff-

Haushalt der Pflanzen auf neuer Grundlage (Stuttgart 1947). — SCHWERDTFEGER, F., Waldkrankheiten (Hamburg-Berlin 1957). — SELYE, H., Science **122,** 625–631 (1955). — SHDANOW, W. M., Viren bei Mensch und Tier (Moskau 1953). — SJÖSTRAND, F. S., Naturelle **171,** 30 (1953). — SMITH, K. M. und XEROS, N., Parasitol. **44,** 71–80 (1954); **43,** 178–185 (1953). — SMITH, K. M. und RIVERS, C. F., Parasitol. **46,** 235–242 (1956). — SOLOMON, M. E., J. Anim. Ecol. **18,** 1–35 (1949). — STAMMER, H. J., Z. Morph. Ök. Tiere **15,** 481–523 (1929); Tijdschr. Entomol. **95,** 23–40 (1952). — STAPP, C., Biol. Zbl. **70,** 398 (1951).; Naturwiss. **40,** 618 (1953). STEINHAUS, E. A., Principles of Insect Pathology (New York 1949); (Pers. Mittlg. 1955); Proc. 10. Int. Congr. Ent. (Montreal 1956) **4,** 725–730 (1958); Ecology **39,** 503–514 (1958). 503–514 (1958). — STEINHAUS, E. A., BATEY, M. M. und BOERKE, C. L., Hilgardia **24,** 459–518 (1956). — STEINHAUS, E. A. und BRINLEY, F. J., Mosquito News **17,** 299–302 (1957). — STEINHAUS, E. A. und HUGHES, K. M., J. Econ. Entomol. **45,** 744 (1953). — ŠULC, K., Sitzungsber. Böhm. Ges. Wissensch. Prag. Math.-Naturwiss. Klasse **3** (3) 1–39 (1910a); **3** (14) 1–6 (1910b). — TANADA, Y., Proc. Haw. Ent. Soc. **15,** 235–260 (1953); J. Econ. Entomol. **49,** 52–57 (1956). — THOMAS, H. E. und ARK, P. A., California Agric. Exp. Sta. Bull. **1934,** Nr. 586. — THOMPSON, C. G. und STEINHAUS, E. A., Hilgardia **19,** 411–445 (1950). — TOUMANOFF, C., Rev. Canad. Biol. **8,** 343 (1949). — TULASNE, R., Nature **164,** 876 (1949). — UTENKOW, M. D., Mikrogenese (Moskau 1941). — VAGO, C., Rev. Can. biol. **10,** 299–308 (1951); Rev. versoie **5,** 73–81 (1953); Entomophaga **1,** 82–87 (1956). — VAGO, C. und VASILJEVIĆ, L., Mikroskopie **11,** 136–139 (1956). — VENEROSO, A., Boll. staz. sper. gelsic. Bachiocol. Ascoli Piceno **13,** 1–13 (1934). — VOILLE, H. und SAUTET, J., Compt. rend. Soc. biol. **127,** 80–82 (1938). — WALLIN, I. E., Symbioticism and the Origin of Species (Baltimore 1927). — WALLIS, R. C., J. Econ. Entomol. **50,** 580 (1957). — WEIDEL, W., (Diskussion zu RAETTIG) 25. Kongr. Dtsch. Ges. Hyg. u. Mikrobiol. (Bad Kissingen 1953). — WEISER, J., Z. Pflanzenkrh. **63,** 625–638 (1956). — WITTIG, G. und FRANZ, J., Naturwiss. **44,** 564–565 (1957). — YAMAFUJI, K., Enzymologia **15,** 223–231 (1952). — YAMAFUJI, K. und YUKI, T., J. Faculty Agr. Kyushu Univ. **9,** 317–323 (1950). — ZERNOFF, V., Ann. Inst. Pasteur **46,** 365 (1931). — ZIEGLER, H., Z. Naturforschg. **13b,** 297–301 (1958).

Nachtrag bei der Korrektur

AIZAWA, K., Jap. J. appl. Zool. **18,** 141–142 (1953). — BEHRING, E. A. und KITASATO, S., Dtsch. med. Wschr. **1890,** 1113. — BRIGGS, J. D., Proc. 10. Int. Congr. Ent. (Montreal 1956) **4,** 723 (1958). — CHORINE, V., Compt. rend. Soc. biol. **97,** 1395–1397 (1927). — HOLLANDE, A. C. u. VICHER, M., Compt. rend. Soc. biol. **99,** 1471–1473 (1928). — METALNIKOV, S., Ann. Inst. Pasteur **37,** 528–536 (1923). — OSSOWSKI, L. J., Nature **181,** 4609 (1958). —RIVERS, C. F., Trans. 1. Conf. Insect. Path. Biol. Control (Prag 1958). — SIDOR, Ć., Ann. appl. Biol. **47,** 109–113 (1959). — UMEYA, Y., AIZAWA, K. und NAKAMURA, K., Sansi Kenkŷu (Acta Sericol.) (jap.) **2,** 5–12 (1955). — MODE, CH. J., Evolution (Paris) **12,** 158–165 (1958). — MAJUMDER, S. K., MUTHU, M. und PINGALE, S. V., Indian J. Entomol. **18,** 397–407 (1956). — TOUMANOFF, C., Ann. Inst. Pasteur **90,** 660–665 (1956). — TOUMANNOFF, C. und VAGO,

C., Compt. rend. Acad. Sci. **235**, 1715–1717 (1952). — TOUMANOFF, C., Ann. Inst. Pasteur **83**, 421–422 (1955). — LEGMOIGNE, M., BONNEFOI, A., BÉGUIN, S., GRISON, P., MARTOURET, D., SCHENK, A. und VAGO, C., Entomophaga **1**, 19–34 (1956). — STEINHAUS, E. A., Hilgardia **20**, 359–381 (1951). — STEPHENS, J. M., Can. J. Zool. **30**, 30–40 (1952); Can. J. Microbiol. **3**, 995–1000 (1957). — VĂNKOVÁ, J., Folia Biol. (Prag) **3**, 175–182 (1957).

IV. Verbreitung von Infektionserregern bei Arthropoden

In der folgenden Übersicht (Tab. 2) ist das bisher bekannt gewordene Vorkommen verschiedener Erregertypen [gegliedert nach Ordnungen] bei den verschiedenen Wirtsordnungen wiedergegeben [(+) = gelegentlich vorkommend, + = häufig vorkommend]. Zum Verständnis des Vorkommens wirtswechselnder Erreger, speziell von arthropodophilen Viren

Tabelle 2. *Verbreitung der Infektionserreger bei Arthropoden*

Wirte	Nutritive Besonderheiten	Arthropodophagales	Arthropodophiliales	Rickettsiales	Spirochaetales	Pseudomonadales	Eubacteriales	Actinomycetales	Symbiont. Bakterien	Symbiont. Hefen	Pilze	Protozoen
Crustacea						(+)	+				+	+
Araneina							(+)				(+)	(+)
Acari	(*t*)	+	+	+	+		(+)		+		(+)	(+)
Myriopoda							(+)					
Apterygota				?								(+)
Amphibiotica												+
Orthoptera	(*o*)			(+)	(+)	+	+		(+)		+	+
Isoptera	*o*				(+)				+		+	+
Homoptera	*p*		+				+		+	+	+	
Heteroptera	(*p*/*t*)			(+)		+	+	+	+		(+)	+
Anoplura	*t*			+	+				+			(+)
Mallophaga	*o*			+					+			
Aphaniptera	*t*			+	(+)		+					(+)
Diptera	(*t*)	+	+	+	(+)	+	+		(+)		+	+
Hymenoptera	(*o*)	+					+		(+)		+	+
Lepidoptera		+			(+)	(+)	+				+	+
Coleoptera	(*o*)	?		+		(+)	+		(+)	(+)	+	+

[die vom saugenden Insekt biologisch auf einen Nicht-Arthropod als weiteren Vektor übertragen werden] und zum Verständnis der Notwendigkeit von Symbionten bei vitaminarmer Ernährung [z. B. einseitige Kost saugende Insekten] wurde das Vorkommen von Säftesaugern in den verschiedenen Wirtsordnungen angezeigt [*t* = Blutsauger; *p* = Pflanzensaftsauger; (*t*) = teilweise Blutsauger; (*p*) = teilweise Pflanzensaftsauger]. Ordnungen, deren Arten andere einseitige Kost [z. B. Horn, Holz] aufnehmen, sind ebenfalls [mit *o*] gekennzeichnet. Zur Abrundung des Bildes wurden außer Insekten auch die übrigen Arthropoden als weitere Wirte sowie symbiontische Hefen, pathogene Pilze und Protozoen als weitere Erreger summarisch berücksichtigt. Unberücksichtigt blieb lediglich die bei fast allen Arthropoden [einige Blutsauger ausgenommen] vorhandene aber nicht konstante Darmflora, die Eubakterien, gelegentlich auch Pseudomonaden enthält.

V. Mikrobiologie der Infektionserreger

A. Virus

Definition: Viren sind obligate Zellparasiten, die sich nicht auf künstlichen Nährböden züchten lassen. Ihre Struktur wird nur vom Elektronenmikroskop aufgelöst. Der weitaus größte Teil der Viren passiert daher Entkeimungsfilter. Eine Zellstruktur ist nicht vorhanden, ebenso kein ausgesprochener Stoffwechsel. Sie teilen sich nicht, sondern werden von den Wirtszellen synthetisiert. Sie enthalten nur eine Nukleinsäure, entweder DNS oder RNS.

Anmerkung: Auf Grund dieser Definition sind die Rickettsien von den Viren abzutrennen, da sie sich durch Teilung vermehren und einen protoplasmatischen Aufbau besitzen.

Der Stamm *Virus* enthält 4 Klassen:

Bacteriophaga (HOLMES)
(syn. *Protophytoviralia* SHDANOW)
= Viren der Bakterien *[Schizomyceta]*

Phytophaga (HOLMES)
(syn. *Phytoviralia* SHDANOW)
= Viren der höheren Pflanzen *[Cormophyta]*

Zoophaga (HOLMES)
(syn. *Zooviralia* SHDANOW)
= Viren der höheren Tiere *[Vertebrata]*

Arthropodophaga nov. class.
= primäre Viren der *Arthropoda.*

Von ihnen wird hier nur die letzte Klasse behandelt:

1. Arthropodophaga *nov. class.*

Definition: Viren, die im Zusammenhang mit Arthopoden vorkommen und sich in diesen vermehren.

Ordnungen: *Arthropodophagales*
Arthropodophiliales

1.1. Allgemeines

1.1.1. Taxonomie

Der erste Versuch, die Viren in die binäre Nomenklatur des LINNÉschen Systems einzuordnen, wurde von HOLMES (1948) unternommen. Einfügungen hinsichtlich der Insekten-Viren stammen von STEINHAUS (1953) und BERGOLD (1953). SHDANOW (1953) ignorierte in seinem neuen System der Viren fast alle früheren Namen und führte neue ein. Auf dem 6. Internationalen Mikrobiologen-Kongreß in Rom 1953 wurde vorgeschlagen, unter Beibehaltung einer binären Nomenklatur, neuzuschaffenden Genusnamen das Suffix „-virus" anzuhängen [ANDREWES 1954, 1955]. Vor der Internationalen Nomenklatur-Kommission, auf dem 7. Internationalen Mikrobiologen-Kongreß 1958 in Stockholm bestand SHDANOW nicht auf der Beibehaltung seiner neuen Nomina; außerdem wurde Einigung darüber erzielt, daß die binäre Virusnomenklatur nach dem Vorbild von HOLMES beizubehalten sei, mit der Auflage, die bisherigen Genusnamen mit der Endsilbe „-virus" zu versehen. Die Schwierigkeiten der Virus-Taxonomie ergeben sich aus der Tatsache, daß eine brauchbare Art-Definition fehlt. Die Aufstellung natürlicher Gruppen vom Rang eines Genus gelingt schon eher. Hierzu können morphologische und chemische Unterschiede, Wirts- und Gewebe-Tropismus, pathogenetische Wirkungen und Antigen-Verhältnisse verwertet werden. Systematisch betrachtet ergibt sich dann der noch relativ unbestimmte Artbegriff als wichtigster taxonomischer Rang unterhalb des Genusbegriffs. In diesem Sinne sind die hier gebrachten Species von Viren zu verstehen.

Dieser Abriß lehnt sich eng an die HOLMESsche Nomenklatur an, doch war es nötig, auch neue Taxa einzuführen. Im Gegensatz zu HOLMES hat sich der Autor entschlossen, ebenso wie SHDANOW [Viren bei Tier und Mensch, Moskau 1953] die bisherige Klasse der Viren zu einem Stamm zu erheben und die Unterordnungen zu Klassen. Die Einführung einer neuen Klasse *Arthropodophaga* erwies sich als nötig, um der Bedeutung der Arthropoden-Viren besser gerecht zu werden, ebenso die Beschränkung der Klassenbezeichnung *Zoophaga* auf die Viren, die ausschließlich Wirbeltiere befallen. Es wurden außer der Klassenbezeichnung *Arthropodophaga* neu eingeführt die beiden Ordnungen *Arthropodophagales* und *Arthropodophiliales*. – Diese Einteilung der Viren und speziell der Insekten-Viren kann nur eine vorläufige sein, da sie noch nicht einem „natürlichem System" entspricht: Sowohl *Zoophagales* als auch *Arthropodophagales* besitzen Genera von DNS- und RNS-haltigen Viren, die offenbar aus zwei verschiedenen Entwicklungsreihen stammen [s. S. 47]. Außerdem existieren sicher evolutorische Übergänge zu den *Phytophagales*. Bevor aber keine genauen Ergebnisse hinsichtlich der Chemie der arthropodophilen Pflanzenviren vorliegen, haben weitergehende taxonomische Überlegungen noch keinen Sinn.

Der Vereinigung von Viren und Rickettsien zu einer Klasse *Macrotatobiotes* PHILIP, wie sie in der 7. Auflage von BERGEYS Manual [Baltimore 1957] vorgenommen wurde, kann der Autor nicht zustimmen, da die Unterschiede zwischen Viren und Rickettsien weit größer sind als die zwischen Bakterien und Rickettsien.

1.1.2. Aufbau, Vermehrung und Eigenschaften

Auf Grund ihrer geringen Größe läßt sich auf die Viren die Technik der makromolekularen Chemie direkt anwenden. Hiervon ausgehend und von der Einheitlichkeit der Teilchen in einer Virussuspension hat man gelegentlich das Virus selbst als „lebendes Molekül" angesprochen. Genau genommen handelt es sich jedoch um einen Molekülsymplex aus infektiöser Nukleinsäure, antigenwirksamem Protein und eventuell noch einem Lipoidanteil. Dabei sollen nach Crick und Watson (1956) die Symmetrieelemente, welche der Aggregation des Proteinanteils um die Nukleinsäure zugrundeliegen, für die Achsenverhältnisse des Teilchens verantwortlich sein, d. h. also dafür, ob dem Virus eine Stäbchen- oder Kugelform zukommt. Das Teilchengewicht [Molekulargewicht] der stäbchenförmigen DNS-haltigen Borrelina-Viren errechnet sich nach EM-Untersuchungen zu etwa 3×10^8, das der kugelförmigen RNS-haltigen Smithiaviren zu etwa 6×10^7 und das der ebenfalls kugelförmigen RNS-haltigen Polyvectusviren zu etwa 3×10^7. Die aus Ultrasedimentations- und Diffusions-Messungen erhaltenen Werte liegen – offenbar wegen partieller Aggregatbildung – höher, desgleichen solche, die aus Ultrafiltrationsversuchen stammen. Entsprechend ihrem Nukleinsäuregehalt [vgl. Krieg 1956] ergibt sich für die hochpolymere Virus-DNS der stäbchenförmigen Insekten-Viren ein Teilchengewicht von der Größenordnung 24×10^6*) und für die Virus-RNS der kugelförmigen Smithiaviren ein solches von etwa 4×10^6. Nach den Untersuchungen von Schäfer und Wecker (1958) ist das Teilchengewicht der infektiösen RNS von *Polyvectus equinus* von der gleichen Größenordnung, nämlich 2×10^6.

Zur brauchbaren Darstellung von Insekten-Viren in Ultra-Dünnschnitten ihrer Einschlußkörper wurden von Bergold und Suter (1959) vergleichende Untersuchungen mit verschiedenen Fixierungsmitteln durchgeführt: Während OsO_4 die DNS-haltigen Borrelinaviren gut fixiert und kontrastiert, löst es die RNS-haltigen Smithiaviren weitgehend auf. Umgekehrt fixiert und kontrastiert $KMnO_4$ die RNS-haltigen Smithiaviren gut, während es die Strukturen der Borrelinaviren nicht hinreichend erhält.

Erst in den letzten Jahren ist es gelungen, etwas über die Vermehrungsweise der Viren in Erfahrung zu bringen. Besonders weit fortgeschritten sind unsere Kenntnisse bezüglich der Bakteriophagen, die sich in ihren Folgerungen auf andere Viren übertragen lassen. Dies gilt besonders für den Entwicklungszyklus der Viren, in dem eine Phase der Ruhe [die durch die Ausbildung der uns bekannten Virusteilchen charakterisiert ist] mit einer vegetativen Phase abwechselt. Die vegetative Phase beginnt mit der

*) Berechnet man hingegen das Teilchengewicht der DNS pro sub-unit, so kommt man für diese „sub-DNS-Partikel" zu Werten von 3 bis 4×10^6, die dann in der gleichen Größenordnung liegen wie die der Virus-RNS kugelförmiger Insekten-Viren.

Adsorption der Virusteilchen an empfindliche Zellen. Es handelt sich hierbei offenbar um einen spezifischen Vorgang, der sich an der Zelloberfläche abspielt und von einem enzymatischen Abbau der sog. Rezeptorensubstanzen begleitet ist. Den Adsorptionsvorgängen folgt die Penetration des Virus. — In der vegetativen Phase, die innerhalb empfindlicher Wirtszellen abläuft, dissoziiert das Virus in Untereinheiten, die getrennt voneinander synthetisiert werden und die am Ende dieser Phase zu dem

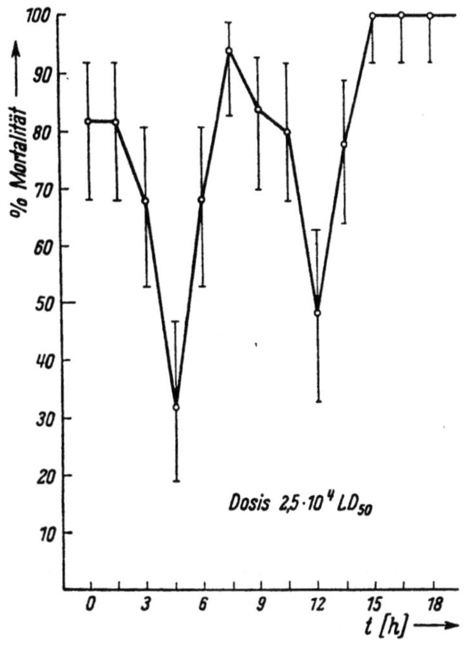

Abb. 4. Infektionstiter-Verlauf (Eklipse) bei Infektion mit *Borrelinavirus bombycis*

kompletten Virus assoziieren. Die Synthese-Phase ist durch das Vorhandensein einer sog. Eklipse charakterisiert, einem Status, in dem das Virus weder durch seine Individualität noch durch seine Infektiosität nachweisbar ist.

Neuerdings ist es gelungen, eine Eklipse bei insektophagen Viren nachzuweisen [Krieg 1958 bei *Borrelinavirus bombycis* (s. Abb. 4), ferner Yamafuji und Mitarb. 1954] und auch bei insektophilen Viren [Dulbecco und Vogt 1954; Rubin und Mitarb. 1955 bei *Polyvectusvirus tenbroekii*]. Es ist deshalb wahrscheinlich, daß das Bakteriophagen-Schema der Vermehrung auch für die Insekten-Viren zutrifft.

Für die Annahme, daß das Virusteilchen nach dem Eintritt in die Zelle in kleinere Untereinheiten zerfällt, die sich innig mit bestimmten Zellstrukturen verbinden, spricht auch die Erscheinung der Interferenz oder cross-protection. Hierunter versteht man die Unmöglichkeit der Infektion der Zelle mit einem zweiten Virus, wenn bereits ein gleich- oder andersartiges Virus eingedrungen ist. Eine heterotypische Interferenz ließ sich u. a. nachweisen zwischen *Polyvectusvirus equinus* bzw. *Polyvectusvirus tenbroekii* und dem Influenzavirus auf Hühnerembryonen [Taylor 1953]. Einen weiteren Fall von Interferenz beschrieben Mason und Woodie (1955) zwischen *Insectophilusvirus japonicus* und dem Poliomyelitisvirus auf HeLa-Zellkulturen; hingegen ließ sich keine cross-protection zwischen *Polyvectusvirus tenbroekii* und *Polyvectusvirus equinus* im Insektvektor nachweisen [Chamberlain 1956]. Weiterhin beschrieben Kunkel (1955) und Maramarosch (1957) Interferenz-Erscheinungen zwischen verschiedenen Stämmen von *Chlorogenusvirus callistephi* bzw. verschiedenen Stämmen von *Chlorogenusvirus zeae* im spezifischen Arthropodvektor. Beobachtungen über homotypische Interferenzen bei *Arthropodophagales* liegen von Gerschenson (1956) bei Borrelinaviren von *Bombyx mori* L. und *Antheraea pernyi* (Guér.) vor.

Untersuchungen über die Infektiosität der Nukleinsäure bei verschiedenen Insekten-Viren wie z. B. dem DNS-haltigen *Borrelinavirus bombycis* [Bergold 1958], dem RNS-haltigen *Smithiavirus pudibundae* [Krieg 1959], ferner an RNS-haltigen arthropodophilen Viren, wie *Polyvectusvirus equinus* [Wecker und Schäfer 1957] und dem Virus aus Somliki-Forest [Cheng 1958] zeigten, daß die gesamte genetische Information, die nötig ist, um eine Vermehrung des Virus in der Wirtszelle zu induzieren, in der Nukleinsäure enthalten ist. Unter optimalen experimentellen Bedingungen ist also lediglich die Nukleinsäure einer Virusart dazu nötig, um in gegebenen empfindlichen Zellen die Kontinuität der betreffenden Virusart zu bewahren. Die Viren gleichen in dieser Hinsicht den Genen. Der wichtigste Unterschied gegenüber den Genen besteht jedoch darin, daß die Viren eine spezifische Ausrüstung besitzen, die ihnen das Verlassen von Wirtszellen und das Eindringen in andere ermöglicht. Hierfür, wie auch für den Schutz des empfindlichen genetischen Materials gegenüber Umwelteinflüssen, soll vor allem das umhüllende Protein dienen.

Es hat nach diesen Betrachtungen den Anschein, als ob das uns bekannte Virusteilchen lediglich eine Ruheform ist, die dem passiven Transport und der Invasion in einen neuen Wirtsorganismus besonders angepaßt ist. Diese Auffassung wird durch die Ausbildung von relativ widerstandsfähigen Einschlußköpern, wie Kapseln *[Bergoldiavirus]* und Polyedern *[Borrelinavirus, Smithiavirus]* bei *Arthropodophagales* noch besonders unterstrichen, die ebenso wie das gesamte Virusmaterial vom Wirt synthetisiert werden.

In der Vermehrungsweise unterscheidet sich das Virus grundsätzlich von den durch Teilungen sich fortpflanzenden Rickettsien, Bakterien und höhere Zellen, die ihre Individualität und Aktivität über den Fortpflanzungsprozeß beibehalten.

1.1.3. Genetik der Viren

Von vielen Viren sind ebenso wie von höheren Zellen Mutationen bekannt; hingegen sind Nachrichten über ihr Vorkommen bei insektenpathogenen Viren noch spärlich. Über Mutationen beim Sigma-Virus von *Drosophila melanogaster* MEIG. berichtete DUHAMEL (1954). Spontane Mutationen [kenntlich an der Formänderung ihrer Einschlußkörper] bei *Arthropodophagales* beschrieb GERSCHENSON (1956) bei *Borrelinavirus bombycis* und beim *Borrelinavirus* von *Antherea pernyi* (GUÉR.). Wirtsinduzierte Mutationen erzielte AIZAWA (1958) bei *Borrelinavirus bombycis*. Ähnliche wirtsinduzierte Mutationen [sog. genetische Anpassungen] sind auch bei *Arthropodophiliales* bekannt, und zwar speziell bei *Insectophilusvirus evagatus*. Diese wirtsinduzierten Mutationen sind „gerichtete Mutationen", entsprechen also etwa der Transformation in der Bakteriengenetik. Sie lassen sich als Wechselwirkung des Virus mit Nukleinsäurekomponenten der Wirtszelle im Zusammenhang des Nukleinsäure-Stoffwechsels zwanglos erklären. Über echte Rekombinationen zwischen artgleichen Viren liegt bisher nur ein Befund von OHANESSIAN-GUILLEMAIN (1959) beim Sigma-Faktor von *Drosophila* vor (s. d.).

1.1.4. Evolution der Viren

Da den Viren allgemein die Fähigkeit zur Reproduktion und Mutation zukommt, sind bei ihnen die beiden unabdingbaren Voraussetzungen einer Evolution im Sinne des Neodarwinismus erfüllt. Speziell den Arthropodenviren kommt heute eine sehr hohe Bedeutung in der grundsätzlichen Diskussion um die Evolution der Viren zu [SHDANOW 1953; ANDREWES 1957 u. a.], daher sei kurz auf dieses Problem eingegangen.

Was die Entstehung der Viren allgemein betrifft, so muß man mindestens 4 voneinander unabhängige Stämme annehmen:

(1) die sehr spezifischen DNS-haltigen Bakteriophagen, (2) die z. T. spezifischen DNS-haltigen nukleophilen *Arthropodophagales*, (3) die DNS-haltigen *Zoophagales* und (4) die RNS-haltigen Viren.

Die DNS-haltigen Viren scheinen der evolutorischen Divergenz ihrer Wirte gefolgt zu sein. Da sie meist spezifisch sind, waren sie unfähig zu einem ausgedehnten Wirtswechsel und einer dadurch möglichen eigenen wirtsunabhängigen Evolution. Anders liegen die Verhältnisse bei den weniger spezifischen RNS-haltigen Viren. So ist ein Zusammenhang denkbar zwischen den plasmophilen *Arthropodophagales* einerseits und den *Arthropodophiliales* andererseits. Für eine solche mögliche Ableitung spricht z. B. die von JENSEN (1959) gemachte Beobachtung, daß im

Gegensatz zu den bisherigen Beobachtungen an *Arthropodophiliales* das Virus der Pfirsich-X-Krankheit *[Carpophthoravirus lacerans]* nicht nur ein Phytopathogen, sondern auch ein Insektenpathogen darstellt. Die Ableitung der *Arthropodophiliales* von den *Arthropodophagales* steht offenbar mit der Ausbildung eines Wirtswechsels im Zusammenhang. – Umgekehrt können sich arthropodophile Viren von ihrem Insektvektor emanzipiert haben und zur Kontaktübertragung übergegangen sein. Rezente Beispiele sind uns bekannt: So verliert nach BLACK (1953) z. B. das Yellow dwarf-Virus der Kartoffel *[Aureogenusvirus vestans]*, wenn es sich lange Zeit [12–16 Jahre] nur in der Wirtspflanze vermehrt hat, seine Übertragbarkeit durch Insekten [wirtsinduzierte Variation]. Weiterhin wird das normalerweise obligatorisch von Mücken auf Vögel und andere Warmblüter übertragene Virus der Pferdeenzephalitis *[Polyvectusvirus tenbroekii]* von Fasanen *[Phasianus colchicus torquatus]* auf ihresgleichen auch peroral übertragen [HOLDEN 1955]. Unter diesem Aspekt wären alle RNS-haltigen Viren der höheren Tiere *[Zoophaga]* und Pflanzen *[Phytophaga]* von den *Arthropodophiliales* ableitbar [ANDREWES 1957]. Hierin liegt wahrscheinlich auch die Erklärung dafür, daß es gerade die höheren Pflanzen und Tiere sind, die neben Arthropoden von Virosen befallen werden: Da Arthropoden nur die höheren Pflanzen und Tiere [als Säftesauger] befallen, nicht dagegen die weniger ergiebigen niederen Tiere und Pflanzen, konnten die Viren nur in dieser Richtung wirtswechseln und sich entwickeln. Soviel wir heute wissen, liegen die Wurzeln der *Arthropodophiliales* und der RNS-haltigen *Plasmophiliales* bei den phyletisch sehr alten Arachnoiden, während die DNS-haltigen *Nucleophiliales* bisher allein bei Insekten nachgewiesen werden konnten.

1.1.5. Insektenpathologische Bedeutung

Diese ist groß bei den *Arthropodophagales*, welche in Insekten ernstliche Erkrankungen hervorrufen können und für die sie oft als Begrenzungsfaktor einer Art wirken. Demgegenüber leben die *Arthropodophiliales* mit den sie übertragenden Arthropoden gewissermaßen in einem Gleichgewicht, bewirken jedoch in ihrem zweiten Vektor [Vertebrat oder Cormophyt] seuchenhafte Erkrankungen. Deshalb ist für sie das Insekt ein besseres Reservoir als die von ihnen meist in verheerender Weise befallenen höheren Tiere und Pflanzen.

Literatur zu Kapitel V, Abschnitt 1.1

AIZAWA, Bull. Sericult. Exp. Stat. (Tokio) **14,** 201–228 (1953); 2. Insektenpath. Colloquium d. CILB (Paris 1958). — ANDREWES, C. H., Nature **173,** 620 (1954); J. Gen. Microbiol. **12,** 358–361 (1955); Adv. Virus Res. **4,** 1–24 (1957). — BERGOLD, G. H., Ann. New York Acad. Sci. **56,** 495–516 (1953).; Proc. IV. Int. Congr. Biochem. **7,** 95–98 (Wien 1958). — BERGOLD, G. H.

und SUTER, J., J. Insect Path. **1,** 1–14 (1959). — BLACK, L. M., Phytopathology **43,** 466 (1953). — CHAMBERLAIN, R. W., Proc. 10. Int. Congr. Entom. (Montreal 1956) **3,** 495–892 (1958). — CHENG, P. Y., Virology **6,** 129–136 (1958b). — DUHAMEL, C., C. r. Acad. Sci. **239,** 1157 (1954). — DULBECCO, R. und VOGT, M., J. Exper. Med. **990** 183 (1954). — GERSCHENSON, S., Suppl. J. Gen. Biol. (USSR) **6,** 5 (1956). — HOLDEN, P., Proc. Soc. Exp. Biol. Med. **88,** 607 (1955). — HOLMES, F. O., Bergey's Manual of Determination Bacteriologie S. 1225ff., 6. Aufl. (Baltimore 1948). — KRIEG, A., Z. Naturforschg. **13b,** 28–29 (1958). — KUNKEL, L. O., Adv. Virus Res. **3,** 251–273 (1955). — MARAMOROSCH, K., Phytopathology **47,** 23 (1957). — MANSON, H. C. und WOODIE, J., Fed. Proc. **14,** 471 (1955). — RUBIN, H., BALUDA, M. und HOTCHIN, J. E., J. Exper. Med. **101,** 205 (1955). — SHDANOW, W. M., Viren bei Tier und Mensch (Moskau 1953). — STEINHAUS, E. A., Ann. New York Acad. Sci. **56,** 517–530 (1953). — TAYLOR, C. E., J. Immunol. **71,** 125 (1953). — WECKER, E. und SCHÄFER, W., Z. Naturforschg. **12b,** 415–417 (1957). — YAMAFUJI, K., YOSHIHARA, F. und SATO, M., Enzymologia **17,** 152–154 (1954).

Nachtrag bei der Korrektur

CRICK, F. H. C. und WATSON, J. D., Nature **177,** 130 (1956). — JENSEN, D. D., Virology **8,** 164–175 (1959). — KRIEG, A., Naturwiss. **43,** 537 (1956). — KRIEG, A., Naturwiss. **46,** 603 (1959). — SCHÄFER, W. und WECKER, E., Zbl. Bakt. I. **173,** 352–360 (1958).

1.2. Arthropodophagales *nov. ord.*

Definition: Viren, die sich ausschließlich in Arthropoden vermehren, wobei sie insbesondere die Larvenstadien befallen und meist tödliche Erkrankungen hervorrufen.

Subordnungen: Nucleophiliales
Plasmophiliales

Zusammenfassende Darstellung über Grundlagen und Probleme dieser Viren: SMITH (1955), BERGOLD (1958a).

Taxonomie: Hier wurden die Genera der klassischen insektophagen Viren eingeordnet: *Borrelinavirus, Bergoldiavirus, Smithiavirus* und *Moratorvirus*. Ein neuer Genus *Pseudomoratorvirus* wurde aus dem Bedürfnis geschaffen, das von den übrigen Insekten-Viren in vielen Eigenschaften abweichende „Tipula iridescent virus" taxonomisch einzuordnen. Um der Histopathologie und der chemischen Zusammensetzung dieser Viren Rechnung zu tragen, wurden sie in 2 Subordnungen unterteilt: *Nucleophiliales* und *Plasmophiliales.* Die Begründung für die Aufstellung dieser Taxa ist aus deren Definition zu entnehmen.

1.2.1. Nucleophiliales nov. subord.

Definition: Viren mit bilateraler oder radiärer Symmetrie. Enthalten DNS und leiten sich offenbar vom Euchromatin der Zellkerne ab.

Familien: Polyedraceae
Pseudomoratoraceae

1.2.1a. *Polyedraceae* (Shdanow)

Definition: Die bilateral-symmetrischen (20–60 × 300–550 mμ großen) Viren werden von Proteinen in Einschlußkörper eingeschlossen (s. Abb. 9, 10). Virusteilchen passieren mittelgroße Filter. Hohe Wirtsspezifität.

Genera: Borrelinavirus
Bergoldiavirus

Allgemeines: Wie neuere elektronenmikroskopische Untersuchungen von Bergold (1958b) an Ultradünnschnitten der Einschlußkörper zeigen, sind die Viruskapseln der Bergoldiaviren ebenso wie die Polyeder der Borrelinaviren von kantiger Form [und kein Ellipsoid]. Ihr Polyederprotein bildet ebenso wie das der Polyeder ein kubisches Raumgitter aus. Seine molekulare Gitterkonstante beträgt 50–100 Å, das Molekulargewicht des Polyederproteins nach Ultrasedimentations- und Diffusions-Messungen von Bergold (1947) etwa 3×10^5. Um die nativen Polyeder bzw. Kapseln befindet sich keine Membran.

Was den Aufbau der stäbchenförmigen nucleophilen Insekten-Viren betrifft (Abb. 12a), so läßt sich bei ihnen eine äußere oder „developmental" Membran und eine innere oder „intimate" Membran unterscheiden [Bergold 1953b]. Vor ihrem Einschluß in das Polyederprotein sind die stäbchenförmigen Viren der *Nucleophiliales* ballonförmig von ihren Membranen umgeben, die sich erst später – infolge Dehydratisierung – dem Stäbchen anlegen [Bergold 1958b]. Die innere Membran umgibt die Matrix eines jeden Virusteilchens, während die äußere Membran bei bündelförmiger Anordnung der Teilchen das gesamte Stäbchenbündel umgibt. Offenbar wird die äußere Membran beim Eindringen in die Wirtszelle abgestreift [Bergold 1957]. Die Matrix des Virusteilchens besteht aus einer Anzahl (meist 6–8) Untereinheiten oder „sub-units" [Bergold 1953b] ca. 20–35 × 50 mμ groß, die nach Untersuchungen von Krieg (1957e) an *Borrelinavirus aporiae* je ein zentrales Loch von etwa 10 mμ Durchmesser aufweisen [s. Abb. 12b]. Es wird angenommen, daß die Proteinscheibchen auf einen Docht von DNS aufgereiht sind. Auch Ultra-Dünnschnitte durch Virusstäbchen sprechen für dieses Modell. An Hand von Querschnitten durch *Borrelinavirus spec.* (aus *Pterolocera amplicornis* Walk.) konnten Day und Mitarb. (1958) in den Stäbchen je ein osmiophiles, offenbar DNS-haltiges Axialfilament nachweisen. Dieses ist konzentrisch von einer weniger elektronenstreuenden Proteinschicht umgeben, die nach außen von einer Membran begrenzt wird. Bergold (1953b) konnte an Hand von EM-Aufnahmen zeigen, daß die Stäbchen nach Alkalibehandlung an einem Ende eine sog. Protrusion (ca. 10×60 mμ groß) besitzen, die wahrscheinlich mit dem Austritt von Virus-DNS im Zusammenhang steht (vgl. Abb. 5).

Über die Vermehrung der *Polyedraceae* lagen bisher verschiedene Hypothesen vor, die sich widersprachen. Die erste Hypothese stammt von BERGOLD [1953a, b] und spricht von einem „Lebenszyklus“ der als Organismen aufgefaßten Viren. Sie stützt sich u. a. auf den elektronenmikroskopischen Nachweis von sphärischen Teilchen neben stäbchenförmigen nach der alkalischen Hydrolyse von Einschlußkörpern. BERGOLD ist der Auffassung, daß es sich bei den sphärischen Teilchen um eine Art von arretierten Viruskeimen handelt, die normalerweise zu Stäbchen auszuwachsen vermögen usf. BIRD glaubt, die BERGOLDsche Hypothese anhand von Dünnschnitten durch infizierte Zellkerne von *Neodiprion americanus banksianae* ROHW. stützen zu können. SMITH (1954) dagegen spricht die sphärischen Virusteilchen als Bündel halblanger Stäbchen an. Nach TOMLIN und MONRO (1955) sind die BERGOLDschen sphärischen Partikel lediglich Artefakte, die bei der alkalischen Hydrolyse der Einschlußkörper entstehen. Bei Dünnschnitten durch infizierte Zellkerne von *Ardices glatignyi* LE GUILL. konnten sie keine Sphären nachweisen, sondern nur fertig entwickelte Stäbchen. Wichtig ist in dieser Hinsicht auch der Befund an Dünnschnitten durch Kernpolyeder von *Lymantria dispar* (L.) von MORGAN und Mitarb. (1956): in den intakten Polyedern fanden sich nur Stäbchen, die von einer scharf begrenzten, dichten Membran umgeben waren, aber keine sphärischen Virusteilchen. KRIEG sieht die Lösung des Problems auf Grund von Spaltungsversuchen an *Borrelinavirus aporiae* [KRIEG 1957e] und Untersuchungen über die Eklipse an *Borrelinavirus bombycis* [KRIEG 1958] in einer Hypothese, die sich an die Vorstellungen anschließt, die bei Bakteriophagen und Influenzaviren gewonnen wurden: Die intakten, infektiösen Virusstäbchen dissoziieren beim Infektionsprozeß, wodurch ihre Infektiosität verlorengeht. Die Virus-DNS induziert nun im Kernbereich der Wirtszelle allgemein die Synthese von Untereinheiten und speziell im Euchromatin die Synthese von Virus-DNS. Ist diese Synthese zu einem gewissen Sättigungsgrad gediehen, so assoziieren DNS-haltige Untereinheiten zu Stäbchen bestimmter Länge und werden von einer Membran umhüllt. KRIEG sieht in den BERGOLDschen Viruskeimen Untereinheiten bzw. inkomplette Virusteilchen. Eine weitere Hypothese

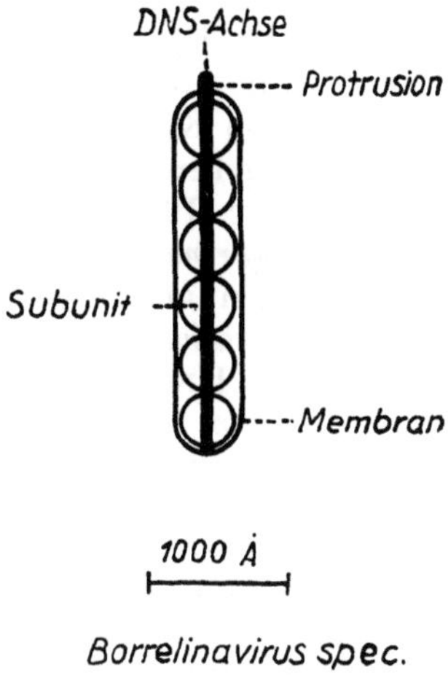

Abb. 5. Hypothetischer Aufbau der *Polyedraceae*

zur Virusgenese stammt von AIZAWA (1958b). Hiernach sollen die stäbchenförmigen Viren beim Eindringen in die Zelle in – infektiöse – sub-units zerfallen, die dann in den Kern eindringen. Dort erfolgt die Synthese neuer sub-units, die schließlich zu Virusstäbchen assoziieren. Diese Hypothese basiert auf dem Befund von AIZAWA (1958b), daß die Infektiosität der Hämolymphe viruskranker Seidenraupen fast ausschließlich auf deren Gehalt an infektiösen sub-units beruht. Auch in diesem Falle wäre jedem Entwicklungszyklus der Viren eine Eklipse korreliert als Folge von Adsorption und Emission der sub-units.

Der Nachweis, daß die stäbchenförmigen Insekten-Viren DNS enthalten, wurde von BERGOLD und PISTER (1948) an *Borrelinavirus bombycis* und von KRIEG (1956b) an *Borrelinavirus aporiae* (9% DNS) erbracht. Eingehend wurde die DNS verschiedener nucleophiler Viren durch WYATT (1952) untersucht, und zwar an Bergoldiaviren aus *Choristoneura murinama* (HBN.), *Choristoneura fumiferana* (CLEM.) und an Borrelinaviren aus *Lymantria dispar* (L.), *Lymantria monacha* (L.), *Ptychopoda seriata* (SCHRK.), *Malacosoma americanum* (F.), *Malacosoma disstria* HBN., *Bombyx mori* L., *Colias philodice eurytheme* BOISD. und *Neodiprion sertifer* (GEOFFR.).

BERGOLD (1958c) entkräftete selbst seine Organismentheorie der Insekten-Viren dadurch, daß es ihm gelang, infektionstüchtiges DNS-Protein aus *Borrelinavirus bombycis* zu extrahieren. Auch hier ist also die Wirksamkeit nicht an den komplexen Aufbau und die Unversehrtheit des Virus gebunden. Dieser Erfolg spricht eindeutig dafür, daß sich auch die Insekten-Viren hinsichtlich Aufbau und Vermehrung dem Schema, dem die übrigen Viren folgen, einordnen.

Während bei den stäbchenförmigen nucleophilen Viren im allgemeinen Kreuzinfektionen bei natürlicher (d. h. peroraler) Applikation nicht erhalten werden, konnte GERSCHENSON (1954) künstliche Infektionen durch intracoelomale Injektion bei einer Reihe solcher Viren erreichen. Hierbei erwies sich das *Borrelinavirus* aus *Antheraea pernyi* (GUÉR.) identisch mit dem aus *Antheraea yamamai* (GUÉR.) und *Saturnia pyri* (SCHIFF.). Das gleiche konnte wahrscheinlich gemacht werden für das *Borrelinavirus* aus *Lymantria dispar* (L.) und dem aus *Leucoma salicis* (L.). Die Versuche zeigen, daß die bisherige Auffassung von der strengen Spezifität speziell der DNS-haltigen Viren einer gewissen Korrektur bedarf. Unter bestimmten Bedingungen kann nämlich ein Virus eine Reihe von verwandten Wirtsarten infizieren. GERSCHENSON konnte bei seinen Experimenten, die mit 60 verschiedenen Lepidopterenarten durchgeführt wurden, eine feste Relation feststellen zwischen der systematischen Verwandtschaft der Wirte und ihrer Empfindlichkeit gegenüber verschiedenen *Borrelinavirus*-Arten. Die Anzahl der Wirte, die von bestimmten Viren befallen werden, ist verschieden. Bei sehr nahe verwandten Arten, können auch erfolgreiche, natürliche [perorale] Übertragungen vorkommen. Ein Beispiel hierfür ist das *Borrelinavirus campeoles* STEINH., welches nach den Untersuchungen von STEINHAUS (1952) *Colias philodice eurytheme* BOISD. und *Colias lesbia* F. befällt sowie nach TANADA (1954) auch *Pieris rapae* (L.). Die Tatsache, daß perorale Kreuzinfektionen im allgemeinen nicht erfolgreich sind, hat die Überzeugung von der strengen Wirtsspezifität des *Borrelinavirus* entstehen lassen. Immerhin ist diese hoch, verglichen mit derjenigen der Smithiaviren, die sich natürlicherweise [d. h. peroral] auf einen großen Wirtskreis übertragen lassen.

Bekanntlich sind in der Mehrzahl aller Fälle die Polyeder in jedem befallenen Zellkern gleich groß und von gleicher Gestalt. Die gegenläufige Abhängigkeit von Größe und Anzahl der Polyeder in einem Kern wird durch das Vorhandensein eines bestimmten Volumens von Polyederprotein pro Kern erklärt. Eine Folge hiervon ist eine Relation zwischen Polyedergröße und Kerngröße. Meist findet man in den Zellkernen der Imaginalscheiben 1–5 μ große Polyeder, in den Zellkernen der Trachealmatrix hingegen viele kleine Polyeder. Nach Kreuzversuchen von GERSCHENSON (1956b) mittels Technik der intracoelomalen Applikation soll die Form der Polyeder spezifisch sein für das Virus und nicht für den Wirt. Beispielsweise bildeten Zellkerne der Raupen von *Aglais urticae* (L.), wenn sie mit dem *Borrelinavirus bombycis* künstlich infiziert wurden, große hexagonale Polyeder, wie sie für das *Borrelinavirus* von *Bombyx mori* L. charakteristisch sind. Wählt man für den Versuch mit *Aglais urticae* (L.) das *Borrelinavirus* aus *Antheraea pernyi* (GUÉR.), so bilden sich unregelmäßige penta- oder trigonale Polyeder wie sie für das Polyedervirus dieser Art typisch sind. Infiziert man *Aglais urticae* (L.) endlich mit dem *Borrelinavirus* aus *Galleria mellonella* (L.), so treten tetragonale Polyederformen auf, wie man sie normalerweise nur in *Galleria* findet. Nach diesen Ergebnissen scheint das nicht infektiöse Polyederprotein dem Virus enger korreliert zu sein als bisher angenommen wurde.

Eine Erklärung hierfür fehlt noch, da das Polyederprotein verschiedener Arten nach WELLINGTON (1954) eine ähnliche biochemische Zusammensetzung hat und die Polyeder verschiedener Arten die gleiche kubische Anordnung ihrer Moleküle zeigen. Da Form und mittlere Masse eines Polyeders nach GERSCHENSON einzig durch die Art des Virus bestimmt sind, müßten sich Mutationen leicht an der morphologischen Veränderung der Polyeder beobachten lassen. Auch hierzu liegen Beobachtungen von GERSCHENSON (1958a) vor. Er konnte in einzelnen Fällen solche Mutanten isolieren. Auf Grund der für die Virusart spezifischen Polyederform läßt sich auch das Ergebnis einer Provokation maskierter Viren deutlich von dem einer Kreuzinfektion differenzieren: Bei Kreuzinfektionen treten Polyeder der wirtsfremden Virusart auf [z. B. trigonale Polyeder von *Antheraea* in *Aglais*]. Unter gewissen experimentellen Voraussetzungen sind auch Mehrfach-Infektionen möglich, wobei verschiedene Viren eine verschieden starke Penetranz zeigen. Bei abgewogenen

Dosen verschiedener Viren beobachtet man dann einzelne Zellen mit dem ersten Virus, andere mit dem zweiten infiziert. Selten sind dagegen Mischinfektionen eines Kernes. Wirtsinduzierte Variationen der Polyederform konnten von Aizawa (1958a) beobachtet werden, speziell bei Passagen von *Borrelinavirus bombycis* durch Hühnerembryonen. Obgleich in Übereinstimmung mit Steinhaus (1951) keine Kultur der Viren in den bebrüteten Hühnereiern gelang, wurde die Form der Polyeder nachhaltig beeinflußt, und zwar derart, daß die Polygonie der Polyeder reduziert wurde [sechseckig → viereckig]. Diese Formveränderungen waren nach einigen alternierenden Passagen [Hühnerembryo – Bombyxpuppe – Hühnerembryo] noch reversibel. Nach 20 Passagen hingegen war die Formveränderung der Polyeder irreversibel geworden: es handelt sich also offenbar um eine Mutation. Der wirtsinduzierten Variation der Polyederform war jedoch keine Änderung der Antigenstruktur korreliert.

Was die germinative Übertragung der Insekten-Viren betrifft [vgl. Roegner-Aust (1949), Vago (1951), Clark (1955), Krieg (1956)], so soll diese nach der Auffassung von Gerschenson an eine Fixierung des latenten [maskierten] Virus an das genetische Material des Wirtes gebunden sein, ähnlich wie bei der σ-stabilen Drosophila. Nach seiner Ansicht wird aktives Virus nicht via ovo übertragen. Demgegenüber nehmen die meisten übrigen Untersucher ein nicht stabilisiertes Gleichgewicht an. Provokationen von latenten Virosen, d. h. Überführung der maskierten Viren in die aktive Form, gelingt mit Hilfe verschiedener Stressoren wie z. B. Verlängerung der Diapause, Bestrahlung mit X-Strahlen und UV-Strahlen, durch Behandlung mit Chemikalien wie Hydroxylamin oder Fluorid usw. [s. S. 27]. Nach Gerschenson (1958b) gelingt es andererseits die Aktivierung latenter Viren durch Behandlung mit Co- und Zn-Salzen zu inhibieren.

Während in der Natur die perorale Infektion mit aktivem Virus in Lepidopteren-Populationen nur selten zum Ausbruch einer Kern-Polyedrose führt, spielt diese Art der Übertragung eine bedeutende Rolle bei der Ausbreitung einer Epizootie. Eine größere Rolle für den Ausbruch einer Virose scheint der peroralen Übertragung im Zusammenhang mit Kernpolyedrosen von Hymenopteren zuzukommen.

Histopathologische Untersuchungen von Gerschenson (1958b) im Zusammenhang mit der Provokation [d. h. der Überführung des latenten Virus in seine aktive Form als Folge einer Stressor-Wirkung] haben gezeigt, daß diese Aktivierung zuerst nur in einer kleinen Gruppe von Zellkernen zustande kommt und daß erst nach Ablauf der pathologischen Zerstörung dieser Kerne durch das Virus gewissermaßen im Verlauf einer Infektions-Kettenreaktion [wobei evtl. 3 bis 4 Vermehrungszyklen des Virus auftreten] die Erkrankung manifest wird.

Der Ablauf solcher sukzedaner Infektionszyklen im Wirt sind auch der Grund dafür, daß Tiere, die mit hohen Dosen aktiven Virus infiziert werden, eine kürzere Inkubationszeit aufweisen als solche, die mit niedrigen Dosen behandelt wurden. Unabhängig von GERSCHENSON kam KRIEG (1958) zu etwa dem gleichen Ergebnis bei seinen Untersuchungen zur Eklipse bei *Borrelinavirus bombycis*. Auch hier war die Anzahl der Infektionszyklen im Wirtstier Dosis-abhängig. Bei Infektionen mit niedriger Dosis [10^4 LD_{50}] wurden 2 Zyklen [Eklipsen] beobachtet, bei Verwendung noch geringerer Dosen sogar 3 Zyklen. Bei einer hohen Dosis [10^6 LD_{50}] war dagegen nur 1 Zyklus nachweisbar.

Viele Lepidopteren-Arten können von verschiedenen Viren befallen werden, manche Tiere sogar von mehreren Viren gleichzeitig. Über das Vorkommen von Granulose und Kernpolyedrose in Form einer Mischinfektion berichteten TANADA (1956) bei *Pseudaletia unipuncta* (HAW.), STEINHAUS (1957) bei *Nephelodes emmedonia* (CRAM.), über eine Mischinfektion durch Kernpolyedrose und Plasmapolyedrose SMITH und XEROS (1953) bei *Pyrameis cardui* (L.), VAGO und VASILJEVIC (1955, 1958) bei *Thaumetopoea processionea* (L.) und *Hyphantria cunea* (DRURY), über eine Mischinfektion durch Granulose und Plasmapolyedrose VAGO (1959) bei *Pieris brassicae* (L.).

Über unterschiedlich empfindliche Wirtsstämme gegenüber Viren wurde von verschiedenen Autoren berichtet: OSSOWSKI (1958) hinsichtlich einer Kernpolyedrose bei *Kotochalia junodi* (HEYL), MARTIGNONI (1957) hinsichtlich einer Granulose bei *Eucosma griseana* (HBN.), RIVERS (1958) hinsichtlich einer Granulose bei *Pieris brassicae* (L.) und SIDOR (1959) hinsichtlich einer Plasmapolyedrose bei *Pieris brassicae*.

Der Versuch, Insektenviren in Gewebekulturen von Wirbeltieren [Hühnerembryo-Fibroblasten] zur Vermehrung zu bringen, ist nicht gelungen; dies ist nach AIZAWA (1959) darauf zurückzuführen, daß infolge fehlender Rezeptoren keine Adsorption des Virus stattfindet. – Seitdem es jedoch neuerdings möglich ist, Insektengewebe erfolgreich zu kultivieren, ist auch die Vermehrung von Insektenviren in der Gewebekultur kein Problem mehr. AIZAWA und VAGO (1959) berichteten über erfolgreiche Anzucht von *Borrelinavirus bombycis* in einer Ovarialgewebe-Kultur von *Bombyx mori* (L.). Die Virusvermehrung war von auffallenden cytopathogenen Veränderungen und Polyederbildung in den Zellkernen begleitet. GRACE (1958) gelang es, auch in der Gewebekultur von latent infizierten Zellen den Ausbruch einer akuten Kern-Polyedrose zu provozieren, und zwar bei einer Ovarialgewebe-Kultur von *Hemerocampa leucostigma* (A. u. S.) durch Wechsel des Kulturmediums.

Nach Injektion von *Borrelinavirus* oder *Bergoldiavirus* als Antigene in Wirbeltiere bilden sich in diesen neutralisierende und komplementbindende Antikörper aus. Hinsichtlich der Serologie dieser Viren liegen nur wenige Untersuchungen vor. Während erstlich AOKI und CHIGASAKI (1921) berichteten, daß das Polyederprotein keine antigenen Beziehungen zur gesunden Hämolymphe von *Bombyx mori* L. besitzt, konnte AIZAWA

(1954b) dieses bestätigen und gleichzeitig nachweisen, daß solche zur kranken Hämolymphe bestehen. TANADA (1954) fand weiter, daß Polyederprotein und Kapselprotein, welches in einem Wirt (*Pieris rapae* (L.) gegen 2 verschiedene Viren [*Borrelinavirus campeoles* und *Bergoldiavirus virulenta*] gebildet wurden, miteinander serologisch verwandt sind. Dieser Befund spricht für virusunspezifisches Polyeder- bzw. Kapselprotein. Im gleichen Sinne sind diese Befunde von BERGOLD und FRIEDRICH-FRESKA (1947) zu werten, wonach Polyeder-Proteine von *Lymantria dispar* (L.) und *Lymantria monacha* (L.) [entsprechend der nahen Verwandtschaft ihrer Wirte] sich einander serologisch nahestehen. Nach TANADA (1954) ließ sich andererseits keinerlei serologische Verwandtschaft zwischen dem *Borrelinavirus campeoles* und seinem Polyederprotein nachweisen, desgl. nicht zwischen *Bergoldiavirus virulenta* und seinem Kapselprotein. Auch diese Befunde sprechen, im Gegensatz zur Auffassung GERSCHENSONS für ein wirtseigenes und virusunspezifisches Polyeder- bzw. Kapselprotein. Was die serologische Unterscheidung verschiedener nucleophiler Viren betrifft, so zeigten Untersuchungen von KRYWIENCZYK und Mitarb. (1958), daß die Viren der Genera *Borrelinavirus* und *Bergoldiavirus* serologisch völlig voneinander verschieden sind: mit Hilfe der Komplementbindungsreaktion konnte keinerlei Antigengemeinschaft nachgewiesen werden. Dagegen wurden Kreuz-Reaktionen innerhalb der beiden Genera beobachtet, wenn die Viren aus nahe verwandten Wirten stammten, so z. B. zwischen dem *Borrelinavirus* von *Malacosoma americanum* (F.) und dem aus *Malacosoma disstria* HBN., oder zwischen dem *Bergoldiavirus* aus *Choristoneura murinana* (HBN.) und dem aus *Choristoneura fumiferana* (CLEM.).

Wie lange die in Polyedern eingeschlossenen Viren ihre Infektiosität behalten, kann nicht bestimmt beantwortet werden; sicher bleiben sie jedoch über mehrere Jahre bei Zimmertemperatur infektiös. Während STEINHAUS (1954) 15 Jahre alte Polyeder von *Bombyx mori* noch voll wirksam fand, berichtete AIZAWA (1954) über 37 Jahre alte Polyeder, die ihre Infektiosität verloren hatten. BIRD (1955) fand 14 Jahre alte Polyeder von *Gilpinia hercyniae* noch infektiös. Hitzeresistenz: etwa 20–30 Minuten bei 70° C. Chemikalienresistenz: 2,5–30%iges Formalin, Phenol oder Sublimat über 15 Minuten haben geringen bis keinen Effekt, wohl aber ein Aufenthalt in Mitteln, die die Polyeder auflösen: 15 Minuten in 30%iger Trichloressigsäure [BERGOLD 1943], ferner: 1 bis 2%ige NaOH oder KOH oder 5%iges Na_3PO_4. – Freie Viren sind in gereinigter Form sehr unstabil; sie verlieren ihre Wirksamkeit in wäßriger Lösung alsbald nach 2–3 Wochen bei + 4° C [BERGOLD 1953]. Eine Inaktivierung setzt ein bei Aufbewahrung innerhalb 24 Tagen bei — 25° C, innerhalb 30 Tagen bei — 5° C, ferner innerhalb 5 Tagen bei + 37° C, 1 Tag bei + 45° C, 30 Minuten bei + 55° C und 10 Minuten bei + 60° C [WATANABE 1951, AIZAWA 1953]. Trocknen bei Raumtemperatur im Exikator

führt zu 99%iger Inaktivierung [BERGOLD 1943]. Virusfiltrate wurden inaktiviert durch 1%ige NaOH oder KOH, 2%iges Na_2CO_3 oder Essigsäure, desgleichen durch Trypsin und Lipase [WATANABE 1951] ebenso wie durch die gebräuchlichen Desinfektionsmittel: Sublimat 0,1–0,5%, Phenol 2%, Formalin 1–2%.
Zu Infektionsversuchen: Applikation von Kapseln oder Polyedern peroral, von freien Viren intracoelomal.

Antibiotika wie Penicillin, Streptomycin, Aureomycin oder Terramycin scheinen keinen Einfluß auf die Insekten-Viren zu haben [BERGOLD 1953, KRIEG 1957].

α) ***Borrelinavirus*** PAILLOT [syn. ***Polyedra*** SHDANOW]

Definition: In einen Einschlußkörper, sog. Polyeder [etwa 0,5–15,0 μ groß] [s. Abb. 9], werden viele Virusteilchen [s. Abb. 11], z. T. gebündelt eingeschlossen. Polyeder bestehen zu 95 % aus Protein und zu 5 % aus Virusteilchen. Bisher beschrieben bei *Lepidoptera*, *Hymenoptera*, *Diptera*.

Allgemeines: Histopathologische Veränderungen: Die durch die Vermehrung der Borrelinaviren in den Zellen bewirkten lichtmikroskopisch sichtbaren, pathologischen Veränderungen sind nach übereinstimmenden Ergebnissen vieler Autoren folgende: Desintegration des Chromatins in den hypertrophierten Kernen zu einer FEULGEN-positiven Masse von netz- bis schwammförmiger Struktur. Von ihr ist eine ringförmige Zone abgesetzt, in der die Polyederbildung beginnt und auf Kosten der Chromatinmasse zentral fortschreitet, bis der Kern von Polyedern erfüllt ist [s. Abb. 14] und keine FEULGEN-positive Substanz mehr nachweisbar ist. Bis hierhin sind Kern und Plasma deutlich geschieden. Erst mit dem Zerfall der Zelle treten die Polyeder aus dem Kern in die Umgebung aus. Von den Borrelinaviren wird bei Lepidopteren in erster Linie der Fettkörper, die Trachealmatrix und die Hypodermis befallen, bei Hymenopteren das Mitteldarm-Epithel, und bei Dipteren vornehmlich der Fettkörper. Auch ein Befall von Hämozyten ist oft beschrieben worden. Meist erfolgte jedoch keine Differentialdiagnose gegenüber einer Phagozytose. Die Kernpolyeder werden bei peroraler Aufnahme vom alkalischen Mitteldarmsaft gesunder Raupen innerhalb weniger Minuten aufgelöst [nicht jedoch von deren Hämolymphe]. Dabei werden die Virusteilchen frei. Diese werden im Darmkanal alsbald inaktiviert, so daß die Fäzes nicht mehr infektiös sind. Bei den nukleären Darmpolyedrosen der *Thenthredinidae* hingegen herrschen ähnliche Verhältnisse wie bei den Smithiaviren [s. d.]. Außer Larvenstadien werden z. T. auch die Puppen befallen. Elektronenmikroskopische Untersuchungen zur Histopathologie wurden außer von XEROS (1953) vor allem von BIRD (1957) durchgeführt. Seine Beobachtungsergebnisse an Dünnschnitten durch Borrelinavirus-infizierte Zellkerne [Darmzellen der Larven von *Diprion pratti banksianae* ROHW.] erinnern stark an die Verhältnisse bei Bakteriophagen, deren Virus-DNS beim Infektionsprozeß durch den Schwanz austritt. Die Aufnahmen von BIRD zeigen die Virusstäbchen palisadenartig zum Chromatin orientiert, und zwar so, daß alle Protrusionen dem Chromatin zugewendet sind.

i. *Borrelinavirus* der *Anthelidae (Lepidoptera).*

Borrelinavirus anthelus DAY et. a.
Wirt: *Pterolocera amplicornis* WALK.
[DAY und Mitarb. 1953.]

Übertragung: peroral. Latente Infektion.

Pathologie: Die Viren befallen die Kerne von Fettkörper, Trachealmatrix, Hypodermis. Von DAY und Mitarb. (1958) wurden nach Fixierung mit Osmiumsäure infizierte Fettkörperzellen in Form von Ultra-Dünnschnitten elektronenmikroskopisch untersucht. Es ergab sich, daß im Bereich des Chromatins [„virogenetisches Stroma" nach XEROS 1953] die Virus-Synthese erfolgt. Die Virusteilchen treten als Stäbchen in Erscheinung, die einzeln oder in Gruppen bis zu 8 Stück von Membranen umschlossen werden. Einzelstäbchen und Stäbchengruppen werden schließlich in Polyederprotein eingeschlossen. So bilden sich die parakristallinen Polyeder. Die befallenen Kerne platzen und die Polyeder [Virus-Einschlußkörper] treten aus. Schließlich ist die Hämolymphe überschwemmt. Auch in den Hämozyten befinden sich Polyeder [dort entstanden oder Phagozytose]. Die Raupen gehen an der Polyedrose endlich zugrunde, evtl. sekundäre Bakteriose als Komplikation.

Diagnose: Nachweis der Polyeder im Hämolymphe-Ausstrich. Untersuchung im Phasenkontrast oder Dunkelfeld: graue bzw. hell-glänzende, stark lichtbrechende Gebilde. Färben sich mit neutralen Anilinfarben nicht an, wohl aber nach Behandlung mit SCHWEIZERS Reagenz mit Methylgrün oder Pyronin. Diese Polyeder sind relativ resistent gegen Alkalien: Sie lösen sich in 4%iger Na_2CO_3-Lösung bis 50° C erst nach 1 Stunde! Virusteilchen sind im Elektronenmikroskop nachweisbar: Stäbchen von $30 \times 300\ \mu$ Größe. Ultra-Dünnschnitte durch Virusstäbchen lassen einen osmiophilen Achsenfaden (DNS?) erkennen, umgeben von einem weniger dichten Hohlzylinder aus Protein [DAY und Mitarb. 1958].

Vermehrung: Nur züchtbar im homologen Wirt. Kein Infektionserfolg bei Noctuiden und Tortriciden [DAY und Mitarb. 1953].

Epizootiologie: Auftreten in Australien. Weniger als 1% der latent verseuchten Population erkrankt akut.

ii. *Borrelinavirus* der *Arctiidae (Lepidoptera).*

Borrelinavirus (Bollea) hyphantriae (MACHAY et LOVAS).
[syn. *Polyedra hyphantriae* SHDANOW].
Wirt: Hyphantria cunea (DRURY).
[VAGO und VASILJEVIČ 1953; MACHAY und LOVAS 1955, 1957].

Übertragung: Perorale Infektion. Absterbezeit: 8–10 Tage [MACHAY und LOVAS 1955]. Germinative Übertragung wahrscheinlich [MACHAY und LOVAS 1955; SZIRMAI 1957]. Junge Larven [L_1–L_3] empfindlicher als ältere [L_4–L_6].

Pathologie: Nach Durchdringen der Darmwand und Eindringen der Viren in die Hämocoele befallen die Viren die Kerne von Fettkörper, Trachealmatrix und Hypodermis [= Epidermis] und kommen dort zur Vermehrung. Gegen Ende der Krankheit zerfallen die infizierten Zellen und Gewebe, und die Hämolymphe wird von Polyedern überschwemmt. Auch in Hämozyten werden Polyeder beobachtet [MACHAY und LOVAS 1955]. Die befallenen Raupen verlieren ihre Freßlust, werden unbeweglich und gehen ein, sofern sie als junge Larven infiziert wurden. Tiere, die als ältere Raupen infiziert wurden, zeigen, soweit sie sich noch weiter zu entwickeln vermögen, Mißbildungen und Degenerationserscheinungen in den folgenden Stadien. An Polyedrose verendete Tiere verjauchen als Folge der postmortalen allgemeinen Histolyse. Nach SZIRMAI (1957) sollen auch Polyeder in den Faeces gefunden worden sein (?). Dieser Nachweis von Polyedern im Darmtrakt erkrankter Tiere spricht hingegen für das [gleichzeitige] Vorliegen einer *Smithiavirus*-Infektion [s. S. 106] bei den Versuchen von SZIRMAI. Dies ist um so wahrscheinlicher, als VAGO und VASILJEVIČ (1958) eine solche Mischinfektion [Kernpolyedrose und Plasmapolyedrose] bei *Hyphantria cunea* (DRURY) beschrieben haben.

Diagnose: Nachweis der Polyeder im Hämolymphe-Ausstrich. Untersuchung im Phasenkontrast oder Dunkelfeld: Graue bzw. hell-glänzende, stark lichtbrechende Gebilde. Färben sich mit neutralen Anilinfarben nicht direkt an, wohl aber nach vorheriger Beizung der fixierten Ausstriche mit Lauge oder Säure. Notfalls auch Färbung mit Karbolfuchsin oder alkalischem Methylenblau möglich. Differentialdiagnose der Polyeder im Ausstrich von Fett-Tropfen [färben sich mit Sudan], Uraten [meist doppelbrechend] und Albuminoidgranula nötig [KRIEG 1955c, 1957d]. Diagnose durch histologische Untersuchungen nach Färbung mit Eisenhämatoxylin nach Heidenhain; evtl. Säurebeizung [LANGENBUCH 1955]. Auch hier Differenzierung insbesondere gegenüber Albuminoidgranula nötig [LANGENBUCH 1957]. Im Bereich der Zellkerne von Fettkörper, Hypodermis, Trachealmatrix finden sich vom 3. Tag der Infektionen an mikroskopisch nachweisbare Polyeder. Die nach schonender Auflösung der 1,5–3,6 μ großen Polyeder mit 0,008 m Na_2CO_3 + 0,05 m NaCl freiwerdenden Virusteilchen können im Elektronenmikroskop nachgewiesen werden: Stäbchen $50 \times 350 m\mu$ groß, meist zu 3–6 in einem Bündel.

Vermehrung: Nur züchtbar im homologen Wirtstier, entweder nach peroraler oder intracoelomaler Applikation. Nur Raupen empfänglich, nicht Puppen und Imagines. Gewinnung des infektiösen Materials: An der Virose gestorbene Raupen werden zweckmäßigerweise homogenisiert, und mit dem Gewebebrei wird ein wäßriger Infus angesetzt. Dieser geht alsbald in Fäulnis über; während die Gewebselemente zerfallen, bleiben die Polyeder übrig und setzen sich als weißliches Sediment ab. Durch fraktionierte Sedimentation mit Hilfe einer Zentrifuge können die Polyeder auf Grund ihres hohen spezifischen Gewichtes angereichert und gereinigt werden. Verbesserung dieses Verfahrens: Verwendung von Fluorokarbonen [BERGOLD 1959] oder Gradienten-Zentrifugation unter Verwendung hochprozentiger Saccharose [BRAKKE 1951]. Getrocknet halten sich die Polyeder mehrere Jahre. Eine Standardisierung erfolgt durch Bestimmung der Anzahl Polyeder/ml der Suspension durch Auszählen in einer Zählkammer [zweckmäßigerweise im Phasenkontrast]. Zur Darstellung des Virus werden die reinen Polyeder in elektrolytarmem Alkali aufgelöst [s. o.] und die Virusteilchen ca. 1 Stunde bei $10–20 \times 10^3$ g abzentrifugiert. Der Überstand, der das Polyederprotein gelöst enthält, wird abgegossen. Zur Reinigung wird das Virus mehrmals gewaschen. – Kochendes Wasser zerstört die Infektiosität der Polyeder in 10 Minuten. 4%iges Formol in 15 Minuten.

Epizootiologie: Virus tritt enzootisch oder epizootisch bei Massenvermehrungen in Gebieten auf, in denen *Hyphantria cunea* vorkommt, so in den USA [GLASER und CHAPMAN 1915], in Jugoslawien 1952 [SHDANOW 1953], in Ungarn [VAGO und VASILJEVIČ 1953; MACHAY und LOVAS 1955].

Biologische Bekämpfung: Vorversuche zur biologischen Bekämpfung im Feld wurden von SZIRMAI (1957) durchgeführt. 50%ige Reduktion bei 2,7 bis $4{,}8 \times 10^4$ Polyeder/ml in der Spritzbrühe.

Borrelinavirus spec.

Wirt: Ardices glatignyi LE GUILL.
[TOMLIN und MONRO 1955].

Übertragung: Perorale Infektion.

Pathologie: Die befallenen Raupen „wipfeln", werden schlaff und verenden schließlich; 4–5 Tage nach Eintritt des Todes zerfließen die Leichen. Nach histologischen Untersuchungen von DAY (1955) werden Polyeder in Zellkernen des Fettkörpers, der Hypodermis, der Trachealmatrix und in der Hämolymphe gefunden. Durch TOMLIN und MONRO (1955) wurden Ultra-Dünnschnitte von infizierten Zellen der Trachealmatrix elektronenmikroskopisch untersucht. Hiernach scheinen sich im Gegensatz zur „Lebenszyklus"-Hypothese von BERGOLD [s. S. 51] die Virusstäbchen vollständig im Karyoplasma zu entwickeln, um dann bündelförmig zu aggregiieren und in Polyederprotein eingeschlossen zu werden. Die von BERGOLD beobachteten sphärischen „Viruskeime", die sich erst innerhalb einer Membran zu Stäbchen entwickeln, wurden nicht gefunden. TOMLIN und MONRO halten daher diese Formen für Artefakte, die erst bei der alkalischen Hydrolyse der Polyeder entstehen.

Diagnose: Die nach Auflösung der 1,0–2,5 μ großen Polyeder in 4%iger Na_2CO_3-Lösung nach 5–10 Minuten freiwerdenden Virusteilchen können im Elektronenmikroskop nachgewiesen werden: 50×310 mμ groß, meist 5–8 in einem Bündel.

Vermehrung: s. *Borrelinavirus hyphantriae.*

Epizootiologie: Die Virose wurde erstlich in Populationen des spezifischen Wirtes in der Nähe von Adelaide (Süd-Australien) beobachtet. Sie tritt besonders im Herbst in den beiden letzten Larvenstadien als tödliche Erkrankung auf.

Weitere Arten:
Kernpolyeder aus *Panaxia dominula* (L.).
[SMITH und WYCKOFF 1950].

iii. *Borrelinavirus* der *Bombycidae (Lepidoptera).*

Borrelinavirus bombycis PAILLOT.
[PAILLOT 1926, BERGOLD 1957].
[syn. *Chlamydozoon bombycis* v. PROWAZEK [v. PROWAZEK 1907]].

[syn. *Polyedra bombycis* SHDANOW].
Wirt: Bombyx mori L.

Nach GERSCHENSON (1954) erwies sich dieses Virus nach intracoelomaler Injektion jedoch auch infektiös gegenüber allen untersuchten *Geometridae, Nymphalidae,* gegenüber einem Teil der *Lymantriidae* [auch *Lymantria dispar* (L.) mit hohen Dosen infizierbar]. Nicht empfindlich waren gegenüber einer Injektion *Arctiidae, Lasiocampidae, Noctuidae, Pieridae, Sphingidae* und *Saturnidae.* Zu ähnlichen Ergebnissen hinsichtlich einer relativen Spezifität kam VAGO (1958). Bei Untersuchungen mit Gewebekulturen gelang ihm u. a. die Vermehrung von *Borrelinavirus bombycis* in Zellen fremder Arten, so z. B. in Kulturen aus Gonaden von *Galleria mellonella* (L.).

Übertragung: Perorale Infektion: $LD_{50} \div 2 \times 10^6$ Polyeder pro Tier [L_3]; $LD_{50} \div 5 \times 10^6$ Polyeder pro Tier [L_5]. Bei intracoelomaler Injektion LD_{50}: ca. 2×10^3 Polyeder pro Tier [L_3].

Germinative Übertragung; latente Infektion [VAGO 1953a; KRIEG 1955b].

Pathologie: Nach Ingestion der Polyeder werden diese im alkalischen Darmsaft des Mitteldarms aufgelöst, wodurch die Virusteilchen frei werden. Nach Durchdringung der Darmwand werden befallen: die Kerne der Zellen von Fettkörper, Hypodermis, Trachealmatrix, Hämozyten und Gonadenkapsel. Gegen Ende der Krankheit treten die Polyeder in die Hämolymphe aus. Die hohe Infektiosität der Hämolymphe kranker Larven ist nach AIZAWA (1958b) nicht an das Vorhandensein von Polyedern in der Hämolymphe gebunden; vielmehr werden hierfür freie infektiöse Untereinheiten des Virus verantwortlich gemacht. Tödliche Erkrankung, wobei die Raupen bei einer gelblichen Färbung einen geschwollenen Eindruck erwecken: Gelbsucht oder Fettsucht (frz.: grasserie; engl.: jaundice; ital.: giallume). Da der Darm nicht befallen wird und die Viren von Verdauungssäften inaktiviert werden, sind die Faeces steril [AIZAWA 1953a]. Die toten Raupen verjauchen.

Histologische Veränderungen in den Geweben, vor allem im Fettkörper: Lichtmikroskopische Untersuchungen [PAILLOT 1933]: In erkrankten Zellen hypertrophieren die Kerne, das Chromatin verklumpt zu einer FEULGEN-positiven, stark chromatophilen Masse, während die zahlreichen Nucleolen verschwinden. Nach XEROS (1953) bildet sich die chromatische Masse zu einer Art Netzwerk um. Innerhalb dieser Masse erscheinen kleine, stark lichtbrechende Körper, die sich nicht anfärben und die in die Peripherie der chromatophilen Masse wandern. Dort bilden diese Polyeder eine Ringzone. In gleichem Maße, wie die Polyeder erscheinen, nimmt die FEULGEN-Färbbarkeit der Kernregion ab. Innerhalb eines Kernes sind die Polyeder stets von gleicher Größe, nicht jedoch in den verschiedenen Zellkernen des Fettkörpers. Schließlich nimmt das Zytoplasma ein granuläres Aussehen an, und die Zelle löst sich auf. Speziell über die Entwicklung von *Borrelinavirus bombycis* im Kern von Fettkörperzellen und über die Reduktion des schwammartig degenerierten Chromatins im Verlauf der Virusgenese liegen elektronenmikroskopische Untersuchungen von VAGO und Mitarb. (1955) vor. Im Fettkörper von Raupen, die mit einer nucleären Kernpolyedrose infiziert waren, konnte XEROS (1955) ein proteinhaltiges virogenetisches Stroma nachweisen, welches de novo im Kernsaft gebildet werden soll. Morphologisch handelt es sich um ein Netz, in dessen Maschen sich die Virusstäbchen differenzieren. Diese liegen dann frei in den Poren des Netzwerks. Die freien Virusstäbchen sind von einer sich unabhängig bildenden Membran umgeben. Die fertigen Viren werden in Polyeder eingeschlossen. Das virogenetische Stroma ist FEULGEN-positiv, enthält somit DNS.

Von YAMAFUJI (1954), GERSCHENSON (1956a) und KRIEG (1958) wurden Beobachtungen über den zeitlichen Verlauf des Infektionstiters beim *Borrelinavirus bombycis* durchgeführt, deren Ergebnisse im Nachweis einer Eklipse übereinstimmen. Nach KRIEG [vgl. Abb. 4] fällt der Infektionstiter von Extrakten aus infizierten Tieren kurz nach der Infektion stark ab bis zu einem Minimum (Eklipse) nach 4,5 Stunden und steigt dann wieder bis zu einem Maximum an [bei entsprechend niedriger Dosis können bei den infizierten Tieren zwei oder auch drei Eklipsen nachgewiesen werden]. Dies konnte dadurch demonstriert werden, daß Extrakte aus künstlich mit *Borrelinavirus bombycis* infizierten Raupen gesunden Testtieren eingespritzt wurden. Jeder Eklipse kann ein Vermehrungszyklus des Virus zugeordnet werden, und aus der Zeitdifferenz zwischen Infektionsbeginn und dem Maximum des Titeranstiegs kann auf die Dauer dieses Vermehrungszyklus geschlossen werden: Etwa 7,5 Stunden bei + 25° C [KRIEG 1958]. Auch konnte AIZAWA [1959] das Auftreten einer Eklipse in den mit *Borrelinavirus bombycis* infizierten Gewebekulturen nachweisen.

Anhand des Verlaufs der LD_{50}-Zeit-Kurve wurden 1953 von AIZAWA Untersuchungen über die Länge der Latenzzeit durchgeführt. Die Länge dieser Zeit, d. h. das Auftreten eines Virustiters bestimmter Höhe nach der Infektion ist im Gegensatz zu den Zeitdaten der Eklipse nicht nur temperatur-, sondern auch konzentrations-abhängig. Der maximale Titer wird bei + 25° C etwa 100 Stunden post infectionem erreicht.

Beobachtungen über homotypische Interferenzen bei *Borrelinavirus bombycis* und dem *Borrelinavirus* aus *Antheraea pernyi* (GUÉR.) liegen von GERSCHENSON (1956d) vor. Er fand, daß in einem Zellkern, der von Polyederviren befallen ist, im Anschluß an eine Infektion stets gleichgroße Polyeder entstehen. Dies spricht dafür, daß pro Zelle im allgemeinen nur ein Entwicklungszyklus abläuft. Werden jedoch in seltenen Fällen 2 verschiedene Größen von Polyedern in einem Kern angetroffen, so dürften sich in ihm 2 Entwicklungszyklen abgespielt haben. Vom Interferenzphänomen schließt GERSCHENSON auf eine Blockierung der Rezeptoren nach erfolgreicher Infektion der Zelle. Zur Stütze seiner Theorie führt er noch folgende Beobachtungen an: Werden (durch Injektion) bereits infizierte Tiere ein zweites Mal infiziert, so verläuft diese zweite Infektion nur dann erfolgreich, wenn der Abstand zwischen den beiden Applikationen von der Größenordnung einer oder mehrerer Eklipsen ist, d. h. während eines Vermehrungszyklus herrscht komplette homotypische Interferenz [GERSCHENSON 1956d].

Über wirtsinduzierte Variationen [der Polyederform] beim *Borrelinavirus bombycis* berichtete AIZAWA (1958): s. S. 54.

Außer der „akuten Form der Virose" [bei charakteristischem Verlauf mit eindeutigen Symptomen und histologischen Veränderungen] die fast stets tödlich endet, existiert noch eine „latente" Form der Infektion, welche die Voraussetzungen zur germinativen Übertragung schafft. Experimentelle Untersuchungen zur germinativen Übertragung liegen von UMEYA und Mitarb. (1955) vor [s. S. 30]. Bei Populationen von *Bombyx mori* L., die latent verseucht sind, gelingt es beispielsweise durch Applikation von Natriumfluorid [Besprühen der Nahrung mit 0,01% NaF] die Polyedrose in die akute Form zu überführen [VENEROSO 1934; VAGO 1953a]. Weitere Chemikalien [H_2O_2, KNO_2, NH_2OH, Acetoxim] zur Induktion wurden von YAMAFUJI und Mitarb. (1951) angegeben. GERSCHENSON (1958) empfiehlt als Provokationsmittel prolongierte Diapause. – Andererseits sollen nach dem gleichen Autor Zn- und Co-Salze den Ausbruch der „akuten" Virose inhibieren. Nach TARASEVITCH (1958) inhibieren auch Folsäure, Glutaminsäure und 2,6-Diaminopurin die Virusvermehrung in Seidenraupen.

Die Mehrzahl der Autoren, die sich mit dem Problem der Induktion der Polyedrose bei *Bombyx mori* L. auseinandergesetzt haben, sind der Meinung, daß es sich hierbei um die Provokation einer latenten Virose handelt [vgl. z. B. VAGO 1953b]. YAMAFUJI (1950) sieht hingegen in der Wirkung der von ihm benutzten Induktionsmittel keine Provokation einer latenten Virose, sondern die Erzeugung von Viren „de novo" in den beeinflußten Zellen. Diesen Mitteln wird eine direkte oder indirekte H_2O_2-Wirkung zugeschrieben [im Falle von NO_2, NH_2OH und Oxime – die im intermediären Stoffwechsel ineinander übergehen können – wird eine Hemmung der Katalase angenommen]. Dieser H_2O_2-Wirkung soll eine Erhöhung der Fermentaktivität korreliert sein, speziell hinsichtlich DN-ase und Proteinasen. YAMAFUJI (1958) nimmt als Vorstufe der postulierten „artificial virus formation" einen Abbau der DNS-Proteine des normalen Kernchromatins zu sog. Präviren an. Als Beweis hierzu führen YAMAFUJI und Mitarb. (1955) an, daß es ihnen gelungen sei, mit digestierter Kern-DNS aus [symptomatisch] gesunden Tieren von *B. mori* in anderen Seidenraupen eine Polyedrose zu induzieren. – Aber auch diese Ergebnisse von YAMAFUJI und Mitarb. lassen sich unter der Annahme interpretieren, daß die zu den Induktionsversuchen benutzte DNS zwar aus äußerlich gesunden, aber latent infizierten Tieren isoliert worden war und somit neben wirtseigener DNS noch Virus-DNS enthielt. Unter dieser Voraussetzung ist das Versuchsergebnis von YAMAFUJI ein Vorläufer des Befundes von BERGOLD (1958c) wonach isolierte Virus-DNS von *Borrelinavirus bombycis* infektiöse Eigenschaften besitzt. – Unabhängig von dieser Kontroverse ist vorerst eine Erklärung des Mechanismus chemischer Provokationen noch recht schwierig; neben der Hypothese von YAMAFUJI u. a., die einen direkten spezifischen Einfluß auf den Zellstoffwechsel annimmt, steht die Auffassung anderer Autoren [STEINHAUS u. a.], die in den Provokationsmitteln indirekt wirksame unspezifische Stressoren sehen. Außer erfolgreichen Induktionen in Zuchten, die als latent verseucht angesprochen werden müssen [vgl. KRIEG 1955b; BERGOLD 1958a] hat YAMAFUJI jedoch bisher keine weitere experimentelle Stütze für seine Hypothese erbracht, wonach Stressoren eine Transformation von normalem Genmaterial in virogenes Material bewirken sollen.

Die von LETJE (1939) mit 2,5%igem Formol [30 Minuten] und die von BERGOLD (1942) mit 30%iger Trichloressigsäure [15–30 Minuten] empfohlene Ei-Desinfektion zur Erzielung polyederfreier Insektenzuchten führt nur zu Teilerfolgen: Nur soweit die Eier äußerlich infiziert sind, liefern sie nach einer solchen Behandlung gesunde Zuchten. VAGO hat daher einen anderen Weg [VAGO 1953b] zur Erzielung gesunder Populationen eingeschlagen: Selektion durch Provokations-Maßnahmen.

Diagnose: s. *Borrelinavirus hyphantriae.* n/10 NaOH bewirkt Auflösung der hexagonalen Polyeder innerhalb 15 Minuten. Schonende Auflösung zur Gewinnung der Virusteilchen mit 0,006 m Na_2CO_3 + 0,05 m NaCl innerhalb 1,5–3,0 Stunden. Die dabei freiwerdenden Virusteilchen können im Elektronenmikroskop nachgewiesen werden: Von MORGAN und Mitarb. (1955) wurden Ultra-Dünnschnitte durch Kern-Polyeder von *Bombyx mori* untersucht. Im Elektronenmikroskop waren in die Matrix aus Polyeder-Protein einzelne Virusstäbchen eingebettet. Jedes Stäbchen war von einer dichten, scharf begrenzten Membran umgeben. Sphärische Virusteilchen wurden nicht beobachtet. Nach KRYWIENCZYK und Mitarb. (1958) besteht eine gewisse Antigengemeinschaft zwischen *Borrelinavirus bombycis* und verschiedenen anderen Borrelinaviren. Der Titer der Komplementbindungs-Reaktion betrug bei homologer Reaktion 1:160, bei Kreuz-Reaktion mit *Borrelinavirus campeoles* ergaben sich Titer von 1:20, mit *Borrelinavirus reprimens* Titer von 1:40, mit *Borrelinavirus* aus *Malacosoma americanum* (F.) 1:80, mit *Borrelinavirus* aus *Malacosoma disstria* HBN. 1:40. Keine Antigengemeinschaft mit *Borrelinavirus* aus *Choristoneura fumiferana* (CLEM.)

Vermehrung: Nur züchtbar im homologen Wirt, entweder nach peroraler oder intracoelomaler Applikation in Raupen. VAGO (1957) berichtete auch über Züchtung in Puppen nach Injektion. 5%iges Formol zerstört das Virus in 15 Minuten, kochendes Wasser in 10 Minuten.

TRAGER (1935) fand erstlich eine Vermehrung von *Borrelinavirus bombycis* in überlebenden Zellen von *Bombyx mori* L., Auftreten der Polyeder 24 bis 48 Stunden post infectionem. VAGO (1958) führte Untersuchungen über die Vermehrung dieser Viren in Zellkulturen des nymphalen Ovars von *Bombyx mori* L. durch. In Zusammenarbeit mit AIZAWA konnten charakteristische Zellveränderungen [Abrundung der Fibroblasten] und die Bildung von Polyedern in den Kernen der Zellen verfolgt werden [AIZAWA und VAGO 1958]. Gewinnung des infektiösen Materials s. *Borrelinavirus hyphantriae.*

BERGOLD (1958) gelang es nach der Methode von KIRBY (1957) mittels Na-p-aminosalicylat [0,3 m] und Phenol aus gereinigtem *Borrelinavirus bombycis* das Virus-DNS-Protein zu isolieren. Im Tiertest zeigte sich eine Aktivität dieses DNS-Präparates. Die pathogene Wirksamkeit war allerdings um den Faktor 10^{-3} geringer als die des intakten Virus.

Epizootiologie: Die Polyedrose ist seit dem 16. Jahrhundert bekannt und heute in den Seidenraupenzucht-Gebieten [China, Japan, Frankreich, Italien] die bedeutendste und weit verbreitetste Erkrankung der Seidenraupen. Nach den Untersuchungsergebnissen verschiedener Autoren sind alle Kulturstämme mehr oder minder enzootisch verseucht [vgl. ACQUA 1930]. Ob die Seuche ausbricht, ist u. a. von den Zuchtbedingungen abhängig. Auch das Futter spielt eine entscheidende Rolle. Als Provokationsfaktor wirken: Haltung bei + 30° C und 50–60% relativer Luftfeuchtigkeit, Fütterung anstatt mit *Morus alba* L. z. B. mit *Maclura aurantica* NUTT. [VAGO 1951]. oder *Scorzonera hispanica* L. [RIPPER 1915].

Maßnahmen: Gesunder „Seidensamen" aus unverseuchten Gebieten. Vernichtung kranken Materials [Verbrennen]. Desinfektion.

Borrelinavirus pityocampa VAGO.
Wirt: Thaumetopoea pityocampa (SCHIFF.).

[VAGO 1953d].
Übertragung: Perorale Infektion. Absterbezeit: 10–20 Tage.
Pathologie: Polyedrose gehört zum „wilt"-Typ, d. h. kranke Raupen wipfeln. Progressive Muskelerschlaffung. Leichen verfärben sich braun bis schwarz und verjauchen. Das feste Integument verhindert jedoch ein Zerfließen der Raupen.
Diagnose: s. *Borrelinavirus hyphantriae.*
Vermehrung: s. *Borrelinavirus hyphantriae.*
Epizootiologie: Virose als Begrenzungsfaktor in Süd-Frankreich [Landes]. Epizootie wird in enzootisch verseuchten Populationen durch Klimaänderung provoziert [VAGO 1953d]. Mischinfektionen mit Plasmapolyedervirus sind bekannt [BILIOTTI und Mitarb. 1956].

Borrelinavirus spec.
Wirt: Thaumetopoea processionea (L.).
[VAGO 1953c].
Übertragung: Perorale Infektion. Absterbezeit: 6–15 Tage.
Pathologie: s. *Borrelinavirus pityocampa.*
Diagnose: s. *Borrelinavirus hyphantriae.*
Vermehrung: s. *Borrelinavirus hyphantriae.*
Mischinfektionen mit Plasmapolyedervirus sind bekannt.
[VAGO und VASILJEVIC 1955].

Borrelinavirus peremptor STEINHAUS.
[syn. *Polyedra phrygonidiae* SHDANOW].
Wirt: Phryganidia californica PACK.
Virus: 30 × 270 mμ.
[STEINHAUS 1949a].

iv. *Borrelinavirus* der *Geometridae (Lepidoptera).*

Borrelinavirus lambdinae SAGER.
Wirt: Lambdina fiscellaria lugubrosa (HULST).
[SAGER 1957].
Übertragung: Perorale Infektion. Absterbezeit: 11–15,5 Tage [im Mittel]. Mortalität 60–67%.
Pathologie: Die Polyedrose befällt nacheinander: Kerne der Fettkörperzellen, Hypodermis- und Trachealmatrixzellen.
Diagnose: s. *Borrelinavirus hyphantriae.* Polyeder 0,5–5,0 μ groß. Virusstäbchen 40 × 290 mμ groß.
Vermehrung: Nur züchtbar im homologen Wirt.
Epizootiologie: Polyedrose bewirkte den Zusammenbruch einer Gradation von *Lambdina fiscellaria lugubrosa* (HULST) auf Vancouver Island 1945–1947. Die Krankheit scheint über den ganzen pazifischen Nordwesten der USA verbreitet zu sein, da sie auch in Larven aus dem Staate Washington diagnostiziert wurde.

Borrelinavirus hiberniae Krieg.
Wirt: Hibernia defoliaria (L.) [*Erannis defoliaria* (Clerk)].
Virus: 40 × 270 mμ.
[Krieg 1956b].

Borrelinavirus spec.
Wirt: Oporinia autumnata (Borkh.).
Virus: 40 × 304 mμ.
[Martignoni 1954].

Borrelinavirus spec.
Wirt: Ptychopoda seriata (Schrk.).
Virus: 38 × 299 mμ.
[Bergold 1953].

Weitere Art:
Kernpolyeder aus *Abraxas grossulariata* (L.).
[Smith und Xeros 1954a].

v. *Borrelinavirus* der *Lasiocampidae (Lepidoptera).*

Borrelinavirus spec.
Wirt: Malacosoma americanum (F.).
[Bergold u. McGugan 1951].
Übertragung: Perorale Infektion.
Diagnose: Auflösung der Polyeder mit 0,03 m Na_2CO_3 + 0,05 m NaCl. Größe des Virus: 45 × 316 mμ.

Nach Krywienczyk und Mitarb. (1958) besteht eine gewisse Antigengemeinschaft zwischen *Borrelinavirus* aus *Malacosoma americanum* (F.) und *Malacosoma disstria* Hbn. Bei homologer Komplementbindungs-Reaktion betrug der Titer 1:320. Bei Kreuzreaktion mit *Borrelinavirus* aus *Malacosoma disstria* Hbn. 1:240. Keine Antigengemeinschaft mit *Borrelinavirus* aus *Lymantria dispar* L., aus *Colias philodice eurytheme* Boisd. und aus *Choristoneura fumiferana* (Clem.).

Borrelinavirus spec.
Wirt: Malacosoma disstria Hbn.
[Steinhaus 1949a; Bergold 1951a].
Übertragung: Perorale Infektion. LD_{50} bei peroraler Applikation 3×10^5 Polyeder/Larve [Bucher 1956]. Bei intracoelomaler Injektion LD_{50} ca. 10^{-13} g Polyeder pro Tier. Stark wechselnde Toleranz der Wirtspopulationen [Bergold 1951a].
Diagnose: Auflösung der Polyeder mit 0,05 m Na_2CO_3 + 0,05 m NaCl. Größe der Elementarkörperchen nach Steinhaus (1949a) 40 × 315 mμ, nach Bergold (1951) 46 × 324 mμ.

Nach Krywienczyk und Mitarb. (1958) besteht eine gewisse Antigengemeinschaft zwischen *Borrelinavirus* aus *Malacosoma disstria* Hbn. und

Malacosoma americanum (F.). Bei homologer Komplementbindungs-Reaktion betrug der Titer 1:640, bei Kreuzreaktion mit *Borrelinavirus* aus *Malacosoma americanum* (F.) 1:320. Mit *Borrelinavirus bombycis* wurde bei Kreuzreaktion ein Titer von 1:40 beobachtet. Keine Antigengemeinschaft mit *Borrelinavirus* aus *Porthetria dispar* L. [*Lymantria dispar* (L.)], aus *Colias philodice eurytheme* BOISD. und aus *Choristoneura fumiferana* (CLEM.).

Epizootiologie: Tritt enzootisch auf.

Biologische Bekämpfung: eignet sich weniger, da Virus nicht sehr wirksam (BERGOLD 1951a).

Borrelinavirus spec.

Wirt: Malacosoma fragile STRETCH.

[STEINHAUS 1951a].

Übertragung: Perorale Infektion. Absterbezeit: 10–20 Tage. Mortalität ca. 80%.

Virus: Größe noch nicht ausgemessen.

Epizootiologie: Virose als Begrenzungsfaktor im westlichen Teil Nordamerikas [CLARK 1955]. Weitere ökologische Untersuchungen durch CLARK (1956) führten zu der Auffassung, daß neben der Schmierinfektion durch verseuchtes Pflanzenmaterial eine Übertragung über das Ei stattfindet. Die Krankheit bringt fast alle Insekten der betroffenen Generation zum Absterben und verhindert die starke Entwicklung der nächsten.

Biologische Bekämpfung: Es liegen bisher zwei Untersuchungen zur Verwendung des Virus zur biologischen Bekämpfung von *Malacosoma fragile* vor: bei vorläufigen Untersuchungen [CLARK und THOMPSON 1954] und Feldversuchen 1954 wurden Konzentrationen von $6{,}4 \times 10^5$ bis 13×10^6 Polyeder/ml bei Dosierungen von 3,7–7,1 gal/acre zur Anwendung gebracht [Flugzeug]. Ergebnis dosisabhängig. CLARK und REINER 1956: hohe Mortalität.

Borrelinavirus spec.

Wirt: Malacosoma neustria (L.).

Nach GERSCHENSON erwies sich dieses Virus nach intracoelomaler Injektion infektiös gegenüber einem Teil der *Lasiocampidae* [*Dendrolimus pini* (L.)] nicht hingegen gegenüber *Bombyx mori* L., *Lymantriidae, Nymphalidae* und *Pieridae*.

[BERGOLD 1953].

Virus: 39 × 333 mμ.

Borrelinavirus spec.

Wirt: Malacosoma pluviale DYAR.

Virus: 40 × 350 mμ.

[STEINHAUS 1949a; BERGOLD und MCGUGAN 1951].

vi. *Borrelinavirus* der *Lymantriidae (Lepidoptera)*.

Borrelinavirus efficiens HOLMES.

[BERGEYS Manual 1948]; [ESCHERICH und MIYAJIMA 1911; ESCHERICH

1913; Komárek und Breindl 1924; Bergold 1943, 1947, 1948a].

[syn. *Polyedra lymantriae* Shdanow].

Wirt: Lymantria monacha (L.). (Nicht peroral übertragbar auf *Porthetria dispar* L. [*Lymantria dispar* (L.)].

Übertragung: Perorale Infektion. Absterbezeit: ca. 14 Tage. Germinative Übertragung und latente Infektion. [Roegner-Aust 1949].

Pathologie: Die peroral aufgenommenen Polyeder werden durch den Saft des vorderen Mitteldarms [pH 8–10] aufgelöst. Der Darmsaft des mittleren oder hinteren Teils bewirkt keine Korrosion der Polyeder. 3–4 Tage nach der Infektion Polyzythämie. – Nach 6 Tagen treten die ersten Polyeder in der Hämolymphe auf. Nach Erscheinen der Polyeder Phagozytose durch Plasmatozyten beobachtbar. Diese ist auch in vitro demonstrierbar [Dauer etwa 24 Stunden] [Escherich 1913]. Charakteristisch für polyedröse Raupen ist das veränderte Verhalten: Sie „wipfeln", d. h. wandern auf den befressenen Bäumen in die Höhe und verenden dort. Dabei nehmen sie meist eine charakteristische [mit dem Kopf nach unten] hängende Stellung ein; „Wipfelkrankheit" [engl. wilt-disease]. Die Exkremente viröser Raupen von *Lymantria monacha* sind nicht infektiös [Escherich und Miyajima 1911]. Außer der „akuten" Form auch hier eine „latente" Form bekannt [vgl. Escherich und Miyajima 1911]. Nach experimentellen Untersuchungen von Roegner-Aust (1949) läßt sich in latent verseuchten Populationen weder mit Hilfe der von Janisch (1936) empfohlenen Ei-Desinfektion [kurzes Bad in 2%iger KOH] noch mit der von Letje (1939) und Bergold (1942) vorgeschlagenen Methode der Ausbruch der Polyedrose verhindern [also ähnliche Ergebnisse wie bei *Borrelinavirus bombycis*]. Sie schließt daher aus ihren Ergebnissen, daß Eier latent verseuchter Nonnen-Populationen innerlich infiziert sind. Provokationsversuche liegen keine vor. Sonst wie bei *Borrelinavarus bombycis* [Komárek und Breindl 1924; Heidenreich 1940].

Diagnose: Die nach schonender Auflösung der Polyeder mit 0,006 m Na_2CO_3 + 0,05 m NaCl freiwerdenden Virusteilchen können im Elektronenmikroskop nachgewiesen werden: Stäbchen: 57×350 mμ groß, meist zu 2–3 in einem Bündel [Bergold 1947]. Sonst wie bei *Borrelinavirus hyphantriae.*

Vermehrung s. *Borrelinavirus hyphantriae.*

Epizootiologie: Im Anschluß an ein Nonnenauftreten von 1890 in den Karpaten und 1898 im übrigen Osteuropa, nahm die Polyedrose bis 1900 so zu, daß praktisch alle Tiere erkrankt waren. Einen ähnlichen Verlauf nahmen zur gleichen Zeit Nonnenkalamitäten in Mitteleuropa [1892, 1898] [v. Tubeuf 1892]: 2–3 Jahre nach Beginn der Massenvermehrung brachen diese an Polyedrose zusammen [s. a. Wahl 1912]. In der Tschechoslowakei trat die Polyedrose zwischen 1917 und 1927 besonders in Erscheinung [Komárek 1931]. Sowohl die ostpreußische Kalamität [1933–1936] als auch die mitteldeutsche Kalamität [1938–1942] in Thüringen brach letztlich infolge Polyedrose zusammen [Wellenstein 1942]. Das gleiche scheint zuzutreffen für die Kalamität von 1906–1912 und 1918–1922 in Ostpreußen und die Kalamität in Oberfranken von 1928–1933. Polyederbefall 1941 bei der Nonnenkalamität [dauerte von 1937 bis 1941] im Raume Karlsbad–Marienbad (ČSR) nach Gäbler (1958). Die Polyedrose bricht epizootisch fast regelmäßig mit dem beginnenden Kahlfraß im Eruptionsjahr der Kalamität aus. Populationen in Befallsgebieten von *Lymantria monacha* sind nach Roegner-Aust (1949) enzootisch verseucht. Nach ESCHERICH und MIYAJIMA (1911) wird der Ausbruch der akuten Form der Polyedrose in latent verseuchten Populationen u. a. durch starke Sonneneinstrahlung [nicht dagegen durch Wärmebehandlung] und Kälteeinwirkung provoziert. Auch WELLENSTEIN spricht von einer Bedeutung der Klimafaktoren für den Verlauf der Seuche: Hohe Temperatur und hohe Luftfeuchtigkeit sollen die Polyedrose begünstigen. Durch Frühdiagnose [Aufzucht von Eigelegen im Laboratorium] können Verseuchungsgrade von Populationen festgestellt und prognostische Schlüsse auf den Verlauf der Gradation gezogen werden [ROEGNER-AUST 1949].

Biologische Bekämpfung: Erste Nachrichten von einer 1892 durchgeführten erfolgreichen Bekämpfungsaktion, durch künstliche Verbreitung der „Wipfelkrankheit", liegen aus Ungarn vor [ANONYMUS 1895]. Versuche unter Verwendung von polyederhaltiger Bodenstreu von KOMÁREK und BREINDL 1924 (1924) und RŮŽIČKA 1927 (1932) sind fehlgeschlagen. Dies sagt jedoch noch nichts gegen die Möglichkeit aus, durch Versprühen von Polyeder-Suspension in die Bäume eine Gradation wirkungsvoll zu bekämpfen.

Borrelinavirus reprimens HOLMES.

[BERGEYS Manual 1948] [ESCHERICH 1913; GLASER 1915; BERGOLD 1943, 1947].

[syn. *Polyedra porthetriae* SHDANOW].

Wirt: Porthetria dispar L., [*Lymantria dispar* (L.)]. Nicht peroral übertragbar auf *Lymantria monacha* (L.).

Nach GERSCHENSON erwies sich dieses Virus nach intracoelomaler Injektion infektiös gegenüber allen geprüften *Nymphalidae*, hingegen nicht gegenüber anderen *Lymantridae* mit Ausnahme von *Stilpnotia salicis* (L.) [*Leucoma salicis* (L.)] (s. u.) ferner nicht gegenüber *Bombyx mori* (L.), *Geometridae*, *Lasiocampidae*, *Pieridae*, *Sphingidae* und *Saturnidae*.

Übertragung: Perorale Infektion. Absterbezeit: 11–12 Tage. LD_{50} ÷ 5,5 $\times 10^6$ Polyeder pro Tier [L_3]. Germinative Übertragung und latente Infektion.

Pathologie: s. *Borrelinavirus efficiens*.

Von XEROS (1955) liegen elektronenmikroskopische Beobachtungen an Ultra-Dünnschnitten durch Kerne von Virus-befallenen Fettkörperzellen vor. Hiernach soll sich ähnlich wie bei der Polyedrose von *Bombyx mori* L. ein virogenetisches Stroma im infizierten Zellkern bilden. –

Diagnose: Die nach schonender Auflösung [0,008 m Na_2CO_3 + 0,05 m NaCl] der hexagonalen Polyeder freiwerdenden Virusteilchen sind Stäbchen mit einer Größe von 41 × 364 mμ, meist 2–3 in einem Bündel. Von MORGAN und Mitarb. [1955, 1956] wurden Ultra-Dünnschnitte durch Kern-Polyeder von *Lymantria dispar* untersucht. Im Elektronenmikroskop waren Bündel von Virusstäbchen zu erkennen. Jedes Bündel war von einer dichten, scharf begrenzten Membran umgeben. Die Stäbchen maßen 280 mμ in der Länge und 18–22 mμ im Durchmesser. Sphärische Virusteilchen wurden nicht beobachtet.

Sonst s. *Borrelinavirus hyphantriae*.

Nach KRYWIENCZYK und Mitarb. (1958) besteht eine gewisse Antigengemeinschaft zwischen *Borrelinavirus reprimens* und anderen *Borrelinaviren*. Der Titer der Komplementbindungs-Reaktion betrug bei homologer Reaktion 1:240, bei Kreuz-Reaktion mit *Borrelinavirus campeoles* 1:80. Keine

Antigengemeinschaft mit *Borrelinavirus* aus *Malacosoma americanum* (F.), aus *Malacosoma disstria* HBN. und aus *Choristoneura fumiferana* (CLEM.).

Vermehrung: s. *Borrelinavirus hyphantriae.*

Epizootiologie: Nach STOPEC war 1909 in der Nähe von Krakau, und 1911 in der Nähe von Dresden ein Zusammenbruch der Schwammspinner-Kalamität durch die Polyedrose [ESCHERICH 1913]. 1907 erstes Auftreten in den USA [Massachusetts und New Hampshire]. Nach HOWARD und FISKE (1911) wurde die Polyedrose überall dort beobachtet, wo der Schwammspinner massenweise auftritt, hauptsächlich in Amerika und Rußland, vgl. auch GLASER (1915). GOLDSCHMID hatte 1910 große Ausfälle in seinen Zuchten durch Polyedrose. Die Polyedrose tritt enzootisch in Mitteleuropa und Südost-Europa [Jugoslawien] auf, ebenso in Amerika und wahrscheinlich in Rußland und Japan. Die Populationen sind meist latent verseucht. WALLIS (1957) sieht in einer hohen Luftfeuchtigkeit einen wirksamen Provokationsfaktor, der stärker wirken soll als Hydroxylamin oder Kaliumnitrit. Epizootisch tritt die Polyedrose bei Massenvermehrungen des Wirtes in Erscheinung.

Borrelinavirus (Bollea) stilpnotiae WEISER.
[WEISER und Mitarb. 1954].
Nach GERSCHENSON (1954) identisch mit *Borrelinavirus reprimens* HOLMES.
Wirt: Stilpnotia salicis (L.) [*Leucoma salicis* (L.)].
Virus: 100–150 × 270 × 400 mμ [gebündelte Stäbchen?].
Epizootiologie: Während einer Gradation von *Stilpnotia salicis* [*Leucoma salicis* (L.)] in der Südslowakei 1953 isoliert; auch aus Spanien bekannt. [RUBIO-HUERTOS und TEMPLADO 1958].

Borrelinavirus euproctis KRIEG.
[KRIEG 1956b].
Wirt: Euproctis chrysorrhoea (L.)
Virus: 28 × 240 mμ, einzelne Stäbchen, gelegentlich Bündel.
Epizootiologie: Während einer Gradation von *Euproctis chrysorrhoea* in Westeuropa 1953/55, speziell bei einer Epizootie in Südfrankreich 1955 isoliert.

Borrelinavirus dokuga AIZAWA [evtl. identisch mit *Borrelinavirus euproctis*]
[AIZAWA und Mitarb. 1957].
Wirte: Euproctis flava (BREM.), *Euproctis pseudoconspersa* STRAND.
Virus: 40 × 265 mμ, gebündelte Stäbchen.
Epizootiologie: Während einer größeren Gradation von *Euproctis flava* und einer kleineren von *Euproctis pseudoconspersa* in Japan 1955 isoliert.

Weitere Art:
Kernpolyeder aus *Hemerocampa leucostigma* (A. u. S.).
[GRACE 1958].

vii. *Borrelinavirus* der *Noctuidae (Lepidoptera).*

Borrelinavirus litura BERGOLD et FLASCHENTRÄGER.
[BERGOLD und FLASCHENTRÄGER 1957].
Wirt: Prodenia litura (F.).

Übertragung: Perorale Infektion. Absterbezeit temperaturabhängig: Bei + 14,5° C 10–12 Tage, bei + 30° C 4–5 Tage. Mittlere Infektionsdosis soll für jüngere Larven höher liegen als für ältere (!). [ABUL-NASR 1956.]

Pathologie: s. *Borrelinavirus bombycis.*

Diagnose: Die nach schonender Auflösung der 1,2–3,2 μ großen Polyeder mit 0,08–0,01 m Na_2CO_3 + 0,05 m NaCl nach 3 Stunden freiwerdenden Virusteilchen können im Elektronenmikroskop nachgewiesen werden: Stäbchen 100–130 × 320 mμ groß; gebündelte Stäbchen. Sonst wie *Borrelinavirus hyphantriae.*

Vermehrung: s. *Borrelinavirus hyphantriae.*

Epizootiologie: Die Seuche wurde von DUDGEON (1913) WILCOCKS und BAHGAT (1937) in Ägypten, von CRUMB (1929) in Europa und von CARESCHE (1937) in Indochina beobachtet. Über ein epizootisches Vorkommen in Ägypten berichteten: FLASCHENTRÄGER und ABUL-NASR (1956).

Biologische Bekämpfung: Vorläufige Versuche wurden von ABUL-NASR (1959) in Ägypten durchgeführt.

Borrelinavirus armigera BERGOLD
[SMITH und RIVERS 1956]
[syn. *Polyedra heliothis* SHDANOW].

Wirt: Heliothis armigera (HBN.).

Übertragung: Perorale Infektion.

Pathologie: s. *Borrelinavirus bombycis*

Diagnose: Die nach schonender Auflösung der 0,7–1,2 μ großen Polyeder freiwerdenden Virusteilchen können im Elektronenmikroskop nachgewiesen werden. Stäbchen 50 × 320 mμ groß; gebündelte Stäbchen. [BERGOLD und RIPPER 1957].

Vermehrung: s. *Borrelinavirus hyphantriae.*

Borrelinavirus spec.
[STEINHAUS 1951a, TANADA 1956].

Wirt: Cirphis unipuncta (HAW.) [*Pseudaletia unipuncta* (HAW.)].

Übertragung: Perorale Infektion. Absterbezeit und Mortalität abhängig vom Larvenalter: L_1–L_2 über 75 % Letalität in 6–8 Tagen, L_5–L_6 unter 20% Letalität in 8–12 Tagen.

Pathologie: s. *Borrelinavirus bombycis.*

Diagnose: s. *Borrelinavirus hyphantriae.*

Virusteilchen: Stäbchen, Größe noch nicht ausgemessen.

Epizootiologie: Polyedrose als Begrenzungsfaktor neben einer Granulose bei Kohala [Hawaii] 1955 beobachtet [TANADA 1955]. Mischinfektionen mit dem Granulosevirus sind bekannt. [TANADA 1956.]

Biologische Bekämpfung: Infektionsversuche zur Erprobung dieser Möglichkeit wurden von TANADA (1956) durchgeführt. Dabei konnte durch Kombination mit der spezifischen Granulose eine Mortalität bis 80% sogar im 6. Larvenstadium erzielt werden [während Versuche mit den einzelnen Viren in diesem Stadium höchstens eine 20%ige Mortalität hervorriefen]. – Synergismus!

Borrelinavirus spec.
[SEMEL 1956].

Wirt: Trichoplusia ni (HBN.).

Übertragung: Perorale Infektion. Absterbezeit temperaturabhängig: Bei + 22° C 9 Tage (100%ige Mortalität), bei + 16° C etwa 18 Tage, bei + 10° C etwa 45 Tage. Bei höherer Temperatur kann eine Inhibition der Polyedrose erfolgen. So berichtet THOMPSON (1956), daß bei + 37° C kein Absterben mehr erfolgte.

Pathologie: s. *Borrelinavirus bombycis.*

Diagnose: s. *Borrelinavirus hyphantriae.*

Virusstäbchen noch nicht ausgemessen.

Epizootiologie: Polyedrose erstlich beschrieben von CHAPMAN und GLASER (1915). In verschiedenen Teilen der USA zu verschiedenen Zeiten beobachtet (WILLIAMS 1923; WALKER und ANDERSONS 1936; MCKINNEY 1944; HAYSLIP und Mitarb. 1953; SEMEL 1956) vor allem im Südwesten des Landes [Arizona, Kalifornien], aber auch auf Long Island. STEINHAUS erwähnt ein Vorkommen in USSR (HALL 1957).

Biologische Bekämpfung: 1–2 Spritzungen mit 1×10^6, 5×10^6 und 10×10^6 Polyeder/ml;12 gal./acre (ca. 112 l/ha) ergaben hohe Mortalität. 100% Mortalität bei 10 Polyeder/ml (HALL 1957). Weitere erfolgreiche Feldversuche bekannt [MCE'WEN und HERVEY 1958]: Bei $6{,}0 \times 10^4$ Polyeder/ml wird eine 75–82%ige Abtötung erreicht, bei $3{,}8 \times 10^6$ Polyeder/ml eine solche von 83–89%.

Borrelinavirus olethria STEINHAUS.
[STEINHAUS 1949a; HUGHES 1950].
[syn. *Polyedra prodeniae* SHDANOW].
Wirt: Prodenia praefica GROTE.
Virus: 50×200 mμ Länge.

Borrelinavirus spec.
[LEPINE, VAGO und CROISSANT 1953].
Wirt: Plusia gamma (L.).
Virus: 280–380 mμ × 60–250 mμ.

Epizootiologie: Seit 1951 tritt in Frankreich eine Epizootie dieser Virose mit fast 100%iger Letalität auf. Latente Verseuchung nachgewiesen: Provokation mit 0,1% NaF möglich [VAGO und CAYROL 1955].

Borrelinavirus spec.
[STEINHAUS 1949a].
Wirt: Laphygma exigua (HBN.).
Virus: 40×270 mμ.

Weitere Arten:

Kernpolyeder aus *Agrotis segetum* (SCHIFF.)
[BERGOLD 1953].
Epizootiologie: Nach PAILLOT (1936) bewirkt die Virose kaum eine Epizootie, da Pathogenität gering.

Kernpolyeder aus *Chorizagrotis auxiliaris* GROTE.
[STEINHAUS 1957].

Kernpolyeder aus *Heliothis virescens* (F.).
[STEINHAUS 1957].

Kernpolyeder aus *Nephelodes emmedonia* (CRAM.).
[STEINHAUS 1957].
Mischinfektionen mit Granulosevirus sind bekannt.
[STEINHAUS 1957].

Kernpolyeder aus *Peridroma margaritosa* (HAW.) [*Rhyacia saucia* HBN. ab. *margaritosa* HAW.].
[STEINHAUS 1957].

Kernpolyeder aus *Phlogophora meticulosa* (L.).
[SMITH und XEROS 1954a].

Kernpolyeder aus *Autographa californica* (SPEYER) [*Plusia californica* SPEYER]
[HALL 1953].
Epizootiologie: Nach HALL (1953) ist die Polyedrose in Kalifornien ein wichtiger Begrenzungsfaktor von *Plusia californica*, die zusammen mit einer Granulose Massenvermehrungen verhindern.

Kernpolyeder aus *Rachiplusia nu* (GUÉN.).
[STEINHAUS 1957].

viii. *Borrelinavirus* der *Nymphalidae (Lepidoptera)*.

Kernpolyeder aus *Pyrameis cardui* (L.) [*Vanessa cardui* (L.)].
[SMITH und XEROS 1953].
Mischinfektionen mit Plasmapolyedervirus sind bekannt.
[SMITH und XEROS 1953].

Kernpolyeder aus *Junonica coenia* HBN.
[STEINHAUS 1957].

ix. *Borrelinavirus* der *Pieridae (Lepidoptera)*.

Borrelinavirus aporiae KRIEG et LANGENBUCH.
[KRIEG und LANGENBUCH 1956b].
Wirt: Aporia crataegi (L.). Keine perorale Infektion bei *Pieris brassicae* (L.). Nach GERSCHENSON (1954) erwies sich dieses Virus nach intracoelomaler Injektion als infektiös gegenüber *Pieris spec.* [vielleicht ist es identisch mit *Borrelinavirus campeoles* STEINHAUS] nicht hingegen gegenüber *Bombyx mori* L., *Lasiocampidae*, *Lymantriidae*, *Nymphalidae*.
Übertragung: Perorale Infektion. Absterbezeit: Abhängig vom Larvenalter und Temperatur, z. B. 25 Tage bei L_3 und + 20° C. Germinative Übertragung; latente Infektion [KRIEG 1957c].

Pathologie: s. *Borrelinavirus bombycis.* [vgl. Abb. 7].

Befällt Fettkörper, Trachealmatrix, Hypodermis [KRIEG und LANGENBUCH 1956b]. Hämozyten phagozytieren Polyeder. Neben der akuten Infektion ist auch eine latente Form bekannt. Diese kann durch Provokation mit 0,05%igem NaF in die akute Form überführt werden. [KRIEG 1957c]. Meist sterben die Raupen vor der Verpuppung. Kranke Raupen und Puppen sterben ab, werden braun und verjauchen.

Diagnose: Die nach schonender Auflösung der etwa 0,5–5 μ großen Polyeder [vgl. Abb. 9] mit 0,07 m Na_2CO_3 + 0,1 m NaCl freiwerdenden Virusteilchen können im Elektronenmikroskop nachgewiesen werden: Stäbchen 50 × 220 mμ [gelegentlich gebündelt] [vgl. Abb. 11]. Enthalten nach KRIEG 1956b) 9% DNS.

Vermehrung: s. *Borrelinavirus hyphantriae.*

Epizootiologie: Eine Polyederkrankheit von *Aporia crataegi* (L.) wurde schon früher erwähnt [STELLWAAG 1924; MARTELLI 1931]. STELLWAAG fand die Polyedrose im Freiland nach etwa 4jährigem Fraß; was mit den Beobachtungen bei der letzten Gradation übereinstimmt [1952–1956]. Diese trat in verschiedenen Teilen Eurasiens [Deutschland, Tschechoslowakei, Rußland, Türkei] auf, wobei die Virose als wichtiger Begrenzungsfaktor wirkte. Speziell im Rhein-Main-Gebiet [Westdeutschland] brach die Gradation 1955/1956 an der Polyedrose zusammen [KRIEG 1957c].

Biologische Bekämpfung: Vorversuche zeigten bei Verwendung einer Spritzbrühe von 5×10^8 Polyeder/ml 100%ige Mortalität [KRIEG 1956c]. Erfolgreiche Superinfektionsversuche.

Borrelinavirus campeoles STEINHAUS.

[syn. *Polyedra collatis* SHDANOW].

[STEINHAUS 1948; STEINHAUS 1949b] ⟨*Colias lesbia* F. [STEINHAUS 1953] und *Pieris rapae* (L.) [TANADA 1954].⟩

Wirte: Colias philodice eurytheme BOISD, ⟨ ⟩

Nach GERSCHENSON wahrscheinlich identisch mit *Borrelinavirus aporiae.*

Übertragung: Perorale Infektion. Absterbezeit bei *Colias philodice eurytheme* temperaturabhängig: L_3 bei + 10°C 23 Tage, bei + 20°C 7 Tage, bei + 30°C 4–5 Tage [100%ige Mortalität] [THOMPSON und STEINHAUS 1950a]. Absterbezeit bei *Pieris rapae:* L_{1-3} 11–17 Tage und L_{4-5} 13–21 Tage [TANADA 1954]. Germinative Übertragung und latente Infektion [STEINHAUS 1950].

Pathologie: s. *Borrelinavirus bombycis.*

Diagnose: Die nach Auflösung der Polyeder mit 0,006 m Na_2CO_3 + 0,05 m NaCl freiwerdenden Virusteilchen können im Elektronenmikroskop nachgewiesen werden: Stäbchen 40 × 300 mμ, gebündelt [STEINHAUS 1948] 41 × 277 mμ [BERGOLD 1953]. Stäbchen aus *Pieris rapae* maßen nach TANADA (1954) 51–60 × 281–300 mμ. Elektronenmikroskopische Untersuchungen über die Genese des *Borrelinavirus campeoles* in den Zellkernen des Fettkörpers liegen von HUGHES (1953) vor. Zuerst hypertrophiert der Zellkern, und das Chromatin degeneriert [„coagulate"] zu verschieden irregulär geformten Massen. Außerhalb deren zeigt das Kernmaterial eine homogene, fein granulierte Matrix. In diesem Zustand lassen sich noch keine Viruspartikel nachweisen. Zu einem etwas späteren Zeitpunkt findet sich das Chromatin in einer mehr zentralen Lage und ist von einer klaren Peripherie umgeben; jetzt erscheint es wie ein loses Netzwerk. Zu dieser Zeit sind elektronenmikroskopisch die ersten Stäbchen nachweisbar, die allmählich an Zahl zunehmen. Das von XEROS (1955) beschriebene „nuclear net" ist nach HUGHES (1953) identisch mit der von ihm beschriebenen Chromatinmasse, bei der er allerdings keine fibrilläre Struktur nachweisen konnte. Das übrige Bild des Kerns entspricht genau den Veränderungen, die man auch lichtmikroskopisch beobachten kann. Die stäbchenförmigen Virusteilchen bilden Bündel, die von einer Membran umhüllt zu sein scheinen. Ausscheidung von Polyederprotein zwischen den Bündeln und um sie herum führt zur Ausbildung der Einschlußkörper.

Nach KRYWIENCZYK und Mitarb. (1958) besteht eine gewisse Antigengemeinschaft zwischen *Borrelinavirus campeoles* und anderen *Borrelinaviren*. Der Titer der Komplementbindungs-Reaktion betrug bei homologer Reaktion 1:240. Bei Kreuz-Reaktion mit *Borrelinavirus bombycis* war der Titer 1:10, mit *Borrelinavirus reprimens* 1:80, mit *Borrelinavirus* aus *Choristoneura fumiferana* (CLEM.) 1:40. Keine Antigengemeinschaft mit *Borrelinavirus* aus *Malacosoma americanum* (F.) oder *Malacosoma disstria* HBN.

Vermehrung: s. *Borrelinavirus hyphantriae.*

Epizootiologie: Virose wurde als starker Reduktionsfaktor von *Colias philodice eurytheme* BOISD. in Nordamerika in den letzten 50 Jahren beobachtet [STEINHAUS 1948.]. Populationsdichte wichtig. Klima indirekt wirksam über Populationsdichte. Hohe Temperaturen nehmen auch direkt Einfluß auf den Verlauf der Seuche, und zwar wirken sie verkürzend auf die Absterbezeit[1]). Bei *Pieris rapae* wurde die Virose von TANADA erstmals in Hawaii diagnostiziert [TANADA 1954]. Im Vergleich zu *Colias philodice eurytheme* ist *Pieris rapae* weniger anfällig gegenüber der Virose: Geringere Mortalität und längere Absterbezeiten.

Biologische Bekämpfung: Vorläufige Feldversuche wurden 1947–1948 von STEINHAUS und THOMPSON (1949) durchgeführt. Weitere Versuche folgten in den Jahren 1948–1949 [THOMPSON und STEINHAUS 1950]. Virus-Suspensionen 5×10^6 Polyeder pro ml, davon 5 gall/acre. Ausbringen durch Flugzeuge. Nach 4–5 Tagen hohe Mortalität. Versuche wurden 1950 fortgesetzt [THOMPSON 1951] mit 10^7 Polyeder/ml. Nach 4 Tagen kein Fraß mehr, fast 100%ige Mortalität. Materialbeschaffung durch Netzsammeln toter Raupen auf Alfalfa-Feldern. 100%ige Alfalfa-Ernte bei richtiger biologischer Bekämpfung der Heufalter-Raupen. Behandlungszeitpunkt wichtig [THOMPSON und STEINHAUS 1950b].

x. *Borrelinavirus* der *Psychidae (Lepidoptera)*

Borrelinavirus spec.

[SMITH und RIVERS 1956].

Wirt: Kotochalia junodi (HEYL.) [*Cryptothella junodi* (HEYL.)], [*Acanthopsyche junodi* HEYL.].

[1]) Es wird nach den Untersuchungen von THOMPSON und STEINHAUS (1950a) angenommen, daß Parasiten [*Apanteles medicaginis Mues*] durch mechanische Übertragung zur Verbreitung der Virose beitragen.

Perorale Infektion. Absterbezeit: L_1 in 5–6 Tagen, ältere Larven in 15 bis 20 Tagen.

Pathologie: Befallen werden Fettkörper, Hypodermis, Trachealmatrix, Perineurium und Neurone der Abdominal-Ganglien.

Diagnose: Die nach Auflösung der 0,25–3,0 μ großen Polyeder mit 1%iger Na_2CO_3 freiwerdenden Virusteilchen können im Elektronenmikroskop nachgewiesen werden. Stäbchen 25×250 mμ groß [OSSOWSKI 1958]. Sonst wie bei *Borrelinavirus hyphantriae.*

Vermehrung: s. *Borrelinavirus hyphantriae.*

Epizootiologie: [OSSOWSKI 1957]. In Südafrika tritt bei *Kotochalia* etwa alle 6–8 Jahre eine Gradation auf. Virose als enzootischer Begrenzungsfaktor; epizootische Wellen beenden die Gradationen.

Biologische Bekämpfung: [OSSOWSKI 1957]. Vorversuche [OSSOWSKI 1957] zeigen, daß bei Dosen von 10^7 Polyeder/ml in der Wirkung eine Sättigung erreicht wird. Bei Verwendung einer solchen Spritzbrühe starben Eilarven bereits nach 5–6 Tagen ab. Unter gleichen Bedingungen gingen 14 Tage alte Larven zum größten Teil innerhalb 17 Tagen ein und innerhalb eines Monats wurde eine Mortalität von rund 88% erzielt.

xi. *Borrelinavirus* der *Pyralidae (Lepidoptera).*

Borrelinavirus galleriae GERSCHENSON.

[SCHWETZOWA 1950, GERSCHENSON 1957].

Wirt: Galleria mellonella (L.).

Nach GERSCHENSON erwies sich das Virus nach intracoelomaler Injektion infektiös gegenüber allen *Nymphalidae*. Hingegen waren *Bombyx mori* L., *Porthetria dispar* L. [*Lymantria dispar* (L.)] und *Antheraea pernyi* (GUÉR.), nicht empfänglich.

Übertragung: Perorale Infektion. Wahrscheinlich germinative Übertragung: latente Infektion.

Pathologie: s. *Borrelinavirus bombycis.*

Durch Verwendung von Erbsenmehl als Stressor gelingt es die latente Virose zu provozieren und in die akute Form überzuführen [GERSCHENSON 1958d].

Diagnose: s. *Borrelinavirus hyphantriae.*

Nach Auflösung der kubischen Polyeder von etwa 2,0 μ Größe werden im Elektronenmikroskop die Viren als Stäbchen von 30×300 mμ Größe beobachtet.

Vermehrung: s. *Borrelinavirus hyphantriae.*

Epizootiologie: In USSR enzootisch in Wachsmotten-Stämmen weit verbreitet.

Biologische Bekämpfung: In USSR und Deutschland ist geplant, dieses Virus zur biologischen Bekämpfung der Wachsmotten einzusetzen, da Bienen gegen dasselbe nicht empfindlich sind.

xii. *Borrelinavirus* der *Sphingidae (Lepidoptera).*

Kernpolyeder aus *Sphinx ligustri* L.

[SMITH und Mitarb. 1953].

xiii. *Borrelinavirus* der *Saturnidae (Lepidoptera).*

Borrelinavirus (Polyedra) pernyi SHDANOW.
[GERSCHENSON 1956].
Wirt: Antheraea pernyi (GUÉR.).
Nach GERSCHENSON erwies sich das Virus nach intracoelomaler Injektion infektiös gegenüber *Saturnia pyri* SCHIFF. und allen anderen *Saturnidae*, ferner gegen *Arctia caja* (L.) und anderen *Arctiidae*, gegen *Geometridae*, einige *Lasiocampidae* [*Dendrolimus pini* (L.), *Lasiocampa trifolii* (SCHIFF), *Cosmotriche potatoria* (L.)] gegen einen Teil der *Noctuidae* [*Acronycta psi* (L.), *Acronycta rumicis* (L.)], gegen alle untersuchte *Nymphalidae* [*Aglais urticae* (L.), *Vanessa io* (L.), *Pyrameis cardui* (L.), *Pyrameis atlanta* (L.)] und einen Teil der *Sphingidae* [*Sphinx ligustri* (L.), *Celerio galii* (ROTT.)]. Dagegen waren nicht empfänglich: *Bombyx mori* L., *Malacosoma neustria* (L.) und *Pieridae*.
Übertragung: Perorale Infektion. Wahrscheinlich germinative Übertragung.
Pathologie: s. *Borrelinavirus bombycis.*
Diagnose: s. *Borrelinavirus hyphantriae.*
Nach Auflösung der etwa 1,5μ großen tri- bis pentagonalen Polyeder werden gebündelte Virusstäbchen beobachtet. Stäbchen 30–32 $\times$ 300 mμ [VAGO und SISMAN 1959].
Vermehrung: s. *Borrelinavirus hyphantriae.*

Weitere Arten:
Kernpolyeder aus *Antherea yamamai* (GUÉR.)
[GERSCHENSON 1954].

Kernpolyeder aus *Saturnia pyri* (L.)
[GERSCHENSON 1954].

xiv. *Borrelinavirus* der *Tineidae (Lepidoptera).*

Borrelinavirus spec.
[SMITH und WYCKOFF 1951].
Wirte: Tineola biselliella (HUM.) und *Tinea pellionella* (L.).
[SMITH und XEROS 1954].
Übertragung: Perorale Infektion. Absterbezeit: Etwa 10 Tage bei 10^3 bis 10^4 Polyeder pro Tier.
Pathologie: Es werden befallen: Fettkörper, Hypodermis, Trachealmatrix [LOTMAR 1941], auch sollen nach LOTMAR Polyeder in anderen Geweben vorkommen wie z. B. Malpighische Gefäße, Muskeln, perikardiales Organ, Gonaden, Bauchmark, Vorder- und Enddarm. Nach SMITH und XEROS (1954) auch noch in Seidendrüsen-Zellen und in Imaginalscheiben [nicht im Mitteldarm, wie in der zit. Arbeit fälschlich gedruckt; hierzu s. *Smithiavirus* aus *Tineidae*].
Diagnose: s. *Borrelinavirus hyphantriae.*
Virusteilchen noch nicht ausgemessen.
Vermehrung: s. *Borrelinavirus hyphantriae.*

xv. *Borrelinavirus* der *Tortricidae (Lepidoptera).*

Borrelinavirus (Bollea) fumiferana BERGOLD.
[BERGOLD 1951b].
Wirt: Choristoneura fumiferana (CLEM.).
Übertragung: Perorale Infektion. Geringe Erfolge bei künstlicher Infektion. LD_{50} bei intracoelomaler Applikation ca 4×10^6 Polyeder/Larve [BERGOLD 1951b].
Wahrscheinlich germinative Übertragung.
Pathologie: Vorkommen der Polyeder in Kernen des Fettkörpers, der Trachealmatrix, der Hypodermis und in Hämozyten.
[BIRD und WHALEN 1954a].
Diagnose: s. *Borrelinavirus hyphantriae.*
Die nach schonender Auflösung der etwa 2 μ großen Polyeder freiwerdenden Virus-Stäbchen haben eine Größe von 28×260 mμ [BERGOLD 1951]. Nach KRYWIENCZYK und Mitarb. (1958) besteht eine gewisse Antigengemeinschaft zwischen *Borrelinavirus fumiferana* und anderen Borrelinaviren. Bei homologer Komplementbindungs-Reaktion betrug der Titer 1:160. Bei Kreuz-Reaktion mit *Borrelinavirus bombycis* war der Titer 1:60, mit *Borrelinavirus campeoles* 1:80 und mit *Borrelinavirus reprimens* 1:80. Keine Antigengemeinschaft mit *Borrelinavirus* aus *Malacosoma americanum* (F.) und *Malacosoma disstria* HBN.
Vermehrung: s. *Borrelinavirus hyphantriae.*
Epizootiologie: Nach Untersuchungen an kanadischen Freilandpopulationen durch NEILSON (1956) betrug der Befall durch diese Krankheit nur 0–1,0%. Weiterer Begrenzungsfaktor ist eine Granulose.

Borrelinavirus spec.
[LANGENBUCH 1956; WEISER 1956].
Wirt: Cacoecia murinana HBN. [*Choristoneura murinana* (HBN.)].
Übertragung: perorale Infektion. Wahrscheinlich germinative Übertragung.
Pathologie: s. *Borrelinavirus fumiferana.*
Kranke Raupen sind meist unauffällig grünlich gefärbt. Nach dem Tode werden sie braun bis schwarz und zerfließen teilweise.
Diagnose: s. *Borrelinavirus hyphantriae.*
Virusteilchen noch nicht ausgemessen.
Vermehrung: s. *Borrelinavirus hyphantriae.*
Epizootiologie: In Mitteleuropa [Schwarzwald, Vogesen, Tschechoslowakei] neben einer Granulose als Begrenzungsfaktor von *Choristoneura murinana* vorkommend. Seit 1953/54 bekannt [LANGENBUCH 1956; WEISER 1956]. Nach WEISER etwa 5% Befall der Freilandpopulationen in der Tschechoslowakei. Mischinfektionen zwischen Kernpolyedrose und Granulose wurden beobachtet [WITTIG 1959].

Weitere Arten:
Kernpolyeder von *Acleris variana* (FERN.)
[GRAHAM 1954].
Epizootiologie: Epizootie bei einer Gradation von *Acleris variana* von 1940 bis 1945 in Brit. Columbia. Latente Verseuchung der Population wahrschein-

lich. Zusammenbruch kleinerer Gradationen auf Vancouver-Island ebenfalls an dieser Virose.

Kernpolyeder von *Tortrix viridana* (L.)
[WEISER 1956].

Kernpolyeder von *Tortrix loefflingiana* (L.)
[WEISER 1956].

xvi. *Borrelinavirus* der *Tenthredinidae (Hymenoptera).*

Borrelinavirus (Polyedra) diprionis SHDANOW.
[BIRD und WHALEN 1953] [KRIEG 1955d].
Wirt: Neodiprion sertifer (GEOFFR.).
Wahrscheinlich identisch mit dem *Borrelinavirus* aus *Gilpinia hercyniae* (HTG.) und/oder *Borrelinavirus* aus *Neodiprion americanus banksianae* ROHW.

Übertragung: Perorale Infektion: LD_{50} 50–150 Polyeder pro Tier. Absterbezeit: 7–9 Tage [100%ige Mortalität].

Germinative Übertragung: Latente Infektion [KRIEG 1955d, 1956d, 1957b]. Nach KRIEG (1955d) temperaturabhängiger Verlauf: LT_{50} betrug bei + 11° C 21 Tage, bei + 21° C 8 Tage und bei + 29,5° C 4,5 Tage. Alter hat keinen Einfluß auf Inkubationszeit.

Pathologie: Befällt im Gegensatz zu den bisher beschriebenen Lepidopteren-Kernpolyedrosen nicht Zellgewebe und Organe innerhalb der Hämocoele, sondern das Darmepithel der Hymenopteren-Larven. Die hierdurch bedingte Darmerkrankung führt innerhalb 48–60 Stunden nach der Infektion zu starker Reduktion und schließlich zur Unterbindung der Darmfunktion [Defäkation wird eingestellt] [BIRD und WHALEN 1953]. Die ersten histopathologischen Symptome sind nach etwa 30 Stunden beobachtbar: Hypertrophie der Kerne und Nucleoli des Mitteldarmepithels und Verklumpung des Chromatins. Die in der Chromatinmasse als Kern nach etwa 60 Stunden entstehenden Polyeder bewirken ein weiteres Anschwellen des Kernes. Sie treten beim Zerfall der Zellen in das Darmlumen aus. Die Faeces sind im Gegensatz zu denen der Kernpolyeder-kranken Lepidopteren-Larven infektiös! Die toten Raupen hängen meist frei an den Fraßpflanzen mit dem Kopf oft nach unten, wo sie mit der Zeit verjauchen. Außer der „akuten" Form der Virose existiert noch eine „latente" Form, welche die Voraussetzungen zur germinativen Übertragung schafft. Bei latent verseuchten Populationen von *Neodiprion sertifer* gelingt es durch bestimmte Provokationsmittel wie z. B. Natriumfluorid [Besprühen der Nahrung mit 0,01% NaF], die Polyedrose in die akute Form zu überführen [KRIEG 1956d, 1957b]. Andere Provokationsmittel sind: Hydroxylamin, Thioglykolsäure, KNO_2 sowie UV.

Diagnose: Der isolierte Darm erkrankter Larven ist im Gegensatz zu dem Gesunder ohne Nahrungsbrei und zeigt in seinem mittleren Teil, infolge der Anhäufung von Polyedern in seinen Zellen, eine milchigweiße Verfärbung.

Die mikroskopische Diagnose stützt sich auf den Nachweis der Polyeder im Darmausstrich. Untersuchung im Phasenkontrast oder Dunkelfeld: Graue bzw. hell-glänzende, stark lichtbrechende Polyeder von 0,5–5,0 μ Größe. Gleiche Färbungsverhältnisse wie *Borrelinavirus anthelus* Polyeder. Zusatz von n/10 NaOH bewirkt Auflösung der Polyeder innerhalb 15 Minuten. Schonende Auflösung zur Gewinnung der Virusteilchen mit 0,008 m Na_2CO_3 + 0,05 m NaCl. Die dabei freiwerdenden Stäbchen sind elektronenmikroskopisch nachweisbar; sie haben eine Größe von 50×250 mμ [Bird und Whalen 1953]. Diagnose durch histologische Untersuchungen nach Färbung mit Eisenhämatoxylin nach Heidenhain; zweckmäßigerweise nach vorheriger Säurebeizung.

Vermehrung: s. *Borrelinavirus hyphantriae.*

Epizootiologie: Virose tritt als Begleiter von Retrogradationen des Wirtes in der paläarktischen Region auf. Erstmals 1913 von Escherich (1913) beschrieben. Seitdem immer wieder in verschiedenen Teilen Europas beobachtet [in Polen 1925, England 1926–1930, Lettland 1927–1932, Westpreußen 1935, Schweden 1944, Belgien 1949–1950, Südwest-Deutschland [Odenwald] 1953–1956 [s. Niklas und Franz 1957]. Untersuchungen über enzootische Verseuchung von *Neodiprion sertifer*-Populationen in Deutschland, s. Krieg (1956d, 1957b). Nach Bird (1955) können Epizootien erfolgen, sobald die Verseuchung der Eigelege 15% erreicht hat. Zur Verbreitung der Polyedrose können Prädatoren beitragen. Nach Passage des Darmtraktus von Vögeln [Bird 1955; Franz und Mitarb. 1955] oder Raubwanzen (*Rhinocorus annulatus* (L.)) (Franz und Mitarb. 1955), war das Virusmaterial noch infektiös.

Biologische Bekämpfung: Neodiprion sertifer ist seit 1925 in Kanada eingeschleppt ohne Virose. 1949 wurde die Virose von Bird von Schweden nach Kanada eingeführt [Bird und Whalen 1953] und 1950 erstlich zur biologischen Bekämpfung verwandt [Bird 1953]. Feldversuche 1950 mit Großzerstäuber: Verwandte Suspensionen 2×10^6 Polyeder/ml, davon 3 gal/7 acres. Hohe Mortalität nach 18 Tagen. 1952 vom Flugzeug abgesprüht. Verschiedene Konzentrationen z. B. 5×10^6 Polyeder/ml unter Zusatz von Milchpulver als Haftmittel [1 pound/20 gal.], davon 22 gal/50 acres. 94,4% Letalität. Virose wirkt seit 6 Jahren im Feld gleichmäßig gut [Bird 1955]. Weitere Bekämpfungsversuche in Nordamerika [Dowden und Girth 1953; Benjamin und Mitarb. 1955; Schuder 1956] und im Endemiegebiet in Südwest-Deutschland [Franz und Niklas 1954] – hier erfolgreiche Superinfektionsversuche.

Borrelinavirus (Polyedra) gilpiniae Shdanow.
[Balch und Bird 1944; Bird 1952].

Wirt: Gilpinia hercyniae (Htg.) [*Diprion hercyniae* (Htg.)].

Wahrscheinlich identisch mit dem *Borrelinavirus* aus *Neodiprion sertifer* (Geoffr.) und/oder *Borrelinavirus* aus *Neodiprion americanus banksianae* Rohw.

Übertragung: Perorale Infektion; LD_{50} ca. 200 Polyeder pro Tier. Absterbezeit: 6–10 Tage. Germinative Übertragung wahrscheinlich. Temperaturabhängiger Verlauf wie bei *Neodiprion sertifer* Geoffr. [Bird 1953]. Bei höheren Temperaturen kann eine Inhibition der Polyedrose erfolgen. So berichtet Bird (1953), daß über + 29,5° C kein Absterben mehr erfolgte. Wurde die Temperatur wieder gesenkt, so nahm die Virose wieder ihren Fortgang.

Pathologie: Befällt wie die anderen bisher untersuchten Hymenopteren-Polyedrosen das Darmepithel. Histopathologische Veränderungen ähnlich wie bei *Borrelinavirus diprionis*. Die von BIRD (1952) vertretene Ansicht, daß sich Virusteilchen auch in Polyedern vermehren, scheint unwahrscheinlich und konnte bisher nicht bestätigt werden. Über die Entwicklung der Infektion innerhalb des Zellkerns der betroffenen Zellen liegen Untersuchungen von BIRD und WHALEN (1954b) vor. 33 Stunden nach oraler Infektion erkennt man hypertrophierte Kerne und Nucleolen. Das Chromatin nimmt im Verlauf seiner Degeneration eine schwammartige Struktur an, an deren Oberfläche sich später palisadenartig angeordnet, stäbchenförmige Virusteilchen beobachten lassen. Offenbar werden diese in oder an der Oberfläche der Chromatinmasse gebildet. Im weiteren Verlauf können sich die Virusteilchen von ihrem Entstehungsort ablösen und liegen dann frei im Kernsaft. Ob die ebenfalls in geringem Prozentsatz auftretenden, mehr kugelförmigen Partikel Viruskeime sind, von denen BIRD (1952) annimmt, daß sie evtl. im Kernsaft sich noch zu Stäbchen zu entwickeln vermögen, sei dahingestellt. Wahrscheinlicher ist, daß es sich hierbei um inkomplette Virusteilchen handelt. Das Chromatin nimmt in dem Maße ab, in dem Viren und Polyeder ausgebildet werden. Die Virus-DNS wird von der DNS des Chromatins abgeleitet. Nach Zerstörung der Darmzellen finden sich die Polyeder im Darmlumen. Die Faeces sind daher infektiös! Tote Raupen verjauchen. –

BIRD (1949) berichtet auch über Entstehung nicht-maligner Tumore im Mitteldarm infizierter Larven. Die Tumore nehmen ihren Ausgang von den regenerativen Zellnestern nahe der Basalmembran, von denen normalerweise jede Darm-Regeneration ihren Ausgang nimmt. Sie treten dann auf, wenn Larven kurz vor ihrer letzten Häutung infiziert werden. Es handelt sich offenbar hierbei um die Auswirkung einer durch die Virose-Infektion fehlgesteuerten Regeneration des geschädigten Darmes.

Diagnose: s. *Borrelinavirus diprionis*. Stäbchenförmige Viren: 50×250 mμ [BIRD 1952].

Vermehrung: s. *Borrelinavirus hyphantriae.*

Epizootiologie: Virose tritt als wirksamer, natürlicher Begrenzungsfaktor ihres Wirtes im paläarktischen Raum auf. *Diprion hercyniae* wurde Anfang dieses Jahrhunderts nach Nordamerika [Nordosten der Vereinigten Staaten und Südost-Kanada] eingeschleppt und vermehrte sich dort ohne virröse Beeinträchtigung. 1937 trat die Virose spontan in Amerika (Neu England-Staaten/USA) auf [BALCH und BIRD 1944]; wahrscheinlich importiert.

Biologische Bekämpfung: Durch Versprühen von Virus-Suspensionen gelang es BIRD, die Seuche auszubreiten und den Schädling einzudämmen; [BIRD 1954a] offenbar Dauererfolg; Polyedrose ist seit 18 Jahren im Feld gleichmäßig wirksam [BIRD 1954b]. Die Empfindlichkeit der Blattwespe gegenüber der Virose scheint so groß, daß zusätzliche Stress-Faktoren keine Wirksamkeitserhöhung erkennen ließen [BIRD und ELGEE 1957].

In den Jahren 1951/52 war nach BIRD und ELGEE (1957) ein Anstieg in der Populationsdichte im jetzigen Endemiegebiet in New Brunswick zu beobachten, ohne darauffolgenden schnellen Anstieg der Polyedrose-Sterblichkeit. Diese Feststellung wird von den Autoren als erstes Zeichen für eine Resistenzzunahme gewertet.

Borrelinavirus spec.

[Bird und Whalen 1954b].

Wirte: Neodiprion pratti banksianae (Rohw.) [*Neodiprion americanus banksianae* Rohw.].

Neodiprion sertifer (Geoffr.).

Neodiprion nanulus Schedl.

Gilpinia hercyniae (Htg.) [*Diprion hercyniae* (Htg.)].

[Bird 1955].

Wahrscheinlich identisch mit dem *Borrelinavirus* aus *Neodiprion sertifer* (Geoffr.) und/oder *Diprion hercyniae* (Htg.).

Übertragung: Perorale Infektion. LD_{50}: 300–600 Polyeder pro Tier. Germinative Übertragung und latente Infektion wahrscheinlich.

Pathologie: s. *Borrelinavirus diprionis.*

Histopathologische Untersuchungen mit Hilfe von Dünnschnitten und elektronenmikroskopischen Untersuchungen an viruskranken *Neodiprion americanus banksianae* stützen nach Ansicht von Bird (1957) die Hypothese von Bergold (1953a b) über den Lebenszyklus stäbchenförmiger Insekten-Viren. Bird findet in Chromatinbalken geringer Dichte Membranen, an Chromatinbalken höherer Dichte dagegen Stäbchen! Nach Bird sind die palisadenartig an das dichtere Chromatin angelegten Virusteilchen das Infektionsmaterial, während sich in den [offenbar leeren!] Membranen neue Virusstäbchen entwickeln sollen. Diese Viruskeime sollen mit den von Bergold in Kernpolyedern gelegentlich gefundenen sphärischen Viruspartikeln identisch sein.

Diagnose: s. *Borrelinavirus diprionis.*

Vermehrung: s. *Borrelinavirus hyphantriae.*

Epizootiologie: Tritt enzootisch in Kanada auf.

Biologische Bekämpfung: Eignet sich weniger als *Borrelinavirus diprionis*, da Virus nicht sehr wirksam. Künstliche Verbreitung nach Bird (1955) nicht rentabel.

Borrelinavirus spec.

Wirt: Trichocampus viminalis (Fall.)

[Smirnoff und Béique].

Übertragung: Perorale Infektion; Absterbezeit: 96 Std. [100%ige Mortalität]. Germinative Übertragung: wahrscheinlich latente Infektion.

Pathologie: Nach der peroralen Applikation stellen die Larven innerhalb 24–28 Std. das Fressen ein, nach 48 Std. wechselt ihre Farbe von grün nach gelb und der Tod tritt nach etwa 96 Std. ein. Histopathologische Veränderungen: 40–60 Std. post infectionem beobachtet man eine „Koagulation" des Chromatins in den Zellen des Mitteldarmepithels. Nach 90 Std. ist der Darm sehr empfindlich gegenüber mechanischer Beanspruchung und die Kerne sind mit Polyedern gefüllt. Faeces infektiös!

Diagnose: Die Diagnose stützt sich auf den mikroskopischen Nachweis von Polyedern im Darmausstrich. Untersuchungen im Phasenkontrast oder Dunkelfeld. Sonst wie *Borrelinavirus diprionis.*

Vermehrung: Züchtbar nur auf spezifischem Wirt.

Epizootiologie: Virose wurde erstlich in Quebec (Canada) 1957 beobachtet als Ursache des Zusammenbruchs einer Kalamität.

Weitere Arten:
Kernpolyedrose von *Neodiprion lecontei* (FITCH) [STEINHAUS 1951].

Kernpolyedrose von *Neodiprion mundus* ROHW. [STEINHAUS 1957].

xvii. *Borrelinavirus* der *Tipulidae (Diptera)*

Borrelinavirus (Xerosia) tipulae (WEISER) nov. comb. [RENNIE 1923; SMITH und XEROS 1954a].

Wirt: Tipula paludosa MEIG.

Übertragung: Perorale Infektion, chronischer Verlauf. Geringe Erfolge bei künstl. Infektion [MÜLLER-KÖGLER 1957].

Pathologie: Die Krankheit macht sich erst im fortgeschrittenen Stadium bemerkbar. Dann weicht das normalerweise dunkle Aussehen der Larven einer Aufhellung, und das Blut nimmt eine milchige Beschaffenheit an. Die Polyeder entstehen in Fettkörperzellen, und zwar primär im Kern, sekundär finden sie sich an der Kernperipherie und endlich im Cytoplasma. Nach SMITH und XEROS (1954a) befallen sie auch Hämozyten, die sich als Reaktion auf den *Borrelina*-Befall vermehren (Polyzythämie). Anhand von Dünnschnitten konnte die Entwicklung der Polyeder in Kernen von Hämozyten verfolgt werden [SMITH 1955a]. Die Kerne zeigen eine progressive Hypertrophie. Die in der Chromatinmasse sich bildenden Virusteilchen werden von einer Membran umhüllt und lagern an einer Seite der Kernmembran. Hier werden sie von Polyederprotein eingeschlossen: Einseitige Polyederbildung führt zur Ausfüllung der einen Kernhemisphäre mit Polyedern. Das Zytoplasma degeneriert.

Diagnose: Im Hämolymphe-Ausstrich. Untersuchung im Phasenkontrast oder Dunkelfeld: Relativ große, segmentförmig oder unregelmäßig begrenzte „Polyeder", entweder frei in der Hämolymphe flottierend oder in Hämozyten eingeschlossen oder teilweise auch in Fettzellen, die losgelöst im Blut schwimmen und leicht mit Hämozyten verwechselt werden. – In ihrem Verhalten unterscheiden sie sich stark von anderen Polyedern: Sie sind sehr resistent gegen Säuren und Alkalien. In n/NaOH verlängern sie sich um das sechs- oder mehrfache ihrer Länge, werden zu bikonvexen Spindeln und schließlich zu wurmförmigen Gebilden. Diese Veränderungen sind reversibel (!): In Wasser von p_H 5–8 nehmen sie wieder normale Größe und normales Aussehen an. Nach solch einer Behandlung sind die Polyeder „aktiviert"; d. h. sie reagieren jetzt in ähnlicher Weise auch gegenüber Ammoniak, 1–2%ige Na_2CO_3, HCl vom p_H 1–4, aber nicht n-HCl oder 25%ige Na_2CO_3. Verlängerung und Verkürzung entlang einer Achse erfolgt in dem Maße bzw. so schnell, wie die Lösungen gewechselt werden können. Die Polyeder werden gewöhnlich nicht aufgelöst durch Behandlung $^1/_2$ Stunde mit n-NaOH bei + 20° C. In einer Lösung von gleichen Teilen n/NaOH und n/KCN erreichen die Polyeder nach $1\,^1/_2$ Minuten ihre maximale Ausdehnung, um sich nach 2–4 Minuten völlig aufzulösen. In sich lösenden Polyedern und Schnitten konnten elektronenmikroskopisch stäbchenförmige Virusteilchen dargestellt werden von der Größe 40×300 mμ.

Vermehrung: Züchtbar nur im homologen Wirt. Gewinnung des infektiösen Materials: An der Virose gestorbene Raupen werden zweckmäßigerweise homogenisiert, und mit dem Gewebebrei wird ein wäßriger Infus angesetzt. Dieser geht alsbald in Fäulnis über; während die Gewebselemente zerfallen, bleiben die Polyeder übrig und setzen sich als weißliches Sediment ab. Durch fraktionierte Sedimentation mit Hilfe einer Zentrifuge können die Polyeder auf Grund ihres hohen spezifischen Gewichtes angereichert und gereinigt werden. In Suspensionen oder getrocknet jahrelang haltbar. Eine Standardisierung erfolgt durch Bestimmung der Anzahl Polyeder/ml der Suspension durch Auszählen in einer Zählkammer [zweckmäßigerweise im Phasenkontrast].

Epizootiologie: Erstlich von RENNIE (1923) aus Schottland beschrieben, 1954 von SMITH und XEROS (1954b) in England wiedergefunden. 1957 konnte MÜLLER-KÖGLER (1957) die Krankheit in *Tipula paludosa* aus der Norddeutschen Tiefebene nachweisen.

β) *Bergoldiavirus* STEINHAUS [syn. *Capsulatus* SHDANOW]

Definition: In einen Einschlußkörper, sog. Kapsel oder Granulum [0,3 bis 0,5 μ groß] [s. Abb. 10], wird nur ein [ausnahmsweise zwei] Virusteilchen [s. Abb. 11] eingeschlossen. [Hierzu vgl. auch HUGHES 1958.] – Bisher beschrieben bei *Lepidoptera*.

Allgemeines. Histopathologie: Die durch die Vermehrung der Bergoldiaviren in den Zellen bewirkten lichtmikroskopisch sichtbaren, pathologischen Veränderungen sind nach sich ergänzenden Ergebnissen einer Reihe von Autoren folgende: Konfusion des Chromatins in den hypertrophierten Kernen zu einer ungeformten FEULGEN-positiven Masse. Diese verliert in dem Maße ihre FEULGEN-positive Eigenschaft, wie Viruskapseln gebildet werden. Dabei tritt ein mycelähnliches Fadenwerk auf, das nach HUGER (1960) FEULGEN-positiv ist [s. Abb. 15]. Der Kern löst sich im Verlauf dieser Entwicklung gewissermaßen auf, so daß am Ende der Entwicklung das Zytoplasma mit Kapseln überschwemmt ist [vgl. WITTIG 1958]. Von den *Bergoldia*-Viren werden bei Lepidopteren im allgemeinen die gleichen Gewebe wie durch *Borrelina*-Viren befallen, also Fettkörper, Hypodermis, und Trachealmatrix. Gelegentlich wird ein Befall von Hämozyten beschrieben ohne Differentialdiagnose gegenüber einer möglichen Phagozytose. Diesem histologischen Bild entsprach bisher die einheitliche Auffassung [STEINHAUS und THOMPSON 1949; HUGHES und THOMPSON 1951; TANADA 1953; MARTIGNONI 1954; SMITH und RIVERS 1956], daß die Viren primär im Kern der befallenen Zellen entstehen und die Viruskapseln erst sekundär im Bereich des Zytoplasmas auftreten. Nach neueren EM-Untersuchungen von BIRD (1958) an Granulosen von *Choristoneura fumiferana* (CLEM.), *Pieris brassicae* (L.) und *Eucosma griseana* (HBN.) soll jedoch nicht nur die Genese der Kapseln primär im Zytoplasma erfolgen, sondern auch die eigentliche Virogenese. Diese Befunde stehen im Gegensatz zu den lichtmikroskopischen Beobachtungen, die deutlich eine primäre Reaktion der Zellkerne erkennen ließen. Das primäre Auftreten von Kapseln und Viren im Zytoplasma, ohne Kernaffektion speziell in Blutzellen, könnte durchaus auf Phagozytose beruhen. Da die Befunde von Bird isoliert dastehen, läßt sich über ihre Bedeutung noch nicht endgültig urteilen.

i. *Bergoldiavirus* der *Arctiidae (Lepidoptera).*

Bergoldiavirus thompsonia Steinhaus.
[Steinhaus 1949; Steinhaus und Mitarb. 1949b].
[syn. *Capsulatus estigmene* Shdanow].
Wirt: Estigmene acrea (Drury).
Übertragung: Perorale Infektion.
Pathologie: Nach Auflösung der Einschlußkörper (Kapseln) im Darm Durchdringung der Darmwand durch das Virus und Erzeugung einer Virämie. Befall vor allem des Fettkörpers. Gegen Ende der Krankheit ist die Hämolymphe durch die Massen der Kapseln, die in ihr suspendiert sind, weißlich verfärbt. Äußere Symptome werden durch das dichte Haarkleid verdeckt. Die Larven verlieren ihre Freßlust und stellen ihre Bewegung ein. Schließlich werden die Larven schlaff; tödliche Erkrankung. Faeces sind steril.
Diagnose: Im Hämolymphe-Ausstrich; Untersuchung im Phasenkontrast oder Dunkelfeld: Dunkle bzw. hell-glänzende, stark lichtbrechende, ovoide Kapseln von etwa 0,25–0,40 μ Durchmesser. Zusatz von n/10 NaOH bewirkt innerhalb 15 Minuten Auflösung der Kapseln. Nach schonender Auflösung in 0,04 m Na_2CO_3 können die freiwerdenden Virusteilchen im Elektronenmikroskop nachgewiesen werden: Stäbchen 40×270 mμ groß.
Vermehrung: Nur im homologen Wirt. Gewinnung des infektiösen Materials: An der Granulose gestorbene Raupen werden zweckmäßigerweise homogenisiert, und mit dem Gewebebrei wird ein wäßriger Infus angesetzt. – Dieser geht alsbald in Fäulnis über; während die Gewebselemente zerfallen, bleiben die Kapseln übrig. Durch fraktionierte Sedimentation mit Hilfe einer Zentrifuge können die Polyeder auf Grund ihres hohen spezifischen Gewichtes angereichert und gereinigt werden. Verbesserung dieses Verfahrens: Verwendung von Fluorkarbon [Bergold 1959] oder Gradienten-Zentrifugation unter Verwendung hochprozentiger Saccharose [Brakke 1951]. In Suspension oder getrocknet halten sich die Kapseln mehrere Jahre. Eine Standardisierung erfolgt durch Bestimmung der Anzahl der Kapseln/ml der Suspension.

Bergoldiavirus kovachevici Schmidt et Philips.
[Schmidt und Philips 1958].
Wirt: Hyphantria cunea (Drury).
Übertragung: Perorale Infektion. Wahrscheinlich germinative Übertragung; latente Infektion. Absterbezeit: Etwa 5–14 Tage. Junge Larven [L_1–L_3] empfindlicher als ältere [L_4–L_7].

Pathologie: Die granulosekranken Larven stellen die Nahrungsaufnahme ein, laufen unter Umständen erregt umher. Ihre Hämolymphe ist milchigweiß verfärbt durch die Massen der in ihr vorhandenen Kapseln. Schließlich werden die Larven lethargisch und gehen ein, und zwar meist vor einer Häutung oder vor der Verpuppung. Granulose befällt vor allem den Fettkörper. Darm und Malpighische Gefäße sind meist rötlich gefärbt.

Diagnose: Im Hämolymphe-Ausstrich; Untersuchung im Phasenkontrast oder Dunkelfeld: Dunkle bzw. hell-glänzende, stark lichtbrechende, ovoide Kapseln von der Größe 0,25–0,35 × 0,5–0,6 μ. Nach Zusatz von Alkali lösen sie sich auf. Freiwerdende Virusteilchen können im Elektronenmikroskop nachgewiesen werden: Stäbchen 60 × 240–270 mμ groß (nach Weiser).

Vermehrung: Nur im homologen Wirt. Gewinnung des infektiösen Materials s. *Bergoldiavirus thompsonia.*

Epizootiologie: Die Granulose wurde erstmals im Sommer 1957 in Kroatien [Jugoslawien] gefunden. Nach Ansicht von Schmidt und Philips (1958) handelt es sich bei dem Auftreten um eine epizootische Welle in einer endemisch verseuchten Population. Weiser (1958) berichtete über eine Verseuchung der Population in der Slowakei, die z. T. über 90% Mortalität bewirkte.

Biologische Bekämpfung: In Jugoslawien und in der Tschechoslowakei wurde versucht die Seuche weiter zu verbreiten. Näheres noch nicht bekannt.

ii. *Bergoldiavirus* der *Geometridae (Lepidoptera).*

Bergoldiavirus nosodes Hughes et Thompson.

[Hughes und Thompson 1951].

Wirt: Sabulodes caberata Guén.

Übertragung: Perorale Infektion. Absterbezeit: 10–20 Tage bei + 20° C [Hughes und Thompson 1951].

Pathologie: Histopathologische Untersuchungen: Nach Durchdringen des Darmes wird bei dieser Granulose nur der Fettkörper befallen. Die Kerne hypertrophieren, und das Chromatin degeneriert zu unregelmäßig geformten gut anfärbbaren Massen. Innerhalb der befallenen Kerne treten die ovoiden Kapseln [170 × 345 mμ groß] in Massen auf. Die Kernmembran verschwindet teilweise, und die Kapseln treten in das Zytoplasma aus. Elektronenmikroskopische Untersuchungen über die Entwicklung der Einschlußkörper in den Zellkernen liegen von Hughes vor [Hughes 1952]. Am 4. Tag post infectionem werden Virusteilchen festgestellt. Die Kapsel aus [Polyeder-]Protein umschließt von einem Ende her progressiv das Virusstäbchen. Am 7. Tag ist die Bildung der Granula meist vollendet. Vermehrung des Virus erfolgt offenbar in der Hauptsache in den ersten 4 Tagen der Infektion.

Diagnose: Die nach schonender Auflösung der Kapseln mit 0,1 m Na_2CO_3 + 0,05 m NaCl freiwerdenden Virusteilchen sind elektronenmikroskopisch darstellbar: Stäbchen 65 × 275 mμ groß.

Vermehrung: s. *Bergoldiavirus thompsonia.*

Epizootiologie: Vielleicht Begrenzungsfaktor von *Sabulodes caberata* in Nordamerika.

iii. *Bergoldiavirus* der *Nymphalidae (Lepidoptera).*

Bergoldiavirus lathetica STEINHAUS.
[STEINHAUS und THOMPSON 1949a].
[syn. *Capsulatus junonia* SHDANOW].
Wirt: Junonia coenia HBN.
Virus: Nach Auflösung der Kapseln [350–500 mμ groß] 3 Stunden in 0,05 m Na_2CO_3 werden die Virusteilchen darstellbar: Stäbchen 40×300 mμ groß.

iv. *Bergoldiavirus* der *Noctuidae (Lepidoptera).*

Bergoldiavirus daboia STEINHAUS.
[STEINHAUS 1947, 1949b].
[syn. *Capsulatus peridroma* SHDANOW].
Wirt: Peridroma margaritosa (HAW.) *[Rhyacia saucia* HBN. ab. *margaritosa* HAW.].
Übertragung: Perorale Infektion. Germinative Übertragung wahrscheinlich.
Pathologie: Hierzu liegen Untersuchungen von STEINHAUS und Mitarb. vor (1949b). 2–3 Tage nach Durchdringen der Darmwand durch die Viren, zeigen die Raupen die ersten Krankheitssymptome. Nachlassen der Freßlust und Aktivität. Gewöhnlich sterben sie vor der Verpuppung. Die Larven werden zwar schlaff, zeigen aber keine, für Polyedrosen typische Verflüssigung der Gewebe. Der Fettkörper erkrankter Larven ist, im Gegensatz zu dem gesunder Tiere, opak. Seine Kerne hypertrophieren stark und lösen sich schließlich auf, während die in den Kernen gebildeten Granula aus diesem in das Plasma der hypertrophierten Zelle übertreten. Bei der Zerstörung der Fettzellen gelangen die Granula in die Hämolymphe und verursachen deren weißlich-opakes Aussehen.
Diagnose: s. *Bergoldiavirus thompsonia.*
Nach Auflösung der 0,4×0,6 μ großen Kapseln in 0,04 m Na_2CO_3 werden die Virusteilchen elektronenmikroskopisch darstellbar. Stäbchen von 40×340 mμ.
Vermehrung: s. *Bergoldiavirus thompsonia.*

Bergoldiavirus euxoae SHDANOW (Stamm 1–3).
[PAILLOT 1936, 1937].
[syn. *Capsulatus euxoae* SHDANOW = Stamm 1].
[syn. *Capsulatus pailloti* SHDANOW = Stamm 2].
Wirt: Euxoa segetum SCHIFF. [*Agrotis segetum* (SCHIFF.)].
Übertragung: Perorale Infektion. Verschiedene Stämme wurden von PAILLOT beschrieben:
Stamm 1 und 2 [PAILLOT 1936] und Stamm 3 [PAILLOT 1937].
Pathologie: Stamm 1: befällt nur den Fettkörper: „Pseudograsserie".
Stamm 2: Befällt außerdem Hypodermis und Trachealmatrix.
Stamm 3: Besonders starke Gewebezerstörung. Ähnelt in der Pathologie den Verhältnissen bei Polyedrosen.

Diagnose: s. *Bergoldiavirus thompsonia.*
Virusteilchen noch nicht dargestellt und ausgemessen.
Vermehrung: s. *Bergoldiavirus thompsonia.*
Epizootiologie: Stamm 1 wurde 1934 von PAILLOT in der Umgebung von Lyon [Südfrankreich] isoliert und befiel etwa 10% der Raupen. Stamm 2 ist infektiöser als 1 und wurde 1936 bei Saint-Genis-Laval [Frankreich] gefunden. Stamm 3 – ebenfalls in Frankreich gefunden – ist eine besonders maligne Form, die größere Ausfälle bewirken kann und somit als Begrenzungsfaktor für *Agrotis segetum* bedeutsam sein dürfte. Verschieden pathogene Virusstämme oder unterschiedlich tolerante Wirtspopulationen.

Bergoldiavirus spec.
[TANADA 1955, 1956].
Wirt: Cirphis unipuncta (HAW.) [*Pseudaletia unipuncta* (HAW.)].
Übertragung: Perorale Infektion. Absterbezeit und Mortalität abhängig vom Larvenalter: L_3: 85% [6–8 Tage]; L_4: 55% [8–10 Tage]; $L_5/_6$: 20–22% [7–12 Tage].
Pathologie: s. *Bergoldiavirus thompsonia.*
Diagnose: s. *Bergoldiavirus thompsonia;* Virusteilchen: Stäbchen, Größe noch nicht ausgemessen.
Epizootiologie: Granulose als Begrenzungsfaktor neben einer Polyedrose [*Borrelinavirus spec.*] bei Kohala (Hawaii) 1955 beobachtet. [TANADA 1955.]. Mischinfektionen mit Kernpolyedervirus sind bekannt. [TANADA 1956].
Biologische Bekämpfung: Infektionsversuche zur Erprobung dieser Möglichkeit wurden von TANADA (1956) durchgeführt. Dabei konnte durch Kombination mit der spezifischen Polyedrose eine Mortalität bis 80% sogar im 6. Larvenstadium erzielt werden [während Versuche mit den einzelnen Viren in diesem Stadium höchstens eine 20%ige Mortalität hervorriefen].

Weitere Arten:

Bergoldiavirus aus *Laphygma frugiperda* (S. u. A.).
[STEINHAUS 1957].

Bergoldiavirus aus *Autographa california* (SPEYER) [*Plusia californica* SPEYER].
[HALL 1954].

Bergoldiavirus aus *Nephelodes emmedonia* (CRAM.).
[STEINHAUS 1957].
Mischinfektionen mit Kernpolyedervirus sind bekannt. [STEINHAUS 1957].

Bergoldiavirus aus *Chorizagrotis auxiliaris* GROTE.
[STEINHAUS 1957].

Bergoldiavirus aus *Persectania ewingii* WWD.
[LOWER 1954].

Bergoldiavirus aus *Euplexia lucipara* (L.).
[SMITH und RIVERS 1956].

Bergoldiavirus aus *Melanchra persicaria* (L.).
[SMITH und RIVERS 1956].

Pathologie: Hier liegen elektronenmikroskopische Untersuchungen an Ultra-Dünnschnitten durch den Fettkörper befallener Larven vor [SMITH und RIVERS 1956]. Es wird gezeigt, daß die Viruskapseln in den hypertrophierten Zellkernen entstehen und erst sekundär infolge Zerstörung der Kernmembran in das Zytoplasma austreten. Das gleiche Bild vermitteln befallene Zellen der Hypodermis.

v. *Bergoldiavirus* der *Pieridae (Lepidoptera).*

Bergoldiavirus brassicae (PAILLOT) STEINHAUS.
[STEINHAUS 1949a; VAGO und Mitarb. 1955].
[syn. *Borrelina brassicae* PAILLOT].
[syn. *Capsulatus pieris* SHDANOW].
Wirt: Pieris brassicae (L.), (PAILLOT 1926, 1934).

Nach VAGO und BILIOTTI (1956) sowie nach KELSEY (1958) ist eine Übertragung der Granulose von *Pieris brassicae* (L.) auf *Pieris rapae* (L.) möglich. Über ähnliche Beobachtungen berichteten SMITH und RIVERS (1956). Daher vielleicht *Bergoldiavirus brassicae* mit *Bergoldiavirus virulenta* identisch

Übertragung: Perorale Infektion. Germinative Übertragung wahrscheinlich: hohe Eilarven-Sterblichkeit in der nächsten Generation, wenn überlebende Tiere eines Infektionsversuches zur Eiablage kommen [BILIOTTI und Mitarb. 1956]. Absterbezeit: stark schwankend, nach SMITH und RIVERS (1956) 3 Tage, nach BILIOTTI und Mitarb. (1956) 30 Tage [L_2/L_3]. Bei quantitativen Untersuchungen zeigte sich, daß verschiedene *Pieris*-Stämme verschieden empfindlich waren und daß im Verlauf von Generationen nach Ausbruch einer Laborepizootie eine Toleranzzunahme zu beobachten war. [RIVERS 1958.] Letalität in Abhängigkeit vom Tiermaterial: 20–95%.

Pathologie: Die befallenen Raupen zeigen eine weiß-gelbliche Verfärbung auf ihrer Ventralseite: „Pseudograsserie". Sie verlieren Freßlust und Beweglichkeit. Sie sterben meist vor der Verpuppung und sind dann schlaff. Schließlich verjauchen sie, ähnlich wie polyedröse Raupen. Nach PAILLOT (1934) befallen die Viren Fettkörper und Hypodermis.

Diagnose: s. *Bergoldiavirus thompsonia.*

Nach Auflösen der $0{,}12 \times 0{,}3\ \mu$ großen Kapseln werden die Virusteilchen frei: Sie sind $80 \times 200\ m\mu$ groß.

Vermehrung: s. *Bergoldiavirus thompsonia.*

Epizootiologie: Erstmals 1924 als Enzootie von *Pieris brassicae* (L.) in Frankreich von PAILLOT (1924) beschrieben. 1953 wurden von MÜLLER-KÖGLER [unveröffentlicht] und 1954 von KRIEG [unveröffentlicht] granulosekranke Pieriden diagnostiziert, die aus West-Deutschland stammen. Etwa zur gleichen Zeit wurden in Frankreich ähnliche Beobachtungen gemacht [VAGO und Mitarb. 1955; BILIOTTI und Mitarb. 1956]. Erreger wurde 1955 auch in England von SMITH und RIVERS (1956) gefunden. Diese Autoren kamen zu dem Schluß, daß das Virus durch Pieris-Flüge vom Festland her importiert wurde und nehmen in diesem Zusammenhang eine transovarielle

Übertragung an. – Nach Untersuchungen von RIVERS (1958) sind die Larven von *Pieris brassicae*-Stämmen, die eine Virus-Epizootie überlebt haben, unempfindlicher als andere. Diese erworbene Toleranz wurde jedoch nach SMITH und RIVERS (1959) von Viren durchbrochen, die eine Passage durch *Pieris napi* (L.) absolviert hatten [wirtsinduzierte Variation?].

VAGO (1959) beschrieb Mischinfektionen mit Plasmapolyedervirus.

Biologische Bekämpfung: Berichte über erfolgreiche Versuche liegen aus den Jahren 1955 und 1956 aus Frankreich vor. 1955: Konzentration von 20 granulosetoten Raupen/10 l Spritzbrühe, was etwa 10^6 Kapseln/ml entspricht. Zusatz von 3‰ Netzmittel vom Typ Alkylphenole [BILIOTTI und Mitarb. 1956]. 1956: Konzentration von 114 granulosetoten Raupen/28 l Spritzbrühe, davon 18 l/a-Zusatz von 2‰ Netzmittel. Ausbringung mit transportablen automatischen Zerstäubern. Innerhalb 30 Tagen 100%ige Mortalität [ANONYMUS 1956].

Bergoldiavirus virulenta TANADA.

[SMITH und RIVERS 1956; TANADA 1953].

Wirt: Pieris rapae (L.) [nicht *Colias philodice eurytheme* BOISD.]evtl. auch *Pieris brassicae* (L.).

Wahrscheinlich mit *Bergoldiavirus brassicae* identisch.

Übertragung: Perorale Infektion. Absterbezeit: abhängig vom Larvenstadium, Dosis und Temperatur, stark schwankend zwischen 3 und 30 (meist 9–10) Tagen; u. U. 100% Letalität. Bei hoher Temperatur [+ 36° C] kann eine Inhibition der Virose erfolgen [TANADA 1953].

Ausführliche Darstellung der histopathologischen Veränderungen auf Grund lichtmikroskopischer Untersuchungen durch TANADA (1953): virusbedingte Affektion der Zellkerne in Hypodermis und Fettkörper. Im Anfangsstadium der Granulose Hypertrophie der Kerne, im Endstadium Zerstörung derselben und Austritt der Viruskapseln aus den Kernen in das Zytoplasma. BIRD (1958) glaubt auf Grund von EM-Untersuchungen an Dünnschnitten im Gegensatz zu den Erhebungen von TANADA (1953) nicht nur eine Entstehung der Kapseln im Zytoplasma annehmen, sondern auch den Ort der Virusentstehung dorthin verlegen zu müssen. Demgegenüber nimmt SMITH (1958c) wiederum auf Grund mikroskopischer Untersuchungen an, daß in granulosekranken Larven von *Pieris brassicae* (L.) die Kerne befallener Zellen 96 Stunden post infectionem mit Kapseln angefüllt sind, die erst bei Zerstörung der Kernmembran in das Zytoplasma austreten.

Diagnose: Nach Auflösung der $0,2 \times 0,3\ \mu$ großen Kapseln werden die Virusteilchen frei: Stäbchen $41–50 \times 291–300\ m\mu$ nach TANADA (1953), $42 \times 268\ m\mu$ nach BERGOLD 1953).

Vermehrung: s. *Bergoldiavirus thompsonia.*

Inaktivierung bei + 70° C in 20–30 Minuten (TANADA 1953).

Epizootiologie: Virose als Begrenzungsfaktor ihres Wirtes in Nordamerika [Kalifornien, Colorado] [THOMPSON 1951] und Hawaii [TANADA 1953]. 1955 Virose auch von SMITH und RIVERS (1956) in England gefunden. 1957 von KELSEY (1958) in New Zealand festgestellt: bis 77% verseuchte Populationen.

Biologische Bekämpfung: Erste Versuche wurden von TANADA 1953 (1956) durchgeführt. Virussuspension enthielt 2–4 Raupen-L_5/gall. Als Netzmittel wurde Triton B-1956 [Verdünnung 1/800] verwandt, welches für die Viren völlig unschädlich war. Wäßrige Suspension wurde mit Handspritze oder einer 4 gallon-Rückenspritze versprüht: hohe Mortalität nach 4–10 Tagen. Hohe Mortalität auch im Feldversuch in New Zealand [Superinfektion einer schwach befallenen Population; KELSEY 1958].

vi. *Bergoldiavirus* der *Tortricidae (Lepidoptera).*

Bergoldiavirus spec.
[BERGOLD 1953a].
Wirt: Choristoneura fumiferana (CLEM.).
Übertragung: Perorale Infektion.
Pathologie: Nach BIRD (1958) werden von der Virose nacheinander befallen: Fettkörper, Hypodermis, Trachealmatrix. Schließlich treten auch Viruskapseln in den Hämozyten auf. Im Gegensatz zu den übereinstimmenden Befunden an anderen Granulosen glaubt BIRD durch EM-Untersuchungen an Dünnschnitten einen Anhaltspunkt dafür gefunden zu haben, daß die Virogenese und die Bildung der Kapseln im Zytoplasma der befallenen Zellen stattfindet. Daß diese Granulose jedoch keine Sonderstellung einnimmt, geht daraus hervor, daß BIRD auch bei anderen Granulosen (z. B. von *Pieris rapae* (L.) und *Eucosma griseana* (HBN.)) zu gleichen Ergebnissen kommt. Besonders befremdend ist der Befund von BIRD, daß die Kerne von erkrankten Zellen z. T. keinerlei Veränderungen zeigen sollen, was in krassem Gegensatz zu den lichtmikroskopischen Befunden steht, die von anderer Seite [WITTIG und FRANZ 1957] bei der Granulose der nahe verwandten *Choristoneura murinana* (HBN.) erhoben wurden. Die Beobachtungen von BIRD über unveränderte Zellkerne bei Vorhandensein von Kapseln im Zytoplasma, lassen sich noch am ehesten an Blutzellen verstehen, bei denen mit einer Phagozytose von freien Viruskapseln gerechnet werden kann.
Diagnose: Nach schonender Auflösung der etwa 150×500 mμ großen Kapseln mit 0,04 m Na_2CO_3 + 0,05 m NaCl [BERGOLD 1953a] waren im Elektronenmikroskop die Virusteilchen als Stäbchen von 36×272 mμ Größe nachweisbar.
Nach KRYWIENCZYK und Mitarb. (1958) besteht eine gewisse Antigengemeinschaft zwischen dem *Bergoldiavirus* aus *Choristoneura fumiferana* (CLEM.) und *Bergoldiavirus calypta.* Der Titer der Komplementbindungs-Reaktion betrug bei homologer Reaktion 1:480, bei Kreuzreaktion mit *Bergoldiavirus calypta* 1:240. Bei Kreuzversuchen mit verschiedenen Borrelinaviren [6 Arten] trat keine Komplementbindungs-Reaktion ein.
Vermehrung: s. *Bergoldiavirus thompsonia.*
In Kanada vorkommend.

Bergoldiavirus calypta STEINHAUS.
[BERGOLD 1948b; STEINHAUS 1949a].
[syn. *Capsulatus cacoeciae* SHDANOW].
Wirt: Cacoecia murinana HBN. [*Choristoneura murinana* (HBN.)].
Übertragung: Perorale Infektion. Absterbezeit: 15–20 Tage.
Pathologie: Nach Durchdringen der Darmwand befällt das Virus die Kerne der Fettkörper, Hypodermis, Trachealmatrix und Oenocyten. Faeces sind

steril. Kranke Raupen sind weißlich gefärbt; tote Raupen werden grau, z. T. auch braun und schrumpfen, z. T. verjauchen sie auch, zerfließen aber nicht in dem Maße, wie polyedröse.

Histologie: Im Anschluß an die sich vom 2. Tag ab entwickelnde Hypertrophie der befallenen Zellen degeneriert in den Kernen vom 4. Tag ab das Chromatin zu irregulären Massen. Es folgt Auflösung des Chromatingerüstes und die Feulgenfärbung wird negativ [Wittig und Franz 1957]. Offenbar wird die Kern-DNS nach Transmutation in Virus-DNS in die Kapseln eingeschlossen. Zu dieser Zeit läßt sich mit Eisenhämatoxylin nach Säurebeizung ein verschlungenes Fadenwerk darstellen [vgl. Abb. 8; Langenbuch 1956], welches sich auch in vivo mit Hilfe des Phasenkontrastverfahrens darstellen läßt [Wittig und Franz 1957]. Im Gegensatz zu den Befunden von Wittig (1959) ist das Fadenwerk nach Huger (1960) Feulgen-positiv. Die Kerne lösen sich schließlich auf, und die Kapseln treten ins Plasma über. Die von Bergold (1958) im Spätstadium der Krankheit in Plasmatozyten nachgewiesenen Virus-Kapseln sind von diesen Hämozyten offenbar phagozytiert worden und nicht dort entstanden, weil in ihnen keine charakteristischen Kernveränderungen gefunden werden und sie erst zu einer Zeit auftreten, wo bereits freie Viruskapseln in der Hämolymphe nachweisbar sind. Eine sekundäre Histolyse der Muskeln ist vom 12. Tage ab zu beobachten [Wittig und Franz 1957].

Diagnose: Die nach schonender Auflösung der 0,23–0,56 μ großen Kapseln [s. Abb. 10] in 0,03 m Na_2CO_3 + 0,05 m NaCl freiwerdenden Virusstäbchen können im Elektronenmikroskop nachgewiesen werden: Stäbchen 41×257 mμ groß nach Bergold (1948b), 50×262 mμ groß nach Steinhaus (1949).

Nach Krywienczyk und Mitarb. (1958) besteht eine gewisse Antigengemeinschaft zwischen *Bergoldiavirus calypta* und dem *Bergoldiavirus* aus *Choristoneura fumiferana* (Clem.). Der Titer der Komplementbindungsreaktion betrug bei homologer Reaktion 1:320, bei Kreuz-Reaktion mit Bergoldiavirus aus *Choristoneura fumiferana* (Clem.) 1:160. Bei Kreuzversuchen mit verschiedenen Borrelinaviren [6 Arten] trat keine Komplementbindungs-Reaktion ein.

Vermehrung: s. *Bergoldiavirus thompsonia.*

Epizootiologie: In Mitteleuropa (Schwarzwald, Vogesen) und der Slowakei als Begrenzungsfaktor von *Choristoneura murinana* vorkommend. Erstlich von Bergold (1948b) beschrieben an kranken Raupen aus dem westeuropäischen Gebiet. Nach Buchner (1953) war das Virus zu 7–42% die Todesursache. Nach Weiser (1956) betrug in der Mittelslowakei bei einem Massenauftreten der *Choristoneura murinana* der Granulose-Befall rd. 23%. Wittig (1959) beschrieb Mischinfektionen mit Kernpolyedervirus.

Bergoldiavirus spec.

[Martignoni 1954].

Wirt: Eucosma griseana (Hbn.).

Übertragung: Perorale Infektion. Absterbezeit: Etwa 6–7 Tage bei + 15° C. LD_{50}: 10^3–10^5 Kapseln pro Tier. Germinative Übertragung und latente Verseuchung wahrscheinlich [Martignoni 1957].

Pathologie: Innerhalb der ersten 24 Stunden: Auflösung der Kapseln im alkalischen Darmsaft, Durchdringung der Darmwand und Erzeugung einer

Virämie. Innerhalb der ersten 4 Tage zerstört das Virus in den Zellen der Fettkörper, der Hypodermis und Trachealmatrix die Kernstruktur und vermehrt sich. Diese Phase wird durch die Bildung von Einschlußkörpern abgeschlossen. Die Kernmembran zerreißt schließlich, und die Kerne treten ins Zytoplasma aus. Zwischen 5. und 6. Tag zerfallen die befallenen Gewebe und leiten den Absterbeprozeß ein [MARTIGNONI 1957]. BIRD (1958) glaubt auf Grund von EM-Untersuchungen an Dünnschnitten im Gegensatz zu den Erhebungen von MARTIGNONI (1957) nicht nur eine Entstehung der Kapseln im Zytoplasma annehmen, sondern auch den Ort der Virusentstehung dorthin verlegen zu müssen. Eine Bestätigung dieser Befunde steht noch aus.

Diagnose: Nach schonender Auflösung der etwa 120×400 mμ großen Kapseln mit 0,05 m Na_2CO_3 + 0,05 m NaCl [MARTIGNONI 1954] waren im Elektronenmikroskop die Virusteilchen als Stäbchen von 49×306 mμ Größe nachweisbar.

Vermehrung: s. *Bergoldiavirus thompsonia.*

Epizootiologie: 1953 begann die Granulose sich bei der Massenvermehrung von *Eucosma griseana* in der Südschweiz (Ober-Engadin) epizootisch auszubreiten [MARTIGNONI 1954]. 1954 war diese Krankheit überall dort verbreitet und ließ die Raupen zu einem hohen Prozentsatz eingehen (50–100%). Während der geschilderten Gradation war diese Virose der wichtigste populationsdynamische Faktor. Durch kontagiöse Übertragung des Krankheitserregers läßt sich das plötzliche und gleichzeitige Auftreten von Krankheitsfällen im ganzen Ober-Engadin im Jahre 1954 kaum genügend erklären. Deshalb wird eine latente Verseuchung der Populationen angenommen. Bei der quantitativen Bestimmung der Wirksamkeit der Virose zeigte sich, daß 1954 die LD_{50} niedriger lag (bei 10^3 Kapseln pro Tier) als im Jahre 1955 (bei $3–30 \times 10^4$ Kapseln pro Tier). Diese Tatsache wird als Toleranzsteigerung in den Populationen von *Eucosma griseana* (HBN.) durch Selektion betrachtet [MARTIGNONI 1957].

Biologische Bekämpfung: 1955 wurde von MARTIGNONI und AUER (1957) ein Feldversuch zur biologischen Bekämpfung des Schädlings in Beständen von *Larix europaea* im Engadin (Schweiz) durchgeführt. Dabei wurden pro Baum 5 l einer Spritzbrühe mit rund 18×10^7 Granula/ml vernebelt. Der Versuch brachte jedoch keinen Erfolg.

Bergoldiavirus clistorhabdion WASSER et STEINHAUS.
[BLOCK-WASSER und STEINHAUS 1951].
Wirt: Argyrotaenia velutinana (WALKER).
Übertragung: Perorale Infektion.
Virus: 50×250 mμ.
[Auflösung der Kapseln in 0,04 m Na_2CO_3 + 0,05 m Na Cl nach 3,5 Stunden].

Epizootiologie: Die Granulose wirkt als Begrenzungsfaktor vor allem in Virginia und im südlichen Indiana, weniger gut in nördlichen Teilen der USA.

Biologische Bekämpfung: Erste Feldversuche im Staate New York wurden 1954 durchgeführt. Hierbei wurden drei Konzentrationen angewandt: 5, 50 und 100 granulosetote Raupen/100 gal. Bei der höchsten Konzentration 100%ige Mortalität. Infektion wirkt in dieser Form noch zu langsam, um Fraßschäden wirksam zu begegnen [GLASS 1958].

vii. *Bergoldiavirus* der *Zygaenidae (Lepidoptera).*

Bergoldiavirus brillians nov. spec.
[STEINHAUS 1953].
Wirt: Harrisiana brillians B. et McD.
Übertragung: Perorale Infektion. Auch germinative Übertragung. Mittlere Absterbezeit: 8 Tage [L_3] und 17 Tage [L_5] bei + 24° C [100%ige Mortalität].
Pathologie: Die Granulose wird begleitet von einer Verfärbung der Larven von gelb über grau nach braun. Die Larven neigen zum Umherwandern, bekommen eine Diarrhoe und hinterlassen braune Faeces. Sie werden schlaff, schrumpfen etwa zur Hälfte ein und zerfließen schließlich. Die Granulose befällt im Gegensatz zu den bisher beschriebenen Lepidopteren-Granulosen nicht Zellgewebe und Organe im Bereich des Hämocoels, sondern das Darmepithel der Larven [SMITH und Mitarb. 1956]. Die befallenen Zellen nehmen eine oft auch bei anderen Granulosen beobachtbare braune Farbe an [SMITH und Mitarb. 1956]. Kapseln konnten in allen Entwicklungsstadien kranker Wirte gefunden werden außer in Imagines und Eiern. Auch in Embryonen, die sich noch innerhalb eines intakten Choriums befanden, konnten Kapseln im Mitteldarmepithel nachgewiesen werden (!): Latente Infektion.
Diagnose: Der isolierte Darm erkrankter Larven ist im Gegensatz zu dem gesunder Larven opak und mangelt der normalen Turgeszenz. Bei Untersuchung des in Wasser suspendierten granulosekranken Epithels im Dunkelfeld oder Phasenkontrast, sieht man in den Zellen unzählige Kapseln in lebhafter BROWNscher Molekularbewegung und diese in Massen aus den zerstörten Zellen austreten. Außerdem beobachtet man noch sphärische Bläschen, Vakuolen oder „vesicles“, die vibrierende Kapseln enthalten. Die nach schonender Auflösung der Kapseln in 0,05 m Na_2CO_3 + 0,05 m NaCl freiwerdenden Virusteilchen können im Elektronenmikroskop nachgewiesen werden: 67 × 245 mμ groß [STEINHAUS und HUGHES 1953].
Vermehrung: Nur züchtbar im homologen Wirtstier durch perorale Infektion.
Epizootiologie: Granulose wurde erstmalig 1951 in Zuchten von *Harrisiana brillians* beobachtet; 98% Mortalität. Die 1953–1954 durchgeführten Freilanduntersuchungen in Kalifornien ergaben, daß in Wirten auf insecticidbehandelten Kulturflächen [in denen Parasiten ausgeschaltet waren] keine Granulose auftrat, wohl aber in Wirten auf unbehandelten Flächen. An den Stellen, an denen die Wirtsdichte besonders hoch war, waren Epizootien zu beobachten. Es wird daher angenommen, daß [abgesehen von der transovariellen Übertragung] Parasiten [*Apantheles harrisinae* MUES. und *Sturmia harrisinae* COQ.] zur mechanischen Verbreitung der Virose beitragen.

1.2.1b. *Pseudomoratoraceae nov. fam.*

Definition: Radiär-symmetrische Insekten-Viren (70–140 mμ⌀) ohne Einschlußkörper (Abb. 14). Passieren kleinporige Filter nicht. Treten [sekundär] im morphologischen Bereich des Zytoplasmas auf. Geringe Wirtsspezifität.

Genus: Pseudomoratorvirus.

Allgemeines. Über den Aufbau dieser Virusgruppe liegen bisher Untersuchungen von SMITH und WILLIAMS (1958) am Tipula iridescent virus [= TIV] vor. Nach diesen und anderen Untersuchungen enthalten die Viren nur DNS, und zwar etwa 15% ihrer Masse. Die Virusteilchen sind relativ groß und zeigen im Elektronenmikroskop einen sechseckigen Grundriß. Die Doppelbeschattung läßt die Frage offen, ob diesen Viren eine Dodekaeder- oder Ikosaederform zukommt. Die Partikel (Abb. 14) besitzen wahrscheinlich einen komplexen Aufbau: DNS-Fäden von ca. 45 Å Durchmesser und Protein-subunits innerhalb einer (doppelten?) Virusmembran (SMITH und HILLS 1959). – Die Phylogenie dieser Viren ist noch völlig offen. Immerhin könnte man sich einen Zusammenhang mit den stäbchenförmigen Nucleophiliales so vorstellen, daß die Aggregation des DNS-Proteins nach seiner Synthese beim TIV nicht zu kurzen Stäbchen (wie beim *Borrelinavirus* oder *Bergoldiavirus*), sondern zu langen Fäden erfolgt ist, bevor es in die Virusmembran eingeschlossen wurde. – Die Tatsache, daß das TIV (offenbar sekundär) im Zytoplasma nachweisbar ist, welches normalerweise keine DNS enthält, ist besonders interessant und wirft die Frage nach der Herkunft der Virus-DNS im Zytoplasma auf. Hinweise liefern histopathologische Untersuchungen. – Die Wirtsspezifität scheint im Gegensatz zu den ebenfalls DNS-haltigen *Polyedraceae* gering zu sein.

Ein interessantes morphologisches Analogon (oder Homologon?) zu diesen Viren bilden die DNS-haltigen wirbeltierpathogenen Viren der APC (= Adeno-Pharyngeal-Conjunctival-) Gruppe (VALENTINE und HOPPER 1957).

α) ***Pseudomoratorvirus*** *nov. gen.*

Definition: Relativ große Viren (s. Abb. 14). Stellen reguläre Körper dar und bilden daher in gereinigter Form kristallähnliche Komplexe mit charakteristischen optischen Eigenschaften: „iridescent virus".

Allgemeines. Histopathologie: Lichtmikroskopische Untersuchungen lassen im Verlauf der Infektion ein Auftreten von DNS im Bereich des Zytoplasmas erkennen, während die Zellkerne zerreißen [s. Abb. 13; HUGER 1958]. Auf Grund von Untersuchungen an Dünnschnitten entstehen nach SMITH (1958a) bei der Virus-Genese im Zytoplasma zuerst leere Membranen. Im Zentrum dieser Membrangebilde tritt, als dunkler Fleck erkennbar [größere Dichte!], DNS-Protein auf, welches solange ergänzt bzw. vermehrt wird, bis der von der Membran umschlossene Hohlraum gefüllt ist – und damit das Virus fertig vorliegt. Da die leeren Membranen praktisch nicht von den ovalen Zytoplasma-Membranen des endoplasmatischen Reticulums [nach PALADE] zu unterscheiden sind, ist nicht auszuschließen, daß diese mit den leeren Membranen identisch sind und daß der letzte Schritt der Virus-Genese, nämlich der Einschluß der Virus-DNS in Protein, im Bereich des endoplasmatischen Reticulums erfolgt.

i. *Pseudomoratorvirus tipulae nov. spec.*
[Xeros 1954].
[syn. „*tipula iridescent virus*“ (TIV)] [Smith und Williams 1958].
Wirte: Tipula paludosa Meig. *Tipula oleracea* L., *Tipula livida* v. d. Wulp, *Bibio marci* L., *Calliphora vomitoria* (L.)–*(Diptera)*; *Pieris brassicae* (L.)–*(Lepidoptera)*; *Tenebrio molitor L.–(Coleoptera)*. [Smith und Rivers 1959].

Übertragung: Perorale Infektion. Chronischer Verlauf. Experimentell intracoelomale Injektion: *Pieris brassicae* (L.), *Tenebrio molitor* L.

Pathologie: Im Gegensatz zu den gesunden Larven bekommen die kranken Tiere eine tintenartige Farbe. Die Erkrankung befällt in erster Linie den Fettkörper, der stark hypertrophiert und etwa 2–4 Wochen post infectionem eine grüne bis purpurfarbene Iridiscenz zeigt. Im Zytoplasma dieser Zellen lassen sich im durchfallenden Licht orangefarbene, im auffallenden Licht blaue bis türkisfarbene Plättchen nachweisen. Der Bereich des Zytoplasmas solcher Zellen ist stark Feulgen-positiv (!), enthält also DNS [Williams und Smith 1957]. Die wabige Struktur des Plasmas der normalen Kerne ist stark hypertrophiert; der ebenfalls deutlich vergrößerte Nucleolus ist dabei von Chromatinschollen umgeben. Die Hypertrophie endet so, daß nur noch Kerngerüste übrig bleiben, und schließlich fallen auch diese der Karyorhexis anheim. Das Protoplasma ist dann von Viren so erfüllt, daß es hyalin-homogen erscheint (s. Abb. 13) [Huger 1958]. Diese Befunde stimmen mit elektronenmikroskopischen Aufnahmen von Dünnschnitten überein [Williams und Smith 1957], nach denen sich die Virusteilchen im Zytoplasma der befallenen Zellen finden. Der Zellinhalt infizierter Zellen quillt im Wasser und löst sich auf, wobei die Viren als feinste Granula frei werden. Über die Genese des Virus hat Smith (1958a) anhand von Dünnschnitten berichtet.

Diagnose: Im Hämolymphe-Ausstrich sieht man bei Verwendung eines Dunkelfeld-Ultrakondensors und einer starken Lichtquelle die flimmernden Beugungsscheibchen der durch Brown'sche Kräfte stark bewegten Virusteilchen. Nach verschiedenen „Färbungen für große Virusarten“ wie z. B. Paschen-Färbung, sind die Viren auch im Hellfeld darstellbar. Die im Elektronenmikroskop abgebildeten kugel- bis polyederförmigen Virusteilchen zeigen einen deutlich sechseckigen Grundriß: sie haben einen Durchmesser von 130 mμ und bestehen zu 15% aus DNS [Smith und Williams 1958]. Die Virusteilchen besitzen eine Art (Protein-) Membran, die ein dichteres (DNS-) Zentrum umschließt (s. Abb. 18).

Vermehrung: Nur züchtbar in Wirtstieren. Gewinnung des infektiösen Materials: Die Viren einer an Polyedrose verendeten Larve machen etwa 25% ihrer Gesamtmasse aus. Sie werden dadurch zugängig, daß man die Larven aufschneidet und einige Stunden in Wasser aufbewahrt. Die Viren treten dann aus den sich auflösenden Zellen des Fettkörpers in die umgebende Flüssigkeit aus, aus der sie mittels Zentrifuge abgeschleudert werden. Dabei bilden sich pseudo-kristalline Plättchen (die in ihren optischen Eigenschaften an ähnliche Gebilde im Plasma der befallenen Fettkörperzellen erinnern); diese erlauben unter Anwendung sichtbaren Lichtes eine kristallographische Interferenz-Analyse (die bei gewöhnlichen Kristallen nur unter Verwendung von Röntgenstrahlen möglich ist). Strukturanalyse mittels Bragg-Reflexion ergab, daß die Viren in den Kristallen eine Oberflächenzentrierte kubische Anordnung zeigen mit einer Gitterkonstante von etwa

250 mμ, das entspricht etwa dem doppelten Durchmesser eines dehydratisierten Virusteilchens. Es wird angenommen, daß die kristallbildenden (hydratisierten) Virusteilchen durch Imbibitionswasser (Schichtdicke ca. 50 mμ) voneinander getrennt sind. Es handelt sich hier beim TIV um den ersten bekannt gewordenen Fall einer dreidimensionalen Anordnung isodimensionaler Kolloidteilchen [KLUG und Mitarb. 1959].

Epizootiologie: Erstlich von XEROS (1954) in England gefunden. 1957 konnte MÜLLER-KÖGLER (1957) die Krankheit auch in *Tipula paludosa* MEIG. aus der Norddeutschen Tiefebene nachweisen.

1.2.2. *Plasmophiliales nov. subord.*

Definition: Viren von sphärischer Gestalt 20–80 mμ (s. Abb. 17/18). Entstehen im morphologischen Bereich des Zytoplasmas. Enthalten, soweit nachgeprüft RNS.

Familien: *Smithiaceae*
Moratoraceae

1.2.2a. *Smithiaceae* nov. fam.

Definition: Die Viren werden von Proteinen in Einschlußkörper eingeschlossen (s. Abb. 21). Die Virusteilchen passieren kleinporige Filter.

Genus: Smithiavirus.

Allgemeines. Viel weniger genaues als von stäbchenförmigen Insekten-Viren wissen wir über den Aufbau und Vermehrung der sphärischen RNS-haltigen Insekten-Viren. Nach CRICK und WATSON (1956) nehmen wir an, daß kleine sog. molekulare Viren aus identischen Protein-Untereinheiten aufgebaut sind, die radiär-symmetrisch um einen RNS-Kern gepackt sind, so daß den sphärischen Virusteilchen genau genommen eine polyedrische Form zukommt. [KAESBERG (1956) konnte diese Voraussage erstlich für das pflanzenpathogene „turnip yellow mosaic virus" nachweisen.] Bei elektronenmikroskopischen Untersuchungen von KRIEG (1957a) an *Smithiavirus pudibundae* ergab sich, daß die Projektion der Teilchen nicht einen Kreis, sondern einen Sechseck-begrenzten Grundriß [s. Abb. 18] zeigt. Das gleiche konnte SMITH (1958b) an den Viren aus Zytoplasma-Polyedern von *Antheraea paphia mylitta* (DRURY) beobachten. Ob es sich bei der regulären Körperform des Virus um ein Dodekaeder oder ein Ikosaeder handelt, konnte noch nicht entschieden werden. Jedenfalls scheinen sich diese Viren in das Aufbau-Schema der molekularen Viren einzuordnen (vgl. Abb. 6). XEROS (1956) konnte bei *Smithiavirus* aus *Thaumetopoea pityocampa* (SCHIFF.) zeigen, daß die Virusteilchen aus

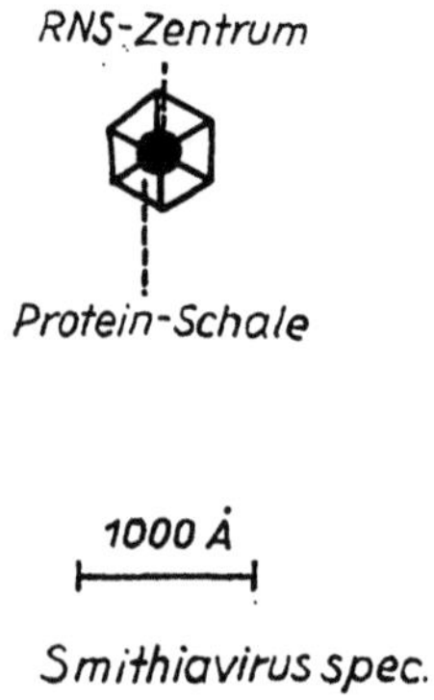

Abb. 6. Hypothetischer Aufbau der *Smithiaceae*

einem sehr dichten Zentrum mit einem Durchmesser von etwa 35 mμ und einer bis 80 mμ im Durchmesser messenden, weniger dichten Schale [Cortex] bestehen. Der Nachweis, daß die sphärischen Insekten-Viren RNS enthalten, wurde von KRIEG (1956b) an *Smithiavirus pudibundae* [6,7%] und von MARKHAM und XEROS (1956) an *Smithiavirus spec.* aus *Smerinthus populi* (L.) erbracht.

Nach KRIEG (1959) gelingt es auch die Virus-RNS aus *Smithiavirus pudibundae* infektionstüchtig zu extrahieren. Durch Behandlung mit dem Ferment Ribonuklease läßt sich, im Gegensatz zu den intakten Viren, die isolierte Virus-RNS inaktivieren, da sie der schützenden Proteinhülle beraubt ist. Auch sonst erweist sich das infektiöse RNS-Präparat als sehr labil.

α) ***Smithiavirus*** BERGOLD.

Definition: Ein Einschlußkörper [0,1–15 μ groß] [s. Abb. 16] enthält viele kugelige Virusteilchen [s. Abb. 17]. Bisher beschrieben bei *Lepidoptera*.

Allgemeines. Wie neuere EM-Untersuchungen von BERGOLD (1958b) an Ultradünnschnitten zeigten, bildet das Polyeder-Protein der Smithiaviren ebenso wie das der Borrelinaviren innerhalb der Polyeder ein kubisches Raumgitter. Seine molekulare Gitterkonstante beträgt 50–100 Å (BERGOLD 1959). Bei Benutzung von $KMnO_4$ als Fixierungsmittel werden die Smithiaviren gut erhalten, hingegen wurden sie durch OsO_4 (im Gegensatz etwa zu den Borrelinaviren) weitgehend aufgelöst (BERGOLD und SUTER 1959). Anhand solcher Ultra-Dünnschnitte durch verschiedene Smithiaviren konnten an diesen keinerlei Membranen festgestellt werden.

Histopathologie: Die durch die Vermehrung des *Smithiavirus* in den Zellen bewirkten pathologischen Veränderungen sind folgende: Im Zytoplasma der befallenen Zellen bilden sich Polyeder [vgl. Abb. 16]. Die Kerne behalten zunächst ihr normales Aussehen und werden erst im Zuge einer allgemeinen Desintegration der Zelle pyknotisch. Von diesen Viren wird bei den Raupen ausschließlich das Epithel des Mitteldarms befallen. EM-Untersuchungen zur Virogenese liegen bisher nur von XEROS (1956) vor. Er konnte im Zytoplasma von Darmzellen, die vom Smithiavirus aus *Thaumetopoea pityocampa* (SCHIFF.) befallen waren, ein basophiles sog. virogenes Stroma beobachten. In den Maschen dieses Netzwerkes entstehen sphärische Viren. Das Stroma ist im Gegensatz zum Chromatin [welches gewissermaßen ein virogenetisches Stroma bei Kernpolyedrosen abgibt] Feulgen-negativ und enthält offenbar RNS.

Während die Zytoplasmapolyeder vom Mitteldarmsaft gesunder Raupen innerhalb weniger Minuten aufgelöst werden, ist dies im Darm erkrankter

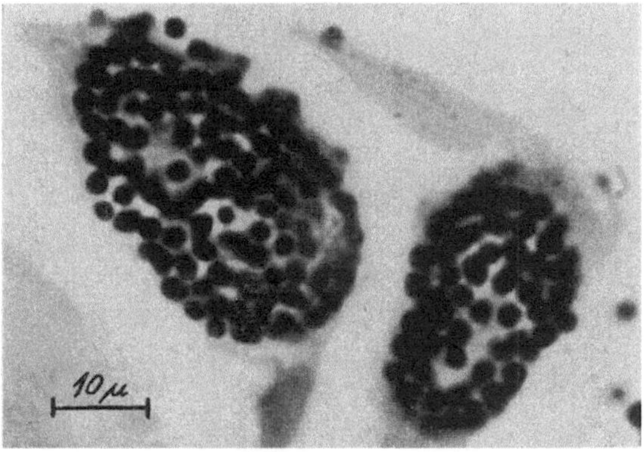

Abb. 7. Zellen aus dem Corpus adiposum einer viruskranken Larve von *Aporia crataegi* (L.) – Kernpolyedrose

Lichtmikroskop, Hellfeld; Eisenhämatoxylin-Färbung Abb. M. 1000:1

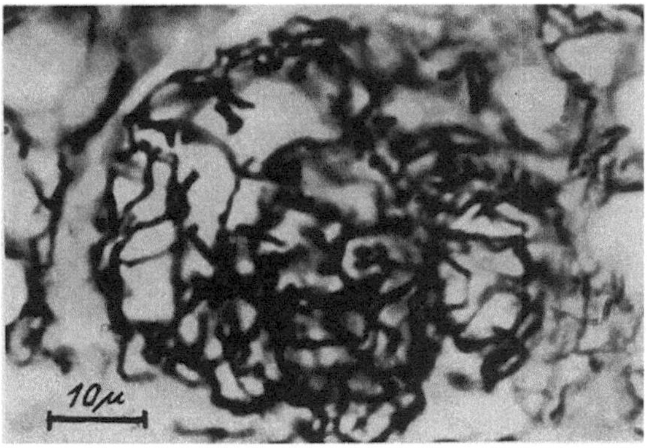

Abb. 8. Fadenwerk aus Kernen des Corpus adiposum einer viruskranken Larve von *Choristoneura murinana* (Hbn.) – Granulose

Lichtmikroskop, Hellfeld; Eisenhämatoxylin-Färbung Abb. M. 1000:1

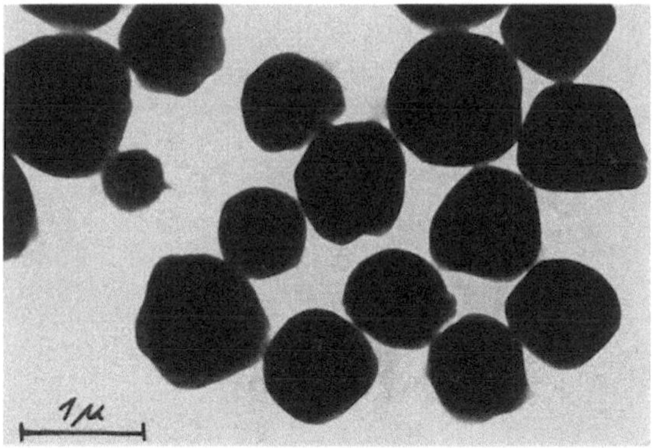

Abb. 9. Polyeder aus kranken Larven von *Aporia crataegi* (L.) – (*Borrelinavirus aporiae*)

Elektronenmikroskop, Hellfeld; Abb. M. 13000:1

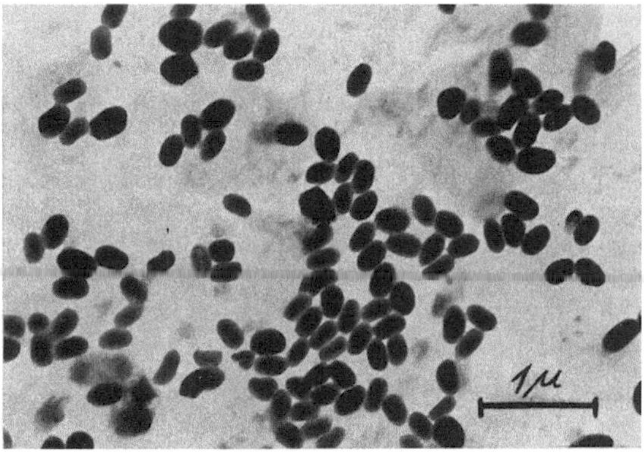

Abb. 10. Kapseln aus kranken Larven von *Choristoneura murinana* (Hbn.) (*Bergoldiavirus calypta*)

Elektronenmikroskop, Hellfeld; Abb. M. 13000:1

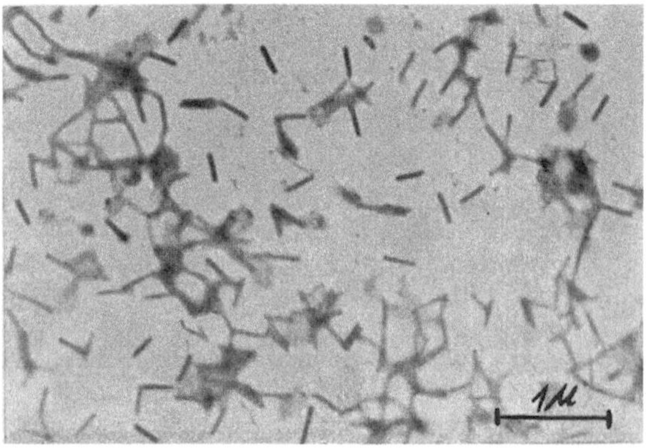

Abb. 11. Virusteilchen von *Borrelinavirus spec.*

Elektronenmikroskop, Hellfeld; Abb. M. 13000:1

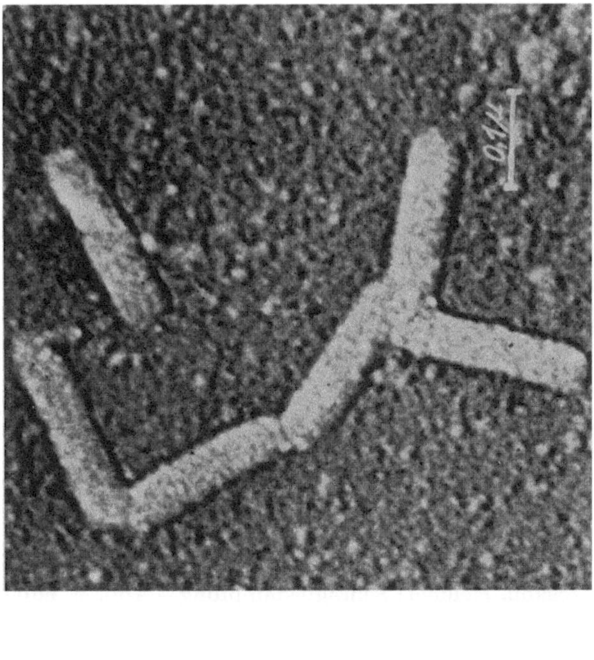

a

Abb. 12a. *Borrelinavirus aporiae* – intakte Viren
Elektronenmikroskop, Hellfeld; Schrägbedampfung –
Abb. M. 120000:1

b

Abb. 12b. *Borrelinavirus aporiae* – in Untereinheiten und leere Membran aufgespalten
Elektronenmikroskop, Hellfeld; Schrägbedampfung –
Abb. M. 120000:1

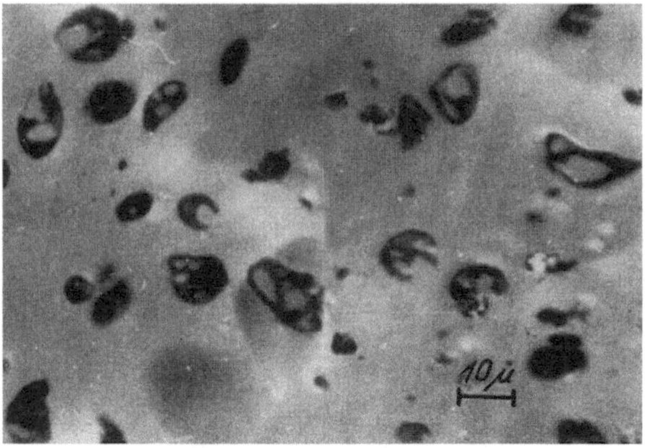

Abb. 13. Zellen aus dem Corpus adiposum einer viruskranken Larve von *Tipula paludosa* MEIG. – TI-Virose

Abb. M. 600:1

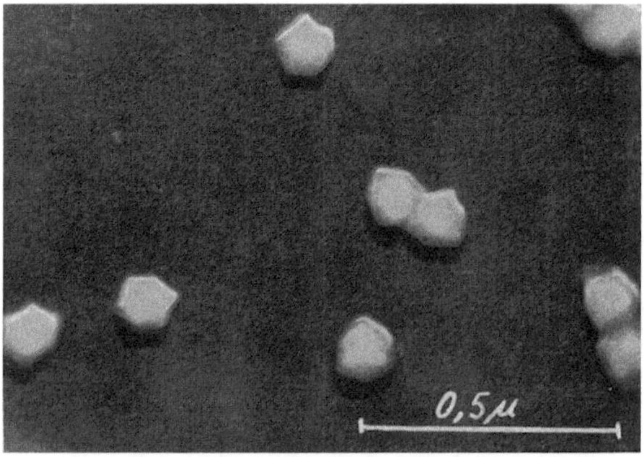

Abb. 14. *Pseudomoratorvirus tipulae* (sog. TIV)

Elektronenmikroskop, Hellfeld; Schrägbedampfung – Abb. M. 60000:1

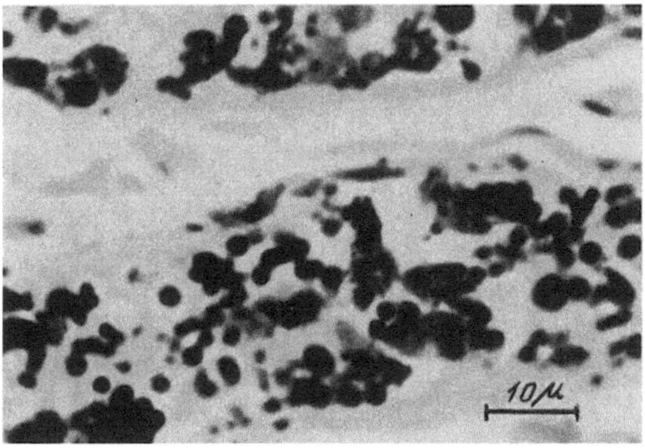

Abb. 15. Zellen aus dem Mesenteron einer viruskranken Larve von *Dasychira pudibunda* (L.) – Plasmapolyedrose

Lichtmiskroskop, Hellfeld; Eisenhämatoxylin-Färbung – Abb. M. 1000:1

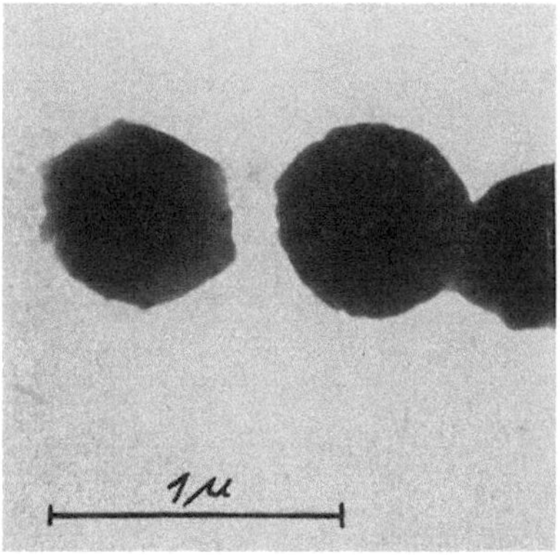

Abb. 16. Polyeder aus kranken Larven von *Dasychira pudibunda* (L.) *(Smithiavirus pudibundae)*

Elektronenmikroskop, Hellfeld; Abb. M. 26000:1

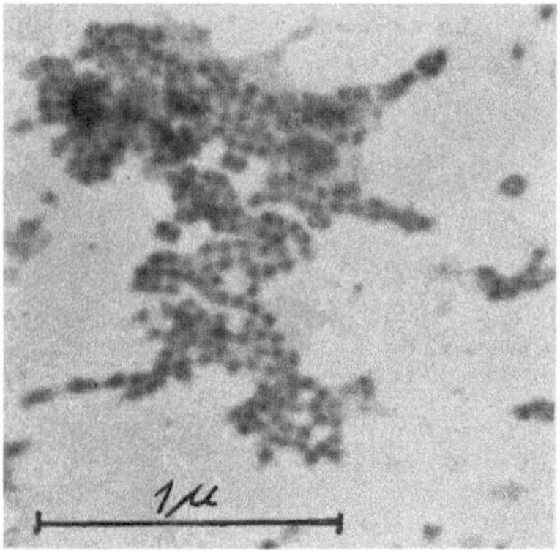

Abb. 17. Virusteilchen von plasmophilen Viren *(Smithiavirus spec.)*
Elektronenmikroskop, Hellfeld; Abb. M. 26000:1

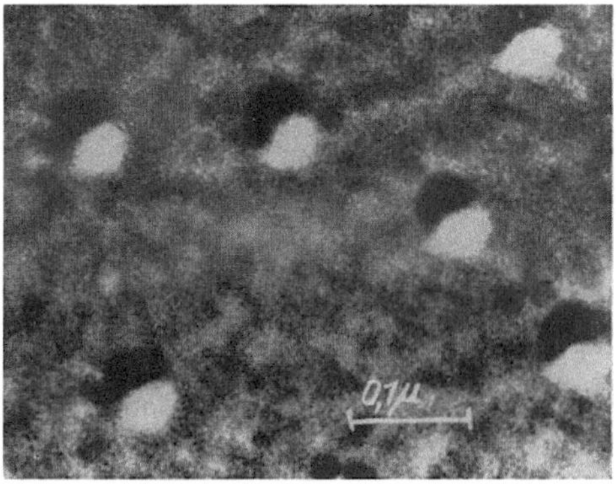

Abb. 18. *Smithiavirus pudibundae* – intakte Viren
Elektronenmikroskop, Hellfeld; Schrägbedampfung – Abb. M. 120000:1

Raupen nicht mehr der Fall: so passieren die in den Mitteldarmzellen polyedröser Raupen gebildeten und abgestoßenen Polyeder den Darmkanal ohne Schaden und finden sich intakt in den Faeces. Nach VAGO und Mitarb. (1959) soll dieser Effekt auf der Abnahme des Darm-pH (evtl. auch der Verdauungsenzyme) während der Erkrankung beruhen. – Im Gegensatz zu den nukleophilen Polyedraceae werden bei Smithiaviren Kreuzinfektionen allgemein auch bei natürlicher (d. h. peroraler) Applikation erhalten. Wirtsspezifität nicht sehr groß. Beispielsweise konnte VEBER (1958) Smithiaviren von *Lymantria dispar* (L.) auf *Euproctis chrysorrhoea* (L.) und KRIEG (1959) von *Dasychira pudibunda* (L.) auf *Lymantria dispar* (L.) übertragen. – Latente Infektionen durch Smithiaviren wurden u. a. bei *Arctia caja* (L.) [SMITH und WYCKOFF 1950] und *Dasychira pudibunda* (L.) [KRIEG 1956] beobachtet. Über eine erfolgreiche Provokation bei Smithiaviren durch Verwendung von N-Lost berichtete ARUGA (1958).

i. *Smithiavirus* der *Arctiidae (Lepidoptera).*

Smithiavirus rotunda BERGOLD.

[SMITH und WYCKOFF 1950; BERGOLD 1953b].

Wirte: Arctia villica (L.), *Arctia caja* (L.), *Porthetria dispar* L. [*Lymantria dispar* (L.)] [XEROS 1952].

Übertragung: Perorale Infektion, vielleicht auch germinativ.

Pathologie: Befällt Mitteldarmepithel, welches zerfällt. Tödliche Erkrankung: Die Tiere verhungern und mumifizieren. Die vor dem Ableben defaezierten infektiösen (!) Exkremente sind durch ihren hohen Gehalt an Polyedern weißlich gefärbt.

Histologische Veränderungen am Mitteldarmepithel: Lichtmikroskopisch: Im Verlauf der Entwicklung der Krankheit werden stärker befallene Zellteile oder ganze Zellen ins Lumen abgestoßen, wo sie zerfallen. Infolge Dysfunktion des Darmes werden die Nährstoffspeicher angegriffen, und so wird der Fettkörper stark reduziert. Im Zytoplasma der Mitteldarmzellen bilden sich Polyeder. Die Kerne behalten sehr lange ihr normales Aussehen; erst bei sehr dichtem Polyederbesatz des Plasmas werden sie pyknotisch. Elektronenmikroskopische Untersuchungen an Zellen des Mitteldarmes von Lepidopteren, welche mit einer zytoplasmatischen Polyedrose infiziert waren liegen bei *Thaumetopoea pityocampa* (SCHIFF.) vor [s. d.].

Diagnose: Ausstriche des Darminhaltes. Untersuchung im Phasenkontrast oder Dunkelfeld: Graue bzw. hell-glänzende, stark lichtbrechende Polyeder von einigen μ Durchmesser und verschiedener Größe. Zusatz von 0,5% Na_2CO_3 bewirkt Auflösung der Polyeder in 1,25 Min. Die dabei freiwerdenden sphärischen Virusteilchen können im Elektronenmikroskop nachgewiesen werden: Sphären oder Kugeln annähernd 65 mμ groß [SMITH und XEROS 1954c]. Im Gegensatz zu den Kernpolyedern lassen sich die Plasmapolyeder auch mit neutralen Anilinfarben, wie z. B. Methylenblau, etwas anfärben. Diagnose durch histologische Untersuchung nach Färbung mit Eisenhämatoxylin nach HEIDENHAIN. Das Zytoplasma der Mitteldarm-Epithelzellen ist bei erkrankten Raupen mit Polyedern angefüllt.

Vermehrung: Nur züchtbar in Wirtstieren. Gewinnung des infektiösen Materials: An der Virose verendete Raupen werden zweckmäßigerweise homogenisiert, und mit dem Gewebebrei wird ein wäßriger Infus angesetzt. Dieser geht alsbald in Fäulnis über; während die Gewebselemente zerfallen, bleiben die Polyeder übrig. Durch fraktionierte Sedimentation mit Hilfe einer Zentrifuge können die Polyeder auf Grund ihres hohen spezifischen Gewichtes angereichert und gereinigt werden. In Suspensionen oder getrocknet halten sich die Polyeder mehrere Jahre. Eine Standardisierung erfolgt durch Bestimmung der Anzahl der Polyeder/ml der Suspension. Zur Darstellung des Virus werden die Polyeder in möglichst elektrolytarmem Alkali aufgelöst und die Virusteilchen ca. 1 Stunde bei 25×10^3 g abzentrifugiert. Der Überstand, der das Polyederprotein enthält, wird abgegossen. Zur Reinigung wird das Virus mehrmals gewaschen. – Kochendes Wasser zerstört die Infektiosität der Polyeder in 10 Minuten, 4%iges Formol in 30 Minuten.

Epizootiologie: Als Begrenzungsfaktor von *Arctia caja* (L.) in England [Xeros 1952] und in Mitteleuropa [Krieg 1957].

Smithiavirus hyphantriae Vago et Vasiljević.
[Vago und Vasiljević 1958].
Wirt: Hyphantria cunea (Drury).
Diagnose: Die nach Auflösung der 0,5–3,0 μ großen Polyeder mit 0,10 m Na_2CO_3 + 0,2 m NaCl freiwerdenden Virusteilchen können im EM nachgewiesen werden: Kugeln 20–45 mμ groß.
Mischinfektionen mit Kernpolyedervirus sind bekannt.
[Vago und Vasiljević 1955].

Plasmapolyeder aus *Rhyparia purpurata* (L.) [*Diacrisia purpurata* (L.)] [Xeros 1952].

ii. *Smithiavirus* der *Bombycidae (Lepidoptera)*.

Smithiavirus spec.
[Ishimori 1934; Smith und Xeros 1953].
Wirt: Bombyx mori L.
Virus: Sphärisch mit Durchmesser 30–50 mμ [Tsujita 1955].

Smithiavirus pityocampa Vago.
[Xeros 1956, Vago 1958].
Wirt: Thaumetopoea pityocampa (Schiff.).
Übertragung: Perorale Infektion. Absterbezeit: Beginnt 9–11 Tage nach Infektion [Temperatur + 18° C; Dosis 10^5 Polyeder/ml] [Vago 1958].
Pathologie: Befällt Mitteldarmepithel. Herabgesetzter Turgor.
Histologische Veränderungen: Lichtmikroskopisch wie bei *Smithia rotunda.*
Elektronenmikroskopisch: Xeros (1956) konnte im Zytoplasma der befallenen Zellen virogene Stromata beobachten, analog denen, die er bei Kernpolyedrosen im Zellkern fand. Das virogene Stroma überdauert die Zellnekrose bei der das Zytoplasma zerstört wird. In den Maschen des Stroma entstehen sphärische Virusteilchen. Sobald diese ausgebildet sind, zerreißt das Netzwerk um sie. Das virogenetische Stroma wächst beträchtlich heran,

wobei kleine Polyeder mit unregelmäßiger Oberfläche entstehen, in die die freien Virusteilchen eingeschlossen werden. Im Gegensatz zu den virogenen Massen der Kernpolyedrosen ist hier das virogene Stroma des Zytoplasmas FEULGEN-negativ und enthält offenbar RNS.

Diagnose: s. *Smithiavirus rotunda.* Eine kranke Larve (L_5) enthält ca. 10^{12} Polyeder von 0,5–4,0μ Größe.

Die im Elektronenmikroskop nachweisbaren sphärischen Virusteilchen besitzen, nach Schnittpräparaten zu urteilen, einen Durchmesser von etwa 80 mμ. Sie bestehen aus einem sehr dichten Zentrum von 35 mμ und einer weniger dichten Rinde [Cortex].

Vermehrung: s. *Smithiavirus rotunda.*

Seit 1958 neben der seit 1953 bekannten Kernpolyedrose in der Provence [Südfrankreich] beobachtet. Mischinfektionen sind bekannt.

[BILIOTTI und Mitarb. 1956].

Biologische Bekämpfung: Über Versuche hierzu berichteten erstmals 1956 BILIOTTI und Mitarb. Bei diesen Versuchen in Südfrankreich [Mont Ventoux] wurden polyederhaltige Spritzbrühen verwandt in Konzentrationen von 10^5 bis $4{,}2 \times 10^5$ Polyeder/ml unter Zusatz eines Netzmittels vom Typ der Alkyl-Phenole [2 ‰]. Ausbringung durch Großzerstäuber: 1 l/30qm. Erfolg: Reduktion der Raupen um etwa $^2/_3$.

Fortsetzung der Versuche 1957 und 1958 [GRISON und MARTOURET 1958]. Auf 320 ha großer Fläche Ausbringung eines Stäubemittels [72 l Polyederbrühe mit 3×10^9 Polyeder/ml auf 9200 kg Bentonit] mittels Hubschrauber. Enddosis: 12×10^{11} Polyeder/ha. Nach 4 Monaten 96%ige Reduktion der Raupen. [GRISON und Mitarb. 1959].

Smithiavirus spec.

[wahrscheinlich identisch mit *Smithiavirus pityocampa*].

[VAGO und VASILJEVIĆ 1955].

Wirt: Thaumetopoea processionea (L.).

Übertragung: Perorale Infektion. Bei + 22° C bilden sich 72 Stunden nach der Infektion die ersten Polyeder. 42–68%ige Mortalität.

Pathologie: Epithelzellen des Mitteldarms sind hypertrophiert und enthalten im Zytoplasma Polyeder. Kerne der Darmzellen sind polyederfrei. Bei fortgeschrittener Krankheit brechen die Zellen auf und Polyeder finden sich im Darmlumen.

Diagnose: Polyeder 2–4 μ Durchmesser; sollen sich färberisch wie Kernpolyeder verhalten. Virusteilchen noch nicht elektronenmikroskopisch untersucht. Sonst wie bei *Smithiavirus rotunda.*

Vermehrung: s. *Smithiavirus rotunda.*

Epizootiologie: Seit 1952 in Südfrankreich neben einer Kernpolyedrose beobachtet. Mischinfektionen sind bekannt. [VAGO und VASILJEVIĆ 1955].

iii. *Smithiavirus* der *Geometridae (Lepidoptera).*

Plasmapolyeder aus *Abraxas grossulariata* (L.).

[SMITH und XEROS 1954c].

Plasmapolyeder aus *Biston betularia* (L.).
[SMITH und RIVERS 1956].

Plasmapolyeder aus *Bupalus piniarius* (L.).
(evtl. identisch mit *Smithiavirus* aus *Vanessa cardui* (L.).
[SMITH und RIVERS 1956].
Epizootiologie: Latente Infektion von Populationen in England. Ließ sich durch Applikation von Kernpolyedern aus *Vanessa cardui* (L.) provozieren.

Plasmapolyeder aus *Cheimatobia brumata* L. [*Operophthera brumata* (L.)] [evtl. identisch mit *Smithiavirus* aus *Vanessa cardui* (L.)].
[SMITH und RIVERS 1956].
Epizootiologie: Latente Infektion von Populationen in England. Nach Provokation mit Kernpolyedern aus *Vanessa cardui* (L.) 100%ige Letalität.

iv. *Smithiavirus* der *Lymantriidae (Lepidoptera).*

Smithiavirus pudibundae KRIEG et LANGENBUCH.
[KRIEG und LANGENBUCH **1956a**].
Wirt: Dasychira pudibunda (L.), *Lymantria dispar* (L.).
Übertragung: Perorale Infektion. Absterbezeit: 13 Tage bei 20° C bei L_2–L_3. Auch germinative Übertragung wahrscheinlich; latente Verseuchung.
Pathologie: Befällt Mitteldarmepithel, welches zerfällt [vgl. Abb. 15]. Tödliche Erkrankung führt dazu, daß die Tiere lethargisch und schlaff werden. Endlich verhungern die Raupen und verjauchen. Die starke Behaarung verdeckt jede Verfärbung der Raupe. Defäkation von [durch Polyeder] weiß gefärbten Faeces wurde nicht beobachtet. Faeces infektiös.
Histologische Veränderungen wie bei *Smithiavirus rotunda.*
Diagnose: Die nach Auflösung der 0,5–10 μ großen Polyeder [vgl. Abb. 16] mit 0,15 m Na_2CO_3 + 0,2 m NaCl [p_H 11,5] freiwerdenden Virusteilchen können im EM nachgewiesen werden; Kugeln 25–60 mμ groß [mittlerer Durchmesser 40 mμ] [vgl. Abb. 16]. Enthalten nach KRIEG (1956b) 6,7% RNS. KRIEG (1959) gelang auch die Virus-RNS aus *Smithiavirus pudibundae* infektionstüchtig zu extrahieren. Im Gegensatz zu den intakten Viren läßt sich die isolierte Virus-RNS durch Behandlung mit dem Ferment Ribonuklease inaktivieren, da sie der schützenden Proteinhülle beraubt ist. Auch sonst erweist sich das infektiöse RNS-Präparat als sehr labil. Während z. B. die Virusteilchen erst nach 6 Tagen bei 37° C inaktiviert wurden, war die isolierte Virus-RNS bereits nach 3 Stunden bei 37° C zerstört.
Vermehrung: s. Smithiavirus rotunda.
Epizootiologie: In den Jahren 1950 bis 1956 kam es in verschiedenen Teilen West-Deutschlands (Solling 1951–1953, Reinhardswald 1952–1954, Pfalz 1952–1954, Spessart 1954–1956) zu einer Gradation von *Dasychira pudibunda,* die an dieser Zytoplasma-Poyedrose vollkommen zusammenbrach [KRIEG und LANGENBUCH 1956a]. Provokation latent verseuchter Populationen mit NaF möglich [KRIEG 1956c]. Ob frühere Epizootien, besonders im Gebiet von Greifswald [KRAUSE 1919] ebenfalls an dieser Krankheit oder einer Kernpolyedrose zusammenbrachen, ist nicht sicher.

Smithiavirus spec.
[wahrscheinlich identisch mit *Smithiavirus* aus *Lymantria dispar* (L.) und/ oder *Smithiavirus pudibundae*]
[HUGER und KRIEG 1958].
Wirt: Lymantria monacha (L.).
Übertragung: Perorale Infektion.
Pathologie: Keine Verjauchung der Leichen, sondern Mumifizierung. Defäkation von Faeces, die durch Polyeder weiß gefärbt sind. Histopathologie wie bei *Smithiavirus rotunda.*
Diagnose: Die nach Auflösung der etwa 0,5–10 μ großen Polyeder mit n/10 NaOH freiwerdenden Virusteilchen können im Elektronenmikroskop nachgewiesen werden: Kugeln mit einem mittleren Durchmesser von ca. 40 mμ.
Vermehrung: s. *Smithiavirus rotunda.*
Epizootiologie: Erstmalig an Raupen, die 1955 aus dem Ebersberger Forst [Nähe München, Süd-Deutschland] eingetragen wurden, von HUGER und KRIEG (1958) diagnostiziert.

Smithiavirus spec.
[VEBER 1957].
(Wahrscheinlich identisch mit *Smithiavirus* aus *Lymantria monacha* (L.) und/oder *Smithiavirus pudibundae).*
Wirte: Lymantria dispar (L.), *Euproctis chrysorrhoea* (L.), ferner übertragbar auf *Bombyx mori* L. und *Hyphantria cunea* (DRURY).
Übertragung: Perorale Infektion.
Pathologie: s. *Smithiavirus* aus *Lymantria monacha* (L.).
Epizootiologie: Von VEBER (1957) isoliert aus Raupen einer Gradation von *Lymantria dispar* (L.), in der Mittelslowakei [1954/1955].
Biologische Bekämpfung: Bericht über erfolgreiche Versuche zur Bekämpfung von *Euproctis chrysorrhoea* (L.) liegen aus der Tschechoslowakei vor [VEBER 1958]. Die Untersuchungen wurden in Obstplantagen mit Handspritze durchgeführt, wobei 1–3 l pro Baum versprüht wurde. Verwandte Suspension 2×10^7 Polyeder/ml. 3–6 Tage nach der Spritzung hört der Raupenfraß auf, und 10–20 Tage nach Spritzung sterben die Raupen ab.

Weitere Arten:
Plasmapolyeder aus *Euproctis chrysorrhoea* (L.).
[SMITH und RIVERS 1956].
[Wahrscheinlich identisch mit *Smithiavirus* aus *Lymantria dispar* (L.)].

Plasmapolyeder aus *Phalera bucephala* (L.).
[SIDOR 1958].
[Wahrscheinlich identisch mit *Smithiavirus* aus *Lymantria monacha* (L.) und/oder *Smithiavirus* aus *Pieris brassicae* (L.)].
Wirte: Phalera bucephala (L.), *Lymantria monacha* (L.), *Pieris brassicae* (L.), peroral nicht übertragbar auf *Cirphis unipuncta* (HAW.) [*Pseudaletia unipuncta* (HAW.)] und *Plutella maculipennis* (CURT.).
Übertragung: Perorale Infektion. Unterschiedliche Anfälligkeit verschiedener Stämme eines Wirtes [bei *Pieris brassicae* bis 40% Letalität].

Pathologie: s. *Smithiavirus rotunda.*
Virusteilchen noch nicht ausgemessen.
Vermehrung: s. *Smithiavirus rotunda.*

v. *Smithiavirus* der *Noctuidae (Lepidoptera).*

Smithiavirus spec.
[SMITH und XEROS 1954c].
Wirt: Phlogophora meticulosa (L.).
Virus: Sphärisch mit Durchmesser von 60 mμ [SMITH und XERSOS 1954c].

Weitere Arten:
Plasmapolyeder aus *Euxoa segetum* SCHIFF. [*Agrotis segetum* (SCHIFF.)]
[SMITH und RIVERS 1956].

Plasmapolyeder aus *Diataraxia oleracea* (L.).
[SMITH und RIVERS 1956].

Plasmapolyeder aus *Heliothis armigera* (HBN.).
[SMITH und RIVERS 1956].

Plasmapolyeder aus *Triphaena pronuba* (L.).
[SMITH und RIVERS 1956].

vi. *Smithiavirus* der *Nymphalidae (Lepidoptera).*

Smithiavirus spec.
[SMITH und RIVERS 1956].
Wirt: Pyrameis cardui L. [*Vanessa cardui* (L.)].
Soll außerdem auf eine Reihe weiterer Arten peroral übertragbar sein.
Arctia caja (L.), *Bombyx mori* L., *Lycaena phlaeas* (L.), *Aglais urticae* (L.), *Nymphalis io* (L.) [*Inachis io* (L).], *Phlogophora meticulosa* (L.), *Samia cynthia* (DRURY) [*Philosamia cynthia* (DRURY)], *Pararge aegeria* (L.), (SMITH und XEROS 1953) ferner *Bupalus piniarius* (L.) und *Cheimatobia brumata* L. [*Operophthera brumata* (L.)] [SMITH und RIVERS 1956].
Mischinfektionen mit Kernpolyedervirus sind bekannt.
[SMITH und XEROS 1953].

vii. *Smithiavirus* der *Pieridae (Lepidoptera).*

Smithiavirus pieris VAGO et CROISSANT.
Wirt: Pieris brassicae (L.).
[VAGO und CROISSANT, 1959].
Wahrscheinlich identisch mit dem *Smithiavirus* aus *Phalera bucephala* (L.), evtl. auch identisch mit dem *Smithiavirus* aus *Lymantria monacha* (L.)

[SIDOR 1959], jedoch nicht mit dem aus *Pyrameis cardui* (L.) [SMITH und XEROS 1953].

Übertragung: Perorale Infektion. Bei einer Dosis von etwa 10^6 Polyeder/ml sterben nach etwa 12 Tagen 70–80% der Raupen.

Pathologie: Die affizierten Larven haben kein auffallendes Aussehen; sie zeigen eine bis zur Einstellung der Nahrungsaufnahme gehende Inappetenz bei Abnahme der Reflextätigkeit und gelegentlich auch Turgorabnahme. Postmortal zerfallen die Larven schnell. Der Darm ist hypertrophiert und häufig weißlich verfärbt. Histopathologie wie *Smithiavirus rotunda.*

Diagnose: Die nach Auflösung der 1–4μ großen Polyeder in 0,1 m Na_2CO_3 [gegebenenfalls unter Zusatz von 0,05 m NaCl] innerhalb von 5–20 Minuten freiwerdenden Virusteilchen können im Elektronenmikroskop dargestellt werden: Kugeln mit einem Durchmesser von 50–65 mμ.

Vermehrung s. *Smithiavirus rotunda.*

Epizootiologie: Soll nach VAGO und CROISSANT neben einer Granulose (s. d.) als Begrenzungsfaktor für *P. brassicae* in Südfrankreich (Nîmes) wirken. Mischinfektionen mit dem Granulosevirus sind bekannt. [VAGO, 1959].

Smithiavirus spec.

Wirt: Colias philodice eurytheme BOISD.

[STEINHAUS und DINEEN 1959].

Vielleicht identisch mit *Smithiavirus pieris.*

Übertragung: Perorale Übertragung wahrscheinlich. Latente Infektion.

Pathologie: Ähnlich wie bei *Smithiavirus pieris.*

Diagnose: Vornehmlich zwei Größenklassen von Polyedern beobachtet: 1,1–2,7μ Durchmesser und 3,3–9,4μ Durchmesser. Nach Einwirkung von 0,01 n NaOH 1–60 sec lang werden sphärische Virusteilchen frei. Es wurden verschiedene Partikelgrößen registriert: 320–500 mμ Durchmesser, 60–156 mμ und endlich 20–42 mμ. Die Autoren nehmen an, daß die Partikel von der Größenordnung 20–42 mμ Untereinheiten oder sub-units des Virus darstellen, eventuell dem zentralen Nukleinsäureanteil entsprechen.

Vermehrung: s. Smithiavirus rotunda.

Epizootiologie: Tritt neben einer von STEINHAUS (1948) beschriebenen Kernpolyedrose in Kalifornien (USA) auf. Epizootiologische Bedeutung noch unbekannt.

Plasmapolyeder aus *Aporia crataegi* (L.).

[SMITH und RIVERS 1956].

viii. *Smithiavirus* der *Saturnidae (Lepidoptera).*

Smithiavirus spec.

[SMITH 1958b].

Wirt: Antherea paphia mylitta (DRURY).

Virus: 30 mμ Durchmesser.

Smithiavirus spec.

(HILLS und SMITH (1959).

Wirt: Antherea pernyi (GUÉR.).
Virus: 30–50 mμ Durchmesser.

ix. *Smithiavirus* der *Sphingidae (Lepidoptera).*

Smithiavirus spec.
[SMITH und Mitarb. 1953].
Wirt: Sphinx ligustri L.
Virus: 12–15 mμ Durchmesser [SMITH 1958].
Schonende Auflösung der Plasmapolyeder: 10 Sekunden mit 0,5%iger Na_2CO_3-Lösung.

Smithiavirus spec.
[Wahrscheinlich identisch mit *Smithiavirus* aus *Sphinx ligustri* L.].
[MARKHAM und XEROS 1956].
Wirt: Sphinx populi L. [*Smerinthus populi* (L.)].
Virus: Noch nicht ausgemessen.
Enthält nach MARKHAM und XEROS (1956) RNS und zwar 0,9% auf Polyeder bezogen.

x. *Smithiavirus* der *Tineidae (Lepidoptera).*

Plasmapolyeder aus *Tinea pellionella* (L.).
[SMITH und RIVERS 1956].

Plasmapolyeder aus *Tineola biselliella* (HUM.).
[LOTHMAR 1941].

xi. *Smithiavirus* der *Tortricidae (Lepidoptera).*

Smithiavirus spec.
[GRAHAM 1948; BIRD und WHALEN 1954a].
Wirt: Choristoneura fumiferana (CLEM.).
Übertragung: Perorale Infektion; vielleicht auch germinativ. Nach künstlicher Infektion mit etwa 10^3 Polyedern/ml beträgt die Virus-Mortalität etwa 40% [BIRD und WHALEN 1954].
Pathologie: s. *Smithiavirus rotunda.*
Nach 72 Stunden post infectionem treten in infizierten Larven Polyeder im Mitteldarm-Epithel auf, welches allein von der Krankheit befallen wird [BIRD und WHALEN 1954].
Diagnose: s. *Smithiavirus rotunda.*
Die 0,5–3,0 μ großen oder noch größeren Polyeder werden durch 0,04 m Na_2CO_3 + 0,05 m NaCl gelöst. Die dabei freiwerdenden sphärischen Virusteilchen haben eine Größe von 28–80 mμ.
Vermehrung: s. *Smithiavirus rotunda.*

Epizootiologie: Nach Untersuchungen von kanadischen Freilandpopulationen durch Bird und Whalen (1954) betrug der Befall durch die Krankheit nur etwa 1,1%.

1.2.2 b. *Moratoraceae nov. fam.*

Definition: Kleine sphärische Virusteilchen, nicht in Proteinkörper eingeschlossen. [Sie verhalten sich somit ähnlich wie die meisten sphärischen Zoo- und Phytophagen.] Passieren kleinporige Filter. [Bisher beschrieben bei *Lepidoptera, Hymenoptera, Acari*].

Genus: Moratorvirus.

α) *Moratorvirus Holmes*

Definition deckt sich mit Familien-Definition.

Allgemeines. Die histopathologischen Erhebungen stehen hier noch in den Anfängen; die Erkrankung beschränkt sich im wesentlichen auf die Larvenstadien.

i. *Moratorvirus* der *Lepidoptera.*

Moratorvirus nudus Wasser.

[Block-Wasser 1952].

Wirt: Cirphis unipuncta (Haw.) [*Pseudaletia unipuncta* (Haw.)].

Übertragung: Perorale Infektion. Absterbezeit: 6–14 Tage. 90–100% Mortalität.

Pathologie: Infizierte Raupen verlieren die Freßlust, sie schwellen an und sind etwas dunkler als normale Insekten; ihre Cuticula bekommt ein wachsartiges Aussehen. Im fortgeschrittenen Krankheitsstadium werden die Raupen schlaff und gehen ein. In befallenen Zuchten sterben die Raupen meist bei der Puppenhäutung oder als Puppe. Eine Verjauchung der Gewebe erfolgt nicht.

Diagnose: s. Pathologie, rein symptomatisch. Infektionsversuch. Im Elektronenmikroskop konnte Block-Wasser (1952) etwa 25 mμ große sphärische Virusteilchen nachweisen.

Vermehrung: Nur im [spezifischen] Wirt. Das Virus hält sich über ein Jahr in getrockneten Puppen, die an der Virose eingegangen sind. Gewinnung des infektiösen Materials: An der Virose gestorbene Raupen werden zweckmäßigerweise in Wasser homogenisiert, und die Suspension wird durch ein Filter von mittlerer Porenweite gegeben. Aus dem Filtrat läßt sich das Virus durch Zentrifugation bei 114×10^3 g abschleudern. Zur Reindarstellung wird es mehrmals ausgewaschen.

ii. *Moratorvirus* der *Hymenoptera.*

Moratorvirus aetatulae HOLMES.
[HOLMES 1948, WHITE 1913, 1917].
Wirt: Larven von *Apis mellifera* L.
Übertragung: Perorale Infektion. Absterbezeit: ca. 1 Woche.
Pathologie: Die befallenen Larven sind, wenn sie absterben, leicht gelb, werden dann aber braun bis schwarz. Wichtiges diagnostisches Zeichen: Subkutikuläre Ansammlung von Hämolymphe [Wassersucht]. Der Fettkörper besitzt unregelmäßig geformte Kerne in hypertrophen Zellen, die mehr oder weniger runde, schwarze Körper enthalten. Diese bedingen granuliertes Aussehen der kranken Larven: Sackbrut.
Diagnose: s. Pathologie, rein symptomatisch. Infektionsversuch. Im Elektronenmikroskop konnten BLOCK-WASSER und STEINHAUS (1949) etwa 60mμ große, sphärische Partikel nachweisen, die für den Erreger gehalten werden.
Vermehrung: Nur im [spezifischen] Wirt. Eine virustote Larve reicht zur Infektion von 3000 gesunden aus. Das Virus ist filtrabel durch Bakterienfilter. Es bleibt unter putrifiden Bedingungen in einem Infus 10 Tage lang virulent. Waben, die Sackbrut-tote Larven enthalten, sind nach etwa 1 Monat nicht mehr infektiös. Erhitzen auf 59° C tötet das Virus in 10 Minuten.
Epizootiologie: Die Sackbrut ist seit 1857 bekannt, aber erst seit WHITE (1913) unter diesem Namen. Sie kommt in England, Deutschland, Australien, Kanada und in den USA vor.
Therapeutische *Maßnahmen:* Da das Virus sich in leeren Waben im allgemeinen nicht länger als einen Monat hält, können Waben, die mit Sackbrut-infizierten Larven in Berührung kamen, in einigen Monaten wieder besetzt werden.

1.2.3. Erreger mit Virus-Eigenschaften

i. *Sigma-Faktor*

[L'HERITIER und TESSIER 1937; GUILLEMAN 1953; PLUS 1954, 1955; BRUN und SIGOT 1955].
Wirt: Drosophila melanogaster MEIG. – *(Diptera).*
Übertragung: Germinativ in Form einer plasmatischen Vererbung: Erbliche, nicht kerngebundene Anomalie. Übertragung experimentell auch durch intrazoelomale Injektion von Extrakten aus sigma-befallenen Tieren [PLUS 1955] auf empfindliche Stämme.
Pathologie: Ohne sichtbare morphologische Veränderungen bewirkt das Virus eine CO_2-Empfindlichkeit bei *Drosophila:* Beim Einleiten von CO_2-Gas in das Zuchtglas erleiden die Tiere nach 3–5 Minuten einen Schockzustand. Folge davon: Position in Rückenlage. –
Verschieden enge Beziehungen zwischen Wirt und Virus: (1) nicht-stabilisierte Formen: Etwa 40% der Tiere einer Population sind infiziert; äußerlich infizierte Eier. Bei der Vermehrung des Virus in nicht-stabilisierten Fliegen erfolgt im Anschluß an eine Eklipse von 1–2 Tagen der Anstieg des Infek-

tionstiters bis zu seinem Maximum innerhalb 10 Tagen (PLUS 1955). (2) Stabilisierte Formen: Alle Tiere sind infiziert; innerlich infizierte Eier und Spermien. Bei der Vermehrung des Virus in stabilisierten Fliegen erfolgt langsamer progressiver Anstieg des Infektionstiters [PLUS 1955]. (3) Resistente Formen: Wirtstiere sind gegenüber dem Sigma-Faktor nicht anfällig; in ihnen nur schwache Virusvermehrung. Ertragen im Gegensatz zu den empfindlichen Formen einen 12–15minutigen Aufenthalt in einer CO_2-Atmosphäre. Mehrere resistente Wirtsstämme bekannt: Paris, Challuz, Nagasaki.

Diagnose: Setzt man infizierte Imagines von *Drosophila* einer CO_2 angereicherten Atmosphäre aus, so gehen sie ein. Virus-Äquivalente des Faktors im Elektronenmikroskop noch nicht dargestellt. Nach Röntgen-Diffraktionsmessungen beträgt die Größe des Virus 39 mμ, nach Ultra-Filtrationsmessungen 180 mμ [L'HERITIER 1958].

Vermehrung: Nur im spezifischen Wirt. Gewinnung des infektiösen Materials: Sigma-Drosophila werden in der 10fachen Menge RINGER-Lösung homogenisiert und die Suspension 15 Minuten bei 2500 g zentrifugiert. Der im Überstand enthaltene Sigma-Faktor ist sehr instabil; in RINGER-Lösung fällt der Infektionstiter innerhalb 12 Stunden auf 1/10 ab. Erhöhung der NaCl-Konzentration stabilisiert das Virus.

Mutationen bekannt [DUHAMEL 1956]. Somit mutativ-selektive Änderung des Aktivitätsspektrums möglich [keine Adaptation!]. Variante „Paris“ vermehrt sich in sog. resistenten Stämmen wie das Ausgangs-Virus in nichtresistenten Stämmen [OHANESSIAN-GUILLEMAN 1956]. – Über Rekombinationen beim Sigma-Faktor berichtete OHANESSIAN-GUILLEMAIN (1959). Sie wurden beobachtet, wenn Eier und Samenzellen, die mit verschiedenen Typen des Sigma-Faktors infiziert waren, zur Befruchtung gebracht wurden.

ii. *Tumor-induzierender Faktor* [=*TIF*]

[HARNLY und Mitarb. 1954; BURTON und Mitarb. 1956].

Wirt: Drosophila melanogaster MEIG. – *(Diptera).*

Übertragung: Germinativ in Form einer [plasmatischen?] Vererbung: Erbliche Anomalie der sog. tu-e Stämme. Experimentell auch durch intrazoelomale Injektion von Extrakten aus Larven eines Tumorstammes [BURTON 1955]. Induktion von erblichen Tumoren auf diese Weise in tu-freie Stämme möglich.

Pathologie: (1) Bildung von flottierenden, nicht malignen Tumoren, sog. Pseudotumoren [STARK 1918, 1939; RUSSELL 1940] im Hämocoel der Larven. Nach OFTEDAHL (1953) und BARIGOZZI (1954) soll es sich hierbei um erbpathologisch bedingte Veränderungen im Verhalten der Hämozyten handeln, die zur Zusammenballung, Melanisierung und Infiltration führt. Nach HARTWECK (1957) wird durch Injektion der verschiedensten Stoffe [Extrakte aus tu-e Stämmen, Extrakte aus tu-freien Stämmen, ja sogar physiologische NaCl-Lösung und destilliertes Wasser] in *Drosophila* Pseudotumor-Bildungen als unspezifische Reaktion ausgelöst; lediglich das Ausmaß der Reaktionsbereitschaft soll durch das genetische Material des Versuchsstammes bestimmt sein. (2) Bildung von Gewebe-gebundenen malignen Tumoren. Hierbei kann die Zahl der Überlebenden einer Zucht von 80–90% auf 15–25% sinken. Nach FRIEDMAN und Mitarb. (1957) wird der Verlauf in der benignen Form [s. (1)] durch das Vorhandensein von tu-Hemmstoffen bewirkt. Bei gutartigem Verlauf wäre demnach die Hemmung so stark, daß die sich entwickelnden Tumore einer Art Abwehr-Reaktion durch Transformation und Melanisierung anheimfallen. KANEHISA (1957) untersuchte die Wirkung chemischer Substanzen und spezifischer Gene auf die Tumorhäufigkeit. Dabei ließ sich einerseits eine Wirksamkeit von Substanzen des Tryptophan-Stoffwechsels nachweisen, andererseits Beziehungen zwischen tu-Häufigkeit und Augenfarben-Mutanten. Dies ist deshalb interessant, weil die Augenfarbe bei Insekten vom Tryptophanstoffwechsel her bestimmt wird.

Diagnose: Sektion der Tiere. Die benignen Pseudotumore flottieren frei im Hämocoel oder sind am Fettkörper adhaerent. Die malignen Tumore sind fest an die befallenen Gewebe gebunden. Morphologische Äquivalente des TIF im EM noch nicht dargestellt. Chemie des TIF: 5% DNS, Protein, Lipoid (?) [FRIEDMAN und Mitarb. 1957].

Vermehrung: Im spezifischen Wirtstier [Vermehrungsrate ca 10^{23} bei Larvenpassage] und in Gewebekulturen [Vermehrungsrate 10^4]. Gewinnung des TIF aus Larven eines tu-e Stammes, die mindestens 40 Stunden alt sind [BURTON 1955]. TIF läßt sich in 4 Arbeitsgängen durch Zentrifugieren, Eiweißausfällung, Dialyse und Adsorption reinigen [FRIEDMAN und Mitarb. 1957].

iii. *Sex ratio mutating factor.*

[MALAGOLOWKIN und POULSON 1957].

Wirt: Drosophila spec. – (Diptera).

Übertragung: Germinativ in Form einer (plasmatischen?) Vererbung: Erbliche Anomalie. Experimentell durch intracoelomale Injektion von Extrakten aus kranken Tieren auf normale übertragbar.

Pathologie: Das infektiöse Agens zeigt eine besondere Affinität zum Y-Chromosom der Embryonen und bedingt eine Verschiebung des normalen Geschlechtsverhältnisses ♀:♂ von 1:1 nach 1:0. Die Infektion kann sich außerdem in Entwicklungsschwierigkeiten und zytologischen Veränderungen bei den latent infizierten Weibchen äußern.

Diagnose: In den befallenen Stämmen treten keine Männchen mehr auf.

Vermehrung: Nur im spezifischen Wirt. Gewinnung des infektiösen Materials: Extrakt aus kranken Fliegen.

1.2.4. *Einschlüsse mit Virus-Ätiologie*

i. *„Corps réfringentes"* = *Paillotella* STEINHAUS.

Paillotella pieris (PAILLOT) STEINHAUS.
(syn. *Borrelina pieris* PAILLOT].

Wirt: Pieris brassicae (L.).
(PAILLOT 1924, 1926).
Übertragung: Wirksame perorale Infektion (auch bei Temperaturen unter 18° C). Möglicherweise transovariell.
Pathologie: Akute Erkrankung nach kurzer Inkubationszeit. Keine wesentlichen äußeren Symptome. Hämolymphe trübe; Zahl der „Hämozyten" stark vermehrt, neben Mikronukleozyten [Leukozyten] vor allem einkernige „Oenozytoide" und vielkernige „cellules géantes" mit karyorhektisch veränderten Kernen – wahrscheinlich Trümmer des desintegrierten Fettkörpers. In sog. Vakuolen des Zytoplasmas dieser „Hämozyten" vibrierte Massen kleinster Granula ($< 0{,}1 \mu$), die sich auch frei in der Hämolymphe finden. Beim Zentrifugieren der Hämolymphe kranker Raupen sedimentieren zuerst die Blutzellen sowie die lichtbrechenden polymorphen Einschlußkörper [s. u.], während die Granula [nach den Filtrationsversuchen die eigentlichen Erreger!] im Überstand bleiben. – Befall vornehmlich der Zellen des Fettkörpers und der Hämozyten. Die zellulären Veränderungen entstehen hier innerhalb von 24 Std. Neben Kernveränderungen [Karyorhexis] bilden sich im Bereich des Zytoplasmas der befallenen Zellen – nach PAILLOT aus den pathologisch veränderten Mitochondrien – stark lichtbrechende Einschlüsse [corps réfringentes]. Diese sind polymorph – spindelförmig bis unregelmäßig-gestaltet.
Diagnose: Blutausstriche. Im Phasenkontrast sieht man die unregelmäßigen Einschlüsse in Leukozyten. Im Immersions-Dunkelfeld bemerkt man außerdem in der Hämolymphe kleinste vibrierende Granula [$< 0{,}1 \mu$]. Bei der Färbung der Ausstriche mit Anilinfarben verhalten sich die Einschlüsse chromophob.
Vermehrung: Nur im [spezifischen] Wirt. Die Granula sind nicht filtrierbar durch Entkeimungsfilter mit sehr kleiner Porengröße. Erhitzen 30 Minuten auf 75° C zerstört das Virus.
Epizootiologie: Soll nach Angaben von PAILLOT (1926) eine Rolle als Begrenzungsfaktor von *Pieris brassicae* (L.) in Frankreich spielen.

Weitere hierhergehörige Art:
Paillotella spec.
[ARVY 1953].
Wirt: Malacosoma neustria (L.).
Übertragung: Wahrscheinlich perorale Infektion.
Pathologie: s. *Paillotella pieris.*
Diagnose: Die Einschlüsse [2,5–13 μ groß] sind in Alkali löslich, ähnlich wie Polyeder. Sonst wie bei *Paillotella pieris.*
Vermehrung: Wahrscheinlich wie *Paillotella pieris.*

1.2.5. *Krankheiten mit Virus-Ätiologie*

i. *Paralyse der Bienen.*
[BURNSIDE 1945].
Wirt: Apis mellifera L.

Übertragung: Peroral. Absterbezeit: 16–28 Tage, 25–100%iger Befall.

Pathologie: Die von der Krankheit befallenen Imagines werden lethargisch und beantworten Reize nicht richtig. Die Bienen spreizen Beine und Flügel und zeigen Körperzittern. Sie verlieren ihre Haare; ihr Abdomen nimmt ein dunkel-fettiges Aussehen an.

Diagnose: Symptomatisch – s. Pathologie. Infektionsversuch.

Vermehrung: Nur im [spezifischen] Wirt. Das Virus ist filtrabel durch kleinporige Filter. Gewinnung des infektiösen Materials: An der Krankheit eingegangene Bienen werden in Wasser homogenisiert und die Suspension durch ein bakteriendichtes Filter gesaugt. Bei 95° C wird das Virus innerhalb 30 Minuten abgetötet.

ii. *Flacherie der Seidenraupen.*

[Paillot 1930].

Wirt: Bombyx mori L.

Übertragung: Peroral.

Pathologie: Befällt Larven; geringe Nahrungsaufnahme, Diarrhoe. Werden schlaff und stellen Bewegung ein. Schließlich verfärben sie sich schwarz und verjauchen.

Diagnose: Symptomatisch – s. Pathologie. Sekundäre Bakteriose durch *Bacillus megatherium* de Bary *var. bombycis* [s. S. 237].

Vermehrung: Nur im [spezifischen] Wirt. Nicht filtrierbar durch Entkeimungsfilter mit sehr kleiner Porengröße. Virus vielleicht identisch mit dem Erreger der Gattine.

Epizootiologie: Bereits im vorigen Jahrhundert in den europäischen Seidenzuchtgebieten bekannt [vgl. auch Pasteur 1870]. Befürchtete Epizootien.

iii. *Gattine der Seidenraupen.*

[Paillot 1930].

Wirt: Bombyx mori L.

Übertragung: Peroral.

Pathologie: Befällt Larven; Wasserköpfigkeit, geringe Nahrungsaufnahme, Hypersekretion, Vomitus und mehr oder minder starke Diarrhoe.

Diagnose: Symptomatisch – s. Pathologie. Im Darmsaft infizierter Tiere lassen sich mit Hilfe der Immersions-Dunkelfeld-Beobachtung kleinste vibrierende Granula nachweisen. Alkohol-fixierte Ausstriche von Darmausstrichen, gefärbt nach Giemsa: Epithelzellen des Mitteldarms weisen stark hypertrophierte Kerne auf. Sekundäre Bakteriose durch *Streptococcus bombycis* Sart. et Pacc. [s. S. 218].

Vermehrung: s. Flacherie der Seidenraupen.

Epizootiologie: Gattine kommt allgemeiner als die Flacherie vor.

iv. *Wassersucht der Maikäferengerlinge*

[Heidenreich 1938; Krieg 1957].
Wirt: Melolontha spec.
Übertragung: Experimentell durch Injektion. Chronischer Verlauf.
Pathologie: Fettkörper der Larven beginnt um den Enddarm hell und glasig zu werden; Transparenz schreitet kranial fort. Später erfolgt Einstellung der Nahrungsaufnahme. Der deutlich sichtbare Darm schwimmt dann in der Hämolymphe, während der Fettkörper restlos aufgelöst erscheint. Er wird bis auf schmale Stränge aufgelöst, in denen die Kerne unverändert zwischen den Zellmembranen festgehalten werden. Auch der Darm zeigt auffällige Veränderungen: Progressive Zerstörung des Darmepithels. Die Engerlinge werden lethargisch und gehen schließlich ein.
Diagnose: Symptomatisch – s. Pathologie.
Anm.: Die Beobachtung von Heidenreich, daß sich allgemein in der Hämolymphe hydroper Engerlinge züchtbare bakterienähnliche Erreger, speziell ein sog. *Coccobacillus melolonthae*, nachweisen ließen, konnte nicht bestätigt werden (Krieg 1957). Auch hat diese Krankheit nichts mit der von *Rickettsiella melolonthae* verursachten „Lorscher Seuche" zu tun.
Vermehrung: Nur im [spezifischen] Wirt. Gewinnung des infektiösen Materials: Hämolymphepunktat.
Epizootiologie: Die Wassersucht wurde 1956 von Krieg an Engerlingen des Maikäfers aus verschiedenen Gegenden Südwest-Deutschlands [Lorsch bei Darmstadt; Heilbronn] diagnostiziert.

Literatur zu Kap. V, Abschnitt 1.2

Abul-Nasr, S., Bull. Soc. Ent. Egypte **40,** 321–332 (1956). — Acqua, C., Il bombice del gelso Ascoli (Piceno 1930). — Aizawa, K., Jap. J. appl. Zool. **18,** 143–144 (1953a); Bull. Sericult. Exp. Stat. (Tokio) **14,** 201–228 (1953b); J. Virol. **4,** 241–244 (1954); 2. Insektenpath. Colloquium d. CILB (Paris 1958a); (Pers. Mitt. 1958b). — Aizawa, K., Asahina, S. und Fukumi, H., Jap. J. Med. Sci. Biol. **10,** 61–64 (1957). — Aizawa, K. und Vago, C., 2. Insektenpath. Colloquium d. CILB (Paris 1958). — Anonymus, Magyar. Kir. All. Rovertini Állomás Közlem **1,** (1895). — Aoki, K. und Chigasaki, Y., Zbl. Bakteriol. Abt. I. O. **86,** 481–485 (1921). — Arvy, P. L., Rev. d'Hematol. **8,** Nr. 2, 204–212 (1953). — Balch, R. E. und Bird, F. T., Sci. Agric. **25,** 65–80 (1944). — Barrigozzi, C., Proc. int. Congr. Genet. **1,** 338 (1954). — Bergey's Manual of Determination Bacteriology, 6. Aufl., S. 1226 (Baltimore 1948). — Bergold, G. H., Naturwiss. **30,** 422–423 (1942); Biol. Zbl. **63,** 1–55 (1943); Z. Naturforschg. **2b,** 122–143 (1947); **3b,** 25–26 (1948a); **3b,** 338–342 (1948b); Canad. Dept. Agric. Forest. Insect. Invest. Bi-monthly Progr. Rept. **7,** 4 (1951a); Canad. J. Zool. **29,** 17–23 (1951b); 2. Symp. Soc. gen. Microbiol. Oxford 1952, 276–280 (Cambridge 1953a); Adv. Vir. Res. **1,** 91–139 (1953b); Acta nova Leopoldina **19/134,** 109–119 (1957); Handbuch d. Virusforschg. **4,** 60–127 (Wien 1958a); 1. Int. Kongr. f. Insektenpath. u. Biol. Bek. (Prag 1958b); Int. Kongr. f. Biochemie (Wien 1958c). — Bergold, G. H. und Flaschenträger, B., Nature **180,** 1046–1047 (1957). — Bergold, G. H.

und Friedrich-Freska, H., Z. Naturforschg. **2b**, 410–414 (1947). — Bergold, G. H. und McGugan, B. M., Canad. Dept. Agric. Forest. Insect. Invest. Bi-monthly Progr. Rept. **7**, 4 (1951). — Bergold, G. H. und Pister, L., Z. Naturforschg. **3b**, 406 (1948). — Bergold, G. H. und Ripper, G. E., Nature **180**, 764–765 (1957). — Biliotti, E., Grison, P. und Martouret, P., Entomophaga **1**, 35–44 (1956). — Biliotti, E., Grison, P. und Vago, C., C. r. Acad. Sci. **243**, 206–208 (1956). — Bird, F. T., Nature **163**, 777 (1949); Biochim. biophys. Acta **8**, 360–368 (1952); Canad. Entomol. **85**, 437–446 (1953); Canad. Dept. Agric. Forest. Insect. Invest Bi-monthly Progr. Rept. **10**, 2–3 (1954a); Rep. 6 Commonw. Entom. Conf. 122–125 (1954b); Canad. Entomol. **87**, 124–127 (1955); Virology **3**, 237–242 (1957); Canad. J. Microbiol. **4**, 267–272 (1958). — Bird, F. T. und Elgee, D. E., Canad. Entomol. **89**, 371–378 (1957). — Bird, F. T. und Whalen, M. M., Canad. Entomol. **85**, 433–437 (1953); Canad. J. Zool. **32**, 82–86 (1954a); Canad. J. Microbiol. **1**, 170–174 (1954b). — Block-Wasser, H. und Steinhaus, E. A., Zit. n. Steinhaus, Bacteriol. Rev. **13**, 203–223 (1949). — Block-Wasser, H., J. Bacteriol. **64**, 787–792 (1952). — Brun, G. und Sigot, A., Ann. Inst. Pasteur **88**, 488–512 (1955). — Bucher, G. E., Canad. J. Agric. Sci. **33**, 448–469 (1953). — Burnet, F. M., Behringwerke Mitt. **29**, 53–58 (1954). — Burnside, C. E., Amer. Bee. J. **85**, 354–355, 363 (1945). — Burton, C., Trans. New York Acad. Sci. **2**, 17, 301–308 (1955). — Burton, C., Harnby, M. H. und Kopac, M. J., Cancer Res. **16**, 402 (1956). — Caresche, L., Bull. écon. Indochine **40**, 517 (1937). — Chapman, J. W. und Glaser, R. W., J. Econ. Entomol. **8**, 140–150 (1915). — Clark, E. C., Ecology **36**, 373–376 (1955); **37**, 728–732 (1956). — Clark, E. C. und Reiner, C. E., J. Econ. Entomol. **49**, 653–659 (1956). — Clark, E. C. und Thompson, C. G., J. Econ. Entomol. **47**, 268–272 (1954). — Crick, F. H. C. und Watson, J. D., Nature **177**, 473 (1956). — Dowden, P. B. und Girth, H. B., J. Econ. Entomol. **46**, 525–526 (1953); J. Agric. Forestry **53**, 359–362 (1955). — Dudgeon, L. S., Bull. Entomol. Res. **4**, 243 (1913). — Duhamel, C., C. R. Acad. Sci. **239**, 1157 (1954). — Escherich, K., Naturw. Z. Forst- u. Landw. **11**, 86–97 (1913). — Escherich, K. und Miyajima, M., Naturw. Z. Forst- u. Landw. **9**, 381–402 (1911). — Franz, J., Krieg, A. und Langenbuch, R., Z. Pflanzenkrkh. **62**, 721–726 (1955). — Franz, J. und Niklas, O. F., Nachr.bl. Dtsch. Pfl.schutzdienst **6**, 131–134 (1954). — Friedman, F., Burton, L. und Mitchell, H. K., Ann. New York Acad. Sci. **68**, 349–355, 356–365 (1957). — Gäbler, H., Arch. Forstwesen **7**, 729–735 (1958). — Gerschenson, S., Unions-Tagung Lenin Akad. Agric. Sci. Plenarsitzg. Sekt. Seidenbau, Bienenzucht, Pflanzenschutz u. Veterinär-Wiss. (Leningrad 1954); Microbiologija (USSR) **25**. Append. **1**, 90–98 (1956a); Akad. Nauk. SSSR Ob. Biol. **17**, 453–458 (1956b); Suppl. J. Gen. Biol. (USSR) **6**, 3–6 (1956c); Dokl. Akad. Nauk. SSSR **110**, 1199–1201 (1956d); **113**, 1161–1162 (1957); Ref. 1. Int. Kongr. f. Insektenpath. u. Biol. Bek. (Prag 1958a); Vopr. Virusolog. **2**, 97–101 (1958b); ČS-Parasitol. **5**, 105–112 (1958c); Pers. Mitt. (1958d). — Glaser, R. W., J. Agric. Res. **4**, 101–128 (1915). — Glass, E. H., J. Econ. Entomol. **31**, 454–457 (1958). — Graham, K., Canad. Dept. Agric. Forest. Insect. Invest. Bi-monthly Progr. Rept. **4**, (3) (1948); Canad. Entomol. **86**, 546 (1954). — Gregoire, C. H., J. Gen. Microbiol. **5**, 121–123 (1951). — Grison, P. und Martouret, D., 2. Insektenpath. Colloquium d. CILB (Paris 1958). — GUILLEMAIN, A., Compt. rend. Acad. Sci. **236,** 1085–1086 (1953). — HALL, I. M., J. Econ Entomol. **46,** 1110–1111 (1953); **50,** 551–553 (1957). – HARNLY, M. H., BURTON, L., FRIEDMANN, F. und KOPAC, M. J., Science **120,** 225 (1954). — HARTWECK, H., Naturwiss. **43,** 539 (1956). — HAYSLIP, N. C., GENUNG, W. G., KELSHEIMER, E. G. und WILSON, J. W., Florida Agric. Exp. Stat. **534,** 55–56 (1953). — HEIDENREICH, E., Verh. 7. Int. Ent. Kongr. (Berlin 1938), 1963–1973; Arch. ges. Virusforschg. **1,** 582–643 (1940). — HUGER, A., (Pers. Mitteilung 1958). — HUGER, A. und KRIEG, A., Naturwiss. **45,** 170–171 (1958). — HUGHES, K. M., J. Bacteriol. **59,** 189–195 (1950); **64,** 375–380 (1952); Hilgardia **22,** 391–406 (1953); Trans. Amer. Microsc. Soc. **77,** 22–30 (1958). — HUGHES, K. M. und THOMPSON, C. G., J. Inf. Dis. **89,** 173–179 (1951). — ISHIMORI, N., C. r. Soc. Biol. **116,** 1169–1170 (1934). — JANISCH, E., Anz. Schädl.kde. **12,** 77–88 (1936). — KAESBERG, P., Science **124,** 626–628 (1956). — KANEHISA, T., Amer. Naturalist **91,** 393–396 (1957). — KOMÁREK, J., Rec. Trav. Inst. Rech. Agron. Tschécosl. **78,** 1–256 (1931). — KOMÁREK, J. und BREINDL, V., Z. angew. Entomol. **10,** 99–162 (1924). — KRAUSSE, A., Z. Forst- u. Jagdwesen **51,** 445–447 (1919). — KRIEG, A., (Unveröffentlicht 1954); Naturwiss. **42,** 589–590 (1955b); Z. Mikroskopie **10,** 258–262 (1955c); Arch. ges. Virusforschg. **6,** 163–174 (1955d); Naturwiss. **43,** 260–261 (1956a); **43,** 537 (1956b); (Unveröffentlicht 1956c); Arch. ges. Virusforschg. **6,** 472–481 (1956d); (Unveröffentlicht 1957a); Arch. ges. Virusforschg. **7,** 212–218 (1957b); Z. Pflanzenkrkh. **64,** 657–662 (1957c); Z. Mikroskopie **12,** 110–117 (1957d); Z. Naturforschg. **12b,** 120–121 (1957e); **13b,** 27–29 (1958). — KRIEG, A. und LANGENBUCH, R., Arch. ges. Virusforschg. **7,** 18–28 (1956a); Z. Pflanzenkrkh. **63,** 95–99 (1956b). — KRYWIENCZYK, J., MCGREGOR, D. R. und BERGOLD, G. H., Virology **5,** 476–480 (1958). — LANGENBUCH, R., Z. Mikroskopie **10,** 344–348 (1955); (Pers. Mitteilung 1956); Z. Pfl. krankh. **64,** 443–444 (1957). — LÉPINE, P., VAGO, C. und CROISSANT, O., Ann. Inst. Pasteur **85,** 170 (1953). — L'HERITIER, P., Ann. Biol. (Paris) **31,** 481–496 (1955); Adv. Virus Res. **5,** 195–245 (1958). — L'HERITIER, P. und TESSIER, G., C. r. Acad. Sci. **205,** 1099–1101 (1937). — LETJE, W., Seidenbauforschg. **1,** 1–68 (1939). — LOTMAR, R., Mitt. Schweiz. Entomol. Ges. **18,** 372–373 (1941). — LOWER, H. F., Austr. J. Exp. Biol. Med. Sci. **7,** 161–167 (1954). — MACHAY, L. und LOVAS, B., Acta microbiol. Acad. Sci. Hung. **3,** 117–124 (1955); Biologiae közlemenyek **5,** 7–18 (1957). — MARKAM, R. und XEROS, N., zit. n. XEROS, N., Nature **178,** 412–413 (1956). — MARTELLI, G. H., Boll. Lab. Zool. Portici **25,** 171–241 (1931). — MARTIGNONI, M. E., Mitt. Schweiz. Entomol. Ges. **27,** 147–152 (1954); Mitt. Schweiz. Anst. forstl. Versuchsw. **32,** 371–418 (1957). — MARTIGNONI, G. H. und AUER, C., Mitt. Schweiz. Anst. forstl. Versuchsw. **33,** 73–93 (1957). — MARTOURET, D., MAURY, R. und VAGO, C., 4. Int. Pflanzenschutz-Kongress (Hamburg 1957). — MCEWEN, F. L. und HERVEY, G. E. R., J. Econ. Entomol. **51,** 626–631 (1958). — MCKINNEY, K. B., US. Dept. Agric. Tech. Bull. **1944,** 846. — MORGAN J. C. BERGOLD, G. H., MOORE, D. H. und ROSE, H. M., J. Biophys. Biochem. Cytol. **1,** 187–190 (1955). — MORGAN, J. C., BERGOLD, G. H. und ROSE, H. M., J. Biophys. Biochem. Cytol. **2,** 23–28 (1956). — MÜLLER-KÖGLER, E., (Pers. Mitteilung 1957); (Unveröffentlicht 1953). — NEILSON, M. M., Canad. Dept. Agric. Forest. Insect. Invest. Bi-monthly Progr. Rept. **12,** (2)

(1956). — NIKLAS, O. F. und FRANZ, J., Mitt. Biol. Bundesanst. Berlin-Dahlem **1957**, H. 89, 195. — OFTEDAHL, P., Vererbungslehre **85**, 408 (1953). — OHANESSIAN-GUILLEMAIN, A., Compt. rend. Acad. Sci. (Paris) **243**, 1922–1924 (1956). — OSSOWSKI, L. L., J. Ann. app. Biol. **45**, 81–89 (1957); South-Afric. J. Sci. **54**, 75–76 (1958). — PAILLOT, A., Compt. rend. Acad. Sci. **179**, 1353 bis 1356 (1924); **183**, 251 (1926); **182**, 180–182 (1926); Traité des maladies du ver à soie, S. 279ff. (Paris 1030); L'infection chez les insectes (Trevoux 1933); Compt. rend. Acad. Sci. **198**, 204–205 (1934); Ann. Epiphyties (Paris) **2**, 341–379 (1936); Compt. rend. Acad. Sci. **205**, 1264–1266 (1937). — PALADE, G. E., J. Exper. Med. **95**, 285 (1952); J. Biophys. Biochem. Cytol. **2**, Suppl. 85 (1956). — PASTEUR, L.: Etudes sur la maladie du ver à soie (Paris 1870). — PLUS, N., Bull. biol. France Belg. (Paris) **88**, 248–293 (1954); Ann. Inst. Pasteur **88**, 347–364 (1955). — PROWAZEK, S. v., Arch. Protistenkde. **10**, 358–364 (1907). — RENNIE, J., Proc. R. Phys. Soc. **20**, 265–267 (1923). — RIPPER, M., Z. landw. Versuchsw. Österreich **1915**, 12–14. — RIVERS, C. F., Ref. 1. Int. Kongr. f. Insektenpath. u. Biol. Bek. (Prag 1958). — ROEGNER-AUST, S., Z. angew. Entomol. **31**, 3 (1949). — RUBIO-HUERTOS, M. und TEMPLADO, J., Microbiol. Españ. **11**, 93–98 (1958). — RUSELL, S. E., Exper. Zool. **84**, 363 (1940). — RŮŽIČKA, J., Sudetendtsch. Forst- u. Jagdztg. **32**, 150–152 (1932). — SAGER, S. M., Canad. J. Microbiol. **3**, 799–802 (1957). — SCHMIDT, L. und PHILIPS, G., Facult. Agric. Forest., Inst. Ent. Univ. Zagreb **1**, 1–27 (1958). — SCHWETZOWA, O. J., Microbiologija (USSR) **19**, 532–542 (1950). — SEMEL, M., J. Econ. Entomol. **49**, 420–421 (1956). — SIDOR, Ć., Ref. 1. Int. Kongr. f. Insektenpath. u. Biol. Bek. (Prag 1958). — SMITH, K. M., Parasitology **45**, 482–487 (1955a); Adv. Virus, Res. **3**, 199–220 (1955b); Nature **181**, 966–967 (1958a); Virology **5**, 168–171 (1958b); Protoplasmatologie **4**, (4b), 1–25 (Wien 1958c). — SMITH, K. M. und RIVERS, C. F., Parasitology **46**, 235–242 (1956). — SMITH, K. M. und WILLIAMS, R. C., Endeavour **17**, 12–21 (1958). — SMITH, K. M. und WYCKOFF, R. W. G., Nature **166**, 861–862 (1950); Research **4**, 148–155 (1951). — SMITH, K. M., WYCKOFF, R. W. G. und XEROS, N., Parasitology **42**, 287–289 (1953). — SMITH, K. M. und XEROS, N., Nature **170**, 492 (1952); **173**, 866–867 (1954a); Parasitology **43**, 178–185 (1953); **44**, 71–80 (1954b); **44**, 400–406 (1954). — SMITH, O. J., HUGHES, K. M., DUNN, P. H. und HALL, J. M., Canad. Entomol. **88**, 507–515 (1956). — STARK, M. B., J. Cancer Res. **3**, 278 (1918); J. Exper. Zool. **27**, 509 (1919); Amer. J. Cancer **31**, 253 (1939). — STEINHAUS, E. A., J. Econ. Entomol. **41**, 859–865 (1948); Principles of Insect Pathology (New York 1949a); Bacteriol. Rev. **13**, 203–223 (1949b); Hilgardia **19**, 411–445 (1950); **20**, 629–678 (1951); J. Econ. Entomol. **45**, 897–898 (1952); **26**, 417–430 (1957). — STEINHAUS, E. A. und BLOCK-WASSER, H., Virginia J. Sci. **2**, 91–93 (1951). — STEINHAUS, E. A. und HUGHES, K. M., J. Econ. Entomol. **45**, 744 (1952). — STEINHAUS, E. A., HUGHES, K. M. und BLOCK-WASSER, H., J. Bacteriol. **57**, 219–224 (1949). — STEINHAUS, E. A. und THOMPSON, C. G., Science **110**, 276–278 (1949a); J. Econ. Entomol. **42**, 301–305 (1949b). — STELLWAAG, F., Z. angew. Entomol. **10**, 273–312 (1924). — STOPÉC, zit. n. ESCHERICH (1913). — SZIRMAI, J., Acta microbiol. Acad. Sci. Hung. **4**, 31–42 (1957). — TANADA, Y., Haw. Entomol. Soc. Proc. **15**, 235–260 (1953); Ann. Entomol. Soc. Amer. **47**, 553–574 (1954); Haw.

Farm. Sci. **4**, (1), 5 (1955); J. Econ. Entomol. **49**, 52–57 (1956). — TARASEVITCH, L. M., Hektogr. Abstract 1. Int. Congr. Insect Pathol. (Prag 1958). — THOMPSON, C. G., J. Econ. Entomol. **44**, 255 (1951); **49**, 420–421 (1956). — THOMPSON, C. G. und STEINHAUS, E. A., J. Econ. Entomol. **42**, 301–305 (1949); Hilgardia **19**, 411–445 (1950). — TOMLIN, S. G. und MONRO, J., Biochim. biophys. acta **18**, 202–208 (1955). — TRAGER, W., J. Exper. Med. **61**, 501–513 (1935); Amer. J. Trop. Med. **18**, 387–393 (1938). — TSUJITA, M., Proc. Jap. Acad. **31**, 93–98 (1955). — TUBEUF, C. v., Forstl. Naturw. Z. **1**, 34–47, 62–79 (1892). — VAGO, C., Rev. Canad. Biol. **10**, 299–308 (1951); Experientia **9**, 466 (1953a); Rev. ver soie **5**, 73–81 (1953b); Rev. forest. française 654–655 (1953c); Ann. Epiphyties (Paris) **4**, 319–332 (1953d); C. r. Acad. Sci. **245**, 2115–2117 (1957); Entomophaga **3**, 35–37 (1958); 2. Insektenpath. Colloquium d. CILB (Paris 1958). — VAGO, C. und BILIOTTI, E., zit. n. FRANZ, J. und MÜLLER-KÖGLER, E., Entomophaga **1**, 105 (1956). — VAGO, C. und CAYROL, R., Ann. Epiphyties (Paris) **6**, 421–432 (1955). — VAGO, C., CROISSANT, O. und LÉPINE, P., Ann. Inst. Pasteur **89**, 364 (1955). — VAGO, C. und VASILJEVIĆ, L., Compt. rend. Acad. Agric. **39**, 735–736 (1953); Antonie v. Leeuwenhoek **21**, 210–214 (1955); Entomophaga **3**, 197 bis 198 (1958). — VALENTINE, R. C. und HOPPER, P. K., Nature **180**, 928 (1957). — VEBER, J., Nature **179**, 1304–1305 (1957); Ref. 1. Int. Kongr. f. Insektenpath. u. Biol. Bek. (Prag 1958). — VENEROSO, A., Boll. staz. sper. gelsic. bachiocol. Ascoli Piceno **13**, 1 (1934). — WAHL, B., Zbl. ges. Forstwes. **38**, 355–378 (1912). — WALLIS, R. C., J. Econ. Entomol. **50**, 580–583 (1957). — WALKER, H. G. und ANDERSON, L. D., Virginia Tru. Expt. Staate Bull. **93**, 1381 (1936). — WEISER, J., Z. Pflanzenkrkh. **63**, 193–197 (1956); ČS Parasitologie **5**, 203–211 (1958). — WEISER, J., LUDVIG, J. und VEBER, J., Fol. Zool. Entom. (Praha) **3**, 238–241 (1954). — WELLENSTEIN, G., Monogr. angew. Entomol. **15**, 247–255 (1942). — WELLINGTON, E. F., Biochem. J. **57**, 334–338 (1954). — WHITE, G. F., US Dept. Agric. Bull. Entomol. **169**, 1–5 (1913); **431**, 1–54 (1917). — WILLCOCKS, F. C. und BAHGAT, S., Roy. Agric. Soc. (Cairo) **1**, 591 (1937). — WILLIAMS, C. G., Ohio Agric. Expt. Stat. Bull. **373**, 40 (1923). — WILLIAMS, C. G. und SMITH, K. M., Nature **179**, 119–120 (1957). — WITTIG, G. und FRANZ, J., Naturwiss. **44**, 564–565 (1957). — WYATT, S. S., J. Gen. Physiol. **36**, 201–205 (1952). — XEROS, N., Nature **170**, 1073 (1952); **172**, 309 (1953); **174**, 562–563 (1954); **175**, 588–590 (1955); **178**, 412–413 (1956). — YAMAFUJI, K., Proc. 10. Int. Congr. Ent. (Montreal 1956) **4**, 731–736 (1958). — YAMAFUJI, K., ETO, M., YOSHIHARA, F. und OMURA, H., Enzymologia **17**, 237 (1955). — YAMAFUJI, K., YOSHIHARA, F. und SATO, M., Enzymologia **17**, 152–154 (1954).

Nachtrag bei der Korrektur

ABUL-NASR, S., J. Insect Path. **1**, 112–120 (1959). — AIZAWA, K., Jap. J. appl. Zool. **17**, 181–190 (1953b). — AIZAWA, K., Sansi-Kenkyû (Acta Sericol.) (jap.), **3**, 52–84 (1954). — AIZAWA, K., J. Insect. Path. **1**, 67–74 (1959). — AIZAWA, K. und VAGO, C., Ann. Inst. Pasteur **96**, 455–460 (1959). — AGURA, N., zit. n. MARAMAROSCH (1958). — BERGOLD, G. H., Proc. IV. Int. Congr. Biochem. Wien 1958c, **7**, 95–98. — BERGOLD, G. H., J. Insect. Pathol. **1**, 96–97 (1959). — BRAKKE, M. K., J. Amer. Chem. Soc. **72**,

1847 (1951). — BUCHER, G. E., Proc. 10. Int. Congr. Ent. (Montreal 1956) **4,** 695–701 (1958). — DAY, M. F , COMMON, I. F. B., FARRANT, J. L. u. POTTER, C , Austral. J. Biol. Sci. **6,** 574–579 (1953). — DAY, M. F., FARRANT, J. L. und POTTER, R. C., J. Ultrastructure Res. **2,** 227–238 (1958). — GRACE, T. D. C., Science **128,** 249–250 (1958). — GRISON, P., VAGO, C. und MAURY, R., Rev. forest. française (5), 353–370 (1959). — HUGER, A., Naturwiss. i. Druck (1960). — KLUG, A., FRANKLIN, R. E. und HUMPHREYS-OWEN, S. P. F., Biochim., biophys. acta **32,** 203–219 (1959). — KRIEG, A., Naturwiss. **46,** 603 (1959). — MALOGOLOWSKIN, C. und POULSON, D. F., Science **126,** 32 (1957). — MARAMAROSCH, K., Recent Progr. Microbiol., Sympos. VII. Intern. Congr. Microbiol. (Stockholm 1958), 224–229 (1958). — MUNGER, F., GILMORE, J. E. und DAVIS, W. S., Calif. Citrograph **44,** 190, 216 (1959). — OHANESSIAN-GUILLEMAIN, Ann. Genet. **1,** 59–68 (1959). — OSSOWSKI, L. J., Nature **181,** 4609 (1958). — SIDOR, Ć., Ann. appl. Biol. **47,** 109–113 (1959). — SMIRNOFF, W. A. und BÉIQUE, R., Canad. Ent. **91,** 379–384 (1959). — SMITH, K. M. und HILLS, G. J., Proc. Soc. gen. Microbiol. in J. gen. Microbiol. **21,** IX (1959). — SMITH, K. M., HILLS, G. J., MUNGER, F. und GILMORE, J. E., Nature **184,** 70 (1959). — SMITH, K. M. und RIVERS, C. F., zit. n. SMITH, K. M., The Viruses (New York/London) **3,** 388 (1959). — SMITH, K. M. und RIVERS, C. F., Virology **9,** 140–141 (1959). — STEINHAUS, E. A., Science **120,** 186–187 (1954). — STEINHAUS, E. A. und DINEEN, J. P., J. Insect. Path. **1,** 171–183 (1959). — VAGO, C., J. Insect. Path. **1,** 75–79 (1959). — VAGO, C., CROISSANT, O. und LÉPINE, P., Mikroskopie **14,** 36–40 (1959). — VAGO, C. und CROISSANT, O., Experientia **15,** 102–103 (1959). — VAGO, C. und SISMAN, J., Arch. ges. Virusforschg. **9,** 267–271 (1959). — WATANABE, S., Jap. J. exper. Med. **21,** 299–313 (1951). — WITTIG, G., Arch. ges. Virusforschg. **9,** 365–395 (1959).

1.3. **Arthropodophiliales** (SHDANOW)

Definition: Viren, die sich einerseits in Arthropoden und andererseits in anderen Vektoren tierischer oder pflanzlicher Natur vermehren: Wirtswechsel. Dabei machen sie im Insekt eine sog. Celationszeit [= extrinsic incubation period] [von etwa 9–50 Tagen] durch, während der das Virus nicht übertragbar ist. Es ist die Zeit, die vergeht vom Durchtritt des Virus durch die Darmwand über die Virämie und Vermehrung bis zu seinem Auftreten im Speichel. Die Celationszeit ist der Eklipseperiode bei der Virusvermehrung nicht homolog [FENNER und DAY 1952; DAY 1955; HEINZE 1957] und ist größenordnungsmäßig abhängig von Temperatur, Virusstamm und Dosis, sowie der Art des Vektors. Sie besitzt etwa die gleiche Länge wie die Inkubationszeit im zweiten Vektor. Der Umstand, daß die arthropodophilen Viren im allgemeinen in ihren Arthropod-Vektoren keine pathologischen Veränderungen hervorrufen, läßt sich durch die Annahme einer latenten Infektion umschreiben [s. a.

MARAMOROSCH 1958]. Die Größe dieser sphärischen Viren variiert mit Ausnahmen zwischen 20 und 80 mμ. Sie passieren mittlere, z. T. auch kleinporige Filter.

Subordnungen: *Zoovectales.*
Phytovectales.

Zusammenfassende Darstellung über Grundlagen und Probleme dieser Viren:

Allgemeines: DAY und BENNETS (1955).

Zoovectales: SHDANOW (1953), REEVES (1958).

Phytovectales: MARAMAROSCH (1955), HEINZE (1957), SMITH (1958).

Taxonomie. Das Nomen *Arthropodophiliales* wurde bereits von SHDANOW verwendet. Allerdings reihte er in diese Ordnung nur wirbeltierpathogene arthropodophile Viren ein. Um auch die arthropodophilen Pflanzenviren an dieser Stelle unterbringen zu können, wurden 2 Subordnungen gebildet: *Zoovectales* und *Phytovectales.* Die Nomina der Familien der *Zoovectales* wurden von SHDANOW übernommen. – Bei den *Phytovectales* wurden die *Homopterophilaceae* [oder Wanzen-Virusgruppe] als neue Familie aufgestellt: Die Einordnung der einzelnen Arten der Pflanzenviren, bei denen bisher eine biologische Übertragung sicher nachgewiesen werden konnte, erfolgte bei den Viren der Yellow-disease-Gruppe so, daß sie in ihrem Genus belassen und mit diesem in die neue Familie übernommen wurden. [Weitere Forschungen müssen erst zeigen, ob alle bisher in diese Genera eingeordneten Arten der erweiterten Genus-Definition entsprechen.]

1.3.1. *Zoovectales nov. subord.*

Definition: Arthropodophile Viren, die Wirbeltiere [speziell Warmblüter, einschließlich des Menschen] als zweiten Vektor haben. Die Übertragung erfolgt biologisch durch blutsaugende Arthropoden. Im allgemeinen läßt sich die Infektion nach intrazerebraler Injektion in Mäusen reproduzieren und auf Gewebekulturen und Hühnerembryonen übertragen. [Andere Bezeichnung: ARBOR-Viren = ARthropod BORn Viruses].

Familien: *Polyvectaceae.*
Insectophilaceae.
(Acarophilaceae).
Febrigenaceae

Taxonomie: Eine binäre Nomenklatur dieser Viren wurde von HOLMES (1948), VAN ROOYEN (1954) und SHDANOW (1953) versucht, wobei die Symptome der Wirbeltierpathogenität, die Systematik der Wirbeltier-

Wirte und die der Arthropodvektoren als Einteilungsprinzip verwendet wurde. Alle diese Versuche dürfen mehr oder minder als überholt angesehen werden. Immerhin deckt sich die Familienbezeichnung *Polyvectaeceae* SHDANOW mit der serologischen Gruppe A und wurde deshalb für die Viren dieser Gruppe beibehalten, aber neu definiert. Die serologische Gruppe B umfaßt alle Arten der Familie *Insectophilaceae* SHDANOW und außerdem eine Reihe acarophiler Arten, die der Familie *Acarophilaceae* SHDANOW angehören. Die Familie *Insectophilaceae* wurde daher von SHDANOW übernommen und neu definiert. – Die serologische Gruppe C ist noch wenig untersucht. Die zu ihr gehörigen Viren wurden aus Sentinalaffen in den Tropenwäldern des Amazonas (Belem), aber auch aus Menschen isoliert. Vorläufig sind 5 Arten bekannt: *Apeu, Carapu, Marituba, Muruntucu* und *Oriboca*. Sie erzeugen beim Menschen Allgemeininfektionen und werden von Mücken übertragen [CAUSEY 1954]. – Die insectophilen Viren, die zu keiner der serologischen Gruppe gehören, wurden nach dem Vorbild von SHDANOW unter Vorbehalt zu der Familie *Febrigenaceae* gestellt. Die Differenzierung der einzelnen Viren erfolgt nach den gleichen Grundsätzen wie bei anderen wirbeltierpathogenen Viren.

Allgemeines. Die *Zoovectales* lassen sich experimentell sowohl von Wirbeltiervektor zu Wirbeltiervektor als auch von Insektvektor zu Insektvektor und schließlich von Insekt auf Wirbeltiere leicht durch Injektion übertragen. Zur Feststellung der Infektionsschranken bei Insekten benutzt man zweckmäßigerweise diese Applikationsart in Form der intrathorakalen Injektion. Hierbei gelingt es, bereits mit $^1/_{10}$ der intrazerebralen LD_{50} für Mäuse *Culex tarsalis* COQ. oder *Aedes triseriatus* (SAY) mit *Polyvectusvirus equinus* zu infizieren. [CHAMBERLAIN (1956) schließt hieraus, daß ein einziges Virusteilchen genügt, um das Insekt zu infizieren.] Zwar liegt die zur peroralen Injektion nötige Dosis bei sehr empfindlichen Insekten nicht sehr viel höher, doch beträgt sie bei weniger empfindlichen Arten das 10^4 bis 10^6-fache. Da aber auch als Vektoren nicht wirksame Arten, wie z. B. *Culex quinquefasciatus* SAY mit *Polyvectusvirus equinus* und *Polyvectusvirus tenbroekii* durch intrathorakale Applikationen infiziert werden können, entscheiden offenbar physikalisch-chemische Schranken im Darm darüber, ob ein Insekt Vektor sein kann oder nicht [CHAMBERLAIN 1956].

Der Nachweis einer Vermehrung von *Zoovectales* im Insekt wurde u. a. geführt von WHITMAN (1937) für *Insectophilusvirus evagatus*, von CHAMBERLAIN und Mitarb. (1954) für *Polyvectusvirus equinus* und *Polyvectusvirus tenbroekii*, von McLEAN (1953) für *Insectophilusvirus australensis* und von DAVIES und YOSHPE-PURER (1937) für *Insectophilusvirus nili*. – Die transovarielle Übertragung bei *Zoovectales* scheint bisher nur im Zusammenhang mit Zecken als Vektoren gesichert, so bei *Polyvectusvirus equinus* durch *Dermacentor andersoni* STILES [SYVERTON und

BERRY 1941], bei *Insectophilusvirus scelestus* durch *Dermacentor variabilis* (SAY) [BLATTNER und HEYS 1941]. Bei Dipteren ist das Vorkommen einer transovariellen Übertragung nicht gesichert.

Soweit Zecken als Vektoren vorkommen, wirken diese für die Viren als Dauerüberträger und Reservoir. Dort, wo Mücken als Vektoren wirksam sind, ist der Viruszyklus gesichert, so lange die Mücken, wie in den Tropen, eine ganzjährige Vermehrung zeigen. Welche Virusreservoire in den Subtropen zwischen den Saison-Zeiten wirksam sind, ist noch nicht hinreichend geklärt.

Was die Bedeutung der Wirbeltiere als Virus-Reservoir betrifft, so können sich die Arthropoden nur an solchen Vertebraten infizieren, die einen genügend hohen Virustiter im Blut aufweisen. Dies ist während der akuten Erkrankung bei Mensch und Säuger der Fall. Sie kommen aber als Reservoir für das Virus über längere Zeit nicht in Frage, da in ihnen die Infektkette infolge erworbener Dauer-Immunität ausläuft. Als Virus-Reservoire werden daher in neuerer Zeit verschiedene Vögel verdächtigt, in denen eine latente Infektion nachgewiesen werden konnte (REEVES und Mitarb. 1958).

Alle bisher untersuchten ARBOR-Viren sind für junge Mäuse bei intrazerebraler Applikation pathogen. Im Gegensatz zu den sich ähnlich verhaltenden Enteroviren [*Poliomyelitisvirus*, *Pseudopoliomyelitisvirus* (Coxsackie-V.), *Parapoliomyelitisvirus* (EMC-V.) und murines Enzephalomyelitisvirus (Theiler-V.] sind sie jedoch empfindlich gegenüber Na-Desoxycholat [SMITHBURN und HADDOW 1954, THEILER 1957]. Ebenso wie *Parapoliomyelitisvirus* und (murines) Enzephalomyelitisvirus besitzen die ARBOR-Viren Hämagglutinine [SABIN und BUESCHER 1950]. Die Hämagglutinine sind an die Struktur der Viren gebunden und bedingen, daß die Virusteilchen, wenn sie unter bestimmten Bedingungen mit Wirbeltier-Erythrozyten zusammengebracht werden, diese zur Agglutination bringen. Die Ursache hierfür wird in einer adsorptiven Bindung des Hämagglutinins an Rezeptoren der Erythrozytenoberfläche gesehen. Inwieweit die Hämagglutination ein Reaktionsmodell für den Infektionsvorgang abgibt, ist noch nicht näher untersucht.

Die Vertebraten-Pathologie zeigt trotz der verschiedenen klinischen Symptome gewisse gleichbleibende Tendenzen. Hier ist vor allem zu nennen die primäre Infektion der hämopoetischen Organe [Lymphknoten, Knochenmark] mit anschließender Virämie. Bei hoher Pathogenität der Viren kommt es auch zu einer Virusvermehrung in der Leber [Gelbfieber, Rift valley-Fieber] und in deren Folge zu Hepatitis oder Hämorrhagien [Absinken des Prothrombinspiegels]. Im Verlauf der Erkrankung kommt es meist zur Ausbildung einer biphasischen Fieberkurve. Nach der Allgemeininfektion [mit Bildung von Antikörpern] kann eine tödliche Infektion des Zentralnervensystems einsetzen mit einer Virusüberschwemmung desselben: Enzephalitis oder Enzephalomyelitis.

Da die Wirbeltiere in ihrem Reticulo-endothelialen System [= RES] gegen Viren Antikörper zu bilden vermögen, wird bei einer Infektion des Wirbeltiervektors eine spontane Heilung durch Neutralisation möglich. Es können komplementbindende und virusneutralisierende Antikörperwirkungen und außerdem antihämagglutinierende Antikörperwirkungen unterschieden werden. Die Antikörper sind noch lange nach der Erkrankung im Blutstrom nachweisbar. So bleiben einmal überstandene Krankheiten noch lange nachweisbar, was epidemiologisch wichtig ist, und außerdem wird auf diese Weise ein u. U. langdauernder Schutz gegen Neuinfektion erworben (erworbene Immunität!).

Der Aufbau der arthropodophilen *Zoovectales* scheint ähnlich dem der arthropodophagalen Plasmaviren zu sein. Auch enthalten sie RNS [SCHRAMM 1954] und besitzen keine hohe Wirtsspezifität. Soweit untersucht, werden auch diese Viren im Zytoplasma der befallenen Zellen vermehrt. So konnte NOYES (1955) mit fluoreszierenden Antikörpern gegen *Insectophilusvirus nili* das Vorhandensein des Virus-Antigens ausschließlich im Zytoplasma infizierter Zellen nachweisen. – Untersuchungen von DULBECCO und VOGT (1954) sowie von RUBIN und Mitarb. (1955) konnten das Vorkommen einer Eklipse im Zusammenhang mit der Vermehrung von *Polyvectusvirus tenbroekii* demonstrieren. Von diesem Befund ausgehend, kann angenommen werden, daß bei diesen Viren ein ähnlicher Vermehrungszyklus vorliegt, wie beim ebenfalls RNS-haltigen Influenzavirus und wie er auch von KRIEG (1958) für das *Borrelinavirus* angenommen wird. Wie bei den RNS-haltigen Smithiaviren ist bei den RNS-haltigen arthropodophilen *Zoovectales* die Wirksamkeit nicht an die morphologische Unversehrtheit und den komplexen Aufbau des Virus gebunden. So konnten WECKER und SCHÄFER (1957) bei *Polyvectusvirus equinus* allein mit Hilfe der isolierten Virus-RNS in Zellen des Wirbeltiervektors künstliche Infektionen setzen. Das gleiche Experiment gelang CHENG (1958) bei dem Virus aus Semliki-Forest. Nach SMITHBURN und HADDOW (1954) werden die Viren dieser Gruppe von Na-Desoxycholat inaktiviert. Wie CHENG (1958a) am Virus aus Semliki-Forest zeigen konnte, inaktiviert Desoxycholat jedoch die infektiöse RNS im Gegensatz zum intakten Virus nicht. Ähnlich werden die Viren dieser Gruppe z. B. *Polyvectusvirus* durch Alkoholfällung restlos inaktiviert, nicht jedoch die isolierte infektiöse RNS. Bei der Inaktivierung durch Desoxycholat und Alkohol wird demnach die Lipoproteid-Hülle des Virus angegriffen. Sie verliert hierdurch ihre Funktionstüchtigkeit als Adsorptions- und Penetrationsmechanismus. – Andererseits wird die infektiöse Virus-RNS leicht inaktiviert durch RN-ase. Dieses Ferment läßt hingegen intakte Viren unangegriffen, weil deren RNS von der umgebenden Proteinhülle geschützt wird [SCHÄFER und WECKER 1958].

Testet man ARBOR-Viren in der Dulbecco-Ein-Zellschicht-Kultur gegenüber Hühnerfibroblasten, so erzeugen die Viren der serologischen

Gruppe A starke zytopathogene Effekte (die Zellen sterben ab), die der serologischen Gruppe B dagegen zeigen nur schwache, bisweilen auch keine Veränderungen [KISSLING 1957]. Mit Hilfe einer modifizierten Technik nach PORTERFIELD (1959) gelingt es jedoch, auch die Gruppe B erfolgreich zytopathologisch in der Ein-Zellschicht-Kultur zu testen.

1.3.1a. *Polyvectaceae* SHDANOW

Definition: Sphärische Viren, 20–45 mμ groß. Überträger: Zecken oder Mücken. Werden von Zecken auch trans-ovariell übertragen (primäre Wirte). Für Warmblüter pathogene neurotrope Viren; ARBOR-Virus Gruppe A [s. a. LÉPINE und Mitarb. 1958]: Hämagglutination bei + 37° C und p_H 6,4 [CASALS und BROWN 1953]. Sie werden im Gegensatz zur Gruppe B durch Proteasen (Trypsin, Chymotrypsin, Papain) nicht zerstört [CHENG 1958b].

Genus: Polyvectusvirus.

α) *Polyvectusvirus* SHDANOW.

Definition: Neurotrope Typen, Erreger von Enzephalitiden bei Wirbeltieren.

i. *Polyvectusvirus equinus* (HOLMES) SHDANOW.

[syn. *Erro equinus* HOLMES; syn. *Polyvectus occidentalis* SHDANOW]. Auch WEE [= Western Equine Encephalitis] genannt.

Wirbeltiervektor: Zahlreiche Säugetier- und Vogelarten, darunter Pferd, Rind, Hund, Affe, Maus, Ratte, Meerschweinchen, Kaninchen. *Arthropodvektor: Aedes dorsalis* (MEIG.), *Aedes atropalpus* COQ., *Aedes solicitans* (WALK.), *Aedes triseriatus* (SAY), *Aedes aegypti* (L.), *Psorophora spec.* [CHAMBERLAIN 1956]. *Anopheles maculipennis* MEIG., *Culex tarsalis* COQ., *Culex pipiens* L., *Culex inornata* (THEOB.), *Culex restuans* THEOB., außerdem *Dermacentor variabilis* (SAY). [MEYER und Mitarb. 1931; HAMMON und Mitarb. 1945; FERGUSON 1954; EKLUND 1954]. Gelegentlich auch *Triatoma sanguisuga* (LeC.).

(Weiteres s. u.)

ii. *Polyvectusvirus tenbroekii* (VAN ROOYEN) SHDANOW.

[syn. *Erro tenbroekii* VAN ROOYEN; syn. *Polyvectus orientalis* SHDANOW]. Auch EEE [= Eastern Equine Encephalitis] genannt.

Wirbeltiervektor wie bei *Polyvectusvirus equinus.*

Arthropodvektor: Aedes aegypti (L.), *Aedes taeniorhynchus* (WIED.), *Aedes vexans* MEIG., *Aedes cantator* COQ., *Aedes atropalpus* COQ., *Aedes triseriatus* (SAY), *Aedes sollicitans* (WALK.), *Aedes nigromaculis* (LUDL.), *Aedes dorsalis* (MEIG.), *Aedes albopictus* (SKUSE), *Aedes infirmatus* DYAR et KNAB, *Culex restuans* THEOB. [CHAMBERLAIN 1956]. *Culex tarsalis* COQ., *Culex inornata* (THEOB.), *Culex pipiens* L., *Culex stigmatosoma* DYAR, *Culiseta melanura* [*Theobaldia melanura* (COQ.)], *Mansonia perturbans* (WALK.), außerdem *Dermacentor andersoni* STILES [TEN BROECK und MERRILL 1933; FEEMSTER und GETTING 1941; FERGUSON 1954].

Übertragung: (1) Infektkette: Stechender Arthropod → Infektion des Wirbeltierblutes [Vermehrung, Inkubation 5–10 Tage] → saugender Arthropod [Vermehrung] [MERRILL und TEN BROECK 1934; KELSER 1938]. (2) Virus wird germinativ von Zecken [*Dermacentor andersoni*] auf Nachkommen übertragen [SYVERTON und BERRY, 1941].

Pathologie: Wirbeltiervektor: Durch Virämie bedingte hämatogene Infektion des Gehirnes. Beschränkte Neurotropie, schwere herdförmige leukozytäre entzündlich-degenerative Prozesse bei außerordentlicher Gefäßerweiterung durch perivaskuläre und parenchymatöse Zellinfiltration im Gehirn: Amerikanische Pferde-Enzephalitis [*Polyvectusvirus equinus* erregt westliche Pferdeenzephalitis, *Polyvectusvirus tenbroekii* östliche Pferde-Enzephalitis]; beim erwachsenen Menschen meist gutartige Enzephalitis. Virämie, Fieber. Bei Kindern nicht selten ein über Krämpfe mit folgender völliger Lethargie sich entwickelndes Koma, gefolgt vom Exitus [WESSELHOEFT und Mitarb. 1938]. Erworbene Immunität durch neutralisierende Antikörper. Keine Antigengemeinschaft mit *Insectophilus*-Arten [s. unten]. Die Untersuchungen von BANG und GEY (1952) zeigten eine unterschiedliche Empfänglichkeit von verschiedenen Fibroblastenstämmen der Ratte gegenüber *P. equinus*. Bei all diesen über längere Zeit laufenden Untersuchungen konnte nie eine Änderung der Virulenz des Virusstammes beobachtet werden. FASTIER (1954) konnte in Kulturen von Hühnerembryonalgewebe bei Verwendung von *P. tenbroekii* einen starken zytopathogenetischen Effekt beobachten. Ähnliche Beobachtungen liegen von SMITH und EVANS (1954) an Rollkulturen von Affenhoden-Fibroblasten vor. Die Zellen der Prolieferationszone runden sich ab und zeigen pyknotische Kerne. DULBECCO und VOGT (1954) gelang dann mit Hilfe ihrer „Plaques“-Technik nachzuweisen, daß der Vermehrungsmodus etwa dem der Bakteriophagen entspricht. Nach einer Latenzzeit von 2–3,5 Stunden [Eklipse] wurde ein expotentieller Anstieg der Viruskonzentration beobachtet, der nach 6–8 Stunden sein Maximum erreicht. Pro Zelle wurden 200–1000 Viruspartikel frei. RUBIN und Mitarb. (1955) fanden, daß 1–2 Stunden nach der Adsorption der Viruspartikel an empfindliche Zellen in diesen kein infektiöses Virus nachzuweisen war. Erst danach traten infektiöse Viren auf. Die Zellen entlassen die Viren in dem Maße wie sie gebildet werden und nicht zur gleichen Zeit [wie etwa beim EMC-Virus].

Arthropodvektor: Virämie und Befall der Speicheldrüsen. LITTAU und CHAMBERLAIN (1958) fanden in infizierten Mücken keine pathologischen Veränderungen in deren Fettkörper. Vermehrung im Vektor [serologischer Nachweis durch CASALS, 1957]. Bei *Dermacentor andersoni* Infektion der Eier. Keine Beeinträchtigung des Wirtes.

Diagnose: Nachweis am Wirbeltier klinisch, ferner durch Komplementbindungs-Reaktion in der Frühperiode der Krankheit, durch Neutralisations-Test in der Rekonvaleszenzperiode. Antigengemeinschaft zwischen beiden Arten. Differentialdiagnose beider Arten durch Komplementbindungs-Reaktion [HOWITT 1937]. Nachweis am Wirbeltier oder Insekt durch Tierversuch: Verimpfung des Virus intrazerebral in Mäuse [PORTERFIELD 1957]. Hämagglutinationstest: Bei Verwendung von Gänse-Erythrozyten findet man Titer bei *P. tenbroekii* 1:25600, bei *P. equinus* 1:6400; bei Verwendung von Küken- oder Enten-Erythrozyten niedere Titerwerte.

Morphologie des Virus: Sphärisches Virus, 42 mμ Durchmesser. Enthält nach SCHRAMM (1954) RNS.

Vermehrung: Mäuse als Ersatzwirt [intrazerebrale Injektion]. Viren lassen sich auf 10–11 Tage alten Hühnerembryonen kultivieren, wo sie in den Geweben in hohen Konzentrationen auftreten. Diese töten das Embryo bereits in den ersten Tagen post infectionem. TRAGER (1938) berichtete erstlich über eine Vermehrung von *P. equinus* in überlebenden Zellen von Mosquitos. Darstellung des Virus: 20%iges Homogenat aus Hühnerembryonen wird in Ringerlösung zwischen 72 und 96 Stunden aufbewahrt; störendes Protein wird so ausgeschaltet. Aus diesem Extrakt kann das Virus durch 30 Minuten Zentrifugieren bei 3×10^4 g ausgeschleudert werden. Anschließend werden durch mehrmaliges, längeres Zentrifugieren Verunreinigungen beseitigt. WECKER und SCHÄFER (1957) gelang es nach dem Verfahren von GIERER und SCHRAMM (1956) einen infektiösen RNS-Extrakt aus *P. equinus* zu gewinnen.

Epizootiologie: Tritt besonders bei Pferden während der heißen Jahreszeit auf, z. T. seuchenhaft mit hoher Letalität. Die Viren kommen endemisch in einigen amerikanischen Vogelarten vor. [Latente Infektion: Virus-Reservoir]. Wahrscheinlich hat sich die epidemische Pferde-Enzephalitis sekundär aus der Vogel-Enzootie entwickelt.

Epidemiologie: Greift u. U. auf die menschliche Bevölkerung über, wo sie besonders bei Kindern zu schweren Erkrankungen mit hoher Letalität führt. Nordamerika [Oststamm im atlantischen Gebiet ist virulenter als der Weststamm] und Argentinien [Erreger entspricht Weststamm]. In USA bei EEE zwei epizootiologische Typen: (1) Enzootie wird getragen von einer geringen Anzahl Stechmücken, die Vögel als Zwischenwirte bevorzugen. Mensch und Rinder werden durch diese Stechmücken nicht oft infiziert. (2) Epizootie entsteht bei starker Vermehrung der Stechmücken und geringer Immunität in den Vogelpopulationen. Ausdehnung des Wirtsspektrums auf Mensch und Rinder. Gegenregulation dieser Entwicklung: Zunahme der Immunität bei Vögeln, Zusammenbruch der Stechmücken-Gradation. – Epizootie bei WEE ähnlich wie bei EEE. Wichtigster Unterschied: *Culex tarsalis* ist wohl enzootischer und epizootischer Vektor in West-USA und bevorzugt sowohl Vögel als auch Säuger gleichermaßen. In Ost-USA folgen die Enzootien unabhängig von *Culex tarsalis* dem EEE-Schema [CHAMBERLAIN 1956]. Veterinär- und humanmedizinische Bedeutung; Virus-Reservoir: Verschiedene Herden von Warmblütern, Pferde sekundäres Reservoir.

Verbreitungsgebiet: WEE – Nordamerika, Argentinien, EEE – Nordamerika, Mittelamerika, Brasilien.

Maßnahmen: Vernichtung der Arthropodvektoren [Insekten: gegen Imagines DDT; gegen Larven: Mineralöl auf Wasseroberfläche der Brutplätze; Zecken: wiederholte Behandlung mit γ-HCH]. Anwendung von Formolvaccinen oder abgeschwächten Stämmen [Tauben-adaptierte] zur aktiven Immunisierung [Eichhorn und Wyckoff 1938; Traub 1938].

iii. *Polyvectusvirus venezuelensis* Shdanow.

Auch VEE [= Venezuelan Equine Encephalitis] genannt.

Wirbeltiervektor: Pferd, Mensch, Maus.

Arthropodvektor: Anopheles aquasilis Curry, *Aedes taeniorhynchus* (Wied.), *Aedes serratus* (Theob.), *Anopheles albimanus* Wied., *Culex quinquefasciatus* Say = *Culex pipiens fatigans* Wied., *Mansonia titilans* (Walk.).

(Beck und Wyckoff 1938; Kubes und Rios 1939; Gilyard 1944).

Übertragung: s. *Polyvectusvirus equinus.*

Pathologie: s. *Polyvectusvirus equinus*;

Hier: venezuelanische Pferdeenzephalitis.

Diagnose: Differenzierung von *Polyvectusvirus equinus* und *Polyvectusvirus tenbroeckii* durch Komplementbindungs-Reaktion und Neutralisations-Test. Hämagglutinationstiter bei Verwendung von Gänse-Erythrocyten 1:6400. (Sonst wie bei WEE oder EEE).

Vermehrung: Wie *Polyvectusvirus equinus.*

Epizootiologie: Epizootien 1938 in Kolumbien und 1938 in Venezuela.

Verbreitungsgebiet: Brasilien, Ekuador.

iv. *Polyvectusvirus semliki* (Ansel) *nov. comb.*
[syn. *Erro semliki* Ansel].

Wirbeltiervektor: Affe *(Ceropithecus nictitans)*, für Mensch wahrscheinlich apathogen.

Arthropodvektor: Aedes abnormalis (Theob.).

Cheng (1958a) gelang es nach den Verfahren von Gierer und Schramm (1956) einen infektiösen RNS-Extrakt aus dem Virus zu gewinnen.

Verbreitungsgebiet: Semliki-Forest (West-Uganda).

(Smithburn und Haddow 1944.)

v. *Polyvectusvirus sindbis nov. spec.*

Wirbeltiervektor: Mensch, Krähe.

Arthropodvektor: Anopheles pharoensis Theob., *Culex pipiens* L., *Culex univittatus* Theob., *Culex antennatus* Deck., außerdem *Ornithodorus savignyi.* (Taylor und Mitarb. 1955.)

Verbreitungsgebiet: Ägypten, Südafrika, Indien.

1.3.1b. *Insectophilaceae* SHDANOW

Definition: Sphärische Viren, 20–30 mμ groß. Gefriergetrocknet sind sie gut, in Glyzerin mäßig haltbar. Überträger *Diptera* speziell Mücken. Neurotrope bis pantrope Typen. Immunologische Gruppe, die mit *Polyvectaceae* [s. oben] keine Antigengemeinschaft besitzt; ARBOR-Virus-Gruppe B [s. auch LÉPINE und Mitarb. 1958]: Hämagglutination bei + 4° C bzw. 22° C und p_H 7,0 [CASALS und BROWN 1953]. Durch Proteasen (Trypsin, Chymotrypsin, Papain) wird die Infektiosität und das Hämagglutinin dieser Gruppe im Gegensatz zur Gruppe A zerstört [CHENG 1958b].

Anm.: Antigenbeziehungen zu Arten der Familie *Acarophilaceae* SHDANOW, die zur ARBOR-Virus-Gruppe B gehören.

Genus: Insectophilusvirus.

α) ***Insectophilusvirus*** SHDANOW

Definition: Erreger von Encephalitiden bei Säugern und/oder Tropenfiebern bei Primaten. Außer Mücken gelegentlich auch noch Zecken als Überträger [primäre Wirte?].

i. *Insectophilusvirus japonicus* (HOLMES) *nov. comb.*

[syn. *Erro japonicus* HOLMES].

Wirbeltiervektor: Mensch, Maus, Affe, Schaf, Ziege, Hamster, Meerschweinchen, verschiedene Vögel wie Hänfling, Stieglitz, Zeisig, Rotkehlchen [nicht empfänglich Ratte, Hund, Katze, Taube, Huhn].

Insektvektor: Aedes togoi (THEOB.), *Culex tritaeniorhynchus* GILES, *Culex pipiens* L. u. a. Arten dieser Gattungen.

[KUDO 1937; HAMMON und Mitarb. 1949; SASA und SABIN 1950; FRENCH 1952].

Übertragung: Infektkette: Stechendes Insekt → Infektion des Wirbeltierblutes [Vermehrung: Inkubationszeit 1 Woche] → saugendes Insekt [Vermehrung].

Pathologie: Wirbeltiervektor: Durch Virämie hämatogene Infektion des Gehirnes. Virus befällt die graue Substanz des Zentral-Nervensystems und die Meningen; Bewirkt Enzephalitis [japanische B-Enzephalitis]. Läßt sich auf Hoden adaptieren. Bildung von neutralisierenden Antikörpern. Gelegentlich eosinophile zytoplasmatische Einschlüsse. Virämie. Erkrankung mit hoher Letalität. Vor dem Exitus Krämpfe und Lähmungen.

Insektvektor: Virämie; Virus in Speicheldrüsen und Speichel. Keine starke Beeinträchtigung des Wirtes.

Diagnose: Nachweis am Wirbeltier klinisch, ferner Nachweis der Antikörper mit Hilfe der Komplementbindungs-Reaktion [am Ende der ersten Woche] oder Neutralisations-Test [zu Beginn des 2. Monats]. Differenzierung durch Neutralisations-Test [SMITHBURN 1954]. Serologische Verwandtschaft auf Grund dieses Testes mit: *Insectophilusvirus scelestus*, *Insectophilusvirus ilheus, Insectophilusvirus australensis, Insectophilusvirus nili* sowie Ntaya- und Uganda-S-Virus. Verwandtschaft auf Grund des Hämagglutinations-Tests mit *Insectophilusvirus nili.* Nachweis am Wirbeltier oder Insekt durch Tierversuch: Verimpfung des Virus intrazerebral auf Mäuse oder auf Hühnerembryonen.

Morphologie: Sphärisches Virus, 20–30 mμ Durchmesser.

Vermehrung: Mäuse als Ersatzwirte [intrazerebrale Injektion]. Mäuse lassen sich auch sehr leicht durch intranasale Instillation infizieren. Das Virus wandert den Riechbahnen entlang zum Ammonshorn im Gehirn. Läßt sich auf Dottersack von 8–10 Tage alten Hühnerembryonen züchten. Nach 48 Stunden gute Ausbeute. HAAGEN und CRODEL (1938) gelang die Züchtung eines mäuseadaptierten Stammes von *I. japonicus* in Gewebekulturen von Mäusehoden und Kaninchenhoden sowie in Kulturen von embryonalem Hühnergewebe. Bei 46° C wird das Virus in 60 Minuten abgetötet, bei 37° C in 2 Tagen. Getrocknet lange haltbar.

Epidemiologie: Tritt als Spätsommer- oder japanische B-Enzephalitis mit hoher Letalität [August, September] im Fernen Osten [Japan] [KANEKO 1925], in Sibirien und auch in Form endemischer Herde im europäischen Teil der USSR auf; ferner Indien, Malaya. Virusreservoire: Vögel, u. a. Reiher; Nagetiere(?). "Zufällige Wirte": Pferd, Mensch – werden nur befallen, wenn viele Mücken infiziert sind. Von humanmedizinischer Bedeutung.

Maßnahmen: Vernichtung des Insektvektors [gegen Imagines: DDT; gegen Larven: Mineralöl auf Wasseroberfläche der Brutplätze]. Über Vakzinierung liegen Untersuchungen von SABIN (1943) und YAOI und Mitarb. (1949/1950) vor.

ii. *Insectophilusvirus scelestus* (HOLMES) *nov. comb.*

[syn. *Erro scelestus* HOLMES].

Wirbeltiervektor: Mensch, Rind, Pferd, Hase, viele Nager und Geflügelarten [nicht empfänglich Meerschweinchen, Ratte, Frettchen, Schaf].

Insektvektor: Culex tarsalis COQ., *Culex pipiens* L., *Culex quinquefasciatus* SAY, *Aedes dorsalis* (MEIG.) [FERGUSON 1954], außerdem *Dermanyssus gallinae* (DEG.) und *Dermacentor variabilis* [BLATTNER und HEYS 1941].

Übertragung: (1) Infektkette: Stechender Arthropod → Infektion des Wirbeltierblutes [Vermehrung] → saugender Arthropod [Vermehrung]. (2) Virus wird germinativ von Zecken *(Dermacentor variabilis)* auf Nachkommen übertragen [3 Generationen] [BLATTNER und HEYS 1941].

Pathologie: Ähnlich wie bei *Insectophilusvirus japonicus.*

Hier: Saint-Louis-Enzephalitis.

Diagnose: Siehe *Insectophilusvirus japonicus.* Rufen in der Allantoishaut von Hühnerembryonen im Gegensatz zu *I. japonicus* nekrotische Herde hervor, die bei Vitalfärbung mit Methylenblau sichtbar werden. Differenzierung gegenüber *I. japonicus* durch Neutralisations-Test oder durch Pathogenitätsprüfung gegenüber bestimmten Wirten z. B. Schafen [gegenüber diesen ist nur *I. japonicus* pathogen]. Differenzierung von anderen Arten durch Komplementbindungs-Reaktion, Neutralisations-Test oder Hämagglutination. Höchste Titer-Werte bei Agglutinationen von Gänse-Erythrozyten: 1:3200. Nach PORTERFRIELD (1957) Verwandtschaftsbeziehungen auf Grund des Hämagglutinations-Tests mit *Insectophilusvirus nili*. Serologische Verwandtschaft [Neutralisations-Test]: *Insectophilusvirus japonicus, Insectophilusvirus nili* sowie *Ntaya-Virus*. HUANG (1943) konnte in Kulturen von Hühnerembryonalgewebe keinen zytopathogenetischen Effekt nach Beimpfung mit *Insectophilusvirus scelestus* beobachten, obwohl eine Virusvermehrung nachweisbar war. Wurden solchermaßen beimpfte Kulturen später mit *Polyvectusvirus tenbroekii* beimpft, also einem ARBOR-Virus, welches normalerweise einen zytopathogenetischen Effekt ersetzt, so trat weder eine Vermehrung dieses Virus noch ein pathogenetischer Effekt auf: Interferenz.

Vermehrung: Siehe *Insectophilusvirus japonicus*. Das Virus wird bei 56° C in 30 Minuten abgetötet.

Epidemiologie: Tritt im Spätsommer in verschiedenen Städten Nordamerikas [St. Louis u. a.] in Form kleiner Epidemien auf [WEBSTER und FITE 1935]. In West-USA: ähnlich wie WEE durch *Culex tarsalis* übertragen, in Ost-USA durch *Culex pipiens* L. und *Culex qinquefasciatus* SAY [CHAMBERLAIN 1956]. Von humanmedizinischer Bedeutung. Hausgeflügel [Hühner] als Virusreservoir.

Maßnahmen: Vernichtung des Insektvektors [gegen Imagines: DDT; gegen Larven: Mineralöl auf Wasseroberfläche der Brutplätze]. Über Vakzinierung liegen Untersuchungen von SABIN (1943) vor.

iii. *Insectophilusvirus ilheus* (SHDANOW) *nov. comb.*

Wirbeltiervektor: Mensch, Affe, Nagetiere, Beuteltiere, Vögel.
Insektvektor: Psorophora spec., Aedes serratus (THEOB.).
[LAEMMERT und HUGHES 1947.]
Übertragung: Infektkette.
Pathologie: Ähnlich wie bei *Insectophilusvirus japonicus*.
Hier: Ilheus-Enzephalitis.

Diagnose: Nachweis am Wirbeltier klinisch. Nachweis der Antikörper vornehmlich im Neutralisations-Test. Serologische Verwandtschaft auf Grund dieses Testes mit *Insectophilusvirus japonicus*. Verwandtschaftsbeziehungen auf Grund des Hämagglutinations-Tests mit *Insectophilusvirus nili*.

Morphologie: Sphärisches Virus, 40–55 mμ Durchmesser [REAGAN und Mitarb. 1954.]

Vermehrung: Siehe *Insectophilusvirus japonicus*.

Epidemiologisches Verbreitungsgebiet: Brasilien. Virus-Reservoir: Affen, Ratten.

iv. *Insectophilusvirus australensis nov. spec.*

Wirbeltiervektor: Mensch, Pferd, Hund, Vögel und exp. Mäuse (nicht empfänglich Kaninchen und Meerschweinchen).
Insektvektor: Culex annulirostris SKUSE, *Culex fatigans* WIED., *Aedes dorsalis* (MEIG.), *Aedes vigilax* (SKUSE).
[FRENCH 1952; ANDERSON 1952; MILES 1954.]
Übertragung: Infektkette.
Pathologie: Ähnlich wie bei *Insectophilusvirus japonicus.* Hier: Murray-Fieber mit hoher Letalität.
Diagnose: Nachweis im Wirbeltier klinisch; Nachweis der Antikörper vornehmlich im Neutralisations-Test. Serologische Verwandtschaft auf Grund dieses Testes mit *Insectophilusvirus japonicus* und *Insectophilusvirus nili.*
Vermehrung: Siehe *Insectophilusvirus japonicus.*
Epidemiologisches Verbreitungsgebiet: Australien.

v. *Insectophilusvirus nili* (HOLMES) *nov. comb.*

[syn. *Erro nili* HOLMES].
Wirbeltiervektor: Mensch, Rhesusaffe, Maus.
Insektvektor: Aedes aegypti (L.), *Aedes albopictus* (SKUSE), *Culex antennatus* (DECK.), *Culex pipiens* L., *Culex univittatus* THEOB., *Culex molestus* FORSK.
[SMITHBURN und Mitarb. 1940; DICK 1953; TAYLOR und HURBLUT 1953; WORK und Mitarb. 1955].
Übertragung: Infektkette.
Pathologie: Ähnlich wie bei *Insectophilusvirus japonicus.*
Wirbeltiervektor: Westnil-Enzephalitis.
Insektvektor: LITTAU und WHITMAN (1958) fanden in infizierten Mücken keine pathologischen Veränderungen in deren Fettkörper.
Diagnose: Nachweis im Wirbeltier klinisch; Nachweis der Antikörper vornehmlich im Neutralisations-Test. Serologische Verwandtschaft auf Grund dieses Testes mit: *Insectophilusvirus japonicus, Insectophilusvirus scelestus, Insectophilusvirus ilheus, Insectophilusvirus australensis,* sowie *Ntaya-* und *Uganda-S-*Virus. Verwandtschaftsbeziehungen auf Grund der Hämagglutination: *Insectophilusvirus japonicus, Insectophilusvirus scelestus, Insectophilusvirus ilheus* und *Ntaya-*Virus. In einer Kultur von Karzinomzellen des Menschen gelingt es das Virus zur Vermehrung zu bringen. Mittels fluoreszierender Antikörper [Methode nach COONS und Mitarb.] ließ sich das Virus-Antigen ausschließlich im Zytoplasma der infizierten Zellen nachweisen [NOYES 1955].
Vermehrung: Siehe *Insectophilusvirus japonicus.*
Epidemisches Verbreitungsgebiet: Ägypten, Israel, Uganda, Indien.

vi. *Insectophilusvirus ntaya* (VAN ROOYEN) *nov. comb.*

[syn. *Rocaea ntaya* VAN ROOYEN].
Wirbeltiervektor: Rhesusaffe, (exp. Mäuse).

Insektvektor: Aedes spec., Culex spec.
Verbreitungsgebiet: Uganda.
[Smithburn und Haddow 1951].

Weitere [afrikanische] Insectophilus-Viren:

vii. *Insectophilusvirus dickii* (van Rooyen) *nov. comb.*

[syn. *Rocaea dickii* van Rooyen; auch Uganda-S-Virus genannt]
[Dick 1953].

viii. *Insectophilusvirus zika* (van Rooyen) *nov. comb.*

[syn. *Rocaea zika* van Rooyen; auch Zika-Virus genannt].
[Dick 1953].

ix. *Insectophilusvirus evagatus* (Holmes) *nov. comb.*

[syn. *Charon evagatus* Holmes].
[Reed und Mitarb. 1900].
Wirbeltiervektor: Mensch, höhere und niedere Affen. Adaptation an Mäusen und Igel möglich.
Insektvektor: Aedes aegypti (L.) [Finlay 1912; Whitman und Antones 1938], *Aedes leucocelaenus* D. u. S. und verwandte Arten, ferner *Haemagogus capricornii* Lutz und *Sabethines spec.* [Bates und Roca-Carcia 1945].
[Whitman 1937; Bucher 1944; Strode 1951.]
Übertragung: Infektkette: Stechendes Insekt → Infektion des Wirbeltierblutes [Vermehrung: 3–6 Tage Inkubationszeit] → saugendes Insekt [Vermehrung; durchschnittlich 12–18 Tage Celationszeit]. Die Celationszeit ist abhängig von der Temperatur und vom Wirt. Sie beträgt zwischen 18° und 22° C bei *Aedes aegypti* 4–32 Tage und bei *Aedes africanus* 13–39 Tage. Keine Übertragung via ovo.
Pathologie:
Wirbeltiervektor: Viscero- bis Pantropie. Virämie. „Gelbfieber" bei Primaten: 3–4 Tage Fieber begleitet von blutigem Erbrechen; ausgedehnte Lebernekrose [Ikterus] und Nephrose [Albuminurie]; Entfieberung bis zum 10. Tag. Hohe Letalität meist zwischen dem 6. und 10. Tag [bei Primaten].
Bei Mäusen bewirkt das Virus nach Adaptation eine tödlich verlaufende Enzephalomyelitis [fakultativ neurotrop] als Folge perivaskulärer Infiltrate in der weißen und grauen Gehirnsubstanz. – Lebenslänglich erworbene Immunität durch Bildung von neutralisierenden Antikörpern.
Insektvektor: Virus vermehrt sich im Wirt und tritt in den Speicheldrüsen auf. Auch in anderen Geweben nachweisbar. Keine ausgesprochenen Krankheitssymptome [Whitman 1937].
Diagnose: Nachweis im Insekt und Wirbeltier durch Tierversuch: Intravenöse Injektion bei Affen. An diesen oder auch an menschlichen Leichen

Leberpunktion. Histologische Veränderung: COUNCILMAN-ROCHA-LIMAsche Leberzellen: kleintropfige Verfettung, unspezifische aber konstante Zerstörung der Leberbalken. – Auch Verimpfung durch intrazerebrale Injektion auf Mäuse möglich; an diesen Gelbfieber-Enzephalitis als Infektionserfolg. Komplementbindungs-Reaktion. Hämagglutinations-Test mit Gänse-Erythrozyten [PORTERFIELD 1957] *Viscerophilusvirus evagatus*-Stamm Asibi 1:1600, Stamm 17 D 1:80. Besitzt Gruppen-spezifisches Antigen der Insectophilusviren.

Morphologie: Sphärisches Virus, 18–27 mμ Durchmesser.

Vermehrung: Virus vermehrt sich nur bei 30–35° C in *Aedes*-Arten; bei 20–30° C hält sich das Virus nur kurze Zeit. Daher ist die paläarktische Art *Aedes geniculatus* (OLIV.) kein Vektor. Mäuse als Ersatzwirte [interzerebrale Injektion]. In Hühnerembryonen und auf Gewebekulturen züchtbar. THEILER und SMITH (1937) konnten ausgehend vom hochvirulenten Asibi-Stamm auf embryonalem Hühnergewebe in Kulturen verschiedene Virus-Linien selektionieren: wirtsinduzierte Varianten. Der so abgeschwächte Stamm 17 D bewirkt in Kulturen von embryonalem Hühnergewebe wohl noch eine Vermehrung des Virus, aber keinen zyto-pathogenetischen Effekt [FOX 1947]. – Bei 56° C wird das Virus zerstört.

Epidemiologie: Tropische Seuche des Menschen in Amerika und Afrika [von 40° südlicher Breite bis 42° nördlicher Breite] von *Aedes aegypti* (L.) übertragen. Kinder erkranken nur leicht. Wechselt die Bevölkerung in einem Gelbfiebergebiet nicht, so wird durch das Überstehen der leichten kindlichen Infektion und die dadurch bewirkte aktive Immunisation ein spontanes Erlöschen der Seuche möglich, da es Virusträger und Seuchenreservoire nicht mehr gibt. – Eine Parallel-Erscheinung zum „städtischen Gelbfieber" ist das in Südamerika vorkommende „Busch-Gelbfieber" [Dschungel-Fieber] welches an die Urwaldgebiete gebunden ist und von *Aedes leucocelaenus* D. u. S. u. a. *Aedes*-Arten wie z. B. *Aedes scapularis* (ROND.), *Aedes fluviatalis* (LUTZ), *Aedes africanus* THEOB., *Aedes metallicus* EDWARDS, *Aedes stokesi* EVANS., *Haemogogus capricorni* LUTZ und *Sabethines spec.* übertragen wird. Es ist unter den Brüllaffen des Waldes endemisch und wird von den Mücken auf den Menschen übertragen. Wahrscheinlich hat sich das städtische Gelbfieber sekundär aus dem Busch-Gelbfieber der Brüllaffen entwickelt.

Epidemiologische Bedeutung hat auch die immunologische Überschneidung zwischen den Gliedern einer serologischen Gruppe. Obwohl z. B. Dengue-immune Individuen noch mit Gelbfieber infiziert werden können, ist es jedoch nach THEILER und CASALS (1959) wahrscheinlich, daß durch die relative Vor-Immunisierung der Virus-Titer im Blut dieser Kranken so erniedrigt ist, daß sich Mücken nicht mehr wirksam infizieren können. Die Autoren glauben in ähnlichen Verhältnissen [Durchseuchung mit *Westnil-Virus*] den Grund dafür zu sehen, warum Ägypten in historischen Zeiten vom Gelbfieber frei war, und nehmen weiterhin an, daß eine ähnlich vorimmunisierte Bevölkerungsgruppe die Ausbreitung des Gelbfiebers von Afrika nach Asien verhindert hat.

Epidemiologisch wichtig: Mäuse-Schutzversuch zum Nachweis überstandener Erkrankung in der Bevölkerung: Intrazerebrale Injektion von 0,04 ml des zu prüfenden Serums zusammen mit einer Virus-Suspension. Enthält das Serum neutralisierende Antikörper, so wird die sonst eintretende Gelbfieber-Enzephalitis verhütet. Humanmedizinische Bedeutung.

Maßnahmen: Vernichtung des Insektvektors [gegen Imagines: DDT; gegen Larven: Mineralöl auf Wasseroberfläche der Brutplätze]. Aktive Immunisierung des Menschen mit Hühnerei-adaptiertem Stamm [geringe Pathogenität gegenüber Menschen.] [SAWYER und Mitarb. 1944; FINDLAY und McCALLUM 1937].

x. *Insectophilusvirus dengue* (SHDANOW et KORENBLIT) *nov. comb.*

Wirbeltiervektor: Mensch.

Insektvektor: Aedes aegypti (L.), *Cules fatigans* WIED.

[SIMMONS und Mitarb. 1931; PERRY 1948; SABIN 1955].

Übertragung: Infektkette: Stechendes Insekt → Infektion des Wirbeltierblutes [Vermehrung; Inkubation 3–8 Tage] → saugendes Insekt [Vermehrung; Celationszeit 7–10 Tage]. [SCHULE 1928].

Pathologie:

Wirbeltiervektor: Viscero- bis pantrop. Virämie, Fieber wichtiges Krankheitssymptom: „Dengue-Fieber". Entfieberung am 6. Tage. Daneben meist starkes Exanthem. Geringe Letalität. Langdauernde Immunität durch neutralisierende Antikörper.

Insektvektor: Keine besonderen Symptome.

Diagnose: Nachweis im Wirbeltier rein klinisch; in den ersten Krankheitstagen finden sich in den Erythrozyten 0,25–0,4 μ große ovale Körperchen, „Maculae dengui" [JOLES 1937]. Nachweis im Insekt durch Tierversuche auf Mäusen unsicher. Hämagglutination mit Gänse-Erythrozyten [PORTERFIELD 1957]; Titer bei Stamm Trinidad 1751 beträgt etwa 1:1600.

Morphologie: Sphärisches Virus, 17–25 mμ Durchmesser.

Vermehrung: Schwierig an Mäuse oder über diese an Hühnerembryonen zu adaptieren [intrazerebrale Injektion]. Bewirkt in Meerschweinchen eine latente Infektion. Das Virus wird bei 56° C in 30 Minuten abgetötet.

Epidemiologie: Tropenseuche des Menschen in den Gebieten zwischen 40° südlicher und nördlicher Breite. Jahreszeitliche Schwankungen an das Auftreten von *Aedes aegypti* gebunden. Meistens explosionsartige Verbreitung der Epidemie, die in einem bestimmten Gebiet die Bevölkerung fast restlos befallen kann. Humanmedizinische Bedeutung.

Maßnahmen: Vernichtung des Insektvektors [gegen Imagines: DDT; gegen Larven: Mineralöl auf Wasseroberfläche der Brutplätze]. Symptomatische Behandlung des Menschen mit Azetylsalizylsäure u. U. kombiniert mit Chinin.

1.3.1 c. *Febrigenaceae nov. fam.*

Definition: Sphärische Viren, 20–45 mμ groß. Überträger: Zecken oder Mücken. Immunologisch mit den serologischen Gruppen A, B und C nicht verwandt. In Warmblütern [verschiedene Säuger] pantrop.

Genus: Fibrigenesvirus.

α) ***Febrigenesvirus*** Shdanow

Definition: Zum Teil Erreger von Tropenfiebern bei Primaten. Überträger: Mücken.

i. *Febrigenesvirus pappatacii* Shdanow.

Wirbeltiervektor: Mensch.

Insektvektor: Phlebotomus pappatasii (Scop.) und *Phlebotomus caucasicus* Marzin.

[Doerr und Mitarb. 1909; Shdanow 1953.]

Übertragung: Infektkette: Stechendes Insekt → Infektion des Wirbeltierblutes [Vermehrung; Inkubationszeit 3–5 Tage] → saugendes Insekt [Vermehrung; Celationszeit 7–8 Tage]. – Nach bisher unbestätigten Angaben von Russ (1912) soll das Virus germinativ auf Nachkommen der Mücke übertragen werden.

Pathologie:

Wirbeltiervektor: Viscero- bis Pantropie. Virämie, Leukopenie. Fieber wichtiges Krankheitssymptom: „Pappataci-Fieber". Entfieberung innerhalb 3 Tagen. Langdauernde Immunität durch neutralisierende Antikörper. Nachweis im Wirbeltier rein klinisch. Nachweis im Wirbeltier und im Insekt durch Verimpfung von Filtraten auf Hühnerembryonen.

Morphologie: Sphärisches Virus, 20–40 mμ Durchmesser.

Vermehrung: Virus läßt sich auf Dottersack oder Chorioallantois von Hühnerembryonen züchten. Hier intensive proliferative Veränderung. Auch in Gewebekultur züchtbar. Bei 56° C wird das Virus in 10 Minuten abgetötet. Getrocknet ist es lange lebensfähig.

Epidemiologie: Um das Mittelmeer und das Schwarze Meer verbreitet, aber auch in warmen Ländern der übrigen Erdteile. Fehlen der Seuche in Tripolis, Tunis und Marokko [als Ergebnis spontanen Erlöschens?]. Humanmedizinische Bedeutung.

Maßnahmen: Vernichtung des Insektvektors [gegen Imagines: DDT; gegen Larven: Mineralöl auf Wasseroberfläche der Brutplätze]. Symptomatische Behandlung des Menschen mit Azetylsalizylsäure u. U. kombiniert mit Chinin.

ii. *Febrigenesvirus vallis* (Holmes) Shdanow.

[syn. *Charon vallis* Holmes].

Wirbeltiervektor: Mensch, Affe, Rind, Schaf, mäuseartige Nagetiere [nicht Pferd, Kaninchen, Meerschweinchen].

Insektvektor: Aedes caballus Theob. [Steyn 1956], *Eretmapodites chrysogaster* Grah., *Taeniorhynchus brevipalpis* u. a.

[Smithburn und Mitarb. 1948, 1949].

Übertragung: Infektkette: Stechendes Insekt → Infektion des Wirbeltierblutes [Vermehrung; Inkubationszeit 6 Tage] → saugendes Insekt [Vermehrung; Celationszeit 20 Tage].

Pathologie:

Wirbeltiervektor: Pantropie, Virämie. Fieber wichtigstes Krankheitssymptom: „Rift valley-Fieber." Hepatitis, ähnlich wie bei Gelbfieber. In der Leber herdförmige Nekrosen. Bei Schafen meist tödliche Erkrankung; bei Rind, Frettchen und Mensch grippeartige Erkrankung. Lebenslänglich erworbene Immunität durch Bildung neutralisierender Antikörper. Keine serologische Verwandtschaft mit anderen insektophilen Viren.

Insektvektor: Keine besonderen Symptome.

Diagnose: Nachweis im Wirbeltier rein klinisch. Nachweis im Wirbeltier und Insekt durch Tierversuch, intrazerebrale Injektion in Mäuse. Virus in allen Geweben nachweisbar.

Morphologie: Sphärisches Virus, 23–25 mμ Durchmesser.

Vermehrung: Mäuse als Ersatzwirt [dort neurotrop nach zerebraler Passage]. Auf Hühnerembryonen und in Gewebekulturen züchtbar. Bei 56° C wird das Virus in 40 Minuten abgetötet. Getrocknet ist es lange lebensfähig.

Epizootiologie: Erstlich im Tal des Rift-Flusses in Ostafrika aber auch in Südafrika beobachtete Schaf-Krankheit. Auf Rinder übertragbar. Verläuft in Tierherden mit großer Letalität. Vorkommen auch in Japan.

Epidemiologie: Befällt auch den Menschen, ist jedoch für ihn verhältnismäßig gutartig. Verbreitung in Ostafrika [Sudan, Kenja, Uganda bis Äquatorialafrika], fehlt an der afrikanischen Westküste. Mäuseschutzversuch epidemiologisch wichtig [s. bei *Insectophilusvirus evagatus*], zum Nachweis überstandener Krankheit in der Bevölkerung. Mehr veterinärmedizinische als humanmedizinische Bedeutung.

Maßnahmen: Vernichtung des Insektvektors [gegen Imagines: DDT; gegen Larven: Mineralöl auf Wasseroberfläche der Brutplätze]. Aktive Immunisierung der Herdentiere durch Mäusehirn-adaptierten abgeschwächten Stamm [Findlay und Mitarb. 1936].

iii. *Febrigenesvirus bwamba* (Ansel) *nov. comb.*

[syn. *Erro bwamba* Ansel].
Wirbeltiervektor: Mensch, Affe, Maus.
Insektvektor: Verschiedene Mücken.
Verbreitungsgebiet: Rayon Bwamba [Afrika].
[Smithburn und Mitarb. 1941].

Bunyamwera- Gruppe (serol. Gruppe):

iv. *Febrigenesvirus bunyamwera* (Ansel) Shdanow.

[syn. *Erro bunyamwera* Ansel].
Wirbeltiervektor: Mensch, Affe (exp. Mäuse).
Insektvektor: Verschiedene Mücken.
Verbreitungsgebiet: Uganda
[Smithburn und Mitarb. 1946].

v. *Febrigenesvirus columbiae* (Shdanow) *nov. comb.*

[syn. *Rocaea wyeomyia* van Rooyen; auch Sabethine-Virus genannt].

Wirbeltiervektor: Experimentell Mäuse.
Insektvektor: Wyeomyia melanocephala Dyar et Knab.
Verbreitungsgebiet: Columbia.
[Roca-Carcia 1944].

Zugehörigkeit zur vorigen Gruppe nicht untersucht:

vi. *Febrigenesvirus anophelinus/Febrigenesvirus brasiliensis* Shdanow.

[syn. *Rocaea alpha/Rocaea beta* van Rooyen; auch Anopheles-Virus A bzw. B genannt].

Wirbeltiervektor: Experimentell Mäuse.
Insektvektor: Anopheles boliviensis (Theob.).
Verbreitungsgebiet: Brasilien.
[Roca-Carcia 1944].

1.3.2. *Phytovectales nov. subord.*

Definition: Arthropodophile Viren, die Cormophyten, speziell Angiospermen als zweiten Vektor haben. Die Übertragung erfolgt nur „biologisch" durch Pflanzensaft-saugende Arthropoden.

Familie: Homopterophilaceae.

Allgemeines. Bei den *Phytovectales* ist experimentell durch Injektion nur eine Übertragung von Insekt zu Insekt möglich, jedoch nicht ohne weiteres mechanisch von Pflanze zu Pflanze oder durch Injektion von Insekten-Präparationen in Pflanzen. Durch Verdünnungsexperimente im Zusammenhang mit der intrazoelomalen Applikation gelang es, die Vermehrung dieser Viren im Insekt nachzuweisen z. B. für *Chlorogenusvirus callistephi* von Maramorosch (1952), für *Aureogenusvirus magnivena* von Black und Brakke (1952).

Über eine transovarielle Übertragung durch den Insektvektor bei *Phytovectales* wurde berichtet von Fukushi (1940) bei *Fractilineavirus oryzae* durch *Nephotettix apicalis* (Motsch.) und von Black (1950) bei *Aureogenusvirus clavifolium* durch *Agalliopsis novella* (Say).

Untersuchungen über Aufbau und Vermehrung der arthropodophilen *Phytovectales* stehen noch in den Anfängen, da es sich hierbei um relativ empfindliche und unstabile Viren handelt. Genauer bekannt ist bisher nur das von Black (1955) isolierte und elektronenmikroskopisch abgebildete *Aureogenusvirus magnivena.* Dieses Virus ist sphärisch und hat einen Durchmesser von etwa 80 mμ. Wahrscheinlich enthalten diese *Phytovectales* wie alle bisher untersuchten Pflanzenviren RNS. Sie sind auch wie die anderen Pflanzenviren wenig spezifisch für die Wirtspflanze. – Serologische und histopathologische Untersuchungen stehen noch aus oder sind erst angelaufen.

Wichtig für die Differenzierung der einzelnen Viren sind wie bei den anderen Pflanzenviren vornehmlich phytopathologische Symptome.

Als Anhang zu diesen Viren werden noch sog. semipersistente Pflanzenviren besprochen. Bei diesen *Phytophagales* wurde zwar eine Virämie und eine Ausscheidung von Viren im Speichel des Insektvektors nach Ablauf einer Celationszeit und in deren Folge auch eine gewisse Persistenz beobachtet, aber keine Vermehrung der Viren im Insekt sicher nachgewiesen.

1.3.2a. *Homopterophilaceae nov. fam.*

Definition: Empfindliche Viren. Sphärische Viren von etwa 80 mμ Durchmesser. Überträger: Wanzen [Cicadelliden oder Fulgoriden]; z. T. transovarielle Übertragung. Erreger von Pflanzenkrankheiten der Yellow-disease-Gruppe. Eine Virus-Art wird oft nur durch eine Wanze biologisch übertragen im allgemeinen auf einen großen pflanzlichen Wirtskreis.

Genera: *Chlorogenusvirus.*
Aureogenusvirus.
Fractilineavirus.
Carpophthoravirus.

α) *Chlorogenusvirus* Holmes

Definition: Viren verursachen Krankheiten, die durch Chlorose ohne Tüpfelung charakterisiert sind. Sie regen ruhende Knospen zum Austreiben an.

i. *Chlorogenusvirus callistephi* Holmes

Pflanzenvektor: Aster [*Callistephus chinensis* Nees], Sellerie [*Apium graveolens* L.], Karotte [*Daucus carota* L.] Kartoffel [*Solanum tuberosum* L.], Spinat [*Spinacia oleracea* L.], Endivie [*Cichorium endivia* L.], Buchweizen [*Fagopyrum esculentum* Moench]. Insgesamt 170 Species in 38 Dicotyledon-Familien [nicht anfällig Leguminosen].

Insektvektor: Macrosteles divisa (Uhler) und *Macrosteles fascifrons* (Stål.) [Kunkel 1926].

Übertragung: Infektkette: Stechende Jasside → Infektion der Pflanzensäfte [Vermehrung] → saugende Jasside [Vermehrung; Celationszeit 10 bis 11 Tage]. [Kunkel 1937, 1941, 1948; Maramorosch 1950, 1952a, b, 1953]. – Keine mechanische Übertragung von Pflanze zu Pflanze oder durch Pflanzensamen.

Pathologie:

Pflanzenvektor: Vergilbung bei Sellerie, Karotte, Aster, daher „Aster yellow disease" bei der Aster auch Verzwergung [dwarf] bei Kartoffel: ‚Purple top wilt"-Etiolement. Phloeminfektion.

Insektvektor: Virämie. Befall der Speicheldrüse- und auch des Fettkörpers. Nach 18–28 Tagen post infectionem charakteristische Veränderungen im Fettkörper: Das Zytoplasma verliert seine basophile Substanz [wahrscheinlich RNS] und seine sonst homogene Struktur zeigt eine retikuläre Degeneration. Es treten vakuolenartige Stellen im Zytoplasma auf und die Kerne werden pyknotisch [zeigen Sternform]. Diese Veränderungen stehen offenbar mit der Virusvermehrung in Zusammenhang und sprechen für eine chronische Viruserkrankung des Insektwirtes. Diese Auffassung vom virösen Geschehen im Insektvektor macht wiederum verständlich, daß sich beim Aster-Yellow-Virus eine cross-protection beobachten läßt bei Infektion mit verschiedenen Stämmen des gleichen Virus [LITTAU und MARAMOROSCH 1956], [KUNKEL 1955]. KUNKEL (1926) und SEVERIN (1947) verglichen nicht infizierte und infizierte Tiere hinsichtlich ihrer Lebensdauer und fanden keinerlei Unterschied.

Diagnose: An der kranken Pflanze rein symptomatisch. Nachweis im Insekt: Infektionsversuche an geeigneten Wirtspflanzen. Größe des Virus noch unbekannt.

Vermehrung: Züchtbar nur auf natürlichen Wirten. Virus-Konzentration im Insektvektor höher als im Pflanzenvektor. Extraktion aus Pflanzen nur mittels Na_2SO_3-Lösungen möglich. Aus Insektvektor Isolierung einfacher möglich: Zerreiben in physiologischer NaCl-Lösung. Virusvermehrung in überlebenden Geweben oder Gewebekulturen sowohl von Insektengeweben als auch von Pflanzengeweben möglich [MARAMOROSCH 1956, 1958]. Sehr wärmeempfindlich.

Phytopathologische Bedeutung: Virose in den USA, Kanada, den Bermuda, Japan, und Ungarn endemisch verbreitet.

Maßnahmen: Feldselektion der Wirtspflanze. Wärmetherapie [Virus wird bei Inkubation der Pflanzen bei + 38 bis 42° C in 2–3 Wochen inaktiviert, bei Inkubation der Zikade bei 32° C in 12 Tagen [KUNKEL 1948]. Symptomatische Behandlung der dwarf-Symptome mit Gibberellinsäure [MARAMOROSCH 1957]. Vernichtung des Insektvektors [γ-HCH, Phosphorsäureester].

ii. *Chlorogenusvirus zeae* MARAMOROSCH.

Chlorogenusvirus zeae var. *riograndensis* (Riogrande-Virus), *Chlorogenusvirus zeae* var. *mexicanus* (Mesa Central-Virus).

Pflanzenvektor: Mais [*Zea mays* L.], *Euchlaena mexicana* u. a. Gramineen.

Insektvektor: *Dalbulus maidis* (DEL. et W.), *Dalbulus elimatus* BALL. [KUNKEL 1946, 1948; HILDEBRAND 1949; NIEDERHAUSER 1950; MARAMOROSCH 1958].

Übertragung: Infektkette: Stechende Jasside → Infektion der Pflanzensäfte [Vermehrung; Inkubationszeit über 3 Wochen] → saugende Jasside

[Vermehrung; Celationszeit 14–21 Tage]. – Keine mechanische Übertragung von Pflanze zu Pflanze.

Pathologie:

Pflanzenvektor: Phloem-Infektion; Reaktion darauf: Gestauchter Wuchs und Verkrümmung: „corn-stunt". Chlorotische sekundäre Sprosse in Blattachseln und an gestauchten Pflanzen.

Insektvektor: Virämie, Befall der Speicheldrüsen, Fettkörper (?). MARAMOROSCH (1957, 1958) konnte eine cross-protection beobachten bei Infektionen des Insektvektors mit den beiden Variationen des gleichen Virus. – *Var. riograndensis* ist charakterisiert durch Erzeugung chlorotischer Flecken an der Basis sich entwickelnder Blätter. Die Flecken können punktförmig sein oder Streifen bilden. – *Var. mexicanus* zeigt keine Chlorose am Blattansatz, sondern eher kontinuierliche Striche, während Flecke weniger oder nicht vorkommen; oft tief purpurne Verfärbung. –

Diagnose: Nachweis an der kranken Pflanze rein symptomatisch. Nachweis im Insekt: Infektionsversuche an geeigneten Wirtspflanzen.

Vermehrung: Züchtbar nur auf natürlichen Wirten.

Phytopathologische Bedeutung: Virose in den USA, Rio Grande-Tal, Mexiko, Mittel- und Süd-Amerika verbreitet.

Maßnahmen: Symptomatische Behandlung der stunt-Symptome durch Gibberellinsäure-Spray [MARAMOROSCH 1957]; Feldselektion; Vernichtung des Insektvektors (γ-HCH, Phosphorsäureester).

β) ***Aureogenusvirus*** BLACK.

Definition: Viren verursachen Krankheiten, welche durch chlorotische Wirkungen charakterisiert sind, die manchmal einer echten Sprenkelung ähnlich sehen. Phloemreaktion. Gelbe Zwergengruppe.

i. *Aureogenusvirus magnivena* BLACK

Pflanzenvektor: Kartoffel [*Solanum tuberosum* L.], Tabak [*Nicotiana rustica* L.], Klee [*Trifolium incarnatum* L.], *Melilotus alba* DESR., *Melilotus officinalis* (L.), *Rumex acetosa* L..

Insgesamt 43 Species in 20 Pflanzenfamilien.

Insektvektor: Agallia constricta VAN DUZ., *Agallia quadripuncta* PROV., *Agalliopsis novella* (SAY).

[MARAMOROSCH 1950; BLACK und BRAKKE 1952.]

Übertragung: (1) Infektkette: Stechende Jasside → Infektion der Pflanzensäfte [Vermehrung] → saugende Jasside [Vermehrung; Celationszeit 14 bis 30 Tage]. (2) Kann transovariell durch *Agalliopsis novella* übertragen werden [1,8% der Fälle, BLACK 1953]. Keine mechanische Übertragung von Pflanze zu Pflanze.

Pathologie: Pflanzenvektor: Phloeminfektion, Reaktion darauf: Bildung von Pseudo-Phloem: Verdickung von Blattnerven oder Wurzel- und Stamm-Tumore, daher „clover big vein" oder „wound tumor disease".

Insektvektor: Virämie, Befall der Speicheldrüse.
Diagnose: Nachweis an der kranken Pflanze rein symptomatisch. Nachweis im Insekt: Infektionsversuche an geeigneten Wirtspflanzen.
Morphologie: Sphärische Viren, 80 mμ Durchmesser.
[Black 1955.]
Vermehrung: Züchtbar nur auf natürlichen Wirten. Darstellung der Viren aus Tumor-Preßsaft durch Gradienten-Zentrifugation und Elektrophorese (Brakke und Mitarb. 1954).
Phytopathologische Bedeutung: Virose in den USA vorkommend.
Maßnahmen: Feldselektion, Vernichtung des Insektvektors [γ-HCH, Phosphorsäureester].

ii. *Aureogenusvirus clavifolium* Black.

Pflanzenvektor: Kartoffel [*Solanum tuberosum* L.], Tabak [*Nicotiana rustica* L.], Klee [*Trifolium incarnatum* L.].
Insektvektor: Agalliopsis novella (Say).
[Black 1949, 1950].
Übertragung: (1) Infektkette: Stechende Jasside → Infektion der Pflanzensäfte [Vermehrung] → saugende Jasside [Vermehrung; Celationszeit 3 bis 11 Wochen]. (2) Kann transovariell durch den Insektvektor [21 Generationen] übertragen werden [Black 1950]. – Keine mechanische Übertragung von Pflanze zu Pflanze.
Pathologie: Pflanzenvektor: Ploeminfektion; Reaktion darauf: Keulenblättrigkeit, daher „club leaf disease“.
Insektvektor: Virämie. Befall der Speicheldrüsen.
Diagnose: Nachweis an kranken Pflanzen rein symptomatisch. Nachweis im Insekt: Infektionsversuche an geeigneten Wirtspflanzen. Größe des Virus noch unbekannt.
Vermehrung: Züchtbar nur auf natürlichen Wirten.
Phytopathologische Bedeutung: Virose in den USA vorkommend.
Maßnahmen: Symptomatische Behandlung der stunt-Symptome mit Gibberellinsäure [Maramorosch 1957]; Feldselektion, Vernichtung des Insektvektors [γ-HCH, Phosphorsäureester].

iii. *Aureogenusvirus vestans* (Holmes) Black.

Aureogenusvirus vestans var. – New Jersey-Stamm.
Pflanzenvektor: Kartoffel [*Solanum tubersosum* L.].
Insektvektor: Agallia constricta van Duzee.
[Black 1953].
Aureogenusvirus vestans var. – New York-Stamm.
Pflanzenvektor: Kartoffel [*Solanum tuberosum* L].
Insektvektor: Aceratagallia spec.
[Black 1944].

Übertragung: (1.) Infektkette: Stechende Jasside → Infektion der Pflanzensäfte [Vermehrung] → saugende Jasside [Vermehrung]. Außerdem gelingt es, das Virus mechanisch auf Tabak *(Nicotiana rustica* L.*)* zu übertragen. (2.) Ovarielle Übertragung [in 0,8% der Fälle beim New Jersey-Stamm, BLACK 1953]. (3.) Das Virus kann, wenn es sich lange Zeit [12–16 Jahre] nur in der Wirtspflanze vermehrt hat, seine Übertragbarkeit durch Insekten verlieren.

Pathologie:

Pflanzenvektor: Gelbe Verzwergung der Kartoffel: „potato yellow dwarf".

Insektvektor: Virämie, Befall der Speicheldrüsen.

Diagnose: Nachweis an der kranken Pflanze rein symptomatisch. Nachweis im Insekt: Infektionsversuche an geeigneten Wirtspflanzen. Größe und Form des Virus wechselnd, je nach Präparation. Extreme Maße: 50 und 200 mμ; Normalform wahrscheinlich sphärisch, 125 mμ groß. [BLACK 1955].

Vermehrung: Züchtbar nur auf natürlichen Wirten. Darstellung der Viren aus Pflanzenpreßsäften durch Gradienten-Zentrifugation und Elektrophorese (BRAKKE 1957).

Phytopathologische Bedeutung: Virose in den USA vorkommend.

Maßnahmen: Feldselektion, Vernichtung des Insektvektors (γ-HCH, Phosphorsäureester).

Weitere wahrscheinlich hierher gehörige Art:

Virus der Europäischen Kleestauche (European clover stunt).

Pflanzenvektor: Klee [*Trifolium incarnatum* L].

Insektvektor: Euscelis plebejus FALL.

Übertragung: Neben Infektkette auch transovarielle Übertragung bekannt.

Verbreitungsgebiet: Westeuropa.

[MARAMOROSCH 1953].

Maßnahmen: Feldselektion, Vernichtung des Insektvektors [γ-HCH, Phosphorsäureester].

γ) ***Fractilineavirus*** McKINNEY

Definition: Viren verursachen Krankheiten, die durch chlorotische Streifung und/oder Verzwergung als Infektionsfolge charakterisiert sind. Pflanzenvektor: Gramineen.

i. *Fractilineavirus oryzae* (HOLMES) McKINNEY.

[syn. *Marmor oryzae* HOLMES].

Pflanzenvektor: Reis [*Oryza sativa* L.], Hafer [*Havena sativa* L.], Roggen [*Secale cereale* L.], Weizen [*Triticum vulgare* VILL.].

[FUKUSHI 1933, 1935, 1937, 1939].

Insektvektor: Nephotettix bipunctatus cincticeps Uhler [Fukushi 1935], *Deltocephalus dorsalis* Motsch [Shinkai 1954].

Übertragung: (1.) Infektkette: Stechende Jasside → Infektion der Pflanzensäfte [Vermehrung] → saugende Jasside [Vermehrung; Celationszeit 30 bis 40 Tage]. (2.) Kann transovariell durch Insektvektor über 7 Generationen übertragen werden [Fukushi 1940]. – Keine mechanische Übertragung von Pflanze zu Pflanze.

Pathologie:

Pflanzenvektor: Gelbgrüne Streifen entlang der Blattnerven junger Blätter, gefolgt von chlorotischen Flecken. Wachstumsstillstand. Internodien und Wurzeln abnorm kurz; daher „rice dwarf disease". Intrazelluläre vakuolenartige Körper in Kernnähe [ca. 3×10 μ groß].

Insektvektor: Virämie, Befall der Speicheldrüsen.

Diagnose: Nachweis an der kranken Pflanze rein symptomatisch.

Vermehrung: Züchtbar auf natürlichen Wirten.

Phytopathologische Bedeutung: Tritt in Reis-Anbaugebieten Süd- und Ostasiens einschließlich Japan auf.

Maßnahmen: Feldselektion, Vernichtung des Insektvektors [γ-HCH, Phosphorsäureester].

ii. *Fractilineavirus spec.*

[Yamada und Yamamoto 1955, 1956].

Pflanzenvektor: Reis [*Oryza sativa* L.] Sorghum [*Antropogon sorghum* Brot.] (aber nicht Weizen, Hafer, Gerste).

Pflanzenkrankheit: Rice stripe [= Reis-Streifenkrankheit].

Insektvektor: Delphacodes striatellus Fall.

[syn. *Calligypona marginata* (F.)] [*Fulgoridae*].

Verbreitungsgebiet: Japan.

iii. *Fractilineavirus spec.*

[Shinkai 1954].

Pflanzenvektor: Reis [*Oryza sativa* L.].

Pflanzenkrankheit: rice yellow dwarf.

Insektvektor: Nephotettix bipunctatus cincticeps Uhler.

Verbreitungsgebiet: Japan.

iv. *Fractilineavirus tritici* McKinney.

[Zaščurilo und Sitnikova 1939].

Pflanzenvektor: Weizen [*Triticum aestivum* L.], Roggen [*Secale cereale* L.], Hafer [*Avena sativa* L.], Gerste [*Hordeum vulgare* L.].

Pflanzenkrankheit: Winterweizenmosaik.
Insektvektor: Deltocephalus striatellus (L.).
Verbreitungsgebiet: USSR (Westsibirien).

v. *Fractilineavirus spec.*

[evtl. identisch mit *Fractilineavirus tritici* McKinney].
[Slykhuis und Watson 1958; Watson und Sinha 1959].
Pflanzenvektor: Weizen [*Triticum vulgare* L.].
Insektvektor: Delphacodes pellucida F. [*Fulgoridae*].
Übertragung: (1.) Infektkette: Stechende Fulgoride → Infektion der Pflanzensäfte → saugende Fulgoride [Celationszeit 15 Tage]. Keine mechanische Übertragung von Pflanze zu Pflanze. (2.) Kann transovariell durch Insektvektor übertragen werden.
Pathologie: Pflanzenvektor: gelbgrüne Streifen entlang der Blattnerven, gefolgt von chlorotischen Flecken: Streifenmosaik. Behinderung des Wachstums: „European wheat striate mosaic." Insektvektor: Virämie, Befall der Speicheldrüsen und Gonaden. Pathologischer Effekt: Weibchen, die sich peroral als Nymphen infizierten, haben nur zwei Drittel soviel Nachkommen wie nicht infizierte oder solche, die sich erst später infizierten. Bei ersteren sterben die Embryonen zu einem gewissen Prozentsatz im Ei ab, allerdings erst zu einem verhältnismäßig späten Zeitpunkt ihrer Entwicklung.
Diagnose: Nachweis an der kranken Pflanze rein symptomatisch.
Vermehrung: Züchtbar nur auf natürlichen Wirten.
Epizootiologie: Wahrscheinlich über größere Teile Europas und Rußlands verbreitet, erstlich in England gefunden. [Slykhuis und Watson 1958].
Maßnahmen: Feldselektion, Vernichtung des Insektvektors.

Anm.: Beziehungen zu den Viren des amerikanischen Streifenmosaik unklar; eines dieser Viren zu den echten Mosaikviren gehörig (= *Marmorvirus tritici* Holmes).

vi. *Fractilineavirus zeae* (Holmes) Bergey et al.

[syn. *Marmor zeae* Holmes].
[Kunkel 1927].
Pflanzenvektor: Mais [*Zea mays* L.].
Pflanzenkrankheit: Maize stripe (= Mais-Streifenmosaik).
Insektvektor: Peregrinus maidis (Ashm.) [*Fulgoridae*].
[Celationszeit 11–29 Tage].
Verbreitungsgebiet: Hawaii, Ostafrika, Cuba.

vii. *Fractilineavirus avenae* McKinney.

[Suchov und Vovk 1938, 1940a, b].
Pflanzenvektor: Hafer [*Avena sativa* L.], Weizen [*Triticum aestivum* L.],

Gerste [*Hordeum vulgare* L.], Reis [*Oryza sativa* L.], Roggen [*Secale cereale* L.], Mais [*Zea mays* L.].
Pflanzenkrankheit: Pupation disease (= Viröses Steckenbleiben des Hafers etc.).
Insektvektor: Delphacodes striatellus (FALL.).
[syn. *Calligypona marginata* (F.)] [*Fulgoridae*].
Verbreitungsgebiet: USSR und Japan.

δ) ***Carpophtoravirus*** McKINNEY emend.

Definition: Viren verursachen Krankheiten der Pfirsich-X-Gruppe, indem sie Blattrosetten induzieren und gelegentlich den Tod des Wirts bewirken.

i. *Carpophthoravirus lacerans* McKINNEY.

Pflanzenvektor: Pfirsich [*Prunus persica* (L.) BATSCH], *Prunus virginiana* L., Sellerie [*Apium graveolens* L.], Immergrün [*Vinca maior* L.].
Insektenvektor: Colladonus geminatus (v. DUZEE), *Colladonus montanus* (v. DUZEE).
[WOLFE und Mitarb. 1950, JENSEN 1959].
Übertragung: Infektkette: Stechende Jasside → Infektion der Pflanzensäfte → saugende Jasside [Celationszeit 18–36 Tage, durchschnittlich 30 Tage].
Keine mechanische Übertragung von Pflanze zu Pflanze; keine Übertragung durch Pflanzensamen.
Pathologie: Pflanzenvektor: Vergilbung und Rötung der Blätter im Laufe der Vegetationsperiode. Der vom Blattrande her beginnende Blattzerfall bedingt ein zunehmendes Zerfetzen der Blätter. Die Früchte schrumpfen ein, fallen ab oder reifen vorzeitig mit bitterem Geschmack. Überleben die Pflanzen vorerst, so bilden sie später terminale Rosetten mit kleinen Blättchen.
Insektvektor: Im Gegensatz zu den meisten hier beschriebenen arthropodophilen Viren wurde bei diesem Virus eine signifikante Verkürzung der Lebensdauer seines Insektvektors beobachtet: nicht infizierte Tiere [*C. montanus*] erlebten 51 Tage, infizierte dagegen nur 20 Tage [JENSEN 1959].
Diagnose: An der kranken Pflanze rein symptomatisch. Nachweis im Insekt: Infektionsversuche an Sellerie. – Größe des Virus noch unbekannt.
Vermehrung: Züchtbar nur auf natürlichen Wirten.
Phytopathologische Bedeutung: Virose in den USA und Kanada verbreitet.
Maßnahmen: Feldselektion, Vernichtung des Insektvektors.

Anhang: Semipersistente Pflanzenviren

Persistente Viren werden nach einer gewissen Celationszeit übertragen, d. i. die Zeit, die verstreicht, bis im Speichel der übertragenden Art das Virus erscheint. Die bisher betrachteten Viren zeigen eine echte biologische Übertragung, d. h. während der Celationszeit findet eine Vermehrung des Virus im Insektvektor statt. Anhangsweise seien hier einige Pflanzen-Viren referiert, die zwar auch über längere Zeiträume und nach Ablauf einer Celationszeit von ihren Insektvektoren übertragen werden, sich aber offenbar in ihnen nicht vermehren können.

i. *Coriumvirus solani* HOLMES.

Pflanzenvektor: Kartoffel [*Solanum tuberosum* L.] u. a. Solanaceen, Kohl [*Brassica spec.*], *Physalis floridana* RYDB.

Insektvektor: Myzus persiae (SULZ.) [*Aphididae*].

[SMITH 1929, 1931; WATSON 1942, KASSANIS 1952].

Übertragung: Infektkette: Stechende Aphide → Infektion der Pflanzensäfte [Vermehrung] → saugende Aphide [Celationszeit 5–10 Tage bei 25–30° C]. – Keine mechanische Übertragung von Pflanze zu Pflanze.

Pathologie:

Pflanzenvektor: Bösartige Kartoffelkrankheit: Blattrollkrankheit [leaf roll]; charakterisiert durch Einwärtsrollen oder Faltung der Blätter. Außerdem gelbliche Verfärbung der Blätter und Wachstumshemmung.

Insektvektor: Virämie; Ausscheidung des Virus im Speichel.

Während nach Untersuchungen von STEGWEE und PONSEN (1958) sich auch das Blattrollvirus der Kartoffel in seinem Aphidenvektor *Myzus persicae* (SULZ.) vermehren soll, sprechen Versuche von HARRISON (1958) dagegen.

Diagnose: Nachweis an der kranken Pflanze rein symptomatisch. Nachweis im Insekt: Infektionsversuche an geeigneten Wirtspflanzen. Infektionsversuche: Man setzt keimfreie *Mycus persicae* an zu prüfende Kartoffeln [Knollenkeime] und läßt sie saugen. Die so infizierten Tiere werden dann auf *Physalis floridana* gesetzt. Das Virus bewirkt sofortige Wachstumshemmung auf der Testpflanze.

Morphologie: Nach DAY und ZAITLIN (1959) soll das Virus kugelförmige Gestalt und eine Größe zwischen 10 und 20 mμ besitzen.

Vermehrung: Züchtbar nur auf Pflanzen.

Phytopathologische Bedeutung: Verbreitungsgebiet: Nordamerika, Frankreich, Groß-Britannien.

Maßnahmen: Feldselektion, Wärmetherapie [das Virus wird bei der Inkubation von Kartoffelknollen bei + 37° C in 15–30 Tagen inaktiviert; KASSANIS 1950], Vernichtung des Insektvektors [γ-HCH, Phosphorsäureester].

ii. *Rugavirus verrucosans* CARSNER et BENNET.

Pflanzenvektor: Beta vulgaris L., *Phaseolus vulgaris* L., *Curcurbita spec.* und *Lycopersicon esculentum* MILL., verschiedene Pflanzen in insgesamt 19 Familien.

Insektvektor: Eutettix tenellus (BAK.).

[MARAMAROSCH 1955.]

Übertragung: Infektkette: Stechende Jasside → Infektion der Pflanzensäfte [Vermehrung] → saugende Jasside. Celationszeit etwa 1 Tag. – Keine mechanische Übertragung von Pflanze zu Pflanze.

Pathologie:

Pflanzenvektor: Bösartige Zuckerrübenkrankheit: Kalifornische Blattrollkrankheit [Curly top]; charakterisiert durch Einwärtsrollen oder Faltung der Blätter; Phloemdegeneration, gefolgt von Bildung überzähliger Siebröhren, Wachstumsstillstand.

Insektvektor: Virämie; Ausscheidung des Virus im Speichel.

GIDDINGS (1950) konnte keine cross-protection beobachten bei Infektionen des Insektvektors mit 2 verschiedenen Stämmen des gleichen Virus. – Das Virus erzielt in vielen Wirtspflanzen latente Infektionen insbesondere in *Nicotiana glauca* GRAH. Tendenz hierzu scheint nach den Untersuchungen von LACKEY (1929) eine wirtsinduzierte Variation zu sein. Passage durch *Chenopodium album* L., Tomate, Spinat, Wassermelone und resistente Zuckerrübenpflanzen induziert in den Virusstämmen eine Tendenz zur latenten Infektion: abgeschwächte Stämme. Hingegen wird bei der Passage durch hochempfindliche Pflanzen wie *Stellaria media* (L.) FILL. die alte Wirksamkeit des Virus wieder hergestellt [LACKEY 1931].

Diagnose: Nachweis an der kranken Pflanze rein symptomatisch. Nachweis im Insekt: Infektionsversuche an geeigneten Wirtspflanzen.

Vermehrung: Züchtbar nur auf Pflanzen.

Phytopathologische Bedeutung: Virose im Westen der USA vorkommend und in Argentinien.

Maßnahmen: Feldselektion, Vernichtung des Insektvektors [γ-HCH, Phosphorsäureester].

Weitere hierher gehörige Art:

Virus des Rugose leaf curl [Rauhe Blattkräusel].
Pflanzenvektor: Verschiedene Pflanzen.
Insektvektor: Austroagallia torrida EVANS.
Verbreitungsgebiet: Australien.
[GRYLLS 1954.]

Literatur zu Kap. V, Abschnitt 1.3

ANDERSON, S. G., Med. J. Austr. **1**, 97 (1952). — BANG, F. B. und GEY, G. O., Bull. J. Hopkins Hospital **91**, 427 (1952). — BATES, L. B. und ROCA-CARCIA, M., Amer. J. Trop. **25**, 203–216 (1945). — BECK, C. E. und WYCKOFF, R. W. G., Science **88**, 530 (1938); Proc. Am. Phil. Soc. **88**, 132–144 (1944). — BLACK, L. M., Phytopathology **38**, 2 (1948); Nature **166**, 852–853 (1950); Phytopathology **83**, 9–10 (1953); **45**, 208–216 (1955). — BLACK, L. M. und BRAKKE, M. K., Phytopathology **42**, 269–273 (1952). — BLATTNER, R. J. und HEYS, F. M., Proc. Soc. Exptl. Biol. Med. **79**, 439–454 (1941). — BUCHER, G. E., Amer. J. Hyg. **39**, 16–51 (1944). — CASALS, J., Trans. N. Y. Acad. Sci. II/**19**, 219–235 (1957). — CASALS, J. und BROWN, L. V., Proc.

Soc. exp. Biol. (N. Y.) **83,** 170 (1953); J. Exper. Med. **99,** 429 (1954). — CHAMBERLAIN, R. W., Proc. 10. Int. Congr. Entom. (Montreal 1956) **3,** 495–892 (1958). — CHAMBERLAIN, R. W., CORRISTAN, E. C. und SUKES, R. K., Amer. J. Hyg. **60,** 269–277 (1954). — CHAMBERLAIN, R. W., SIKES, R. K., NELSON, D. B. und SUDIA, W. D., Amer. J. Hyg. **60,** 278–285 (1954). — CHENG, P. Y., Nature **181,** 1800 (1958a); Virology **6,** 129–136 (1958b). — DAVIES, A. M. und YOSHPE-PURER, Y., Ann. Trop. Med. Parasit. **48,** 46–51 (1954). — DAY, M. F., Exp. Parasitol. **4,** 387–418 (1955). — DAY, M. F. und BENNETS, M. J., Commonwealth Sci. Industr. Res. Org. Austr. 1954; Rev. Appl. Entomol. Ser. A **43,** 300–301 (1955). — DICK, G. W. A., Trans. Roy. Soc. Trop. Med. Hyg. **47,** 13–43 (1953). — DOERR, R., FRANZ, K. und TAUSSIG, R., Wien. klin. Wschr. **22,** 609–610 (1909). — DULBECCO, R. und VOGT, M., J. Exper. Med. **99,** 183 (1954). — EICHHORN, L. und WYCKOFF, R. W. G., J. Amer. Vet. Med. Ass. **93,** 285 (1938). — FASTIER, L. B., J. Immunol. **72,** 341 (1954). — FEEMSTER, R. F. und GETTING, V. A., Amer. J. Publ. Health **31,** 791–802 (1941). — FENNER, F. und DAY, M. F., Nature **170,** 204 (1952). — FERGUSON, F. R., US Publ. Health Monogr. Nr. 23 (Washington 1954). — FINDLAY, G. M. und MCCALLUM, F. O., Off. Internat. Hyg. Publ. **29,** 1145 (1937). — FINLAY, F., Trab. select. (Havana 1912). — FOX, J. P., Amer. H. Hyg. **46,** 1 (1947). — FRENCH, E. L., Med. J. Austral. **1,** 100–103 (1952). — FUKUSHI, T., Proc. Imp. Acad. Jap. **9,** 457–460 (1933); **11,** 301 (1935); **13,** 328–330 (1937); **15,** 142 (1939); J. Fact. Agr. Hokkaido Univ. **45,** 83–154 (1940). — GIDDINGS, N. J., Phytopathology **40,** 377–388 (1950). — GIERER, A. und SCHRAMM, G., Z. Naturforschg. **11b,** 138–142 (1956). — GILYARD, R. T., Bull. US. Army Med. Dept. Nr. 75, 96 (1944). — GRYLLS, N. E., Austral. J. biol. Sci. **7,** 47–58 (1954). — HAAGEN, E. und CRODEL, B., Zbl. Bakteriol. I. O. **142,** 269 (1938). — HAMMON, W. M., REEVES, W. C. und GALLINDO, P., Amer. J. Hyg. **42,** 299–306 (1945). — HAMMON, W. M., TIGERTT, W. T., SATHER, G. und SCHENKER, M., Amer. J. Hyg. **50,** 51–56 (1949). — HEINZE, K., Z. angew. Zool. **44,** 187–227 (1957). — HILDEBRAND, E. M., Phytopathology **39,** 496–497 (1949). — HOWITT, B. E., J. Immunol. **33,** 235 (1937). — HUANG, C. H., Proc. Soc. Exp. Biol. Med. **54,** 158 (1943). — JOLES, J., Trop. Med. **40,** 53 (1937). — KANEKO, K., Jap. Med. World **5,** 237 (1925). — KASSANIS, B., Ann. appl. Biol. **37,** 339 (1950). — KELSER, R. A., J. Amer. Vet. Med. Ass. **92,** 195–203 (1938). — KUBES, U. und RIOS, F. A., Science **90,** 20 (1939). — KUDO, R. R., J. Immunol. **32,** 129–135 (1937). — KUNKEL, L. O., Amer. J. Bot. **13,** 646–705 (1926); **24,** 316–327 (1937); **28,** 761–769 (1941); Arch. ges. Virusforschg. **4,** 24–46 (1948). — LACKEY, C. F., Phytopathology **19,** 975–977 (1929); **21,** 123–124 (1931). — LAEMMERT, H. W. und HUGHES, T. P., J. Immunol. **55,** 61 (1947). — LÉPINE, P. und GOUBE DE LAFOREST, P., Handb. Virusforschg. **4,** 300–378 (1958). — LITTAU, V. C. und MARAMOROSCH, K., Virology **2,** 28–130 (1956). — MARAMOROSCH, K., Phytopathology **40,** 1071–1073 (1950); **42,** 59–64 (1952a); Nature **169,** 194–195 (1952b); Cold Spring Habor Symp. quant. Biol. **18,** 51–54 (1953); Adv. Virus. Res. **3,** 221–249 (1955); Virology **1,** 286–300 (1955); **2,** 369–376 (1956); Science **126,** 651–652 (1957); Virology **6,** 448–459 (1958). — MCLEAN, D. M., Australian J. Exper. Biol. Med. Sci. **31,** 481–490 (1953). — MERRILL, M. H. und TEN BROECK, C., Proc. Soc. Exp. Biol. Med. **32,** 421 (1934). — MEYER, K. F., HARING, C. M. und HOWITT, B. F.,

Science **74,** 227–228 (1931). — MILES, J. A. R., Amer. J. Exp. Biol. Med. Sci. **32,** 69 (1954). — MUCKENFUSS, R. S., ARMSTRONG, C. und MCCORDOCK, H. A., Publ. Health Rep. **48,** 1341 (1933). — NIEDERHAUSER, J. S. und CERVANTES, J., Phytopathology **40,** 20–21 (1950). — NOYES, W. F., J. Exper. Med. **102,** 243 (1955). — PERRY, W. J., Amer. J. Trop. **28,** 253–259 (1948). — PORTERFIELD, J. S., Nature **180,** 1201–1202 (1957). — REAGAN, R. L., STRAND, N. und BRUECKNER, A. L., Trans. Amer. Micr. Soc. **73,** 67 (1954). — REED, W., CARROL, Y. und Mitarb., Philad. Med. J. 790 (1900). — REEVES, W. C., Handb. Virusforschg. **4,** 177–202 (1958). — ROCA-CARCIA, M., J. Inf. Diseases **75,** 160–169 (1944). — RUBIN, H., BALUDA, M. und HOTCHIN, J. E., J. Exper. Med. **101,** 205 (1955). — RUSS, V. K., Österr. Sanitätswes. **12,** 1–16 (1912). — SABIN, A. B., J. Amer. Med. Ass. **122,** 477 (1943). Amer. J. Trop. Med. Hyg. **4,** 198–207 (1955). — SABIN, A. B. und BUESCHER, E. L., Proc. Soc. Exp. Biol. **74,** 222–230 (1950). — SASA, M. und SABIN, A. B., Amer. J. Hyg. **51,** 21–35 (1950). — SAWYER, W. H. und Mitarb., Amer. J. Hyg. **39,** 337–430 (1944). — SCHULE, Amer. J. Trop. Med. **8,** 203 (1928). — SHDANOW, W. M., Viren bei Mensch und Tier (Moskau 1953, dtsch. Jena 1957). — SIMMONS, J. S., JONES, ST. und REYNOLDS, F. H. K., Philippine J. Sci. **44,** 1250 (1931). — SMITH, K. M., Ann. appl. Biol. **16,** 209–228 (1929); Phytopath. Z. **19,** 295 (1952); DOERR-HALLAUER, Handb. Virusforschg. **4,** 143–176 (1958). — SMITH, W. M. und EVANS, C. A., J. Immunol. **72,** 353 (1954). — SMITHBURN, K. C., J. Immunol. **72,** 376–388 (1954). — SMITHBURN, K. C. und HADDOW, A., J. Immunol. **49,** 141–157 (1944); Proc. Soc. Exp. Biol. **77,** 130 (1951). — SMITHBURN, K. C., HADDOW, A. und GILLETT, J. D., Brit. J. Exp. Path. **29,** 107–121 (1948). — SMITHBURN, K. C., HADDOW, A. und MALHAFTY, A. F., Amer. J. Trop. Med. **26,** 89 (1946). — SMITHBURN, K. C., HADDOW, A. und LUMSDEN, W. H. R., Brit. J. Exp. Path. **30,** 35–47 (1949). — SMITHBURN, K. C., HUGHES, T. P., BURKE, A. W. und PAUL, J. H., Amer. J. Trop. Med. **20,** 471 (1940). — SMITHBURN, K. C., MALHAFTY, A. F. und PAUL, J. H., Amer. J. Trop. Med. **21,** 75 (1941). — STEGWEE, D. und PONSEN, M. B., Ann. appl. Biol. **18,** 141–156 (1931); Ent. exp. appl. **1,** 291–300 (1958). — STEYN, J. J., Proc. 10. Int. Congr. Ent. (Montreal 1956) **3,** 629–632 (1958). — STRODE, D. K., Yellow Fever (New York 1951). — SYVERTON, J. T. und BERRY, G. P., J. Exper. Med. **73,** 507–530 (1941). — TAYLOR, R. M. und HURLBUT, H. S., J. Roy. Egypt. Med. Ass. **36,** 199–208 (1953). — TAYLOR, R. M., HURLBUT, H. S., WORK, T. H., KINGSTON, J. R. und FROTHINGHAM, T. E., Amer. J. Trop. Med. Hyg. **4,** 844 (1955). — TEN BROECK, C. und MERRILL, M. H., Proc. Soc. Exp. Biol. **31,** 217–220 (1933). — THEILER, M. und SMITH, H. H., J. Exper. Med. **65,** 767 (1937). — TRAUB, E., Zbl. Bakteriol. I. O. **143,** 7 (1938). — WATSON, M. A., Proc. roy. Soc. B. **125,** 305 (1946). — WEBSTER, L. T. und FITE, G. L., J. Exper. Med. **61,** 103 (1935). — WECKER, E. und SCHÄFER, W., Z. Naturforschg. **12b,** 415–417 (1957). — WESSELHOEFT, SMITH, W. M. und BRANCH, J. Amer. Med. Assoc. **111,** 1735 (1938). — WHITMANN, L., J. Exper. Med. **66,** 133–143 (1937). — WHITMANN, L. und ANTONES, P. C. A., Amer. J. Trop. Med. **18,** 135–147 (1938). — WORK, T. H., HURLBUT, H. S. und TAYLOR, R. M., Amer. J. Trop. Med. Hyg. **4,** 872–888 (1955). — YAOI, H., NAKANO, M., NAKAGANI, S. und KONDO, A., Jap. J. Exper. Med. **20,** 375 (1949/50).

Nachtrag bei der Korrektur

BELLAMY, R. E. und SCRIVANI, R. P., Proc. Soc. exper. Biol. **97,** 733 (1958). — BLATTNER, R. J. und HEYS, F. M., J. exper. Med. **79,** 439 (1944). — BRAKKE, M. K., Virology **2,** 463 (1956). — BRAKKE, M. K., VATTER, A. E. und BLACK, L. M., Brockhaven Symp. Biol. **6,** 137 (1959). — CAUSAY, O. R., zit. nach THELLER, M. und CASALS, T. — DAY, M. F. und ZAITLIN, M., Phytopath. Z. **34,** 83–85 (1958). — HARRISON, B. D., Virology **6,** 265–277; 278–286 (1958). — JENSEN, D. D., Virology **8,** 164–175 (1959). — KISSLING, R. E., Proc. Soc. exper. Biol. (New York) **96,** 290 (1957). — KUNKEL, L. O., Amer. J. Bot. **13,** 646–705 (1926). — KUNKEL, L. O., Phytopathology **17,** 41 (1927). — LITTAU, V. C. und CHAMBERLAIN, R. W., zit. nach MARAMAROSCH 1958. — LITTAU, V. C. und WHITMAN, L., zit. nach MARAMAROSCH 1958. — MARAMAROSCH, K., Recent Progr. Microbiol. (Symposium 7. Int. Congr. Mikrobiol. (Stockholm 1958), S. 224–229. — PORTERFIELD, J. S., Nature **183,** 1069–1070 (1959). — REEVES, W. C., HUTSON, G. A., THEILER, M. und CASALS, T., Klin. Wschr. **37,** 59–68 (1959). — SCHÄFER, W. und WECKER, E., Zbl. Bakteriol. I. 0. **173,** 352–360 (1958). — SEVERIN, H. H. P., Hilgardia **17,** 541–543 (1947). — SHINKAI, A., Hatano Tobacco Exp. Sta. Symp. Transmission Plant viruses **4,** 354–359 (1954). — SLYKHUIS, J. T., Phytopathology **43,** 537–540 (1953). — SLYKHUIS, J. T. und WATSON, M. A., Ann. appl. Biol. **46,** 542–553 (1958). — SUCHOV, K. S. und VOVK, A. M., Dokl. Akad. Nauk. SSSR. **20,** 745–748 (1938); **26,** 479–482 (1940a); **26,** 483–486 (1940b). — THEILER, M., Proc. Soc. exper. Biol. (New York) **96,** 380 (1957). — WATSON, M. A. und SINHA, R. C., Virology **8,** 139–163 (1959). — WOLFE, H. R., ANTHON, E. W. und JONES, L. S., Phytopathology **40,** 971 (1950). — YAMADA, M. und YAMAMOTO, H., Okayama prefect. Agr. Exp. Sta. sp. Bull. **52,** 93–112 (1955); **55,** 35–36 (1956). — ZAŠURILO, V. K. und SITNIKOVA, G. M., Dokl. Akad. Nauk. SSSR. **25,** 798 (1939).

B. Protophyta Sachs

Definition: Typisch einzellige Mikroorganismen, deren Größe oberhalb der Auflösungsgrenze des Lichtmikroskops liegt. Sie passieren im allgemeinen Entkeimungsfilter nicht. Die Vermehrung erfolgt durch Teilung. Eine selektive Darstellung von Chromatinstrukturen gelingt auf färberischem Wege nur schwer, weshalb sie lange als kernlose Einzeller angesprochen wurden. Enthalten DNS und RNS gleichzeitig. Die Zellen können sphärische, längliche, spiralige und verzweigte Form besitzen und in regulären und irregulären Massen auftreten. Bleiben sie nach der Teilung im Zusammenhang, so bilden sich Ketten oder Fäden. Autotrophe und heterotrophe Formen.

Anmerkung: Auf Grund dieser Definition wurden die Rickettsien hier aufgenommen, da sie sich durch Teilung vermehren und einen protoplasmatischen Aufbau besitzen [WEYER und PETERS 1952; KRIEG 1955a].

Der Stamm *Protophyta* enthält 3 Klassen:

Rickettsoideae nov. class.

Schizomycetes NÄGELI.
[syn. *Bacteriae* COHN.]

Schizophyceae COHN.
[syn. *Cyanophyceae* SACHS.]

Von ihnen werden hier nur die beiden ersten Klassen behandelt und diese nur, soweit ihre Formen Insekten befallen.

Taxonomie:

Die Schwierigkeit der Bakterien-Taxonomie liegt darin, daß es, ähnlich wie bei den zuvor abgehandelten Viren, bisher nicht gelungen ist, den Artbegriff brauchbar zu definieren. Morphologischer Charakter und Hybridisation haben bei den weitgehend uniformen und sich durchweg asexuell vermehrenden Mikroorganismen geringe oder keine Bedeutung. Zur Aufstellung natürlicher Gruppen, die der Beschreibung von Typen oder Arten zugrunde liegt, kann lediglich die Multiplizität abweichender physiologischer Merkmale herangezogen werden. Diesem Bestreben stehen dadurch oft unüberwindliche Hindernisse entgegen, daß es nur wenig konstante Merkmale gibt und daß die Variation Artmerkmale überschreiten kann. Auf diese Weise existieren oft laufende Übergänge zwischen Arten, die eine genaue Abgrenzung unmöglich machen.

2. Rickettsoideae *nov. class.*

Definition: Kleine kokkoide, stäbchenförmige und irregulär geformte unbewegliche Mikroorganismen, die sich mit Anilinfarben schlecht anfärben. Kokkenform färbt sich homogen, Stäbchenform meist bipolar. Gram-negativ. Im allgemeinen durch Entkeimungsfilter nicht filtrabel. Nicht auf künstlichen Nährböden züchtbar, sondern nur in oder auf lebenden Zellen: Obligate Parasiten [oder Kommensalen] von Arthropoden und/oder Vertebraten.

Ordnungen: Rickettsiales
(Bartonellales)

2.1. Allgemeines

2.1.1. *Taxonomie*

Im Gegensatz zu SHDANOW (1953) wurden die Rickettsien aus dem Zusammenhang mit den Viren gelöst; sie wurden auch nicht nach PHILIP (1956) mit ihnen zu einer größeren systematischen Einheit vereint. Nach Ansicht des Verf. sind sie eher mit den klassischen Bakterien zusammen den *Protophyta* einzuordnen. Vorläufig wurden sie einer selbständigen Klasse „Rickettsoideae“ als Ordnung unterstellt. Als weitere Ordnung dieser Klasse kommen die Bartonellen in Frage, die auch von PHILIP in die Nähe der Rickettsien gestellt werden. Die Ordnung *Rickettsiales* wird nach dem Vorbild von SHDANOW in die Familien *Rickettsiaceae* PINKERTON und *Chlamydozoaceae* MOSCHKOWSKI unterteilt. Dieser Einteilung folgt auch BERGEY unter Benutzung des Synonymus *Chlamydiaceae* RAKE. Die Unterteilung der Familie *Rickettsiaceae* erfolgt in Anlehnung an PHILIP in 3 Stämme: *Rickettsieae, Ehrlichieae* und *Wolbachieae.* Die bei PHILIP als Subgenera geführten Taxa *Rickettsia, Zinssera, Dermacentroxenus* und *Rochalimae* werden hier nach MACCHIAVELLO (1947) ebenso wie *Coxiella* als Genera geführt. Die Unterscheidung neuer Genera bei den *Wolbachieae* wurden auf Grund ihrer verschiedenen Gewebeaffinität durchgeführt. Insgesamt verfügen die *Wolbachieae* jetzt über 4 Genera: *Rickettsoides, Enterella, Rickettsiella* und *Wolbachia.*

2.1.2. *Aufbau, Vermehrung und Eigenschaften*

Die Rickettsien [vgl. Abb. 27] zeigen im Gegensatz zu den Viren einen „protoplasmatischen Aufbau“: d. h. eine zusammengesetzte Struktur ähnlich der von Bakterien. Elektronenmikroskopische Untersuchungen an Schnitten von *Rickettsiella melolonthae* (KRIEG 1959b) sowie an Schnitten von *Coxiella burnetii* [STOKER und Mitarb. 1956] sprechen für das Vorhandensein eines zentralen DNS-haltigen Kernäquivalentes [Nucleoid] in Rickettsien und peripher angeordneter RNS-haltiger Strukturen [vgl. Abb. 19]. Nach KRIEG (1958a) enthält die *Rickettsiella melolonthae* RNS im selben Verhältnis zu DNS wie etwa Bakterien. Zu dem gleichen Ergebnis kamen COHN und Mitarb. bezüglich *Rickettsia typhi*. Teilungsformen werden von fast allen elektronenmikroskopisch arbeitenden Untersuchern beschrieben [vgl. auch WEYER und PETERS (1952)]. Die Schnitte zeigen weiterhin, daß der Protoplast der Rickettsien von zwei dichten, je etwa 50 Å dicken Membranen umgeben ist. Membranen und dazwischenliegende Schicht ergeben eine Grenzschicht von insgesamt 150–300 Å Dicke. Die Rickettsien besitzen, ähnlich wie die Mykobakterien, eine – wenn auch schwächere – Säurefestigkeit. Diese nimmt mit dem Alter zu, weswegen Rickettsien mit zunehmendem Alter eine starke Lichtbrechung zeigen und bei Verwendung von gewöhnlichen Anilinfarben sich schlechter tingieren. Das gilt auch für die GIEMSA-Färbung, die sich von allen Anilinfarben noch am besten eignet. Hingegen färben sich die Rickettsien gleichermaßen gut nach MACCHIAVELLO [Fuchsin-Färbung; Differenzierung mit Zitronensäure]. Während die Rickettsien sich hierbei rot tingieren, werden gewöhnliche Bakterien wieder entfärbt und tingieren sich blau bei Gegenfärbung mit Methylenblau.

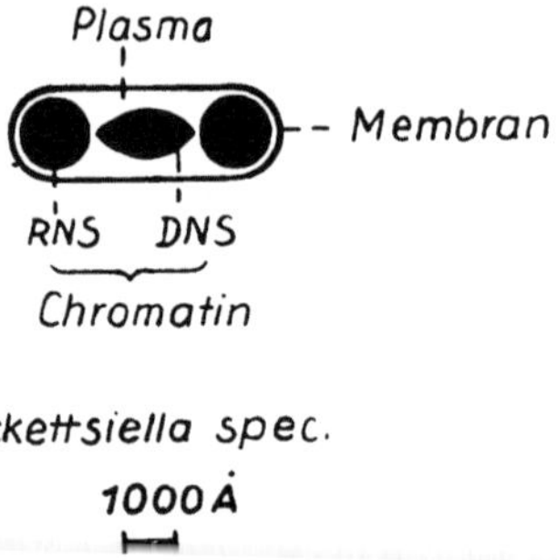

Abb. 19. Hypothetischer Aufbau der Rickettsien

Bei Rickettsien konnte der Nachweis für eigene Stoffwechselleistungen erbracht werden. Speziell bei *Rickettsia typhi* ließ sich der Besitz eines autonomen Energiestoffwechsels, katalysiert durch wohldefinierte Enzyme, nachweisen. Die Rickettsien unterscheiden sich in dieser Hinsicht offenbar grundsätzlich von den Viren, soweit sie in dieser Richtung untersucht wurden [GOTTSCHALK 1957]. So oxydieren gereinigte Suspensionen von *Rickettsia typhi* z. B. Glutaminsäure über Reaktionen des Tricarbonsäure-Zyklus [WISSEMAN und Mitarb. 1952]. Als DPN-spezifische Dehydrogenasen scheint nach den Untersuchungen von HAYES und Mitarb. (1957) ein Flavinenzym-Cytochrom-System zu wirken. Mit diesem Besitz stehen die Rickettsien nahe den Mikroorganismen, die keine obligat intrazellulären Parasiten darstellen. Für das Vorhandensein eines Stoffwechsel-Apparates, im Gegensatz zu den Viren, spricht auch die Wirksamkeit von verschiedenen Antibiotica [Aureomycin und Chloromycetin]. Die Abhängigkeit der Rickettsien von DPN, ATP und CoA erklärt die Natur und den Grad ihres Parasitismus. Nach LURIA (1953) besteht der wesentlichste Unterschied zwischen

Pasteurella tularensis und Rickettsien darin, daß letztere auf zellfreien bakteriologischen Medien nicht kultivierbar sind. Auch die angebliche Züchtung von *Rickettsoides melophagi* durch Nöller (1917), Hertig und Wolbach (1924) und Jungmann (1918) auf Glucose-Blut-Nähragar konnte nicht bestätigt werden (Gubler 1947).

2.1.3. *Evolution und insektenpathologische Bedeutung*

Die Beziehungen zwischen Rickettsien und Arthropoden sind sehr eng. Die rezenten Wurzeln der Phylogenie dieser Beziehungen reichen ebenso wie die bei den *Arthropodophiliales* bis zu den Arachnoiden, von denen die Genera *Zinssera* und *Dermacentroxenus* [im Gegensatz zu den Verhältnissen bei vielen Insekten] transovariell übertragen werden und mit denen sie im Gleichgewicht leben. Interessant ist auch, daß die Rickettsien des Genus *Dermacentroxenus* bei den Zecken [*Ixodoidea*] intranucleär vorkommen. Die Insekten scheinen phyletisch sekundäre Wirte der Rickettsien zu sein. Nach Steinhaus leiten sie sich von intrazellulären symbiontischen Bakterien der Arthropoden durch Reduktion ab. Solange sie extra- bzw. epizellulär lebten [*Rickettsoides melophagi* und *Rickettsoides pediculi*], waren sie apathogen. Die pathogenen Formen entwickelten sich offenbar dadurch, daß die Rickettsien ihre extrazelluläre Lebensweise aufgaben und in die Zellen eindrangen [*Enterella stethorae*, *Rickettsia prowazekii*].

Über blutsaugende Arthropoden konnte sich ein Wirtswechsel entwickeln, indem sich die Rickettsien an Wirbeltiere adaptierten [*Rickettsia prowazekii*]. Weyer (1947) beschreibt bei *Rickettsia prowazekii* [die er von der *Rickettsia typhi* nicht scharf trennt!] einen Wechsel zwischen avirulenten extrazellulären Formen und virulenten intrazellulären Formen als Folge von Passagen und Wirtswechsel. Er hält sogar einen Übergang von *Rickettsia prowazekii* zu *Rochalimae quintana* (!) bzw. *Rickettsoides pediculi* für möglich.

Evolutorisch wichtig ist die Tatsache, daß sich Rickettsien von ihrem Arthropodvektor absetzen können wie z. B. *Coxiella burnetii*, welche zwar noch auf Nager und Horntiere durch Zecken übertragen wird, von Mensch zu Mensch aber durch Kontaktinfektion. Die völlige Emanzipation der Rickettsien von Arthropoden liefert vielleicht eine Basis für eine Ableitung der Chlamydozoen von den Rickettsien.

2.2. *Rickettsiales* Buchanan et Buchanan

Definition: Parasiten von Arthropoden und/oder Vertebraten. Haben keine pathogenetische Affinität zu Erythrozyten.

Familien: Rickettsiaceae.
(Chlamydozoaceae.)

2.2.1. *Rickettsiaceae* PINKERTON

Definition: Fakultativ oder obligatorisch in Arthropoden vorkommend.

Tribus: *Rickettsieae*
(Ehrlichieae)
Wolbachieae

2.2.1a. *Rickettsieae* PHILIP

Definition: Wirbeltierpathogene Rickettsien. Zum Teil Antigen-Gemeinschaft mit Proteusstämmen.

Genera: *Rickettsia*
Rochalimae
(Zinssera)
(Dermacentroxenus)
(Coxiella)
(Cowdryia)

α) ***Rickettsia*** DA ROCHA-LIMA

Definition: Intrazytoplasmatisch vorkommende Rickettsien. Gruppen-Antigene mit Proteus-OX-19 gemeinsam. Daher spezifisch heterophile Seroreaktionen [WEIL-FELIX]. Primäre Parasiten von Zecken, die sich sekundär auch an Insekten [*Anoplura, Aphaniptera*] adaptiert haben. Keine transovarielle Übertragung.

i. *Rickettsia prowazekii* DA ROCHA-LIMA.

[DA ROCHA-LIMA 1916.]
Wirbeltiervektor: Mensch, Affe, Meerschweinchen, weiße Maus.
Arthropodvektor: Pediculus humanus corporis DEG., *Pediculus humanus capitis* DEG., *Pedicinus longiceps* PIAG.
Wahrscheinlich mit ihr identisch:

ii. *Rickettsia typhi* (WOLBACH et TODD) PHILIP.

[WOLBACH et TODD 1920].
[syn. *Rickettsia mooseri* MONTEIRO].
[MONTEIRO 1931].
Wirbeltiervektor: Mensch, Affe, Meerschweinchen, weiße Maus, Ratte, Kaninchen, Katze.
Arthropodvektor: Xenopsylla cheopis (ROTSCH), *Xenopsylla astia*, ROTSCH. *Nosopsyllus fasciatus* (BOSC) u. a. Nagerflöhe, ferner *Pulex irritans* L. und

Pediculus humanus corporis DEG., *Polyplax spinulosa* (BURM.), *Echidnophaga gallinacea.*

Übertragung: Infektkette: Infizierte Insektenfaeces → durch Wundinfektion ins Blut des Zwischenwirtes [Mensch] [Vermehrung; Inkubationszeit 7 bis 15 Tage] → Blutnahrung des Insekts [Vermehrung; Inkubationszeit 4–7 Tage bei + 37° C] → infizierte Insektenfaeces.

Pathologie: Wirbeltiervektor: Rickettsien vermehren sich intrazellulär in Epithelzellen von Gefäßen und serösen Häuten. Reaktion der Leukozyten tritt hinter die der histiozytären Elemente zurück. Es kommt überall im Körper zur Bildung von Fleckfieberknötchen. Diese sind besonders auffallend in der Haut [Exanthem] und besonders zahlreich in der grauen Hirnsubstanz und in der Medulla oblongata [Panenzephalitis]. Beim Mensch 3–7 Tage lang dauernder hochfieberhafter Prozeß und mit hoher Letalität bei *Rickettsia prowazekii.* Bei Meerschweinchen ebenfalls febrile Reaktion; Mäuse, Ratten und Kaninchen neigen zu latenter Infektion. *Rickettsia typhi* kann im Gegensatz zu *Rickettsia prowazekii* bis zu 1 Jahr im Rattenhirn persistieren. Die Toxine der beiden Rickettsienarten sind spezifisch [Neutralisationstest]. Bildung neutralisierender Antikörper bewirkt lang dauernde erworbene Immunität.

Arthropodvektor: Rickettsien vermehren sich intrazellulär in Darmepithelzellen und treten hier in großen Mengen auf. Laus bleibt infektiös solange sie lebt. Bei *Pediculus* bewirkt *Rickettsia prowazekii* Zerfall des Darmepithels frühzeitiger Tod, der oft schon am 4. Tag, meist zwischen 7–10 Tagen unter rötlicher Verfärbung der Tiere eintritt. Starke Virulenzschwankungen beobachtbar. Bei anderen Läusen und Flöhen geringe Schäden. Rickettsien nur in Faeces; kein Befall der Speicheldrüse, aber auch keine Ausscheidung im Speichel.

Diagnose: Nachweis im Wirbeltier: Durch Xenodiagnose [s. unter *Rochalimae quintana*] oder Tierversuch [Injektion von Patientenblut in Meerschweinchen]. Serologische Diagnose: Rickettsien-Agglutination [Titer 1:100] oder WEIL-FELIX-Reaktion: Antikörper im Serum infizierter Wirbeltiere agglutinieren *Proteus vulgaris* Typ OX_{19} [Titer 1:200] [WEIL und FELIX, 1916; WESTPHAL und Mitarb. 1947]. Antikörpernachweis auf diese Art im Patientenblut vom 5.–7. Krankheitstag; maximal 12–14 Tage. Differenzierung der *Rickettsia prowazekii* von der *Rickettsia typhi* durch Titerhöhe bei Agglutination, Komplementbindungs-Reaktion und Neutralisationstest gegenüber Toxin. Es sind Intermediärstämme bekannt, die eine sichere Differenzierung praktisch unmöglich machen. Nach MOOSER (1945) und WEYER (1947) sind die beiden Rickettsien transmutabel. Allergische Hautreaktion der Patienten mit Antigen aus Proteus OX_{19}: Exanthin-Reaktion nach FLECK.

Nachweis im Arthropod: Ausstrich von Darminhalt und Färbung nach GIEMSA oder MACCHIAVELLO: Rickettsien färben sich rot. Notfalls auch Färbung mit Karbolfuchsin. Intrazelluläre Lagerung.

Morphologie: $300–700 \times 500–2000$ mμ [im Mittel 500×1100 mμ] große, kugel- bis stäbchenförmige Mikroorganismen, hantelförmige Teilungsformen, z. T. in Ketten; pleomorph.

Vermehrung: Rickettsien lassen sich im Läusedarm in vivo züchten. Hierzu rektale Injektion von 0,001 ml einer Erreger-Suspension. Bei intrazoelomaler

Injektion auch Vermehrung der Rickettsien; es werden hierbei alle erreichbaren Zellen infiziert, besonders Fettkörper, u. U. auch Ovar. Bei vaginaler Applikation von Rickettsien kommt es zur Entwicklung der Rickettsien im Ovar und zur Übertragung auf entwicklungsfähige Eier. So infizierte Larven sterben spätestens am 5. Tag [Weyer 1947]. Larven von *Tenebrio molitor* L. als Ersatzwirt; Rickettsien vermehren sich hier nach intrazoelomaler Injektion im Fettkörper [Weyer 1950]. Weiterhin züchtbar nach beliebiger Infektion im Meerschweinchen; besonders hohe Ausbeute im Gehirn. Kultur auf überlebenden Geweben von Meerschweinchen und Kaninchen oder auf Gewebekulturen möglich. Weitere Züchtungsmöglichkeiten: Chorioallantois-Membran oder besser Dottersack infizierter Hühnerembryonen [Rickettsien setzen herdförmige Affektionen; Embryonen sterben nach 4–5 Tagen], ferner Tunica vaginalis des Meerschweinchen-Hodens außerdem mit guter Ausbeute auf Kaninchen- oder Hunde-Lunge nach intratrachealer Infektion. Schließlich züchtbar in Plasma-Gewebekulturen von Säugergeweben und in einem modifizierten Maitland-Medium. Temperaturoptimum $+32°$ C in Plasma-Gewebekulturen und $+35°$ C im Hühnerembryo. Passieren keine Bakterienfilter. Getrocknet lange lebensfähig, mit Schutzkolloid jahrelang. Bei $+50°$ C in 30 Minuten abgetötet, desgl. in 0,5% Phenol oder 0,1% Formalin. Einfrieren oder Hunger bei 0° C bedingt Verlust von Toxizität, Hämolysin, Infektiosität und respiratorischen Eigenschaften der Rickettsien. Dieser Verlust kann durch Inkubation mit Glutamat bei $+34°$ C wieder aufgehoben werden [Bovarnick und Allen 1957].

Epidemiologie: Klassisches Fleckfieber [englisch: typhus fever] durch *Rickettsia prowazekii.* Endemisch und epidemisch in Osteuropa, der USSR, Nordafrika, Südafrika und Südamerika [in den Anden]. Befällt hauptsächlich die Erwachsenen mit hoher Letalität, bei Kindern nur schwache Erkrankung. Mensch als Rickettsien-Reservoir. – Murines Fleckfieber durch *Rickettsia typhi.* Tritt gelegentlich epidemisch in Hafenstädten Europas und Nordafrikas [Mittelmeergebiet] auf; endemisch oder epidemisch in den südlichen Gebieten der USSR, in Indien [Bangalore], in der Mandschurei [mandschurisches Fleckfieber], in Afrika [rotes Kongo-Fieber] und in Mexiko [Tarbadillo]. Ist in erster Linie eine weitverbreitete Nagerkrankheit, die durch Nagerflöhe übertragen wird. Virus-Reservoir: Nagetiere [Ratte, Mäuse, Eichhörnchen] und nur gelegentlich Mensch. Kann durch Menschenfloh oder Kleiderlaus weiter übertragen werden. Weniger gefährlich als das klassische Fleckfieber.

Nach Zinsser (1943) hat sich der Zyklus der *Rickettsia prowazekii* [Mensch-Laus] aus dem eingespielten Gleichgewicht der *Rickettsia typhi* [Ratte—Rattenfloh] sekundär entwickelt.

Maßnahmen: Vernichtung des Insektvektors [DDT, γ-HCH]. Chemotherapeutische Behandlung mit Aureomycin und Chloromycetin. Aktiv-Immunisierung mit Rickettsien-Vaccine verhindert nicht Erkrankung, setzt nur Letalität herab.

β) ***Rochalimae*** Macchiavello

Definition: Epizelluläre Rickettsien. Keine gemeinsamen Gruppenantigene mit Proteus OX-Stämmen. Immunologische Sonderdarstellung gegenüber anderen Rickettsien. Von Insekten und Acarinen (primäre Wirte?) übertragen. Keine transovarielle Übertragung.

i. *Rochalimae quintana* (SCHMINKE) MACCHIAVELLO.

[syn. *Rickettsia quintana* SCHMINKE].
[SCHMINKE 1917].
[syn. *Rickettsia wolhynica* JUNGMANN].
[JUNGMANN 1917].

Wirbeltiervektor: Mensch [übliche Labortiere nicht empfänglich].

Arthropodvektor: Pediculus humanus corporis DEG.

Übertragung: Infektkette: Infizierte Läusefaeces → durch Wundinfektion ins Blut des Zwischenwirtes [Mensch] [Vermehrung; Inkubationszeit 12 bis 25 Tage] → Blutnahrung der Laus [Vermehrung; Inkubationszeit 4 Tage bei + 37° C] → Infizierte Läusefaeces.

Pathologie:

Wirbeltiervektor: Der infektiöse Prozeß erzeugt Wechselfieber mit meist 5 Tage währenden Apyrexien, deshalb sog. Fünftage-Fieber. Antikörperbildung bewirkt nur unvollkommene Immunität. *Arthropodvektor:* Rickettsien vermehren sich epizellulär auf dem Darmepithel.

Diagnose: Nachweis am Menschen: Durch Xenodiagnose. Hierzu Ansetzen gesunder Läuse an Patienten, Inkubation derselben bei + 37° C, nach 4 bis 6 Tagen mikroskopische Darmuntersuchung.

Nachweis im Arthropod: Herauspräparieren des Darmes. Ausstrich und Färbung nach GIEMSA oder MACCHIAVELLO, Rickettsien färben sich rot. Notfalls auch Färbung mit Karbolfuchsin. Epizelluläre Lagerung; Rickettsien umgeben Epithelzellen palisadenartig.

Morphologie: 200–500 × 600–800 mμ [extrem 700–1400 mμ] große kugelförmige Mikroorganismen, die sich bipolar anfärben. Weniger pleomorph als *Rickettsia prowazekii.*

Vermehrung: Läßt sich nicht auf übliche Versuchstiere übertragen. Passieren teilweise Bakterienfilter. Getrocknet monatelang lebensfähig. Bei + 80° C erst in 20 Minuten abgetötet; hitzeresistenter als andere Rickettsien.

Epidemiologie: In Ost-Europa und Rußland endemisch. Bekannt geworden als Grabenfieber im ersten Weltkrieg [Ostfront; Weißruthenien und Wolhynien – Wolhynisches Fieber; Westfront: Flandern – trench fever] und im zweiten Weltkrieg an der Ostfront. Virus-Reservoir: Mensch. Letalität praktisch Null.

Maßnahmen: Vernichtung des Insektvektors [DDT, γ-HCH].

2.2.1b. *Wolbachieae* PHILIP

Definition: Rickettsien ohne ausgesprochene Wirbeltierpathogenität. Keine Antigen-Gemeinschaft mit *Proteus*-Stämmen.

Genera: *Rickettsoides.*
Enterella.
Rickettsiella.
Wolbachia.

α) ***Rickettsoides*** *nov. gen.*

Definition: Rickettsien, die epizellulär Darmepithelien befallen. Ohne pathogenen Effekt. Nicht filtrabel.

i. *Rickettsoides pediculi* (MUNK et DE ROCHA-LIMA) *nov. comb.*

[syn. *Rickettsia pediculi* MUNK et DA ROCHA-LIMA].
[MUNK und DA ROCHA-LIMA 1917].
Anmerkung: Wahrscheinlich identisch mit *Wolbachia rochalimae* WEIGL [WEIGL 1921]. Nach PHILIP (1957) sollen beide Organismen identisch mit *Rochalimae quintana* sein.
Wirt: *Pediculus humanus* DeG.
Übertragung: Wahrscheinlich germinative Übertragung [durch Schmierinfektion?].
Pathologie: Bildet lockere Agglomerationen auf Darmepithelzellen. Epizelluläre Lagerung wie *Rochalimae quintana.*
Diagnose: Ausstrich und Färbung wie übrige Rickettsien.
Morphologie: Ähnlich wie *Rickettsia prowazekii.* Unter Umständen etwas größer; ausgesprochen pleomorph. Differenzierung von *Rickettsia prowazekii:* Histologisches Bild des Läusedarmes und Apathogenität gegenüber Wirbeltieren.
Vermehrung: Im Wirtstier.

ii. *Rickettsoides linognathi* (HINDLE) *nov. comb.*

[syn. *Rickettsia linognathi* HINDLE].
[HINDLE 1921].
Wirt: *Linognathus stenopsis* (BURM.).
Übertragung: Wahrscheinlich germinativ.
Pathologie: Epizellulär im Darm.
Diagnose: Ausstrich und Färbung wie übrige Rickettsien.
Morphologie: Ähnlich wie *Rickettsoides trichodectae.*
Vermehrung: Nur im Wirtstier.
Epizootiologie: Wurde in 2% von *Linognathus stenopsis* gefunden.

iii. *Rickettsoides trichodectae* (HINDLE) *nov. comb.*

[syn. *Rickettsia trichodectae* HINDLE].
[HINDLE 1921].
Wirt: *Trichodectes pilosus* GIEBEL.
Übertragung: Wahrscheinlich germinativ.
Pathologie: Epizellulär im Darm.
Diagnose: Ausstrich und Färbung wie übrige Rickettsien.
Morphologie: 300–500 × 500–900 mμ große Mikroorganismen.
Vermehrung: Nur im Wirtstier.
Epizootiologie: Befällt etwa 7–8% von *Trichodectae pilosus* GIEBEL.

iv. ***Rickettsoides pulex*** (MACCHIAVELLO) *nov. comb.*

[syn. *Cowdryia pulex* MACCHIAVELLO].
[MACCHIAVELLO 1947].
Wirt: Pulex spec..
Übertragung: Wahrscheinlich peroral.
Pathologie: Bildet lockere Agglomeration im Darm; nicht pathogen für den Wirt.
Diagnose: Läßt sich durch MACCHIAVELLO-Färbung von Darmbakterien differenzieren: Rickettsien rot, Bakterien blau.
Vermehrung: Im Wirtstier.

v. ***Rickettsoides melophagi*** (NÖLLER) *nov. comb.*

[syn. *Rickettsia melophagi* NÖLLER].
[NÖLLER 1917].
Wirt: Melophagus ovinus (L.).
Übertragung: Über „Milchdrüsen".
Pathologie: Epizellulär im Darm. Intrazelluläres Vorkommen bleibt umstritten.
Diagnose: Ausstriche und Färbung wie die übrigen Rickettsien.
Morphologie: 300–400 × 500–1000 mμ große ellipsoide Mikroorganismen; in Paaren, gelegentlich auch in Ketten vorkommend. In Eiern mehr stäbchenförmige Individuen.
Vermehrung: Lassen sich nach NÖLLER (1917), HERTIG und WOLBACH (1924) und JUNGMANN (1918) angeblich bei + 26° C auf Glucose-Fleischbouillon-Blutagar züchten; vgl. auch KLIGLER und ASCHNER (1931). Nach STEINHAUS (1947) kultivierbar auf Hühnerembryonen. Nach GUBLER (1947) gelingt die Züchtung weder in vitro noch in vivo außerhalb des spezifischen Wirtstieres.

vi. ***Rickettsoides spec.***

Wirt: Lipoptena caprina AUSTEN.
[ASCHNER 1931].
Übertragung: Über „Milchdrüsen".
Pathologie: Epizellulär im Darm.
Diagnose: Ausstrich und Färbung wie übrige Rickettsien.
Vermehrung: Nur im spezifischen Wirtstier. KLIGLER und ASCHNER (1931) wollen bei + 26° C auf Pepton-Gelatine-Blut-Medium die Rickettsien gezüchtet haben.

vii. ***Rickettsoides spec.***

Wirt: *Hippobosca capensis* OLFERS [*Hippobosca longipennis* FABR.].
[ASCHNER 1931].
Übertragung: Über „Milchdrüsen".

Pathologie: Epizellulär im Darm.
Diagnose: Ausstrich und Färbung wie übrige Rickettsien.
Vermehrung: Spärlicher Befall der Wirtstiere. Versuch einer Züchtung durch KLIGLER und ASCHNER (1931).

viii. *Rickettsoides spec.*

Wirt: Hippobosca equina L.
[ASCHNER 1931].
Übertragung: Über „Milchdrüsen".
Pathologie: Epizellulär im Darm.
Diagnose: Ausstrich und Färbung wie übrige Rickettsien.
Vermehrung: Spärlicher Befall der Wirtstiere. Versuch einer Züchtung durch KLIGLER und ASCHNER (1931).

β) ***Enterella*** *nov. gen.*

Definition: Rickettsien, die mit pathogenem Effekt Darmepithelien obligatorisch intrazellulär befallen.

i. *Enterella culicis* (BRUMPT.) *nov. comb.*

[syn. *Rickettsia culicis* BRUMPT].
(BRUMPT 1938).
Wirt: Culex quinquefasciatus SAY = *Culex pipiens fatigans* WIED.
Übertragung: Wahrscheinlich germinativ.
Pathologie: Befällt das Zytoplasma der Magen-Epithelzellen und schädigt sie.
Diagnose: Ausstrich und Färbung wie übrige Rickettsien. Färbung in Schnitten mit Hämalaun.
Morphologie: 600–1000 mμ große Mikroorganismen, kugelförmige oder Kurzstäbchen. Differenzierung gegenüber *Wolbachia pipientis* HERTIG auf Grund ihrer Histopathologie.
Vermehrung: Nur im Wirtstier.

ii. *Enterella stethorae* (HALL et BADGLEY) *nov. comb.*

[syn. *Rickettsiella stethorae* HALL et BADGLEY].
[HALL und BADGLEY 1957].
Wirte: Stethorus punctum (LEC.), *Stethorus gilvifrons, Stethorus punctillum* WEISE, *Stethorus spec.*
Übertragung: Peroral; hohe Mortalität.
Pathologie: Die Rickettsien befallen Zytoplasma des Darmepithels der Käferlarven. Stark befallene Darmzellen werden z. T. in das Darmlumen abgestoßen. Malpighische Gefäße werden nicht befallen. Äußere Symptome

unauffällig: Einstellung von Nahrungsaufnahme und Bewegung und schließlich Absterben. Die Leichen mumifizieren.

Diagnose: Darmausstrich. Im Phasenkontrast oder Immersionsdunkelfeld ohne Färbung auf Grund ihrer hohen Lichtbrechung deutlich sichtbar, starke BROWNsche Bewegung.

Morphologie: 400 × 1000 mμ große ovoide bis elliptische Stäbchen mit zugespitzten Enden.

Färbung wie übrige Rickettsien. Beste Resultate mit GIEMSA- oder MACCHIAVELLO-Färbung. Außer Rickettsien finden sich in den Darmausstrichen flottierende rickettsiengefüllte, sphärische Darmzellen.

Vermehrung: Nur im Wirtstier.

Epizootiologie: In Kalifornien als Erreger einer Labor-Epizootie aufgetreten in der Zucht einer aus Marokko importierten *Stethorus*-Art.

γ) ***Rickettsiella*** PHILIP

Definition: Rickettsien [vgl. Abb. 27], die mit pathogenem Effekt vor allem den Fettkörper obligatorisch intrazellulär befallen. Bildung von Begleitkristallen [vgl. Abb. 26] typisch. Gemeinsames Gruppen-Antigen. Filtrabel.

i. *Rickettsiella melolonthae* (KRIEG) PHILIP.

[syn. *Rickettsia melolonthae* KRIEG].

[WILLE und MARTIGNONI 1952; KRIEG 1955a].

Wirte: Melolontha hippocastani FABR., *Melolontha melolontha* (L.), *Amphimallon solstitialis* (L.), *Phyllopertha horticola* (L.). [KRIEG 1958b].

Experimentell: Mäuse [KRIEG 1955b].

Übertragung: Perorale Infektion. Chronischer temperaturabhängiger Infektionsverlauf. Absterbezeit: temperaturabhängig; bei + 22 bis + 25° C: 120–180 Tage bei peroraler, 30–120 Tage bei intracoelomaler Infektion. Germinative Übertragung nicht unwahrscheinlich.

Pathologie: Die Rickettsien befallen das Zytoplasma von Fettkörperzellen, ferner Hämozyten [WILLE und MARTIGNONI 1952; KRIEG 1955a, 1958a]. Kerne pyknotisch. Die erkrankten Zellen sind leicht verletzlich; bei ihrem Zerfall treten kugelige Bläschen [Vakuolen] aus, die sich im Frühstadium mit Neutralrot tingieren: NR-bodies [KRIEG 1959]. Die Vermehrung der Rickettsien erfolgt im Cytoplasma der befallenen Zellen. Die „Vakuolen“ sind zunächst sehr klein („initial bodies“) und dicht mit Erregern vollgepackt. Im Verlauf ihrer Entwicklung nehmen die „Vakuolen“ an Volumen zu und enthalten neben Rickettsien auch sog. Begleitkristalle. Schließlich platzen die „Vakuolen“ und entleeren ihren infektiösen Inhalt in das Plasma der Wirtsszelle bzw. in die Hämolymphe. – Die 1–4 μ großen Begleitkristalle sind unlöslich in Wasser und organischen Lösungsmitteln, hingegen löslich in verdünntem Alkali. Nach der chemischen Analyse handelt es sich um Proteinkörper. In den Kristallen sind keine Rickettsien eingeschlossen [KRIEG 1958a]. Außer einer Entstehung der Begleitkristalle in den „Vakuolen“

wurde eine solche auch in Albuminoiden beobachtet [KRIEG 1960]. Die „Vakuolen" selbst sind den bei *Wolbachia*-Infektionen beschriebenen „NR-bodies" homolog [vgl. Abb. 26].

Vornehmlich werden Larven, aber auch Puppen und Imagines befallen: „Lorscher Seuche" der Maikäfer-Engerlinge. Massiv infizierte Engerlinge überleben meist die folgende Häutung nicht. Im Gegensatz zu normalen Engerlingen bohren sie sich bei Temperaturstürzen aus dem Boden, anstatt in die Tiefe zu gehen [NIKLAS 1957]. Der Fettkörper löst sich schließlich auf, und die Rickettsien treten in die Hämolymphe aus. Schmutzig-weiße Verfärbung der Engerlinge, die im fortgeschrittenen Zustand das Rectum äußerlich nicht mehr erkennen läßt. Turgor kranker Tiere gering.

Experimentelle Infektion bei Vertebraten: Nach intraperitonealer Infektion, etwa 10%ige Mortalität nach 10 Tagen bei weißen Mäusen infolge Peritonitis; Bildung von Antikörpern [KRIEG 1955b]. Höhere Mortalitätsrate nach 8 Tagen infolge Pneumonie bei intranasaler Instillation. Adaptation an die weiße Maus per os ist schwieriger [GIROUD und Mitarb. 1958].

Diagnose: Ausstriche von Fettkörper oder Hämolymphe. Im Phasenkontrast und Immersionsdunkelfeld ohne Färbung auf Grund ihrer hohen Lichtbrechung deutlich sichtbar; starke BROWNsche Bewegung.

Morphologie: 200 × 600 mμ große kurzstäbchen- bis nierenförmige Mikroorganismen [vgl. Abb. 27]. Nach Ultra-Dünnschnitten von KRIEG (1960) besitzt die *Rickettsiella* eine ähnlich zusammengesetzte Struktur wie die Bakterien: das Protoplasma enthält ein axiales Kernäquivalent. Die Zelle ist von einer Doppelmembran umgeben. – Färbung wie übrige Rickettsien. Im Reifestadinm mit Anilinfarben schwer anfärbbar; beste Resultate mit GIEMSA- oder MACCHIAVELLO-Färbung. Im sog. Jugendstadium – in dem die Rickettsien Ketten bilden – noch relativ gut anfärbbar [KRIEG 1955a].

Serodiagnose durch Agglutination möglich [KRIEG 1955b] durch Verwendung spezifischer Immunsera. Eine Suspension, die *Rickettsiella melolonthae* enthält, wird von spezifischem Antiserum bis zu Titer von 1:1000 agglutiniert. Serologische Differenzierung möglich; gemeinsames Gruppenantigen mit *Rickettsiella popilliae* und *Rickettsiella tipulae* [KRIEG 1958b], daneben noch artspezifische Teilantigene. Keine Antigengemeinschaft mit Proteus OX 19 (KRIEG 1955, unveröffentlicht).

Vermehrung: Die Rickettsien werden nach Verimpfen in das Hämocoel im Wirtsorganismus vermehrt. Bisher nicht auf Hühnerembryonen züchtbar. Wachsen nicht auf Glucose-Fleischbouillon-Blutagar.

Epizootiologie: Diese Rickettsiose wird seit 1936 an Engerlingen von *Melolontha spec.* bei Lorsch [Nähe Darmstadt; Westdeutschland] beobachtet. Der Erreger ist hier als enzootischer Begrenzungsfaktor wirksam. Verseuchungsgrad bis zu 75%; mittlerer Verseuchungsgrad ~ 50% [NIKLAS 1956]. In diesem Bereich wurden auch Larven von *Amphimallon solstitialis* und *Phyllopertha horticola* infiziert gefunden. WILLE (1956) fand die Rickettsiose in Engerlingen von *Melolontha melolontha* in der Schweiz und DUMAS und HURPIN (1958) in Engerlingen von *Melolontha hippocastani* F. bei Fontainebleau [Nähe Paris, Frankreich].

Biologische Bekämpfung: Versuch einer Verwendung entweder durch künstliche Ausbringung der Erreger oder Aussetzen infizierter Weibchen in gesunde Populationen bisher nur geplant.

ii. *Rickettsiella popilliae* (DUTKY et GOODEN) PHILIP.

[syn. *Coxiella popilliae* DUTKY et GOODEN].
[DUTKY und GOODEN 1952].
Wirte: Popillia japonica NEWM., *Phyllophaga anxia* LEC. [*Lachnosterna anxia* LEC.], *Phyllophaga ephilida* (SAY) [*Lachnosterna ephilida* (SAY)] und *Amphimallon majalis* (RAZOUM.).
Übertragung: Perorale Infektion. Absterbezeit bei peroraler Infektion ca. 45 Tage.
Pathologie: Die Engerlinge des Japankäfers sind meist bläulich-grau verfärbt: „Blue disease". Sonst wie bei *Rickettsiella melolonthae.*
Diagnose: s. *Rickettsiella melolonthae.*
Vermehrung: s. *Rickettsiella melolonthae.*
Epizootiologie: Als enzootischer Begrenzungsfaktor von Engerlingspopulationen ab 1940 in Pennsylvania und anderen Staaten der USA nachgewiesen. Vornehmlich an Engerlingen von *Popillia japonica* aber auch an solchen von *Phyllophaga anxia* LEC. [*Lachnosterna anxia* LEC.] und *Phyllophaga ephilida* (SAY) [*Lachnosterna ephilida* (SAY)] (DUTKY und GOODEN 1952).

iii. *Rickettsiella tipulae* MÜLLER-KÖGLER.

[MÜLLER-KÖGLER 1958].
Wirt: Tipula paludosa MEIG.
Übertragung: Perorale Infektion. Absterbezeit bei peroraler Infektion 40 bis 80 Tage. Germinative Übertragung nicht unwahrscheinlich.
Pathologie: Infizierte Larven der Wiesenschnecke gelegentlich heller als gesunde. Außer im Fettkörper konnten Rickettsien auch in den Gonaden nachgewiesen werden. Weitere gelegentlich befallene Organe: Hypodermis, Trachealmatrix, Muskeln, aber auch Darm-Muscularis, Vasa Malpighi, Pericardialzellen und Ganglien [HUGER 1958]. Sonst wie bei *Rickettsiella melolonthae.* Tote Larven schrumpfen ein.
Diagnose: s. *Rickettsiella melolonthae.*
Vermehrung: s. *Rickettsiella melolonthae.*
Epizootiologie: Rickettsiose als enzootischer Begrenzungsfaktor von *Tipula*-Populationen wahrscheinlich in der Norddeutschen Tiefebene bedeutsam.

δ) ***Wolbachia*** HERTIG

Definition: Rickettsien ohne besondere Affinität zum Darm oder Fettkörper. Meist intrazellulär. Transovarielle Übertragung. Ohne pathogenen Effekt. Nicht filtrabel.

i. *Wolbachia pipientis* HERTIG.

Wirt: Culex pipiens L.
[HERTIG 1936].
Übertragung: Transovariell.

Pathologie: Gonaden beider Geschlechter werden befallen; in der Wand infizierter Gonaden treten mit Neutralrot anfärbbare Einschlüsse sog. NR-bodies auf. *Wolbachia* tritt gelegentlich auch in den MALPIGHIschen Gefäßen auf.

Diagnose: Ausstrich und Färbung wie übrige Rickettsien.

Morphologie: 250–500 × 500–1300 mμ große Mikroorganismen von kugel- bis stäbchenförmiger Gestalt; pleomorph. Weitgehend ähnlich der *Wolbachia lectularia*.

Vermehrung: Nur im Wirtstier; auf Hühnerembryonen bisher nicht züchtbar.

Epizootiologie: Wurde in Moskitos aus Nordamerika und China gefunden.

ii. *Wolbachia lectularia* (ARKWRIGHT, ATKIN et BACOT) *nov. comb.*

[syn. *Rickettsia lectularia* ARKWRIGHT, ATKIN et BACOT].

[syn. *Symbiotes lectularia* (ARKWRIGHT, ATKIN et BACOT) PHILIP].

Wirt: Cimex lectularius L.

Übertragung: Transovariell.

Pathologie: Sie befinden sich in Gonaden und als Begleiter von Symbionten [s. S. 279] in den Mycetomen. In den Testes und Follikelzellen sowie im „Corpus luteum“ mit Neutralrot anfärbbare Einschlüsse: NR-bodies. Diese NR-bodies sind 0,25–15,5 μ groß, enthalten DNS und RNS, alk. Phosphatase und sind wahrscheinlich vollgepfropft mit Rickettsien. Die parasitierten Zellen zeigen oft eine hochgradige Pyknose ihrer Zellkerne [RAY und DASGUPTA 1955, DASGUPTA und RAY 1956]. Befallen die Zellen der MALPIGHIschen Gefäße, das Darmepithel bleibt u. U. nicht verschont.

Diagnose: Ausstrich und Färbung wie bei den anderen Rickettsien.

Morphologie: 200–400 mμ im Durchmesser messende kokkoide Mikroorganismen mit starkem Pleomorphismus [Kokken- bis Fadenform].

Vermehrung: Nur im Wirtstier.

Anmerkung: Nach HERTIG und WOLBACH (1924) ist *Wolbachia lectularia* mit den Symbionten identisch was von PFEIFFER (1931) mit Recht auf das entschiedenste abgelehnt wird.

iii. *Wolbachia lynchiae nov. spec.*.

[ASCHNER 1931].

Wirt: Lynchia maura BIGOT.

Übertragung: Transovariell.

Pathologie: Intrazellulär in Darmepithelzellen, aber auch im Fettkörper und im Follikelepithel junger Ovozyten. Diese werden dicht befallen; Eintritt in die Eizelle und Anhäufung am hinteren Pol.

Diagnose: Ausstrich und Färbung wie übrige Rickettsien.

Morphologie: 500 × 500–800 mμ, kugel- bis stäbchenförmige Mikroorganismen.

Vermehrung: Im Wirtstier.

iv. *Wolbachia ctenocephali* (SIKORA) PHILIP.

[syn. *Rickettsia ctenocephali* SIKORA.]

Wirt: Ctenocephalides felis (BOUCHÉ) und *Pediculus humanus corporis* DEG.

[SIKORA 1920].

Übertragung: Transovariell.

Pathologie: Intrazellulär [gelegentlich auch epizellulär] in verschiedenen Organen der Hämozoele z. B. Ovar.

Diagnose: Ausstrich und Färbung wie übrige Rickettsien.

Morphologie: Größe variiert zwischen kleinen Kokken 300–400 mμ, großen und gebogenen Stäbchen 300 × 1500–2000 mμ.

Vermehrung: In den Wirtstieren.

Anmerkung: Von einer Reihe Autoren sind intrazelluläre Mikroorganismen in Insekten und anderen Arthropoden beschrieben worden, die außerhalb des Wirtsorganismus nicht züchtbar waren. Insbesondere wurden solche von HERTIG und WOLBACH (1924) beschrieben. Doch sind diese Arten zuwenig erforscht, als daß ihre Rickettsien-Natur bewiesen wäre.

2.2.1 c. *Erreger mit Rickettsien-Eigenschaften*

i. „*Virus-like bodies*".

[GRÉGOIRE 1951].

Wirt: Liogryllus domesticus L. – *(Orthoptera)*.

Übertragung: Nichts bekannt; wahrscheinlich latente Infektion.

Pathologie: Befall nicht von äußeren Symptomen begleitet. Die Gebilde (s. unten) werden in der Hämolymphe von Imagines gefunden. In Ausstrichen zeigen die Hämozyten eine weitgehende Zerstörung und ihre Organelle finden sich zerstreut in der Hämolymphe. Es wird eine Genese der „*virus-like bodies*" in den Hämozyten angenommen. Histopathologische Untersuchungen liegen nicht vor.

Diagnose: Hämolymphe-Ausstrich; Untersuchung im Phasenkontrast oder Dunkelfeld: Dunkle bzw. hell-glänzende, stark lichtbrechende Gebilde von etwa 0,25–0,40 μ Durchmesser. Im Gegensatz zu den Kapseln der *Bergoldia*-Arten von Lepidopteren sind die Gebilde im Elektronenmikroskop durchstrahlbar. Nach Fixation in (saurer) OsO_4-Lösung läßt sich in ihnen wie in *Rickettsiella* (KRIEG 1959b) ein osmiophiler Zentralkörper (Kernäquivalent) nachweisen, ca. 55 × 225 mμ groß.

Vermehrung: Offenbar nur im homologen Wirtstier.

Epizootiologie: Von GRÉGOIRE wurden diese „*virus-like bodies*" bei der Untersuchung von 25 adulten Grillen in 8 Individuen gefunden. Enzootie?

Literatur zu Kap. V, Abschnitt 2

ARKWRIGHT, J. A., ATKIN, E. E. und BACOT, A., Parasitology **13**, 27–36 (1921). — ASCHNER, M., Z. Morph. Ök.Tiere **20**, 368–442 (1931). — BOVARNICK, M. R. und ALLEN, E. G., J. Gen. Physiol. **38**, 169–179 (1954). —

BRUMPT, E., Ann. Parasitol. Hum. Comp. **16**, 153–158 (1938). — DASGUPTA, B. und RAY, H. N., Proc. Zool. Soc. (Calcutta) **9**, 55–63 (1956). — DUMAS, N. und HURPIN, B., 2. Insekt. path. Colloquium CILB (Paris 1958). — DUTKY, S. R. und GOODEN, E. L., J. Bact. **63**, 743–750 (1952). — GIROUD, P., DUMAS, N. und HURPIN, B., 2. Insekt. path. Colloquium CILB (Paris 1958). — GOTTSCHALK, A., Physiol. Rev. **37**, 66 (1957). — GUBLER, H. U., Dissertation (Zürich 1947). — HALL, I. M. und BADGLEY, M. E., J. Bacteriol. **74**, 452–455 (1957). — HAYES, J. E., HAHN, F. E., COHN, Z. A., JACKSON, E. B. und SMAIDEL, J. E., Biochim. biophys. acta **26**, 570–576 (1957). — HERTIG, M., Parasitology **28**, 453–486 (1936). — HERTIG, M. und WOLBACH, S. B., J. Med. Res. **44**, 329–374 (1924). — HINDLE, E., Parasitology **13**, 152–159 (1921). — HUGER, A., (Pers. Mitteilung 1958). — JUNGMANN, P., Berlin. klin. Wschr. **54**, 147–149 (1917); Dtsch. med. Wschr. **44**, (1918). — KRIEG, A., Z. Naturforschg. **10b**, 34–37 (1955a); **13b**, 374–379 (1958a); **13b**, 555–557 (1958b); Naturwiss. **42**, 609–610 (1955b); **46**, 231–232 (1959a). — KLIGLER, I. J. und ASCHNER, M., J. Bacteriol. **22**, 103–118 (1931). — LURIA, S. E., General Virology, 372 (New York, 1953). — MACCHIAVELLO, Prom. Reunion Interamer. del Tifo 418 (1947). — MONTEIRO, I. L., Mem. Inst. Butantan **6**, 5–135 (1931). — MOOSER, H., Acta Trop. Suppl. **4**, (1945). — MUNK, F. und ROCHALIMA, H., Münch. med. Wschr. **64**, 1422–1426 (1917). — MÜLLER-KÖGLER, E., Naturwiss. **45**, **248** (1958). — NIKLAS, O. F., Z. Pflanzenkrkh. **63**, 81–95 (1956); Anz. Schädl-kde. **30**, 113–116 (1957). — NÖLLER, W., Arch. Schiffs- u. Tropenhyg. **21**, 53 (1917). — PHILIP, C. B., Canad. J. Microbiol. **2**, 261–270 (1956). — PFEIFER, H., Zbl. Bakteriol. I. O. **123**, 151–171 (1931); RAY, H. N. und DASGUPTA, B., Parasitology **45**, 421–425 (1955). — ROCHA-LIMA, H., Berlin. klin. Wschr. **53**, 567–569 (1916). — SCHMINKE, A., Münch. med. Wschr. **64**, 961 (1917). — SHDANOW, W. M., Viren bei Mensch und Tier (Moskau 1953; dtsch. Jena 1957). — SIKORA, H., Arch. Schiffs- u. Tropenhyg. **24**, 347–353 (1920). — STEINHAUS, E. A., Insect Microbiology, 315 (New York 1947). — STOKER, M. G., SMITH, K. M. und FISET, P., J. Gen. Microbiol. **15**, 632–635 (1956). — WEIGL, R., Przglad. Epidemj. **1**, 375 (1921). — WEIL, K. und FELIX, H., Klin. Wschr. **29**, 33 (1916). — WESTPHAL, W., v. GONTARD, D. und Mitarb., Z. Naturforschg. **2b**, 25–29 (1947). — WEYER, F., Z. Naturforschg. **2b**, 349–358 (1947); Schweiz. Z. Path. Bakt. **13**, 478–486 (1950). — WEYER, F. und PETERS, D., Z. Naturforschg. **7b**, 357–361 (1952). — WILLE, H., Mitt. Schweiz. Entomol. Ges. **29**, 271–282 (1956). — WILLE, H. und MARTIGNONI, M. E., Schweiz. Z. Path. Bakt. **15**, 470–474 (1952). — WISSENMAN, C. L., HAHN, F. E., JACKSON, E. B., BOZEMAN, F. M. und SMALDEL, J. E., J. Immunol. **68**, 251 (1952). — WOLBACH, S. B. und TODD, J. L., Ann. Inst. Pasteur **34**, 153–158 (1920). — ZINSSER, H., Rats, lice and history (New York 1934).

Nachtrag bei der Korrektur

GRÉGOIRE, CH., J. Gen. Microbiol. **5**, 121–123 (1951). — KRIEG, A., Z. Naturforschg. **15b**, 31–33 (1960).

3. Schizomycetes NÄGELI (syn. Bacteria COHN)

Definition: Kokkoide, stäbchenförmige oder fadenförmige, etwa 1 μ Durchmesser große, z. T. bewegliche Mikroorganismen. Im allgemeinen auf künstlichem Nährboden züchtbar. Mit Ausnahmen keine obligaten Parasiten oder Symbionten. Besitzen keine Phycobiline [als Auxiliarpigmente zur Photosynthese].

Ordnungen: *Pseudomonadales.*
Eubacteriales.
Actinomycetales.
Spirochaetales.
(Chlamydobacteriales) u. a.

3.1. Allgemeines

3.1.1. *Taxonomie*

Bei der Behandlung der Bakterien wurde weitgehendst die systematische Einteilung verwendet, die der 7. Auflage von BERGEYS Manual' of Determinativ Bacteriology (Baltimore 1957) zugrunde liegt. Wo dies nicht der Fall ist, wurde es angemerkt.

3.1.2. *Aufbau, Vermehrung und Eigenschaften*

Bei den Bakterien liegen vollständige Zellen als Träger der Lebenserscheinungen vor. Sie besitzen im allgemeinen eine Zellwand. Diese ist beispielsweise bei *Bacillus cereus* 25–30 mμ dick. Die flexibel beweglichen *Spirochaeta* besitzen keine Zellwand. Andere aktiv beweglichen Bakterien besitzen Geißeln als Lokomotionsmechanismus. Diese sind ein fakultatives Merkmal, dessen Ausbildung unter bestimmten Umständen unterbleibt. Es handelt sich um Gebilde aus kontraktilem Protein von rund 20–25 mμ Durchmesser. Der eigentliche Protoplast ist begrenzt von einer osmiophilen 7,5 mμ dicken Doppelmembran aus Lipoproteid, die semipermeabel und nicht mit der Zellwand identisch ist. Im Zytoplasma-Bereich findet sich verhältnismäßig viel RNS, was die selektive Darstellung der etwa 150–200 mμ großen DNS-haltigen Kernäquivalente mit den meisten üblichen Kernfarbstoffen sehr erschwert.

Zur Demonstration der Kernäquivalente verwendet man an geeignet fixierten Präparaten neben der FEULGEN-Färbung auch die HCl-GIEMSA-Technik nach PIEKARSKI und ROBINOW. Die Form der Kernäquivalente ist wechselnd zwischen Sphären und Strängen als Extremen. Bei den bisher untersuchten Bakterien erscheint das Kernmaterial elektronenoptisch im allgemeinen weniger dicht als das umgebende Zytoplasma und wird deshalb auch als Hellzonen oder „Kernvakuolen" beoachtet. Diese Hellzonen sind in Form und Inhalt stark abhängig vom Zellstoffwechsel. Sie sind z. T. überhaupt nicht nachweisbar, obwohl DNS-Material vorhanden ist. Sie treten in gut mit O_2-begasten Kulturen von *Escherichia coli* nur in den alten Kulturen [postlogarithmische Phase] in Erscheinung, jedoch nicht in der logarithmischen Phase. Sie entwickeln sich maximal in N_2-begasten Kulturen, und zwar hier schon in der logarithmischen Phase [SCHLOTE und PREUSSER 1958]. Streng genommen haben die Bakterien keinen Kern, sondern eher ein Chromosom (da keine Kernmembran vorhanden und das Kernäquivalent homogen im Aufbau ist). Der Vergleich hinkt jedoch, da das Chromosom höherer Zellen bereits einen heterogenen Aufbau besitzt. Nach KELLENBERGER (1958) zeigen Bakterien nach bestimmter Fixierung in den Hellzonen feines fibrilläres DNS-Proteid mit einem Fibrillendurchmesser von 3–6 mμ. Neben den Kernäquivalenten sind im Zytoplasma auch Redoxorte [Chondriosomen-Äquivalente] mit Hilfe bestimmter Redoxindikatoren [z. B. Tetrazoliumsalzen, die zu Formazan reduziert werden] nachweisbar. Nach den EM-Untersuchungen von NIKLOWITZ (1958) an *E. coli* beträgt ihre Größe 75–200 mμ. Sie sind durch eine osmiophile Grenzschicht vom übrigen Zytoplasma getrennt: Bei relativ hoher elektronenmikroskopischer Dichte – Dunkelzone – besitzen sie einen siebartigen Lamellen-Aufbau. Sie sind an den Zellpolen lokalisiert, treten aber auch im Zelläquator auf. Wahrscheinlich sind in ihnen, ähnlich wie bei den höheren Zellen, die Fermente des Tricarbonsäure-Zyklus lokalisiert. Außerdem können z. B. mittels NEISSER-Färbung unter bestimmten Umständen in bestimmten Arten basophile [metachromatische] Metaphosphat-Granula [syn. Volutin-Granula, syn. Polkörnchen etc.] nachgewiesen werden, in denen man wohl Energiespeicher zu erblicken hat. Sie sind elektronenoptisch sehr dicht und verdampfen bei stärkerer Strahlenbelastung [WINKLER und KÖNIG 1948]. Das Zytoplasma selbst ist reich an glykolytischen Fermenten. Die Fermentausrüstung heterotropher Arten wird durch hydrolytische Fermente ergänzt, die z. T. auch als Ektoenzyme ausgeschieden werden, um das Nährsubstrat aufzuschließen. Es handelt sich bei ihnen um Carbohydrasen, Proteinasen und Peptidasen oder auch um Esterasen. Während die Redoxasen und Transferasen im allgemeinen obligatorisch vorhanden sind [konstitutive Enzyme], sind die Permeasen, Zymasen und Hydrolasen mehr oder minder fakultativ vorhanden [adaptive Enzyme]. Die Tatsache der fakultativ vorhandenen Enzyme bildet die Grundlage für die sog. enzymatische Adaptation [s. unten]. Solange Bakterien günstige Bedingungen vorfinden, vermehren sie sich relativ schnell durch Teilung: Proliferierende Zellen. Hierbei handelt es sich offenbar um eine Amitose, da Spindelbildung nicht beobachtet wird und Bakterien auf Spindelgifte [Colchicin] nicht reagieren. Werden die Teilungsbedingungen eingeschränkt, so verlängert sich die Generationsdauer und strebt schließlich nach Unendlich: Ruhende Zellen. Extrem lange Ruhezeiten ohne merklichen Stoffwechsel sind für die Sporen der Bazillen typisch. Diese können im Gegensatz zu den meisten Bakterienzellen jahrelang ihre Keimfähigkeit behalten. Außerdem vermögen Sporen extrem ungünstige Lebensbedingungen wie Trockenheit und Temperaturen von + 80 bis + 100° C zu überleben. Treten wieder günstige Bedingungen ein, so keimt der Sporeninhalt, und der Bazillus geht von einer latenten Lebensphase wieder in eine aktive über. –

Vergleichende biochemische Untersuchungen haben gezeigt, daß der Synthese-Stoffwechsel, der intermediäre Stoffwechsel und auch der Energie-Stoffwechsel trotz aller artspezifischen Unterschiede in allen lebenden Zellen nach denselben Prinzipien verläuft, und dies trifft auch für die hier zur Diskussion stehenden heterotrophen Bakterien zu. Als energieliefernde Prozesse dienen den heterotrophen Bakterien wie auch den höheren Zellen Dehydrierungen organischer Stoffe. Hinsichtlich des dazu erforderlichen Redoxpotentials lassen sich 3 allerdings nicht scharf voneinander zu trennende Bakterien-Typen unterscheiden: Aerobier, fakultative und obligate Anaerobier. Die Anaerobier weisen Gärung bzw. Fäulnis [u. U. mit Gasentwicklung – H_2, CO_2] auf; sie benötigen zu ihrem Gedeihen rH-Werte von etwa 8–14. Die Aerobier besitzen einen respiratorischen Gaswechsel [$O_2 \rightarrow CO_2$], manche weisen auch Oxydationsgärungen auf; sie bevorzugen rH-Werte von etwa 20–25. Obligate Aerobier sind selten; die meisten Aerobier vermögen auch anaerob zu gedeihen und sind daher eigentlich den fakultativen Anaerobiern zuzurechnen. Diese haben nämlich die Möglichkeit einer enzymatischen Umschaltung von Atmung auf Gärung und umgekehrt je nach den O_2-Verhältnissen: PASTEUR-Effekt [PASTEUR-MEYERHOFsche Reaktion].

Hinsichtlich ihrer Ansprüche an ein geeignetes Nährsubstrat, speziell hinsichtlich Nährstoffen und Wuchsstoffen, verhalten sich die Bakterien sehr verschieden: Von Wuchsstoffen, die als Cofermente wirksam und in unterschiedlichem Maße beansprucht werden, seien nur die wichtigsten genannt: Thiamin, Biotin, Pyridoxin, Nikotinsäure, p-Aminobenzoesäure, Folsäure, Pantothensäure, Riboflavin, Purin- und Pyrimidin-Riboside. – Die Fähigkeit heterotropher Bakterien Aminosäuren für den Baustoffwechsel zu synthetisieren ist wechselnd: So benötigt z. B. *Escherichia coli* hierzu lediglich Ammoniumsalze, andere Arten brauchen jedoch eine Reihe „essentieller Aminosäuren", wie z. B. *Bacillus cereus*. Ebenso ist der Verwendungsstoffwechsel der Kohlenhydratquellen artlich verschieden. Während *Escherichia coli* und *Pseudomonas*-Arten ersatzweise sogar mit C_2-Körpern wie Azetat auskommen, sind die meisten heterotrophen Bakterien auf mehrwertige Alkohole [Glyzerin, Hexite] oder echte Kohlenhydrate [Pentosen, Hexosen] angewiesen. – Da die Voraussetzungen für die Verwertbarkeit bestimmter Substrate genetisch fixiert sind [vgl. Ein Gen – ein Enzym – Theorie], lassen sich kulturelle Leistungen zur Artdiagnose verwenden [s. d.].

Durch geeignete Fermentgifte oder Blockade der Fermentsynthese können die verschiedenen Stoffwechsel-Leistungen inhibiert werden. Besonders eine Blockade der Synthese von lebenswichtigen Fermenten durch Verwendung sog. Antiwuchsstoffe [= Anti-Cofermente!] hat für die Chemotherapie von symbiontischen und pathogenen Bakteriosen eine große Bedeutung erlangt. Je nach ihrer Herkunft unterscheidet man bei diesen Blockersubstanzen der Bakterienvermehrung zwischen künstlichen Chemotherapeutica [z. B. Sulfonamide] und in der belebten Natur vorkommenden Antibiotica [z. B. Penicillin, Streptomycin, Aureomycin, Terramycin u. a.].

3.1.3. *Vererbung und Anpassung*

Genetische Variation:

Sie wird durch Mutation hervorgerufen. Besonders eingehend untersucht wurden bisher die stoffwechselphysiologisch interessanten Minus-Mutanten von ⟨auxotrophe⟩ Bakterien, wie z. B. ⟨⟩ *Escherichia coli*. Die Mutationsrate bei Bakterien liegt in der Größenordnung von $1:10^{-7}$ pro Gen und Generation. Sie läßt sich experimentell steigern durch ionisierende Strahlen [Röntgen-Strahlen] oder mutagene Substanzen [z. B. N-Lost].

Interklonale Variation:

Sie umfaßt den Austausch genetischer Faktoren durch Rekombination oder Infektion. Letztere kann erfolgen durch „gerichtete Mutation" bzw. Transformation [z. B. mit DNS-Extrakten in *Diplococcus pneumoniae*] oder durch temperierte Bakteriophagen in Form von lysogener Transduktion [z. B. durch λ-Phagen in *Escherichia coli K 12*] und lysogener Konversation [z. B. β-Prophagen – induzieren Toxinproduktion – in *Corynebacterium diphtheriae*]. Berichte über Gen-Austausch im Sinne einer sexuellen Rekombination liegen auch vor [z. B. Konjugation von *Escherichia coli K 12* untereinander und *Serratia marcescens* untereinander]. Vgl. hierzu RAVIN (1958). Über eine mögliche Entstehung pathogener Stämme durch Rekombination apathogener Bakterien hat PONTOCORVO (1947) theoretisiert.

Enzymatische Adaptation:

Zu der von den Viren her bekannten mutativen Anpassung tritt bei den Bakterien noch die enzymatische Anpassung [vgl. LEINER 1957]. Bei dieser Adaptation ändert sich das Erbgut nicht. Sie kann verschiedene Wirkungen haben: Änderung der Virulenz oder Gewöhnung an bestimmte

Nährstoffe oder Gifte, u. U. begleitet von einer Änderung des morphologischen Charakters: Involutionsformen [filtrable Formen und L-Formen]. Diese Verhältnisse sind gerade für die in der Insekten-Mikrobiologie zur Diskussion stehenden Probleme wichtig, so z. B. Virulenzänderungen im Zusammenhang mit epizootiologischen Fragen [s. S. 30f.]. Morphologische Veränderungen als Reaktion auf stoffliche Einwirkungen sind aber die Erklärung einmal für die pleomorphen Formen, die wir in den Geweben vieler Tiere finden, und zum andern für den Formwechsel, der typisch ist für viele symbiontische Bakterien.

Ebenso wie der Mutation kommt auch der enzymatischen Adaptation ein Auslesewert zu: Nicht adaptierte Individuen fallen der Selektion anheim. Charakteristisch für enzymatische Adaptation ist ihre Reversibilität: Sie wird nach Ablauf einer gewissen Latenzzeit erworben und verliert sich wieder bei fehlender Beanspruchung [vgl. Krieg 1956].

3.1.4. *Formwechsel*

Die aus Kulturen bekannten klassischen Bakterien stellen einen kleinen Ausschnitt aus dem möglichen Formenkreis dar. Sie treten jedoch nur dann auf, wenn unter optimalen Bedingungen gezüchtet und immer rechtzeitig überimpft wird. Eine Vorstellung von den möglichen Abweichungen von der klassischen Form vermitteln beispielsweise aberrante Formen in Kulturen von *Escherichia coli* auf Nähragar mit Zusatz von LiCl oder CsCl oder Kulturen von *Proteus vulgaris* auf Nähragar mit Penicillin-Zusatz. Ähnliche Gestalt-verändernde Einflüsse sind in vielen Insekten wirksam, z. B. bei obligat symbiontischen Bakterien. Diese Einflüsse sind nicht immer konstant, wie etwa der Formwechsel der Riesensymbionten [s. S. 269] zeigt, wo es zu einem bestimmten Zeitpunkt des Metamorphosezyklus zur Ausbildung sog. Migrationsformen kommt. Andererseits erinnern gerade die sog. Riesensymbionten [s. Abb. 25] lebhaft an die L-Formen von Gram-negativen Bakterien wie sie sich z. B. auf penicillinhaltigen Nährböden zu entwickeln vermögen [s. a. Koch, 1955 und Kolb 1959]. Interessant für diese Probleme sind Untersuchungen von Paillot (1933) mit *Bacterium melolonthae liquefaciens γ* (Paillot) Steinhaus: Dieses aus *Melolontha melolontha* (L.) isolierte Bakterium besitzt in seinem „normalen" Wirt die Form eines Coccobacillus. In *Agrotis segetum* (Schiff.) verimpft, bildet es Fäden und bei Verimpfung in *Lymantria dispar* (L.) Schläuche. Daß diese Formveränderungen von irgendwelchen Bedingungen abhängen, die wirtsspezifisch und von einem bestimmten Stoffwechsel-physiologischen Umstand abhängig sind, kommt in der Tatsache zum Ausdruck, daß die Bakterien postmortal, also in den Leichen, wieder die Form annehmen, die sie vorher im primären Wirt *(Melolontha)* besessen hatten. Ähnliche Beobachtungen teilte PAILLOT auch hinsichtlich *Bacterium pieris liquefaciens* α (PAILLOT) STEINHAUS[1]) mit: Während in *Aglais urticae* (L.) das Stäbchen fast unverändert [im Vergleich zu *Pieris brassicae* (L.)] wuchs, bildete es in *Euproctis chrysorrhoea* (L.) verlängerte Stäbchen und in *Lymantria dispar* (L.) bis zur 50 μ lange Fäden aus [vgl. Abb. 20]. Solche Formveränderungen sind besonders häufig bei Bakterien-Formen, welche im Bereich der Hämocoele vorkommen, da offenbar die dort wirksam werdenden Immunitätsfaktoren wesentlich an ihrer Induktion

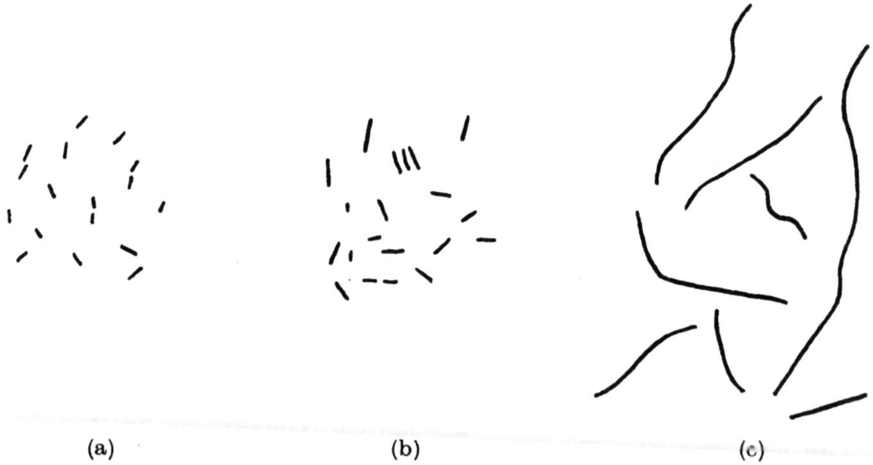

Abb. 20. Formveränderungen bei *Bacterium pieris liquefaciens* in verschiedenen Wirten: a) in *Pieris brassicae* (L.) – b) in *Euproctis chrysorrhoea* (L.) – c) *Lymantria dispar* (L.)
(n. PAILLOT 1933)

beteiligt sind[2]). Weniger verbreitet sind sie dagegen bei Bewohnern des Darmes und seiner Anhänge, welche meist die klassische Bakterienform aufweisen, so z. B. die Symbionten von Trypetiden und vielen Heteropteren.

[1]) Das *Bacterium pieris liquefaciens* (PAILLOT) STEINHAUS wurde in Form der beiden Stämme α und γ von PAILLOT aus infizierten Raupen von *Pieris brassicae* (L.) isoliert und 1919 als *Bacillus pieris liquefaciens* beschrieben [PAILLOT 1919]. Es handelt sich um einen Coccobazillus, welcher im Anschluß an eine *Apanteles*-Parasitierung eine Sekundärinfektion bewirkte.

[2]) Über bactericide Faktoren, die im Bereich der Hämocoele auf Bakterien einwirken, wurde bereits berichtet [s. S. 22 bis 24]. Während echte Antikörper nicht gefunden wurden, ließen sich relativ unspezifische „Inhibine“ [Hitze-, Alkali- und Säure-resistente, aber Pepsin-empfindliche Hemm-Stoffe] nachweisen, die an das „Properdin“ des Wirbeltier-Serums erinnern [BRIGGS 1958]. Inwiefern auch spezifische Hemm-Stoffe [STEPHENS 1959a] vorkommen bzw. wirksam sind, ist noch nicht zu übersehen.

3.1.5. *Insektenpathologische Bedeutung*

In dieser Hinsicht sind nur interessant die *Pseudomonadales*, die *Eubacteriales*, die *Actinomycetales* und die *Spirochaetales*. Mit Ausnahme weniger Arten, wie z. B. bei symbiontischen Bakterien, ist jedoch die Beziehung zu ihren Wirten weniger eng als bei den Viren und Rickettsien. Das liegt vor allem daran, daß sie nicht obligatorisch Insekten-gebunden sind und sich auch außerhalb der Zellen zu vermehren vermögen. Die mit Insekten vergesellschafteten Bakterien waren ursprünglich Zersetzer [Saprophyten] und kamen erstlich als Darmflora mit den Insekten in Berührung. Sie haben sich dann sekundär an Insekten angepaßt und so zu Symbionten oder Pathogenen entwickelt. Diese Entwicklung ist bei den einzelnen taxonomischen Gruppen unabhängig voneinander erfolgt. Sie datiert bei manchen Typen offenbar solange zurück, daß sie die Befähigung, auf einfachen Bakterien-Nährböden saprophytisch zu wachsen, eingebüßt haben wie z. B. bei den intrazellulär lebenden symbiontischen Bakterien und manchen obligat pathogenen Bakterien. Bei ersteren hat sich außerdem eine transovarielle Übertragung entwickelt, die dem Wirt die Erhaltung der Symbiose garantiert, auf die er sich stoffwechsel-physiologisch verlassen muß. Eine transovarielle Weitergabe von pathogenen Bakterien durch Ei-Infektion in latent verseuchten Populationen ist bisher nur im Zusammenhang mit Zecken bei *Pasteurella tularensis* (s. S. 209) beschrieben worden. BUCHER und STEPHENS (1957) fanden in Heuschrecken-Populationen, die mit *Pseudomonas aeruginosa* verseucht waren, gelegentlich (weniger als 1%) Eier infiziert. Spirochäten können transovariell von latent verseuchten Zecken übertragen werden: z. B. *Borrelia duttonii* (NOVY et KNAPP] BERGEY et al. von *Ornithodorus moubata* (MURRAY) über 3 Generationen. – Abgesehen von diesen Verhältnissen und denen bei obligaten Symbionten sind latent bleibende Infektionen mit Bakterien selten (z. B. *Streptococcus bombycis* in *Bombyx mori* L.). Übergänge zu latenten Infektionen haben wir nach VAGO (1952) in verlängerten Inkubationszeiten zu erblicken. So wird beispielsweise eine Infektion von *Micrococcus pyogenes var. albus* erst nach 3 Larvenstadien in *Blattella germanica* (L.) manifest. Bei den Bakterien handelt es sich, wenn wir von den obligatorisch symbiontischen Bakterien absehen, um extrazelluläre Symbionten oder Pathogene. Der Effekt pathogener Formen liegt also nicht, wie bei den Viren und Rickettsien, in einem Zellparasitismus, sondern darin, daß die Bakterien als extrazelluläre Konkurrenten der Wirtszellen auftreten. Dies kann z. B. wie beim Erreger der „milky disease" sogar ohne irgendwelche pathologischen Veränderungen von Wirtszellen geschehen. Andere Bakterien aber scheiden Fermente aus, die wichtige Teile des Wirtsorganismus zerstören, indem sie beispielsweise eine Proteolyse der Gewebe bewirken oder wie *Bacillus cereus* FR. et FR. mit Hilfe einer Phospholipase, die Zell-Lipoide [Lecithin] zerstören. Wieder andere erzeugen Toxine, welche wichtige Organe außer Funktion setzen, so z. B. *Bacillus thuringiensis*, ein Endotoxin.

Mischinfektionen mit Bakterien sind nicht die Regel und dürften nur selten vorkommen, da Mikroorganismen sich wechselseitig (auf antibiotischer Grundlage) auszuschalten vermögen. Beobachtungen hierzu liegen von BEARD (1946) vor hinsichtlich der milky disease bei *Popillia japonica* (NEWM.): *Bacillus popilliae* und *Bacillus lentimorbus* kommen im gleichen Wirtstier natürlicherweise nicht vor; wurde Engerlingen eine Mischung der Sporen beider Bazillen injiziert, so entwickelte sich je nach dem Mischungsverhältnis nur einer der beiden Typen. Betrug das Mischungsverhältnis etwa 1:1, so entwickelte sich nur *Bacillus popilliae*. – Ähnliche Beobachtungen liegen von STEPHENS (1959b) hinsichtlich der Kombination von zwei insektenpathogenen Bakterien [z. B. *Pseudomonas aeruginosa* und *Serratia marcescens*] bei der Orthoptere *Melanoplus bivittatus* (SAY) vor. Bei der Kombination starben die Tiere ebenso wie bei der Applikation von nur einem Typ immer nur an einer simultanen Infektion. Betrug das Mischungsverhältnis etwa 1:1, so starben alle Tiere an einer *Serratia*-Infektion. Bei einem Verhältnis 1:2 [*Serratia*/*Pseudomonas*] waren 83% der Toten an *Pseudomonas*- und 17% an *Serratia*-Infektion eingegangen. Bei einem Verhältnis von 1:3 hingegen, wurden nur *Pseudomonas*-Tote erhalten. Durch quantitative Versuche konnte weiterhin gezeigt werden, daß die Wirksamkeit eines dieser Bakterien – gemessen an der LD_{50} – durch eine Kombination mit einem zweiten Baktorium keine Änderung erfährt; d. h. durch die Kombination der beiden Bakterien-Typen konnte keine synergistische Wirksamkeitssteigerung erzielt werden [STEPHENS 1959b]. – Ein interessanter bakteriologischer Synergismus kommt bei der Sauerbrut der Bienen vor (s. S. 215).

Je nach dem Verhältnis zu ihrem Wirt lassen sich die mit Insekten vergesellschafteten Protophyten einteilen in

1. Gruppe: Obligate Symbionten.
2. Gruppe: Fakultative Symbionten.
3. Gruppe: Apathogene Bakterien.
4. Gruppe: Fakultative Pathogene.
5. Gruppe: Obligate Pathogene.

Die 1. Gruppe lebt als intrazelluläre Symbionten mit ihren Insektenwirten zusammen. Sie sind auf einfachen Nährböden außerhalb des Wirtes nicht züchtbar (s. S. 261).

Der 2. Gruppe gehören extrazelluläre Symbionten an, die auch frei [saprophytisch] zu leben vermögen; es handelt sich um Arten der Pseudomonaden, Eubacterien und Actinomyceten.

Die 3. Gruppe umfaßt Bakterien, die zur normalen oder anormalen Darmflora gehören, meist Eubacterien [Enterobacterien, Achromobacteriaceen, Micrococcen, Lactobacterien, ferner Pseudomonaden]. Sie können nach Intoxikation oder im Anschluß an primäre Erkrankungen [z. B. Virosen] eine sekundäre Invasion bedingen. Bestimmte Formenkreise solcher Mutualisten kommen auch ind er Hämocoele vor: Spirochaeten.

Die 4. Gruppe umfaßt fakultative Pathogene mit saprophytischer Tendenz, welche pathogen sein können, wenn sie a) in hohen Dosen oder b) unter Stressor-Wirkung appliziert werden. Hierher gehören viele Eubacterien, z. B. *Bacillus cereus*, *Cloacae cloaca*, *Serratia marcescens*, *Micrococcus muscae*.

Die 5. Gruppe umfaßt die klassischen, pathogenen Arten, die bereits in geringen Dosen sehr wirksam sind. Hierher gehören vor allem *Bacillus thuringiensis*, *Bacillus larvae*. Zum Teil kommt keine saprophytische Phase vor: *Bacillus popilliae* und *Bacillus lentimorbus*.

Die Ökologie insektenpathogener Bakterien ist nicht nur bestimmt durch das Vorhandensein von geeigneten Wirten, gewissermaßen als Substrat, sondern auch von der Wirksamkeit ihrer natürlichen Feinde. Diese treten im Wirtstier als Immun-Abwehrreaktionen in Erscheinung, im Freiland als antibiotische Wirkung anderer Mikroorganismen (Bakterien, Pilze) und/oder Virusbefall (Bakteriophagen). Diese Faktoren sind jedoch kaum unter diesem Aspekt untersucht worden, so daß auch über ihre Bedeutung für die Epizootiologie der Insektenbakteriosen noch nichts ausgesagt werden kann.

Literatur zu Kap. V, Abschnitt 3.1

Bergey's Manual of Determinativ Bacteriology (Baltimore 1957). — Kellenberger, E., Ref. 4. Internat. Kongr. f. Elektronenmikroskopie (Berlin 1958). — Krieg, A., Z. Biol. **108**, 336–340 (1956). — Leiner, H., Naturwiss. Rdsch. 211–218 (1957). — Niklowitz, W., Ref. 4. Internat. Kongr. f. Elektronenmikroskopie (Berlin 1958). — Paillot, A., L'infection chez insectes (Trevoux 1933); Ann. Inst. Pasteur **33**, 403–419 (1919). — Schlote, F. W. und Preusser, H. J., Demonstr. 4. Internat. Kongr. f. Elektronenmikroskopie (Berlin 1958). — Winkler, A. und König, H., Zbl. Bakt. I. O. **153**, 9–15 (1948).

Nachtrag bei der Korrektur

Beard, R. L., Science **103**, 371–372 (1946). — Briggs, J. D., J. exper. Zool. **138**, 155–188 (1958). — Bucher, G. E. und Stephens, J. M., Canad. J. Microbiol. **3**, 611–625 (1957). — Koch, A., Verh. Dtsch. zool. Ges., (Erlangen 1955,) 328–348. — Kolb, G., Z. Morph. Ök. Tiere **48**, 1–71 (1959). — Pontocorvo, G., Rep. Proc. 4. Int. Congr. Microbiol (Kopenhagen, 1947) 376 (1949). — Ravin, A. W., Ann. Rev. Microbiol. **12**, 309–364 (1958). — Stephens, J. M., Canad. J. Microbiol. **5**, 203–228 (1959a). — Stephens, J. M., Canad. J. Microbiol. **5**, 313–315 (1959b). — Vago, C., VI. Congr. Int. Patologia comp., Madrid, 121–134 (1952).

3.2. *Pseudomonadales* ORLA JENSEN

Definition: Nicht flexible sphärische, stäbchenförmige oder spiralige Formen. Zellwand ähnlich wie bei *Eubacteriales*. Beweglich durch polare Geißeln oder unbeweglich. Viele Formen bilden Pigmente, z. T. wasserlöslich, z. T. mit photosynthetischen Eigenschaften. Gram-negativ.

Familien: *Pseudomonadaceae*.
(Spirillaceae) u. a.

3.2.1. *Pseudomonadaceae* WINSLOW

Definition: Gram-negative, gerade bis gekrümmte Stäbchen ohne Sporenbildung, mit polaren Geißeln [Einzelgeißel oder Geißelschopf] beweglich. Einige Species unbeweglich. Bilden Pigmente, die nicht photosynthetisch wirksam sind. Wachsen gut auf gewöhnlichen Nährböden unter aeroben Bedingungen. Meist oxydative Verwertung von Kohlenhydraten.

Genera: *Pseudomonas*.
Aeromonas.
(Xanthomonas).
(Acetobacter) u. a.

a) *Pseudomonas* MIGULA

Definition: Monotrich oder lophotrich begeißelte Stäbchen. Einzelne Formen unbeweglich. Bilden aus Kohlenhydraten nur unter aeroben Bedingungen Säure, aber kein Gas. Glukose wird im allgemeinen zu Ketosäuren oxydiert. Greifen Laktose im allgemeinen nicht an; VOGES-PROSKAUER-Reaktion negativ; Methylrot-Test positiv. Nitrat wird meist zu Nitrit, Ammoniak oder Stickstoff reduziert. Indol – negativ. Katalase – positiv. Produzieren gewöhnlich ein wasserlösliches grüngelbes fluoreszierendes Pigment, welches in das Nährmedium diffundiert.

i. *Pseudomonas aeruginosa* (SCHROETER) MIGULA

[syn. *Pseudomonas pyocyaneae* MIGULA].

Wirte: *Melanoplus mexicanus* (SAUSS.), *Melanoplus bivittatus* (SAY), *Camnula pelludica* SCUDD. und *Melanoplus packardii* SCUDD. [BUCHER und STEPHENS 1957]. *Locusta migratoria migratoria* (L.). [KRIEG 1957a]. *Saperda carcharias* L. [LYSENKO 1959]. *Pectinophora gossipiella* (SAUND), *Eurygaster integriceps* PUT., *Amphimallon solstitialis* (L.) [DOVNAR-ZAPOSKY, 1958].

Anmerkung: Für Säugetiere fakultativ pathogen: Wundinfektion [„blauer Eiter"], besonders empfindlich Meerschweinchen und menschliche Säuglinge [Sepsis]. Für Pflanzen fakultativ pathogen: erzeugt exp. Naßfäule der Kartoffel [STAPP].

Übertragung: Perorale Infektion [BUCHER und STEPHENS 1957; KRIEG 1957a]. Absterbezeit: 7–21 Tage. Wird in geringem Maße (< 1%) germinativ übertragen. [BUCHER und STEPHENS 1957.] Bei intracoelomaler Injektion sterben die Tiere innerhalb 48 Stunden. Nach Injektion (Wundinfektion) auch gegen *Bombyx mori* L. [SAWAMURA 1906; KRIEG 1957a] und *Galleria mellonella* (L.) [METALNIKOV 1920; CAMERON 1934; KRIEG 1957a] wirksam. Fakultativ pathogen.

LD_{50} bei intracoelomaler Applikation von 10–20 Bakterien pro adulte *Melanoplus bivittatus* (SAY), 6–13 Bakterien pro Larve von *Galleria mellonella* (L.), 74 Bakterien pro Larve von *Euxoa ochrogaster* (GUÉN) (STEPHENS 1959b). LD_{50} bei peroraler Applikation 8 bis 29×10^3 Bakterien pro adulte *Melanoplus bivittatus* (SAY) (BUCHER und STEPHENS 1957). Die LD_{50} von *Pseudomonas aeruginosa* wurde um den Faktor 6,4 mal erniedrigt, wenn 1% Mucin gleichzeitig appliziert wurde. Mucin hatte hingegen keinen Einfluß auf die LT_{50} (STEPHENS 1959a). – *Pseudomonas aeruginosa* – Aerosole sind nicht pathogen für Bienen (LANDERKIN und KATZNELSON 1959).

Pathologie: Nach Durchbrechen der Darmschranke bewirken die Bakterien eine Septikämie [BUCHER und STEPHENS 1957; KRIEG 1957a]. Vielleicht ist die Ursache der Pathogenität das Vorkommen einer Chitinase. Eine solche wurde von CLARKE und TRACEY (1956) nachgewiesen.

Diagnose: Ausstriche der Hämolymphe und mikroskopische Untersuchung. Phasenkontrast: Schnellbewegliche Kurzstäbchen. Größe: 0,5 bis $0{,}6 \times 1{,}5$ μ. Gut anfärbbar mit Karbolfuchsin nach ZIEHL-NEELSEN, Methylenblau nach LÖFFLER. Gram-negativ. Bakterieller Nachweis auf üblichen Nährböden. Kulturelle Eigenschaften: Auf Nähragar: Große, graue Kolonien mit dunklem Zentrum und durchscheinendem Rand, unregelmäßig; Geruch: erst nach $(CH_3)_3N$, später nach NH_3; starke NH_3-Bildung aus Peptonen; Farbstoffbildung: Bildung eines grünlichen Pigments, in alternden Kulturen braun. Pigment setzt sich aus 2 Farbstoff-Komponenten zusammen: gelbes Bakterienfluorescein und blaues chloroformlösliches Pyocyanin. Auch Stämme ohne Pigmentbildung bekannt. In Nährbouillon: Grünliches Nährmedium ohne Kahmhaut; fakultativ aerobes Wachstum; schnelle, unregelmäßige bis trichterförmige, gelblich-grüne Gelatineverflüssigung; Lackmusmilch: Koaguliert zart mit schneller Peptonisierung und Lackmus-Reduktion – alkalische Reaktion; Glucose wird nicht gespalten; übrige Kohlenhydrate: Fructose – negativ, Arabinose – negativ [in peptonfreier Lösung positiv, zur Differenzierung gegenüber *Pseudomonas fluorescens* MIGULA], Maltose – negativ, Saccharose – negativ, Lactose – negativ, Glycerin – negativ, Mannit – negativ; Blutplatte: Hämolyse; Katalase – positiv; Nitritbildung aus Nitrat stark positiv [es wird auch N_2 gebildet]; Citrat als einzige C-Quelle; VOGES-PROSKAUER-Reaktion – negativ; Indolbildung – negativ. [BUCHER und STEPHENS 1957; KRIEG 1957]. Differentialdiagnose gegenüber *Pseudomonas fluorescens* MIGULA und anderen saprophytischen Pseudomonaden: Oxydation von Kaliumgluconat zu 2-Ketogluconat, Schleimbildung aus Kaliumgluconat und gutes Wachstum bei 42° C.

Vermehrung: Auf künstlichem Substrat leicht züchtbar: entweder auf gewöhnlichem Nähragar im Oberflächen-Verfahren in Schalen [KOLLE-Schalen] oder im Submers-Verfahren in belüfteten Tanks [KLUYVER-Kolben]. Temperatur-Optimum + 37° C.

Haltbarkeit: gering, insbesondere im getrockneten Zustand. Ohne bestimmte Zusätze < 1 Tag. Bei Zusatz von 1% Mucin oder 5% Saccharose überleben in 7 Tagen etwa 9%, in 14 Tagen 2%. [STEPHENS 1957a].

Epizootiologie: Als Laborinfektion in Zuchten verschiedener Heuschreckenarten in Kanada [BUCHER und STEPHENS 1957] und Deutschland [KRIEG 1957a] aufgetreten. Relativ selten vorkommend. Biologische Bekämpfung: Im Gegensatz zu Laborerfolgen keine signifikante Mortalität im Freiland [Kanada] gegenüber Heuschrecken [BAIRD 1958]. Hierbei angewandte Dosierung: 5×10^9 Keime/g Präparat und davon 10 pound/acre.

ii. *Pseudomonas chlororaphis* (GUIGNARD et SAUVAGEAU) BERGEY et al.

Wirte: Euproctis chrysorrhoea (L.). *Cacoecia crataegana* (HBN.). [KUDLER und Mitarb. 1958], *Melolontha melolontha* (L.) [BERGEY 1957].

Anmerkung: Pathogen für Mäuse, Meerschweinchen, Frösche, Süßwasser-Fische: Exotoxinwirkung.

Übertragung: Perorale Infektion. Letalität bei *Cacoecia crataegana* 40% in 7 Tagen bei peroraler Applikation (100% nach 2 Tagen post injectionem).

Pathologie: Wahrscheinlich bewirken die Bakterien nach Durchbrechung der Darmschranke eine Septikämie.

Diagnose: Ausstrich und mikroskopische Untersuchung im Phasenkontrast: Schnellbewegliche Kurzstäbchen. Größe: 0,8–1,5 μ in älteren Kulturen bis 3,5 μ. Gut anfärbbar mit Anilinfarben. Gram-negativ. Bakterieller Nachweis auf üblichen Nährböden. Kulturelle Eigenschaften: Auf Nähragar: Runde transparente glänzende Kolonien mit lappenförmigem Rand und fluoreszierender Korona. Geruch: nicht charakteristisch. Farbstoffbildung: Bei Anwesenheit von Asparagin, Glycerin, $KHPO_4$, $MgSO_4$ und $FeSO_4$ bilden sich Kristalle eines grünlichen wasserlöslichen Pigments: Chlororaphin; oft geringe Farbstoffbildung. In Nährbouillon: Trübung und Fluoreszenz des Mediums, u. U. Bildung von Chlororaphin-Kristallen; fakultativ aerobes Wachstum; streifenförmige Gelatineverflüssigung. Lackmusmilch: Koagulation und Peptonisation, u. U. Bildung von Chlororaphin-Kristallen im Innern der Kultur. Glucose wird nicht gespalten; übrige Kohlenhydrate: negativ, Citrat als einzige C-Quelle verwertbar. Nitrate werden z. T. schwach reduziert: Indol wird nicht gebildet. [BERGEY] Urease-Nachweis [CHRISTENSEN] nach 3 Tagen positiv [LYSENKO].

Vermehrung: Auf künstlichem Substrat leicht züchtbar. Temperaturoptimum + 25–30° C. Optimalmedium mit Bacto-Tryptose.

Biologische Bekämpfung: Pseudomonas chlororaphis wurde in Form eines Aerosols in Forsten der Tschechoslowakei gegen *Cacoecia crataegana* (HBN.) angewendet. Dabei wurde eine Suspension von 14×10^8 Bakterien/ml in einer Menge von 10 l/ha vernebelt. Die Mortalität im Behandlungszentrum betrug innerhalb 21 Tagen 80–90%; sie sank nach dem Rande des Behandlungsgebietes auf etwa 30% ab. Bei Versuchsende konnte eine Ausbreitung von *Pseudomonas* über 60 ha beobachtet werden. Als Vergleich diente *Pseudomonas reptilivora* SALDWELL et RYERSON, *Klebsiella pneumoniae* und *Bacillus thuringiensis* var. *dendrolimus*. Diese Bakterien zeigten keine Ausbreitung und bewirkten lediglich eine lokale Reduzierung von *Crataegana* [KUDLER und Mitarb. 1958].

iii. *Pseudomonas fluorescens* MIGULA.

Pseudomonas fluorescens var. septicus.
[syn. *Pseudomonas septica* BERGEY et al.]
[syn. *Bacillus fluorescens septicus* STUTZER und WSOROW].

Wirte: Euxoa segetum SCHIFF. [*Agrotis segetum* (SCHIFF.)] [STUTZER und WSOROW 1927], *Photinus pyralis* (L.), *Leptinotarsa decemlineata* (SAY.), [STEINHAUS 1941], *Melolontha melolontha* (L.) [HURPIN und VAGO 1958], *Amphimallon majalis* (RAZOUM.), *Amphimallon solstitialis* (L.), *Rhizotrogus ruficornis* F., *Phyllopertha horticola* (L.) [BERGEY 1957], *Bupalus piniarius* (L.). *Bombyx mori* L., *Aporia crataegi* (L.), *Xyloterus lineatus* (OLIV.), *Saperda carcharias* L., *Phyllopertha spec.* [LYSENKO 1959].

Übertragung: Perkutane oder perorale Infektion. Fakultativ pathogen.

Pathologie: Bewirken nach Einbruch in das Hämocoel eine Septikämie. Anfänglich starke phagozytäre Reaktion; reicht jedoch nicht aus, um Keime zu eliminieren. Die infizierten Larven werden ockerfarben und zeigen im UV-Licht eine gelb-grüne Fluoreszenz.

Diagnose: Ausstriche und mikroskopische Untersuchung im Phasenkontrast: Schnellbewegliche Kurzstäbchen. Größe $0{,}6–0{,}8 \times 0{,}8–2{,}0\ \mu$. Gut anfärbbar mit Anilinfarben. Gram-negativ. Bakterieller Nachweis auf üblichen Nährböden.

Kulturelle Eigenschaften: Auf Nähragar: Große, runde Kolonien mit transparenter Peripherie und opakem Zentrum, z. T. mucoide Kolonien. Geruch: nicht charakteristisch. Farbstoffbildung: Unter günstigen Bedingungen [HOTTINGER-Bouillon] wird ein wasserlösliches gelblich-grünes Pigment gebildet: (Bakteriofluorescein). Dieses fluoresziert im alkalischen Milieu gelb-grün, in saurem violett.

In Nährbouillon: Trübung des Mediums unter Bildung einer Kahmhaut, Pigmentbildung fakultativ meist im oberen Teil des Röhrchens. Fakultativ aerobes Wachstum. Gelatineverflüssigung trichter- oder becherförmig. Lackmusmilch: Im allgemeinen Koagulation und Alkalisierung, manchmal Peptonisation und Reduktion; Glucose: Säurebildung; Saccharose – negativ; Lactose – negativ, Mannit – negativ; Blutplatte: Hämolyse oder keine Veränderung beim Wachstum, auch keine Pigmentbildung; Nitrate werden im Gegensatz zu *var. fluorescens* und *var. eisenbergii* nicht zu Nitrit reduziert; einzelne Stämme zeigen jedoch eine leicht positive Reaktion. Indolbildung – negativ.

Serologisch von *var. fluorescens* MIGULA unterschieden: Antiserum gegen *var. septicus* agglutiniert *var. fluorescens* nicht [STUTZER und WSOROW 1927].

Vermehrung: Auf künstlichem Substrat leicht züchtbar. Temperatur-Optimum + 20° C; Temperaturmaximum mit Ausnahmen bei + 30° C.

Epizootiologie: Die Massenvermehrung von *Agrotis segetum* (SCHIFF.) 1924 in Südrußland im Gebiet von Woronesch, brach im Frühjahr und Herbst 1925 zusammen. Nach den Untersuchungen von STUTZER und WSOROW war die

Frühjahrskrankheit bedingt durch eine Infektion mit *var. septicus* und eine Mykose, die Herbstkrankheit, fast ausschließlich das Ergebnis einer *var. septicus*-Infektion. Nach LYSENKO (1959) scheint *var. septicus* einer der am häufigsten in Insekten vorkommenden Pseudomonaden zu sein.

In Engerlingspopulationen von *Melolontha melolontha* (L.) Westeuropa (Frankreich) während der Jahre 1952 bis 1954 von HURPIN und VAGO (1958) gefunden: Ile-et-Vilaine 1952, Seine-Maritime 1952/53, Ain 1954 und Eure-et-Loire 1954.

Pseudomonas fluorescens var. fluorescens.

Wirte: Blatta orientalis L., *Musca domestica* L., *Calliphora vomitoria* (L.), *Sarcophaga carnaria* (L.), *Lucilia caesar* L. [CAO 1906]. Mit *Hylemya cilicrura* (ROND.) in loser Symbiose vorkommend [LEACH 1931].

Bei Käferlarven von *Bothrynoderes punctriventris* GERM. als pathogen neben einer Mykose beschrieben [NOVÁK 1924]; u. U. handelt es sich hierbei auch um die *var. septicus*.

Pseudomonas fluorescens var. eisenbergii.

[syn. *Pseudomonas nonliquefaciens* BERGEY et al.].

Wirte: Blatta orientalis L., *Musca domestica* L., *Calliphora vomitoria* (L.), *Sarcophaga carnaria* (L.), *Lucilia caesar* L., *Blaps mucronata* LATR., *Pimelia sardea* SOL., *Pimelia bifurcata* [CAO 1906]. Mit *Hylemya cilicrura* (ROND.) in loser Symbiose vorkommend [LEACH 1931].

iv. *Pseudomonas apiseptica* (BURNSIDE] LANDERKIN et KATZNELSON.

[syn. *Bacillus apisepticus* BURNSIDE][1]).

[BURNSIDE 1929, LANDERKIN und KATZNELSON, 1959].

Wirt: Apis mellifera L.

Übertragung: Perorale Infektion.

Pathologie: Septikämie adulter Bienen.

Diagnose: Ausstrich der Hämolymphe von infizierten Bienen. Phasenkontrast: bewegliche Kurzstäbchen; einzeln, in Paaren oder in kurzen Ketten. Größe: $0{,}4–0{,}6 \times 1{,}0–1{,}4\mu$. 1–3 polare Geißeln. Gut anfärbbar mit Anilinfarben. Gram-negativ. Bakterieller Nachweis auf üblichen Nährböden.

Kulturelle Eigenschaften. Auf Nähragar: Runde, glatte, konvexe, opake Kolonien von 1,5–3,0 mm Durchmesser; Geruch: faulig; Farbstoffbildung: manche Stämme bilden ein wasserlösliches, rosa Pigment (Pyorubin?). In Nährbouillon: Wachstum mit Ringbildung und Sediment; z. T. Farbstoffbildung. Fakultativ aerobes Wachstum. Lackmusmilch: Gerinnung, Alkali-

[1]) Nach LANDERKIN und KATZNELSON (1959) stimmen die von WHITE (1923) als *Bacillus sphingidis* und *Bacillus noctuarum* beschriebenen insektenpathogenen Bakterien weitgehend mit der hier gegebenen Beschreibung des *Bacillus apisepticus* von BURNSIDE (1929) überein. Auch WEISER und LYSENKO (1956) sprachen deshalb von einer *Pseudomonas noctuarum*. Auf Grund eingehender Untersuchungen muß dieses Bakterium jedoch nach LYSENKO (1958) zum Genus *Serratia* gestellt werden [s. d.].

sierung und langsame Peptonisation, keine Reduktion. Glucose: Säurebildung, aber kein Gas; übrige Kohlenhydrate: Maltose – positiv, Saccharose – positiv, Lactose – negativ, Mannit – positiv. Nitritbildung aus Nitrat – positiv. Blutplatte: keine Hämolyse. Indolbildung – negativ.

Vermehrung: Auf künstlichem Substrat leicht züchtbar. Temperaturen von 10° C und 42° C. Temperaturoptimum: 34–37° C.

Epizootiologie: Stämme wurden aus erkrankten Bienen in Nordamerika isoliert.

Weitere hierher gehörige Arten:

v. *Pseudomonas caviae* Scherago.

Wirt: Xyloterus lineatus (Oliv.)
[Lysenko 1959].

vi. *Pseudomonas mildenbergii* Bergey et al.

Wirt: Bombyx mori L.
[Lysenko 1959].

vii. *Pseudomonas putida* Trevisan et Migula

Wirt: Saperda carcharias L.
[Lysenko 1959].

viii. *Pseudomonas striata* Chester

Wirt: Hyphantria cunea (Drury).
[Lysenko 1959].

ix. *Pseudomonas reptilivora* Saldwell et Ryerson.

Wirt: Saturnia pyri Schiff., [Lysenko 1959], *Cacoecia crataegana* (Hbn.) [Kudler und Mitarb. 1958].

Biologische Bekämpfung: Sie wurde in der ČSR durch Kudler und Mitarb. (1958) versucht an *Cacoecia crataegana* (Hbn.). Geringer Erfolg, keine Ausbreitung.

x. *Pseudomonas savastonoi* (Smith) Stevens.

[syn. *Bacillus oleae tuberculosis* Savastono].
Insektvektor: Dacus oleae (Gmelin).
[Petri 1909, 1910].

Pflanzenvektor: Olea spec., z. B. *Olea europeae.*
[SAVASTONO 1887.]

Übertragung: Von Insekt zu Insekt durch äußerlich infizierte Eier [Beschmierapparat]. – Von Insekt auf Pflanze: durch Anstich der Gewebe beim Ablegen der Eier.

Symbiontologie bei *Dacus:* Vorkommen im Insekt: extrazellulär. Lokalisation der Symbionten in der Larve: am Anfang des Mitteldarmes 4 weißliche runde Blindsäcke, die von Bakterien erfüllt sind. Kurz vor der Verpuppung werden die Bakterien aus den Blindsäcken ausgestoßen und weitgehend aus dem Darm defäziert. Reste der Symbiontenflora besiedeln in der Imago das sog. Kopforgan, ein unpaariges blasenförmiges Organ, welches mit dem Ösophagus durch einen dünnen langen Gang anastomosiert. Außerdem ist ein Beschmierapparat bei den Weibchen entwickelt. Dieser besteht aus etwa 20 fingerförmigen Ausstülpungen, die Symbionten enthalten und sich auf beiden Seiten dorsal des Enddarmes befinden, kurz vor dessen Öffnung. Da in diesem Bereich die Vagina mit dem Enddarm kommuniziert, ist die Schmierinfektion der Eier gesichert. Anfangs sind Ei und Embryo noch innerlich steril. Erst später wandern die Bakterien durch die Mikropyle ein. Die schlüpfende Larve hat bereits bakterienhaltige Blindsäcke.

Pathologie: bei *Olea:* Nach Stich oder Wundinfektion bewirkt *Pseudomonas savastonoi* Gallenbildung: „Tuberkulose des Ölbaums.“ Die Knoten können in der Rinde oder im Holz ihren Ursprung nehmen. Die Krankheit schreitet progressiv fort. Befallene Zweige bleiben zwerghaft oder sterben ab; nur selten Absterben der ganzen Pflanze.

Diagnose: Abstriche auf Bohnendekokt-Agar, z. B. von der Mikropyle, aus jungen Larven, aus dem Mitteldarm von Imagines oder auch aus dem schleimigen Inhalt von Gallen. – Ausstriche im Phasenkontrast lassen schnell bewegliche Stäbchen erkennen mit einer Größe von $0{,}4$–$0{,}8 \times 1{,}2$–$3{,}3\ \mu$. Gut färbbar mit Anilinfarben, Gram-negativ.

Kulturelle Eigenschaften: Auf Nähragar weiße, glänzende Kolonien; Nährbouillon trübt sich vom zweiten Tag an; aerobes Wachstum; Gelatine wird nicht verflüssigt; Stärke wird hydrolisiert; Lackmusmilch – Alkalisierung; Glucose: Säurebildung jedoch kein Gas; übrige Kohlenhydrate: Galactose – positiv, Maltose – negativ, Saccharose – positiv, Lactose – negativ, Mannose – positiv, Xylose – positiv, Glycerin – positiv. Nitritbildung aus Nitrat negativ. Indolbildung schwach.

Vermehrung: Auf künstlichem Substrat leicht züchtbar. Temperatur-Optimum $+23{,}5°$ C, Maximum $+32°$ C. Wird bei $+45°$ C in kurzer Zeit abgetötet. p_H-Optimum 6,8–7,0.

Bedeutung für das Insekt: Noch nicht untersucht; wahrscheinlich ist das Bakterium wichtig als Wuchsstoffquelle für den Insektenwirt.

Phytopathologische Bedeutung: Die Tuberkulose der Olive war schon PARACELSUS bekannt. Sie ist in Europa, und zwar im Mittelmeergebiet [Italien], endemisch. Ihr Vorkommen scheint dem der Olivenfliege korreliert. Seit 1898 wird die Krankheit auch in Kalifornien [USA] beobachtet. Allerdings ist ihre Verbreitung hier geringer, weil *Dacus* nicht vorkommt.

Maßnahmen: Verbrennen befallener Zweige und vor allem der Gallen [Tumore]. Desinfektion der Wunden. Prophylaxe: Spritzung mit Calciumcyanamid; Vernichtung des Insektvektors.

xi. *Pseudomonas excibis* STEINHAUS et al.

[STEINHAUS und Mitarb. 1956].
Wirt: Chelinidea vittiger UHLER *(Coreidae).*
Übertragung: Durch äußerlich infizierte Eier: Schmierinfektion der Larven. Symbiontisches Gleichgewicht.
Symbiontologie: Vorkommen in Coeca der Mitteldarmzone des Wirtes: Extrazellulär.
Diagnose: Ausstriche des Coeca-Inhaltes. Phasenkontrast: Bewegliche Kurzstäbchen mit einer Größe von 0,6–0,8 × 1,5–2,5 μ. Gut anfärbbar mit Anilinfarben. Gram-negativ. Bakterieller Nachweis durch Kultur-Verfahren auf üblichen Nährböden. Serologische Identifizierung der „Kultursymbionten" mit den nativen Coeca-Symbionten.
Kulturelle Eigenschaften: Auf Nähragar: Mucoide oder nicht mucoide, runde, leicht konvexe, große Kolonien, weiß und durchscheinend; in Nährbouillon: Trübung u. U. mit Kahmhaut und Sediment; fakultativ aerobes Wachstum; keine Gelatineverflüssigung; Lackmusmilch: Reduktion bis leicht alkalisch; Glucose: Säurebildung; übrige Kohlenhydrate: Arabinose – positiv, Maltose – negativ, Saccharose – negativ, Lactose – negativ, Mannit – negativ; Nitritbildung aus Nitrat positiv; Citrat als einzige C-Quelle verwertbar; Methylrot-Test – negativ; VOGES-PROSKAUER-Reaktion – negativ; Indolbildung – negativ.
Vermehrung: Auf künstlichem Substrat leicht züchtbar. M ↔ S ↔ R-Phasenwechsel.
Bedeutung: Noch nicht untersucht. Wahrscheinlich ist das Bakterium wichtig als Wuchsstoffquelle für den Wirt.

β) ***Aeromonas*** KLUYVER et VAN NIEL

Definition: Monotrich oder lophotrich begeißelte Stäbchen, z. T. unbeweglich. Bilden aus Kohlenhydraten Säure und Gas und Butylenglykol. Greifen z. T. Lactose an. Methylrot-Test negativ.

i. *Aeromonas spec.*

[LANDERKIN und KATZNELSON (1959)].
Wirt: Apis mellifera L.
Übertragung: Perorale Infektion.
Pathologie: Septikämie adulter Bienen.
Diagnose: Ausstrich der Hämolymphe von infizierten Bienen. Phasenkontrast: Bewegliche Kurzstäbchen, einzeln oder in Paaren. Größe: 0,4 bis 0,6 × 0,8–1,4μ. Eine einzige polare Geißel. Gut anfärbbar mit Anilinfarben. Gram-negativ. Bakterieller Nachweis auf üblichen Nährböden.
Kulturelle Eigenschaften: Auf Nähragar: runde, glatte, konvexe, opake Kolonien, 1,5–3,0 mm Durchmesser; Geruch: faulig; Farbstoffbildung: ohne In Nährbouillon: Wachstum mit Ringbildung und Sediment. Keine Gelatineverflüssigung; Lackmusmilch: Gerinnung ohne Reduktion oder Peptonisa-

tion. Glucose: Säure- und Gasbildung; übrige Kohlehydrate: Maltose – positiv, Saccharose – positiv, Lactose – positiv, Mannit – positiv. Nitritbildung aus Nitrat – positiv. Blutplatte: schwache Hämolyse. Indolbildung – negativ.

Vermehrung: Auf künstlichem Substrat leicht züchtbar. Temperaturen von 15 bis 41° C. Temperaturoptimum: 34 bis 37° C.

Epizootiologie: Stämme wurden aus erkrankten Bienen in Nordamerika isoliert.

ii. *Aeromonas nactus* STEINHAUS et al.

[STEINHAUS und Mitarb. 1956].

Wirt: Euryophthalmus cinctus californicus (v. DUZEE) *(Pyrrhocoridae).*

Übertragung: Durch äußerlich infizierte Eier: Schmierinfektion der Larven. Symbiontisches Gleichgewicht.

Symbiontologie: Vorkommen in Coeca der Mitteldarmzone des Wirtes: Extrazellulär.

Diagnose: Ausstriche des Coeca-Inhaltes. Phasenkontrast: Bewegliche Stäbchen mit einer Größe von 0,7–0,8 × 1,0–1,5 μ. Gut anfärbbar mit Anilinfarben. Gram-negativ. Bakterieller Nachweis durch Kulturverfahren auf üblichen Nährböden.

Kulturelle Eigenschaften: Auf Nähragar: Runde, leicht konvexe, große Kolonien, weiß und opak; in Nährbouillon: Trübung und leichtes Sediment; fakultativ aerobes Wachstum; Gelatine wird verflüssigt; Lackmusmilch: Reduktion, Alkalisierung, Koagulation, Peptonisierung; Glucose: Säure- und Gasbildung; übrige Kohlenhydrate: Arabinose – positiv, Maltose – positiv, Saccharose – positiv, Lactose – negativ, Mannit – positiv; Nitritbildung aus Nitrat positiv; Citrat als einzige C-Quelle verwertbar; Methylrot-Test – negativ; VOGES-PROSKAUER-Reaktion – positiv; Indolbildung – negativ.

Vermehrung: Auf künstlichem Substrat leicht züchtbar. Temperatur-Optimum + 25° C.

Bedeutung: Noch nicht untersucht. Wahrscheinlich ist das Bakterium wichtig als Wuchsstoffquelle für den Wirt.

iii. *Aeromonas spec.*

Wirt: Euschistus conspersus UHLER *(Pentatomidae).*

[STEINHAUS und Mitarb. 1956].

Übertragung: Durch äußerlich infizierte Eier: Schmierinfektion der Larven. Symbiontisches Gleichgewicht.

Symbiontologie: Vorkommen in Coeca der Mitteldarmzone des Wirtes: Extrazellulär.

Interessant war, daß kleine Mengen des Kultursymbionten injiziert in das Hämocoel gesunder Wanzen eine Septikämie mit hoher Letalität erzeugten, nicht dagegen eine Injektion von Coeca-Inhalt. [Grund: wahrscheinlich Aufhebung der symbiontischen Devirulenz durch Kultur auf künstlichen Nährböden.]

Diagnose: Ausstriche des Coeca-Inhalts. Phasenkontrast: Bewegliche Stäbchen mit einer Größe von 0,8–1,0 × 1,0–1,7 μ. Einzeln oder in Ketten. Gut anfärbbar mit Anilinfarben. Gram-negativ. Bakterieller Nachweis durch Kultur-Verfahren auf üblichen Nährböden.

Kulturelle Eigenschaften: Auf Nähragar: Runde, leicht konvexe, große Kolonien, weiß und opak; in Nährbouillon: Trübung und leichtes Sediment; fakultativ aerobes Wachstum; Gelatine wird verflüssigt; Lackmusmilch: Alkalisierung, Koagulation, Peptonisierung; Glucose: Säure- und Gasbildung; übrige Kohlenhydrate: Arabinose – negativ, Maltose – negativ, Saccharose – positiv, Lactose – negativ, Mannit – positiv, Nitritbildung aus Nitrat positiv; Citrat als einzige C-Quelle verwertbar; Methylrot-Test – negativ; VOGES-PROSKAUER-Reaktion – positiv; Indolbildung – negativ.

Vermehrung: Auf künstlichem Substrat leicht züchtbar. Temperaturoptimum + 25° C.

Bedeutung: Noch nicht untersucht. Wahrscheinlich ist das Bakterium wichtig als Wuchsstoffquelle für den Wirt.

γ) *Weitere Pseudomonadaceae*

i. Symbiont aus *Anasa tristis* (DEG.) *(Coreidae).*

[GLASGOW 1914; STEINHAUS und Mitarb. 1956].

[Evtl. identisch mit *Pseudomonas nactus*].

Übertragung: Durch äußerlich infizierte Eier: Schmierinfektion der Larven. Symbiontisches Gleichgewicht.

Symbiontologie: Vorkommen in Coeca der Mitteldarmzone des Wirtes: Extrazellulär.

Diagnose: Ausstrich des Coeca-Inhaltes: Phasenkontrast: Kurzstäbchen 0,7–0,9 μ. Meist in Paaren. Gut anfärbbar mit Anilinfarben. Gram-negativ-Bakterieller Nachweis durch Kultur-Verfahren möglich. Kulturelle Eigen. schaften nicht näher bekannt.

Vermehrung: Nach GLASGOW sowie STEINHAUS und Mitarb. auf künstlichem Substrat züchtbar.

Bedeutung: Noch nicht untersucht. Wahrscheinlich ist das Bakterium wichtig als Wuchsstoffquelle für den Wirt.

ii. Symbiont aus *Coptosoma scutellatum* (GEOFFR.) *(Coptosomidae).*

[MÜLLER 1956].

Übertragung: Durch äußerlich infizierte Eier. Zwischen den Eiern werden Symbiontenkapseln abgelegt [welche in der sog. Endblase des weiblichen Darms gebildet werden]. Diese werden von den Larven ausgesaugt. Symbiontisches Gleichgewicht.

Symbiontologie: Vorkommen in Coeca der Mitteldarmzone des Wirtes: Extrazellulär.

Interessant ist, daß die Aufnahme von „Kultursymbionten“ [s. unten] anstatt Nativ-Symbionten durch junge Larven in diesen eine tödliche Bakteriose bewirkt. [Grund: wahrscheinlich Aufhebung der symbiontischen Devirulenz durch Kultur auf künstlichen Nährböden].

Diagnose: Ausstriche des Coeca- bzw. Endblasen-Inhalts. Phasenkontrast: Infektionsstadien sind kokkenförmig. In den Larven wachsen sie langsam heran und werden zu wurstförmigen, gebogenen Gebilden, die 3,5 μ beim Weibchen groß werden. In den Männchen strecken sie sich schließlich zu langen Fäden bis zu 17 μ groß, z. T. kettenförmig angeordnet. Gut anfärbbar mit Anilinfarben. Gram-negativ. Bakterieller Nachweis durch Kultur-Verfahren auf üblichen Nährböden möglich. Es treten neben kokkoiden Formen und Kurzstäbchen in älteren Kulturen auch Schlauchformen auf, ähnlich wie im normalen Wirt. Kulturelle Eigenschaften nicht näher bekannt.

Vermehrung: Nach MÜLLER auf künstlichem Substrat züchtbar, welches zweckmäßigerweise Coronillablatt-Dekokt enthält.

Bedeutung: Zu ihrer Klärung führte MÜLLER (1956) Ausschaltungsversuche durch. Hierzu wurden die Eier von den Kapseln entfernt. Die symbiontenfrei aufwachsenden Larven zeigten eine hohe Sterblichkeit. Offenbar produzieren diese Coecal-Symbionten Wuchsstoffe. Eine Re-Infektion der symbiontenfreien Larven mit den „Kultursymbionten“ ist noch nicht gelungen. – [Über weitere Untersuchungen zur Symbiose von Heteropteren s. Allgemeiner Teil.]

Literatur zu Kap. V, Abschnitt 3.2

BAIRD, R. B., Canad. Entomol. **90,** 89–91 (1958). — BUCHNER, G. E. und STEPHENS, J. H., Canad. J. Microbiol. **3,** 611–625 (1957). — CAMERON, G. R., J. Path. Bakt. **38,** 441–446 (1934). — CAO, G., Ann. Igiene Sper. **16,** 645–664 (1906). — CLARKE, H. P. und TRACEA, M. V., J. Gen. Microbiol. **14,** 188–196 (1956). — COHN, F., Beitr. Biol. **1,** 126 (1872). — DOVNAR-ZAPOLSKY, D. P., Bibliogr. Biological Control USSR 1955–1957; Hektogr. Ber. (Moskau 1958). — GLASGOW, H., Biol. Bull. **26,** 101–170 (1914). — KRIEG, A., (1957 unveröffentlicht). — KUDLER, J., LYSENKO, O. und HOCHMUT, R., Lesn. práce **37,** 400–405 (1958). — LEACH, J. G., Phytopathology **21,** 387–406 (1931). — LYSENKO, O., Entomophaga (1959 im Druck). — METALNIKOV, S., Compt. rend. Soc. Biol. **83,** 119–121 (1920). — MÜLLER, H. J., Z. Morph. Ök. Tiere **44,** 459–482 (1956). — PETRI, L., Mem. Staz. Patol. vegetale, Roma **4,** 1–130 (1909); Zbl. Bakt. II Abt. **26,** 357–367 (1910). — SAVASTONO, L., Boll. Soc. Nat. Napol. Ser. I, **1,** 117–118 (1887). — SAWAMURA, S., Tokyo Imp. Univ. Coll. Agr. Bull. **7,** 105 (1906). — STEINHAUS, E. A., BATEY, M. M. und BOERKE, C. L., Hilgardia **24,** 295–518 (1956). — VAGO, C.,Entomophaga (1959 im Druck).

Nachtrag bei der Korrektur

BURNSIDE, C. E., Transact. 4. Int. Ent. Congr. **2,** 757–767 (1929). — HURPIN, B. und VAGO, C., Entomophaga **3,** 285–330 (1958). — LANDERKIN, G. B. und KATZNELSON, H., Canad. J. Microbiol. **5,** 169–172 (1959). — NOVÁK-J., Veröffentl. Phytopath. Sekt. Mährischen Versuchsanst. Brünn (16pp.), 1924.—STEPHENS, J., Canad. J. Microbiol. **5,** 73–77 (1959a); **5,** 314–315 (1959b).

3.3. *Eubacteriales* (BUCHANAN)

Definition: Einfache undifferenzierte, nicht flexible Zellen sphärisch oder stäbchenförmig. Gram-negative Familien und Familien mit Gram-positiven Formen. Zellwand besteht bei Gram-negativen Formen aus Lipomucoproteid, bei Gram-positiven Formen aus Mucopolysaccharid. In einigen Familien Neigung zu Pleomorphismus. Beweglich durch peritriche Geißeln [monotriche Begeißelung immer sekundär] oder unbeweglich. Manche Formen bilden wasserunlösliche Pigmente ohne photosynthetische Eigenschaften.

Familien: *Achromobacteriaceae*
Enterobacteriaceae
(Bacteroidaceae)
Brucellaceae
Micrococcaceae
Lactobacteriaceae
(Propionibacteriaceae)
Brevibacteriaceae
(Corynebacteriaceae)
Bacillaceae

Eubacteriales sind meist fakultative Pathogene von Insekten, besonders aus den Familien Enterobacteriaceen, Achromobacteriaceen und Micrococcaceen, welche auch als Darmbewohner vorkommen. Als obligate Pathogene sind nur einige Arten von Bacillaceen bekannt.

3.3.1. *Achromobacteriaceae* BREED

Definition: Gram-negative, meist kleine Stäbchen. Beweglich durch peritriche Geißeln oder unbeweglich. Wachsen gut auf üblichen Nährmedien. Einige Arten erzeugen Carotinoide von gelber, oranger, brauner Farbe, die in Wasser unlöslich sind. Soweit Glucose und einige andere Zucker angegriffen werden, geschieht dies ohne Gasbildung. Lactose wird nur schwach angegriffen.

Genera: *Alcaligenes.*
Achromobacter.
Flavobacterium.

α) *Alcaligenes* CASTELLANI und CHALMERS

Definition: Gram-negative Stäbchen, beweglich oder unbeweglich. Greifen Kohlenhydrate nicht an; Lackmusmilch wird alkalisiert.

i. *Alcaligenes marshallii* BERGEY et al.

Wirte: Pyrausta nubilalis (HBN.), *Aporia crataegi* (L.) [LYSENKO 1959].
Übertragung: Offenbar peroral [Schmierinfektion].
Pathologie: Meist in der normalen Darmflora vorkommend. Septische Erscheinungen als Folge einer Darmverletzung. Ursache letzterer können Mikrosporidien oder Nematoden sein [LYSENKO 1959].
Diagnose: Ausstriche aus infizierten Insekten. Phasenkontrast: Unbewegliche kleine Stäbchen 0,3 × 1,0–3,0 μ. Gut anfärbbar mit Anilinfarben. Gramnegativ. Bakterieller Nachweis auf üblichen Nährböden.

Kulturelle Eigenschaften: Auf Nähragar: Runde konvexe, weiße, glatte Kolonien, in älteren Kulturen leicht gelblich gefärbt. In Nährbouillon: Trübung des Mediums unter Kahmhautbildung, wenig Sediment. Fakultativ aerobes Wachstum. Gelatineverflüssigung innerhalb 10 Tagen. Keine Ammoniakbildung. Lackmusmilch: Reduktion und schwache Peptonisation. Kohlenhydrate werden nicht angegriffen. Citrate werden als C-Quelle verwertet; Nitrate werden nicht reduziert. Harnstoff wird abgebaut.

Vermehrung: Auf künstlichem Substrat leicht züchtbar, welches Fleischextrakt und Pepton enthält. Temperatur-Optimum + 30° C. Offenbar ist *Alcaligenes* ein normaler Darmbewohner vieler Insekten. Nachgewiesen in Raupen und Fliegen [LYSENKO 1959].

Weitere hierher gehörige Formen:

ii. *Alcaligenes recti* (FORD) BERGEY et al.

Wirt: Leptinotarsa decemlineata (SAY).
[LYSENKO 1959].

iii. *Alcaligenes viscolactis* (MEZ) BREED.

Wirt: Saperda carcharias L.
[LYSENKO 1959].

β) ***Achromobacter*** BERGEY *et al.*

Definition: Gram-negative Stäbchen, beweglich oder unbeweglich. Greifen Kohlenhydrate an oder nicht. Keine Pigmentbildung[1]).

Einige Arten wurden aus Insekten isoliert:

i. *Achromobacter superficiale* (JORDAN) BERGEY et al.

Wirt: Choristoneura murinana (HBN.).
[LYSENKO 1959].

---

[1]) Trennung zwischen diesem Genus und solchen aus der Familie *Enterobacteriaceae* nicht scharf durchgeführt.

ii. *Achromobacter iophagus* (GRAY et THORNTON) BERGEY et al.

Wirt: Chironomus plumosus (L.).
[LYSENKO 1959].

γ) ***Flavobacterium*** BERGEY *et al.*

Definition: Stäbchen, beweglich oder unbeweglich. Peritriche Begeißelung [= Unterscheidungsmerkmal gegenüber pigmentbildenden Pseudomonas-Arten!], Gram-negativ [= Unterscheidungsmerkmal gegenüber *Brevibacteriaceae!*]. Bilden gelbe, orange oder braune Pigmente [Carotinoide], welche unlöslich in Wasser sind und nicht in das Medium diffundieren. Gas wird aus Kohlenhydraten nicht gebildet.

Flavobakterien werden sehr häufig in der Darmflora von Insekten gefunden. Sie scheinen fakultative Pathogene für Insekten zu sein. LYSENKO (1959) isolierte eine Reihe solcher Arten im Zusammenhang mit dem Auftreten von Septikämien.

i. *Flavobacterium rhenanum* (MIGULA) BERGEY et al.

Wirt: Aporia crataegi (L.).
[LYSENKO 1959].

ii. *Flavobacterium diffusum* (FR. et FR.) BERGEY et al.

Wirt: Aporia crataegi (L.).
[LYSENKO 1959].

3.3.2. *Enterobacteriaceae* RAHN.

Definition: Gram-negative stäbchenförmige Bakterien. Beweglich durch peritriche Geißeln oder unbeweglich. Wachsen gut auf üblichen Nährmedien. Glucose wird mit oder ohne Gasbildung angegriffen. Nitrate werden zu Nitriten reduziert.

Genera: *Escherichia*
Klebsiella
Cloaca (oder *Aerobacter*)
Haffnia
Serratia
Proteus
(*Salmonella*)
(*Arizona*)
(*Citrobacter*)
(*Shigella*)

Tabelle 3. *Biochemische Eigenschaften der Enterobacteriaceen* [nach COWAN 1956, KAUFFMANN 1956 und MOELLER 1955]

	Escherichia coli	Citrobacter freundii	Klebsiella pneumoniae	Cloaca cloacae	Serratia marcescens	Hafnia alvei	Proteus vulgaris
Beweglichkeit	+	+	—	+	+	+	+
Gas aus Glucose	+	+	+	+	d	+	+
Lactose	+	+	+	d	—	—	—
Saccharose	d	d	+	+	+	d	+
Mannit	+	+	+	+	+	+	—
Adonit	—	—	+	d	d	—	—
Dulcit	d	d	d	—	—	—	—
Inosit	—	—	+	d	d	—	—
Sorbit	+	+	+	+	—	—	—
Salicin	d	d	+	d	+	d	+
Maltose	+	+	+	+	+	+	+
l-Arabinose	+	+	+	+	—	+	—
Xylose	+	+	+	+	d	+	+
Rhamnose	+	+	+	+	—	+	—
Raffinose	d	d	d	d	—	—	—
Trehalose	+	+	+	+	+	+	x
Gelatine	—	—	—	+	+	—	++
H_2S	—	+	—	—	d	(+)	+
Harnstoff	—	—	—	d	d	—	++
Indol	+	—	—	—	—	—	+
Methylrot-Test	+	+	—	—	—	—	+
VOGES-PROSKAUER-Reakt.	—	—	+	+	+	+	—
NH_4 + Citrat	—	+	+	+	+	+	x
NH_4 + Glucose	+	+	+	+	+	+	x
KCN	—	+	+	+	+	+	+
Phenylalanin-Test	—	—	—	—	—	—	—
Malonat-Test	—	d	+	d	—	+	—
Lysin-Dekarboxylase	+	—	+	—	+	+	—
Arginin-Dekarboxylase	+	+	—	+	—	—	—
Ornithin-Dekarboxylase	+	d	—	+	+	+	—
Glutaminsäure-Dekarboxylase	+	—	—	—	—	—	(+)

Erklärungen:
+ = positiv in 1–2 Tagen
(+) = schwach positiv
x = spät oder unregelmäßig positiv
— = negativ
d = variabel.

Die Familie Enterobacteriaceen besteht aus einer großen Reihe von Bakterientypen, zwischen denen laufende Übergänge existieren. Die Fülle der Intermediärtypen erschwert die Aufstellung von Gruppen oder Genera sehr. In der vorliegenden Arbeit wird daher nicht der Genusdefinition aus BERGEYS Manual (1957) gefolgt; vielmehr wird einem Vorschlag von Dr. LYSENKO (Prag) folgend im Hinblick auf die Mannigfaltigkeit der Intermediärformen lediglich die Beschreibung bestimmter, in Insekten vorkommender Arten vorgenommen. Dabei wird sich weitgehend angelehnt an den Report of the Enterobacteriaceae Subcommittee [Internat. Assoc. Microbiol. Soc.] (1958). Eine Übersicht über diese Arten gibt die Tab. 3.

Anm.: Injektion von Arten der Genera *Escherichia, Cloaca, Serratia, Proteus* bewirken in verschiedenen Insektenlarven eine tödliche Septikämie, z. B. in *Bombyx mori* L. und *Galleria mellonella* (L.); unwirksam nach Injektion erwiesen sich verschiedene Arten von *Salmonella* [z. B. *S. typhosa, S. schottmülleri*] und *Shigella* [z. B. *Sh. dysenteriae*].

α) *Escherichia* CASTELLANI *et* CHALMERS

i. *Escherichia coli* (MIGULA) CASTELLANI et CHALMERS.

Wirte: Musca domestica L., *Calliphora vomitoria* (L.), *Sarcophaga carnaria* (L.), *Lucilia caesar* L. [CAO 1906].

Anm.: Bei Säugern, speziell Ratte, Maus, Mensch als harmloser Darmbewohner vorkommend: sog. Coliflora. Fakultativ pathogen: Erreger hämorrhagischer Colitiden bei Säuglingen, Erreger der Kälberruhr und von Wundinfektionen.

Übertragung: Offenbar peroral [Schmierinfektion].

Pathologie: In der Darmflora vorkommend. Im allgemeinen harmlos.

Diagnose: Ausstriche des Darminhaltes. Phasenkontrast: Bewegliche Kurzstäbchen 0,5 × 1,0–3,0 μ. Gut anfärbbar mit Anilinfarben. Gram-negativ. Bakterieller Nachweis auf üblichen Nährböden. Kulturelle Eigenschaften s. Tab. 3. Lactoseschwache Typen bekannt: sog. Paracoli. Differenzierung dieser gegenüber menschenpathogenen Salmonellen und Shigellen durch kulturelle Eigenschaften; außerdem mit Hilfe polyvalenter diagnostischer Sera [Objektträgeragglutination als Vorprobe].

Vermehrung: Auf künstlichem Substrat leicht züchtbar. Temperatur-Optimum + 30 bis 37° C.

β) *Klebsiella* TREVISAN

i. *Klebsiella pneumoniae* (SCHROETER) TREVISAN.

Wirte: Bombyx mori L., *Aporia crataegi* (L.), *Choristoneura murinana* (HBN.), *Cacoecia crataegana* (HBN.).
[LYSENKO 1958, 1959].

Anm.: Bei Säugetieren als Saprophyt auf Schleimhäuten des Respirationstrakt vorkommend. Fakultativ pathogen für Mensch; Maus – Pneumonie; Wundinfektion.

Übertragung: Perorale Infektion; fakultativ pathogen.

Pathologie: Septikämie nach Einbruch in das Hämocoel.

Diagnose: Ausstriche aus infizierten Insekten. Phasenkontrast: nicht bewegliche 0,3 × 0,5–5,0 μ große Stäbchen. Gelegentlich Kapselbildung. Färberischer Nachweis der Kapsel nach KLIENEBERGER-NOBEL oder TOMCSIK. Gut anfärbbar mit Anilinfarben. Gram-negativ. Züchtbar auf normalen Nährböden. Kulturelle Eigenschaften s. Tab. 3. Die aus Insekten isolierten Stämme sind meist Indol-positive Varianten; einige von ihnen gehören in die serologische Gruppe C.

Vermehrung: Leicht züchtbar auf künstlichem Medium, welches Pepton und Glucose enthält. Temperatur-Optimum + 25 bis 30° C.

Epizootiologie: Isoliert aus Raupen, und zwar als Begleiter einer primären Septikämie durch *Pseudomonas flourescensvar. septica* [LYSENKO 1959].

Biologische Bekämpfung: Sie wurde an *Cacoecia crataegana* (HBN.) in der ČSR versucht durch KUDLER und Mitarb. (1958). Geringer Erfolg, keine Ausbreitung.

γ) ***Cloaca*** CASTELLANI et CHALMERS

i. *Cloaca cloacae* (JORDAN) CASTELLANI et CHALMERS.
[syn. *Aerobacter (Bacillus) cloacae* (JORDAN) BERGEY et al.].

Cloaca cloacae var. cloaca.

Wirte: Gnorimoschema operculella (ZELL.) [STEINHAUS 1954], *Lymantria dispar* (L.), *Bupalus piniarius* (L.), *Hyphantria cunea* (Drury), *Chironomus plumosus* (L.), *Saperda carcharias* L., *Xyloterus lineatus* (OLIVER) [LYSENKO 1959].

Anm.: Bei verschiedenen Säugern, speziell Pferd als harmloser Darmbewohner neben *Escherichia coli* und *Klebsiella*-Arten vorkommend.

Übertragung: Perorale Infektion; fakultativ pathogen.

Pathologie: Septische Erscheinungen nach Darmdurchbruch. Vielleicht ist die Ursache der Pathogenität das Vorkommen einer Chitinase. Eine solche wurde von CLARKE und TRACEY (1956) nachgewiesen.

Diagnose: Ausstriche aus infizierten Larven. Phasenkontrast: im allgem. schwach bewegliche Kurzstäbchen 0,5–1,0 × 1,0–2,0 μ. Gram-negativ. Gut anfärbbar mit Anilinfarben. Bakterieller Nachweis durch Kultur-Verfahren auf üblichen Nährböden. Auf Nähragar: Dicke, weiße, glatte, oft mucoide Kolonien; in Nährbouillon: Trübung mit dünner Kahmhaut; aerob, fakultativ anaerobes Wachstum. Weitere kulturelle Eigenschaften s. Tab. 3.

Vermehrung: Züchtbar auf gewöhnlichen Nährböden mit Glucose. Temperatur-Optimum + 30 bis 37° C.

Epizootisch in Zuchten von *Gnorimoschema operculella* (ZELL.) vorkommend. Ein ähnlicher Stamm wurde von HURPIN und VAGO (1958) aus *Melo-*

lontha melolontha (L.) beschrieben und als *Aerobacter spec.* bezeichnet. *Cloaca cloacae* ist einer der weitverbreiteten Insekten-Pathogene und es scheint, als ob diese Art eine große Bedeutung auch für natürliche Epizootien in Insekten-Populationen hat. Einige Stämme von *Cloaca cloacae,* isoliert aus Insekten, haben serologische Beziehungen zu solchen, die menschlicher Herkunft sind [LYSENKO 1958].

Cloaca cloacae var. acridiorum.

[syn. *Coccobacillus acridiorum* D'HERELLE].

[D'HERELLE 1911].

STEINHAUS (1951) stellte den *Coccobacillus* zu den Enterobacteriaceen und gab ihm die vorläufige Bezeichnung *Aerobacter aerogenes var. acridiorum.* LYSENKO (1958) untersuchte eine ganze Reihe solcher Stämme auf ihre biochemischen Leistungen und kam zu der Überzeugung, daß es sich hierbei um atypische Stämme von *Cloaca cloacae* handelt.

Wirte: Schistocerca pallens (THUNB.), *Schistocerca paranensis* (BURM.) *Schistocerca peregrina* OLIV., [*Schistocerca gregaria* (FORSK)], *Caloptenus spec.*, *Stauronotus maroccanus* STÅL [*Dociostaurus maroccanus* (THUNBERG)], *Tropidacris dux* (DRURY), *Melanoplus bivittatus* (SAY), *Melanoplus mexicanus atlantis* RILEY, *Melanoplus femur-rubrum* (DEG.), *Dissosteira carolina* (L.), *Camnula pelludica* SCUDD., *Stenobothrus curtipennis* SCUDD., *Xiphidium spec.*, *Melanoplus differentialis* (THOS.), *Schistocerca shoshone* (THOS.). Wenig bis nicht empfindlich waren: *Locusta migratoria migratoroides* R. et F., *Zonocercus elegans* (THUNB.), *Oedaleus nigrofasciatus* DEG. [*Oedaleus decorus* (GERMES)] [vgl. STEINHAUS 1949], *Bombyx mori* L., [LYSENKO 1958].

Übertragung: Perorale Infektion. Absterbezeit: z. T. nur 1–48 Stunden. Fakultativ pathogen.

Pathologie: Primär Dysenterie, sekundär septische Erscheinungen nach Eindringen der Keime in das Hämocoel. Phagozytose zwar intensiv; verhindert jedoch die Vermehrung der eingedrungenen Keime nicht.

Diagnose: s. *var. cloaca,* z. T. atypische Stämme [vgl. LYSENKO 1958].

Vermehrung: Auf künstlichem Substrat leicht züchtbar, daher übliche Verfahren zur Massenvermehrung. Kann in verschlossenen Röhrchen bei Zimmertemperatur bis 2 Jahre lebend erhalten werden. Verlust der Virulenz bei Kultur auf künstlichen Nährböden beschrieben; Virulenz soll durch mehrere aufeinander folgende Heuschrecken-Passagen [10–12] so gesteigert werden können, daß der Tod infizierter Tiere innerhalb von 8 Stunden eintritt. Bei maximaler Virulenz Absterben nach 2 Stunden [D'HERELLE 1914]. Über Virulenzsteigerung durch Passagen vgl. auch SERGENT und L'HERITIER (1914). Anfällig nach intracoelomaler Injektion auch *Bombyx mori* und *Galleria mellonella.*

Epizootiologie: Bei einer Gradation von *Schistocerca paranensis* (BURM.) in Yukatan [Mexiko] trat 1909 eine Epizootie durch *Coccobacillus acridiorum* auf. Die Epizootie breitete sich 1910 weiter aus, so daß 1911 alle Schwärme befallen waren und 1912 die Gradation zusammenbrach. 1910 wurde der Erreger durch D'HERELLE isoliert.

Biologische Bekämpfung: Ausgedehnte Versuche von D'HERELLE: In Argentinien (Santa Fé, Cordoba, Rioja), Guatemala, Columbien, Algerien, Tunesien und auf der Insel Cypern. Ganze Heuschrecken-Schwärme wurden in wenigen Tagen vernichtet, und die Seuche breitete sich mit den wandernden Tieren schnell über große Gebiete [D'HERELLE 1914] aus. Während D'HERELLE mit dem von ihm isolierten Bacillus, dem Originalstamm also, gute Erfolge hatte, waren die Bemühungen vieler seiner Nachfolger z. T. erfolglos geblieben, vgl. VELU (1919). Die Gründe hierfür liegen nach GLASER (1918a) im Verlust der Virulenz und Überwucherung der Kulturen durch Verunreinigung. Anknüpfend an eigene Fehlschläge bei Versuchen soll nach KRAUS (1916) der Coccobacillus lediglich ein normaler Darmbewohner gesunder Heuschrecken sein. Nach LA BAUME (1918) kann der Coccobacillus jedoch sehr wohl Ursache infektiöser Erkrankungen von Heuschrecken werden, wenn sich bei diesen infolge ungünstiger Bedingungen, eine besondere Disposition einstellt.

Cloaca cloacae var. aerogenes.

[syn. *Aerobacter aerogenes* (KRUSE) BEIJERINCK].

Nach LYSENKO (1958) ist die bisherige Definition [z. B. in BERGEY's Manual 1957] nicht adäquat vergleichbar anderen Genera [oder Gruppen] der Enterobacteriaceen. Es ist zur Diskussion zu stellen, ob man in diesem Bakterium einen atypischen Gelatine-negativen Stamm von *Cloaca* oder einen beweglichen Stamm von *Klebsiella* sehen will.

Wirt: Verschiedene *Orthoptera* (Heuschrecken).

Übertragung: Perorale Infektion.

Pathologie: In der Darmflora vorkommend, harmlos.

Anm.: Die von STEVENSON (1954) beschriebene für *Schistocerca gregaria* pathogene Form erwies sich als ein farbloser Stamm von *Serratia marcescens*, s. STEVENSON (1959).

Diagnose: Ausstriche aus den infizierten Larven. Phasenkontrast: meist schwach bewegliche Kokkobazillen, 0,5–0,8 × 1,0–2,0 μ groß. Gut anfärbbar mit Anilinfarben. Garm-negativ. Bakterieller Nachweis durch Kultur-Verfahren auf gewöhnlichen Nährböden.

Kulturelle Eigenschaften: Auf Nähragar: dicke, weiße, glatte, runde Kolonien; in Nährbouillon: Trübung, Haut- und Sedimentbildung; fakultativ aerobes Wachstum; keine Gelatineverflüssigung; Lackmusmilch: Säuerung und Koagulation, keine Peptonisation; Glucose: Säure- und Gasbildung; übrige Kohlenhydrate: Fructose – positiv, Lactose – positiv; Mannit – positiv; Glyzerin: Säure- und Gasbildung, Blutplatte: keine Hämolyse; Katalase – positiv; Nitritbildung aus Nitrat, Citrat als einzige C-Quelle verwertbar. Methylrot-Test – negativ [BERGEY].

Cloaca cloacae var. scolyti.

[syn. *Aerobacter scolyti* PESSON et al.]

Nach der Beschreibung ein Stamm von *Cloaca cloacae.*

Wirte: Scolytus multistriatus (MARSH.) und *Scolytus scolytus* (F.).

[PESSON und Mitarb. 1955.]

Übertragung: Perorale Infektion. Absterbezeit: Bei + 35° C 3 Tage, bei + 15° C 9 Tage. Fakultiv pathogen.

Pathologie: Septische Erscheinungen nach Darmdurchbruch.

Diagnose: Ausstriche aus den infizierten Larven. Phasenkontrast: Durch peritriche Geißeln bewegliche Kokkobazillen 0,4–1,0 μ und Stäbchen 1,5 bis 2,0 μ lang.

Kulturelle Eigenschaften: Auf Nähragar: kleine runde, durchsichtige, klare, schleimige Kolonien; in Nährbouillon: Trübung mit Bodensatz; fakultativ anaerobes Wachstum; keine Gelatineverflüssigung; Lackmusmilch: Peptonisierung, Reduktion; Glucose: Säure- und Gasbildung; übrige Kohlenhydrate: Fructose – positiv, Maltose – positiv, Saccharose – positiv, Lactose – positiv, Mannit – positiv; Glycerin – positiv. Verhalten auf Eidotter-Nährboden: Keine Veränderung; Nitritbildung aus Nitrat positiv; VOGES-PROSKAUER-Reaktion – positiv; Indolbildung – negativ. [PESSON und Mitarb. 1955.]

Vermehrung: **Züchtung auf gewöhnlichen Nährböden möglich. Dadurch bedingter Virulenzverlust [speziell in älteren Kulturen] läßt sich durch Wirtspassagen weitgehend beheben.**

Weiter hierher gehörige Art:

Bacterium poncei (GLASER) STEINHAUS.

[GLASER 1918].

[Wahrscheinlich syn. *Cloaca cloacae* var.].

Wirte: Melanoplus femur-rubrum (DEG.), *Encoptolophus sordidus* (BURM.) und *Gryllus assimilis* (F.).

Übertragung: Perorale Infektion; fakultativ pathogen.

Pathologie: Bewirkt eine vom Darm ausgehende Septikämie. GLASER immunisierte Heuschrecken mit *Bacterium poncei* und erhielt eine hohe Immunität. Er beschrieb das Vorkommen von Agglutininen.

δ) ***Serratia*** BIZIO

i. *Serratia marcescens* BIZIO

Serratia marcescens var. marcescens.

[syn. *Bacterium prodigiosum* LEHMANN et NEUMANN].

Wirte: Pyrausta nubilalis (HBN.) [MASERA 1934a, 1934b, 1936a, 1936b] außerdem nach STEINHAUS (1949) *Lymantria dispar* (L.), *Loxostege sticticalis* (L.), *Pieris brassicae* (L.), *Hyponomeuta malinella* ZELL., *Pontomorus perigrinus* BUCH; *Colias philodice eurytheme* BOISD. [STEINHAUS 1959]; *Bombyx mori* L. [MASERA 1934a, 1934b, 1936a, 1936b; VAGO 1950] [LYSENKO 1959]; nach STEINHAUS (1954) *Gnorimoschema operculella* (ZELL) als Laborinfekt; nach LYSENKO (1959) *Cacoecia crataegana* (HBN.); *Ips curvidens, Saperda carcharias* L., *Dolerus ganager* F.; nach DOVNAR-ZAPOLSKY (1958) *Vanessa urticae* L. [*Aglais urticae* (L.)]; nach McLEOD und HEIMPEL (1955); *Neodiprion americanus* (ROHW.), *Neodiprion lecontei* (FITCH), *Hemichroa crocea* (FOURCROY), *Nematus ribesii* (SCOP.); nach HURPIN und VAGO (1958) *Melolontha melolontha* (L.); nach DOVNAR-ZAPOLSKY (1958) *Eurygaster inte-*

griceps PUT.; nach TOUMANOFF und TOUMANOFF (1959) *Reticulothermes santonensis*; FEYTAND nach HEIMPEL und WEST (1959) *Blattella germanica* (L.); nach LEPESME (1937) *Schistocerca gregaria* (FORSK.).

Serratia marcescens var. noctuarum.

[syn. *Bacterium noctuarum* (WHITE) MET. et CHOR.].

Nach WHITE (1923b) wahrscheinlich identisch mit *Bacterium sphingidis* (WHITE) STEINHAUS. WEISER und LYSENKO (1956) führten auf Grund von Literaturangaben aus, daß es sich bei *Bacterium noctuarum* wahrscheinlich um *Coccobacillus acridiorum* D'HERELLE handele. Später fand jedoch LYSENKO (1958) durch Vergleich von Stämmen anhand ihrer biochemischen Leistungen, daß es sich bei *Bacterium noctuarum* um einen Vertreter von *Serratia marcescens* handeln muß. Nach WEISER und LYSENKO (1956) wahrscheinlich auch identisch mit *Bacterium leptinotarsae* (WHITE) STEINHAUS, befällt *Leptinotarsa decemlineata* (SAY) [WHITE 1928, 1935].

Wirte: Bombyx mori L., *Feltia spec.*, *Agrotis spec.*, *Prodenia spec.*, *Protoparce sexta* (JOHAN.), *Protoparce quinquemaculata* (HAW.), *Ceratomia catalpae* (BOISD.), *Euxoa ochrogaster* (GUÉN.), vgl. WEISER und LYSENKO (1956). *Megachilla spec.* [LYSENKO 1959]. *Schistocerca gregaria* (FORSK.) (STEVENSON 1959).

Nach METALNIKOV und CHORINE (1928) ist dieses Bakterium auch nahe verwandt mit *Bacterium melolonthae liquefaciens* (PAILLOT) STEINHAUS, befällt *Melolontha spec.* und *Vanessa urticae* L. [*Aglais urticae* (L.)] [PAILLOT 1916, 1933]. Von *Bacterium melolonthae liquefaciens* befiel ein Stamm auch *Lymantria dispar* (L.), *Euproctis chrysorrhoea* (L.), *Euxoa segetum* SCHIFF. [*Agrotis segetum* (SCHIFF)].

Übertragung: Perorale oder [bei *Bombyx*] intratracheale Infektion. Absterbezeit; 1–2 Tage. Fakultativ pathogen. Trotz gelegentlicher Epizootien [in Zuchten] im allgemeinen keine perorale Wirksamkeit [STEINHAUS 1959; HEIMPEL und WEST 1959]; Ausnahme: *Melanoplus bivittatus* (SAY). Für dieses Tier beträgt die LD_{50} bei peroraler Applikation ca. 28000 Bakterien/Tier und bei intracoelomaler Applikation nur 14 Bakterien/Tier [STEPHENS 1959b]. Bei intracoelomaler Applikation beträgt die LD_{50} für *Galleria mellonella* (L.) 40 Bakterien/Larve [STEPHENS 1959a] und 38000 Bakterien/Tier für die adulte *Blattella germanica* (L.) [HEIMPEL und WEST 1959].

Pathologie: Septikämie nach Einbruch in das Hämocoel, im Anschluß an eine Verletzung oder Stress-Wirkung. Kranke Tiere verlieren an Beweglichkeit und zeigen manchmal bräunlichen Durchfall. Nach dem Tod treten braune Flecken in der Haut auf. Kadaver färbt sich braunrot. Bei Infektion durch Stämme ohne Pigmentbildung [*var. noctuarum*] keine Verfärbung nach rot.

Diagnose: Ausstriche der Hämolymphe. Phasenkontrast: Bewegliche Kurzstäbchen, manchmal Kokken $0{,}5 \times 0{,}5$–$1{,}0$ μ groß. Gut anfärbbar mit Anilin farben. Gram-negativ. Bakterieller Nachweis durch Kultur-Verfahren auf üblichen Nährböden. Auf Nähragar: runde, dünne Kolonien, zunächst weiß, später rot bei Temperaturen von 35° C; Bildung eines chloroformlöslichen roten Farbstoffes: Prodigiosin. In Insekten werden häufig Stämme ohne Pigmentbildung gefunden; zu ihnen gehört die *var. noctuarum* WHITE.

Geruch: Nach $(CH_3)_3N$. Bildung von Phospholipase [= Lecithinase C]. Weitere kulturelle Eigenschaften s. Tab. 3.

Vermehrung: Auf künstlichem Substrat leicht züchtbar, daher übliche Verfahren zur Massenvermehrung. Temperaturen von + 10 bis 35° C, Optimum + 25 bis 30° C; bei + 37° C kein Wachstum. Verlieren bei Kultur auf künstlichen Nährböden ihre Virulenz. Persistenz der Bakterien höchstens einige Wochen. Erhöhung der Haltbarkeit durch Schutzkolloid möglich. *Galleria mellonella* empfindlich nach Injektion.

Masera (1934a, 1934b, 1936a, 1936b) berichtete über das Auftreten von *Serratia marcescens*-Infektionen in Zuchten von *Bombyx mori* in Italien und Vago (1950) von einer 1949 in Frankreich aufgetretenen Epizootie. Lepesme (1937) erwähnt eine Labor-Epizootie durch *Serratia marcescens* in Zuchten von *Schistocerca gregaria* (Forsk) und Steinhaus (1954) eine solche in Zuchten von *Gnorimoschema operculella* (Zell). Epizootien durch *var. noctuarum* wurden in der Tschechoslowakei von Weiser und Lysenko (1956) beschrieschrieben.

Epizootien durch *Bacterium leptinotarsae* bei *Leptinotarsa decemlineata* in den USA wurden von White (1928, 1935) beobachtet. Epizootien durch *Bacterium melolonthae liquefaciens* α bei *Melolontha melolontha* (L.) von Paillot (1916, 1933) aus Frankreich beschrieben.

Biologische Bekämpfung: Bisher kein erfolgreicher Versuch.

ε) ***Haffnia*** Moeller

i. *Haffnia alvei* (Bahr) Moeller

[syn. *Salmonella schottmülleri* Haud. var. *alvei* Bahr.]

Wirt: Apis mellifera L., *Bombyx mori* L.

[Bahr 1919; Lysenko 1959.]

Übertragung: Perorale Infektion. Absterbezeit 25 Stunden bis einige Tage.

Pathologie: Die Infektion bewirkt eine akute Enteritis: die peritrophische Membran wird zerstört und die Bakterien befallen das Darmepithel. Der Darminhalt verflüssigt sich.

Diagnose: Darmausstriche infizierter Insekten. Phasenkontrast: bewegliche, ca. $0{,}5 \times 1{,}0\ \mu$ große Kurzstäbchen. Gut anfärbbar mit Anilinfarben. Gram-positiv. Züchtbar auf normalen Nährböden. Kulturelle Eigenschaften s. Tab. 3.

Züchtung: Leicht züchtbar auf künstlichem Medium. Temperatur-Optimum um 22° C (hier auch maximale Beweglichkeit).

Epizootiologie: Von Bahr (1919) in der Nähe von Kopenhagen erstmals bei einer plötzlich auftretenden Epizootie bei Bienen beobachtet. Ähnliche Beobachtungen liegen von Toumanoff (1939) in Frankreich vor. Epizootiologisch interessant sind die Befunde von Hatada und Mitarb. (1957): Bei der Suche nach Shigella-Ausscheidern wurden im Juni 1954 3 Haffnia-Stämme isoliert, von denen 2 Stämme von durchfallkranken Kleinkindern stammten. Da 14 Monate später eine Epidemie in benachbarten Bienenstöcken auftrat, wird von den Autoren auf einen ursächlichen Zusammenhang zwischen Bienenseuche und Haffnia-Ausscheidung geschlossen. – Lysenko (1958) isolierte einen atypischen Stamm aus *Bombyx mori* L.

ζ) ***Proteus*** HAUSER.

i. *Proteus vulgaris* HAUSER

Wirt: Dolerus gonager F.
[LYSENKO 1959].
Anm.: Bei verschiedenen Säugern, speziell Hund als harmloser Darmbewohner neben *Escherichia coli* vorkommend.
Übertragung: Perorale Infektion. Fakultativ pathogen.
Diagnose: Ausstriche aus infizierten Larven. Phasenkontrast: Pleomorphe Stäbchen $0{,}5–1{,}0 \times 1{,}0 \times 3{,}0\,\mu$ groß. Beweglich (doch gelegentlich auch unbewegliche Stämme). Gut anfärbbar mit Anilinfarben. Gram-negativ. Bakterieller Nachweis durch Kulturverfahren auf üblichen Nährböden. Irreguläre Kolonien auf festem Medium: schwärmend. Faecal-Geruch. Kulturelle Eigenschaften s. Tab. 3.
Vermehrung: Auf künstlichem Substrat, welches Glucose und Pepton enthält, leicht züchtbar, daher übliche Verfahren zur Massenvermehrung. Temperatur-Optimum + 30° C.

η) *Weitere fakultative insektenpathogene Enterobacteriaceae.*

Zugehörigkeit nicht sicher zu entscheiden, da ungenügend beschrieben:
„*Paracolobactrum*" *rhyncoli* PESSON et al.
[Der Genus Paracolobactrum ist wegen seiner unadaequaten Definition nicht verwendbar. Das Bacterium scheint zwischen *Cloaca cloacae* und *Serratia marcescens* zu stehen [LYSENKO 1958]].
Wirte: Rhyncolus porcatus GERM. [*Eremotes* (*Brachytemnus*) *porcatus* (GERM.)] und *Scolytus scolytus* (F.).
[PESSON und Mitarb. 1955].
Übertragung: Perorale Infektion. Fakultativ pathogen.
Pathologie: Septische Erscheinungen nach Darmdurchbruch.
Diagnose: Ausstriche aus den infizierten Larven. Phasenkontrast: bewegliche, $0{,}4–1{,}0\,\mu$ dicke, kokkoide oder stäbchenförmige Bakterien von 1,5 bis $2{,}0\,\mu$ Länge.
Kulturelle Eigenschaften: Auf Nähragar: runde, transparente, kleine Kolonien; in Nährbouillon: Trübung; fakultativ anaerobes Wachstum: Gelatine wird verflüssigt; Lackmusmilch: Koagulation, Peptonisierung, Entfärbung, Glucose: Säure- und Gasbildung; übrige Kohlenhydrate: Fructose – positiv, Arabinose – positiv, Maltose – positiv, Saccharose – positiv, Lactose – positiv [verzögert], Mannit – negativ, Glycerin – negativ; Verhalten auf Eidotter-Nährboden: weiße Verfärbung des Mediums mit einem rötlichen Pigment [rosa], dessen Farbe sich nach einigen Tagen verstärkt, ohne jedoch richtig rot zu werden; Katalase – positiv; Nitritbildung aus Nitrat positiv; VOGES-PROSKAUER-Reaktion – positiv; Indolbildung – negativ [PESSON und Mitarb. 1955].
Vermehrung: Züchtung auf gewöhnlichen Nährböden möglich. Dadurch bedingter Virulenzverlust [speziell in älteren Kulturen] läßt sich durch Wirtspassagen weitgehend beheben.

„*Escherichia*“ *klebsiellae formis* PESSON et al.

[Auf Grund der negativen VOGES-PROSKAUER-Reaktion vielleicht eine Form von *Proteus rettgeri*. Vielleicht aber auch ein atypischer Stamm von *Citrobacter freundii* [LYSENKO 1958].]

Wirte: Rhyncolus porcatus GERM. [*Eremotes (Brachytemnus) porcatus* (GERM.)] und *Scolytus scolytus* (F.).

[PESSON und Mitarb. 1955.]

Übertragung: Perorale Infektion. Absterbezeit: Bei 35° C · 3 Tage, bei + 15° C · 9 Tage. Fakultativ pathogen.

Pathologie: Die Bakterien befallen den Verdauungstrakt und bewirken nach Einbruch in das Hämocoel eine allgemeine Infektion. Befallene Larven verfärben sich zunächst gelb, werden dann braun bis schwarz.

Diagnose: Ausstriche aus den infizierten Larven. Phasenkontrast: durch peritriche Begeißelung bewegliche, ovoide bis lange Stäbchen, 0,4–0,8 × 1,0–7,0 μ groß. Färberische Darstellung der Geißeln nach PESSON und HARARAS (1955) nach Osmiumfixation durch Tanninbeizung und Versilberung. Gram-negativ. Gut anfärbbar mit Anilinfarben. Bakterieller Nachweis durch Kulturverfahren auf üblichen Nährböden.

Kulturelle Eigenschaften: Auf Nähragar: runde, dicke, konvexe, stark mucoide Kolonien; in Nährbouillon: Trübung mit Bodensatz und Kahmhaut; fakultativ anaerobes Wachstum; keine Gelatineverflüssigung; Lackmusmilch wird nicht verändert; Glucose: Säure- und Gasbildung; übrige Kohlenhydrate: Fructose – negativ, Arabinose – negativ, Maltose – positiv, Saccharose – negativ, Lactose – schwach positiv, Mannit – positiv; Glycerin – negativ; Citrat nicht als einzige C-Quelle verwertbar; Methylrot-Test – negativ; VOGES-PROSKAUER-Reaktion – negativ; Indolbildung – negativ [PESSON und Mitarb. 1955].

Vermehrung: Züchtung auf üblichen Nährböden möglich. Dadurch bedingter Virulenzverlust [speziell in älteren Kulturen] läßt sich durch Wirtspassagen [z. B. 4 Passagen durch *Scolytus scolytus*] wieder weitgehend beheben.

„*Bacterium*“ *delendae-muscae* R. et D.

[Auf Grund der vorliegenden biochemischen Reaktionen kann es sich hierbei um einen Stamm von *Escherichia coli*, *Citrobacter freundii* oder *Cloaca cloacae* handeln].

[ROUBAUD und DESCAZEAUX 1923].

Wirte: Musca domestica L., *Calliphora spec.*, *Stomoxys calcitrans* (L.).

Übertragung: Perorale Infektion – chronischer Verlauf. Bei intracoelomaler Injektion sterben die Tiere in 18–24 Stunden. Nach Injektion auch gegen Larven von *Galleria mellonella* (L.) und *Blattidae* wirksam.

Pathologie: Septische Erscheinungen nach Darmdurchbruch. Imagines widerstehen einer peroralen Infektion. *Calliphora*-Larven sterben in den ersten Larven-Stadien und *Stomoxys* z. Z. der Verpuppung.

Diagnose: Ausstriche aus den infizierten Larven.

Phasenkontrast: Bewegliche Kurzstäbchen z. T. in Zweiergruppen, 0,8 × 1,2 μ groß.

Kulturelle Eigenschaften: Auf Nähragar: weiße, runde, gut entwickelte Kolonien; Nährbouillon: Trübung und spärliches Sediment; fakultativ anaerobes Wachstum; keine Gelatineverflüssigung; Lackmusmilch: keine Koagulation; Glucose und Lactose werden innerhalb von 24 Stunden angegriffen [ROUBAUD und DESCAZEAUX 1923].

Vermehrung: Züchtung auf gewöhnlichen Nährböden optimal bei + 20 bis + 22° C. Kein Wachstum bei + 37° C. Keine Virulenz-Steigerung durch Wirtspassage möglich.

Epizootiologie: Befall trat spontan in einer Zucht von *Stomoxys calcitrans* auf. Die meisten Tiere starben innerhalb von 2–3 Tagen. Die Zucht ging vor Erreichung der 3. Generation ein.

Biologische Bekämpfung: Scheint möglich, da experimentelle Übertragung mit Erfolg gelingt.

Weitere hierher gehörige Formen:

[sehr wahrscheinlich Stämme von *Cloaca*, *Serratia* oder *Hafnia*.]

„*Coccobacillus*“ *ellingeri* MET. et CHOR.

Wirte: *Pyrausta nubilalis* (HBN.) und *Galleria mellonella* (L.). [METALNIKOV und CHORINE 1928].

Übertragung: Perorale Infektion. Fakultativ pathogen.

Pathologie: Septische Erscheinungen nach Darmdurchbruch. Keine Phagozytose.

Diagnose: Ausstriche aus den infizierten Larven. Phasenkontrast: bewegliche Kurzstäbchen 0,4–1,0 μ dick und 1,5–2,0 μ lang.

Vermehrung: Züchtbar auf gewöhnlichen Nährböden. pH 6,5–7,6, Virulenz-Optimum bei 7,2. Virulenz-Steigerung durch Zusatz von 0,5–1,0% Glucose. Unter anaeroben Bedingungen höhere Virulenz als bei aerober Kultur. Erhaltung und Steigerung der Virulenz durch Wirtspassagen [METALNIKOV und CHORINE 1928].

Epizootiologie: Wenig bekannt. Erreger wurde 1927 aus kranken Larven von *Pyrausta nubilalis* isoliert.

Biologische Bekämpfung: 1929 Versuche von CHORINE (1930) in Zagreb [Jugoslawien] mit *Coccobacillus ellingeri* gegen *Pyrausta nubilalis*. Ergebnis mit Sporenbildnern besser [CHORINE 1930].

„*Coccobacillus*“ *cajae* PIC. et BLANC.

Wirte: *Arctia caja* (L.), *Euproctis chrysorrhoea* (L.), *Bombyx mori* L., *Melolontha melolontha* (L.), *Anoxia australis* (GYLL.), *Chrysomela sanguinolenta* L., *Temnorrhinus mendicus* GYLL., *Poecilus koyi* (GERM.), *Opatrum sabulosum* (L.), *Cetonia aurata* (L.), *Eurydema ornata* (L.), *Blatta orientalis* L., *Epacromia strepens* (LATR.), *Acridiorum aegypticum* (L.). Auch pathogen gegen niedere Wirbeltiere: *Hyla arborea*.

[PICARD und BLANC 1913].

„*Coccobacillus*“ *insectorum* HOLL. et VERN.

(Genau: *Coccobacillus insectorum* var. *malacosoma).*

Wirte: *Malacosoma castrense* (L.), *Malacosoma neustria* (L.) und *Vanessa urticae* L. [*Aglais urticae* (L.)].

[HOLLANDE und VERNIER 1920.]

„Coccobacillus“ gibsoni CHORINE.
Wirt: Pyrausta nubilalis (HBN.).
[CHORINE 1929.]

3.3.3. *Brucellaceae* BERGEY et al.

Definition: Gram-negative, kleine kokkoide bis stäbchenförmige Bakterien. Beweglich oder unbeweglich. Obligate Wirbeltierparasiten; wachsen gelegentlich nicht auf gewöhnlichen Nährböden. Zum Teil bipolar anfärbbar. Aerob oder fakultativ anaerob.

Genera: Pasteurella
(Brucella)
(Bordetella) u. a.

α) *Pasteurella* TREVISAN

Definition: Kleine, elliptische bis längliche Stäbchen. Bipolar anfärbbar. Gelatine wird nicht angegriffen. Milch wird nicht koaguliert. Geringe Säurebildung aber kein Gas, wenn Kohlenhydrate angegriffen werden. Meist wird Lactose nicht angegriffen. Geringes Redoxpotential bei Erstisolierung, Parasiten von Warmblütern, z. T. mit Arthropoden als Vektor.

Anm.: Injektionen von Pasteurellen, speziell von *Pasteurella pestis* in Insektenlarven, z. B. *Galleria mellonella* (L.) hatte keinerlei Wirkung.

i. *Pasteurella pestis* (LEHM. et NEUM.) HOLLAND.

[KITASATO 1894; OGATA 1897; SIMOND 1898].

Wirbeltiervektor: Meerschweinchen, Ratten, Mäuse, Eichhörnchen, Tarabagane u. a. Rodentia [primäre Wirte], Mensch, Affen. (Nicht empfänglich: Hund, Huftiere und Vögel.)

Insektvektor: Xenopsylla cheopis (ROTHSCH.), *Xenopsylla astia* ROTHSCH., *Xenopsylla brasiliensis* (BAKER), *Nôsopsyllus fasciatus* (BOSC.), *Diamanus montanus* (BAKER) [syn. *Ceratophyllus acutus*], u. a.

Übertragung: Infektkette: Infiziertes Wirbeltierblut → Blutnahrung des Insekts [Inkubationszeit 10–20 Tage] → infizierte Exkremente [Emesis, Defäkation] → Infektion eines Wirbeltiers [Inkubation 2–5 Tage].

Pathologie: Wirbeltiervektor: Kaltblüter nur bei höheren Temperaturen empfindlich. Krankheit bleibt im Winterschlaf arretiert; bricht beim Erwachen aus. Meerschweinchen: akuter Verlauf der Infektion. An der Infektionsstelle hämorrhagisches Exsudat und in Umgebung Oedem der Gewebe. Regionale Lymphdrüsen stark geschwollen und in hämorrhagisch infiltriertes Bindegewebe eingebettet. Enthalten Pestbakterien in Massen. Milz stark vergrößert; in miliaren Knötchen massenhaft Pestbakterien. Septikämie. Auch in Lunge, Leber u. a. Organen; namentlich in Milz und Lunge kleine und große Knoten mit charakteristischen Zeichen chronischer Infektionsgeschwulste: verkäste oder abgekapselte, indurierte Herde mit spärlichem Bakterienbesatz. Ähnliche Befunde bei Ratten. Beim Menschen: zwei Krankheitstypen: (1) Drüsen- oder [Beulen-]Pest: keine deutliche Reaktion an der Eintrittspforte. Vielmehr Entzündung der regionalen Lymphdrüsen und Ödeme der Umgebung. Allgemeinsymptome: Fieber, Kreislaufschwäche. Tod nach 5–7 Tagen. Letalität ca. 25%. Bei Heilung meist Vereiterung der Pestbubo. Im Eiter keine lebenden Bakterien mehr. (2) Lungenpest: maligne Form mit 90% Letalität. – Pestseptikämie mit sekundärer Pestpneumonie. Sputum enthält massenhaft Bakterien: hoch infektiös. Bronchopneumonie, Kachexie und Kreislaufschwäche. Tod in wenigen Tagen.

Insekt: Nach der Blutmahlzeit von ca. 10^5 bis 10^6 Bakterien können von *Xenopsylla cheopis* innerhalb 48 Stunden 2% der Tiere und von *Diamanus montanus* innerhalb 24 Stunden 60% der Tiere ihren Darmkanal wieder sanieren. – Infolge Vermehrung der Bakterien im Darm erfolgt Darmverschluß bei *Xenopsylla cheopis* innerhalb 16 Tagen und bei *Diamanus montanus* innerhab 10 Tagen. Die Ausscheidung der Bakterien erfolgt sehr unregelmäßig [Douglas und Wheeler 1943].

Diagnose: Wirbeltiervektor: mikroskopischer und kultureller Nachweis von *Pasteurella pestis* im Drüsenpunktat, Blut bzw. Sputum. Tierversuch: Einreibung von verdächtigem Material in die Bauchhaut des Meerschweinchens erzeugt regelmäßig, bei Vorhandensein von Pestbakterien, den charakteristischen Krankheitsverlauf.

Insektvektor: Untersuchung von Ausstrichen des Mageninhalts.

Phasenkontrast: $0{,}5$–$0{,}7 \times 1{,}5$–$1{,}8\,\mu$ große unbewegliche Stäbchen. Große Variabilität: kurze ovale Formen bis lange Stäbchen. Involutionsformen in Leichen und auf 2,5% bis 3,5% NaCl-Agar: z. T. keulig angeschwollene, hefeartige Formen, z. T. sehr bizarre Formen. – Ausstrichpräparate werden grundsätzlich auch gefärbt: Polfärbung: das lufttrockene Präparat wird in Methylalkohol 0,5 Minuten fixiert und dann gefärbt nach Giemsa oder 1 Minute mit Löfflers Methylenblau [Anmerkung: Polfärbung an Kulturbakterien weniger deutlich; Bakterien erinnern an Diplokokken. Kontrolle durch Gram-Färbung: negativ].

Bakterieller Nachweis auf üblichen Nährböden. Langsames Wachstum von frisch isolierten Keimen.

Kulturelle Eigenschaften: Nach Herbert (1949) erfolgt aerobes Wachstum von *Pasteurella pestis* auf Nähragar dann, wenn Hämin, Blut oder reduzierende Substanzen wie Na_2SO_3 zugesetzt werden. Auf Nähragar: 2 Kolonietypen – glatte und rauhe; erstere erwiesen sich in der Form konstant, letzere dissoziierten wieder in rauh und glatt. Glatte Kolonien weisen oft Virulenzverlust auf [Eisler und Mitarb. 1958]. In Nährbouillon: Trübung oder klares Medium bei Flockenbildung [Kettenbildung]; aerob, fakultativ anaerobes Wachstum; keine Gelatineverflüssigung; Lackmusmilch: geringe Säurebildung oder keine Veränderung; Lactose wird nicht angegriffen. Nitritbildung aus Nitrat positiv. Indolbildung – negativ. – Selektivmedien unter Zusatz von Neomycin, Erythrocin, Tyrothricin oder auch K-tellurit für die Isolierung von Pasteurellen aus verunreinigtem Material beschrieb Murris (1958).

Serologisch von anderen Pasteurellen differenzierbar, nicht hingegen von *Pasteurella pseudotuberculosis* (Pfeiffer) Topley et Wilson. Unterschied zur *Pasteurella pseudotuberculosis:* letztere in Kulturen bei + 20° C beweglich durch peritriche Geißeln, außerdem in Lackmusmolke erst Säure- dann Alkalibildung und geringe Pathogenität für weiße Ratten. Bezüglich Differentialdiagnose zwischen *Pasteurella pestis* und *Pasteurella pseudotuberculosis* siehe THAL und CHEN (1955).

Vermehrung: Auf künstlichem Substrat züchtbar. Temperatur-Optimum + 25 bis 30° C. Nährmedium p_H 7,2. Glukosezusatz reduziert die Virulenz von *Pasteurella pestis* in definierten Medien z. T. völlig.

Epidemiologie: Bereits im Altertum [Hethiter, 2000 v. Chr.] als menschliche Erkrankung genannt. Im Orient endemisch: 5 Pestherde: Nordwest-Hang des Himalaja, östliche Mongolei, Südchina, Mesopotamien, Zentral-Afrika. Erster Einbruch nach Europa 543 [Justinianische Pest]; tritt im Mittelalter immer wieder epidemisch auf: Seuchenzüge. Die Pesteinbrüche nach Europa hören Ende 17. Jahrhunderts auf. Der Kampf gegen die Pest war der äußere Anlaß zur Verbesserung der Hygiene [Stadthygiene, Pestordnungen, Quarantäne]. Heute pandemische Ausbreitung in Asien und Afrika. Seuchenherde auch in Südamerika. Empfindlichkeit des Menschen im Alter hoch, bei Kindern geringer. Primäre Nagerseuche.

Maßnahmen: Hygiene: Kontrolle von Schiffen, Silos und Kanalisation auf Rattensterben. Untersuchung der Ratten. Rattenbekämpfung so durchführen, daß auch ihre Flöhe umkommen, z. B. Begasung mit Blausäure. Quarantäne. Aktive Immunisierung des Menschen mit Vaccine oder besser mit spontan avirulenten Stämmen.

Therapie: Antibiotika-Applikation: Streptomycin, Polymyxin, Penicillin.

Weitere hierher gehörige Art:

ii. *Pasteurella tularensis* (MCCOY et CHAPIN) BERGEY et al.

[MCCOY und CHAPIN 1912.]

Wirbeltiervektor: Meerschweinchen, Ratten, Mäuse u. a. Rodentia, Mensch, Affen.

Insektvektor: Stomoxys calcitrans (L.), *Chrysops discalis* WILLISTON, *Haemodipsus ventricosus* (DENNY), *Polyplax serrata* BURM., *Spilopsyllus cuniculi*, DALE, *Cimex lectularius* L. u. a., außerdem verschiedene Zeckenarten wie z. B. *Dermacentor andersoni* STILES.

Übertragung: Wie bei *Pasteurella pestis.* Im Gegensatz dazu ist eine Vermehrung im Insektvektor nicht sicher; *Pasteurella tularensis* wird wohl meist mechanisch übertragen [FRANCIS und LAKE 1921, 1922]. Allerdings beschrieben PARKER und SPENCER (1926) eine transovarielle Übertragung bei der Zecke *Dermacentor andersoni* STILES. Weitere Untersuchungen zur Übertragung dieses Bakteriums durch Arthropoden s. PARKER (1933). – Durchdringt die unverletzte Haut von Wirbeltieren – daher Kontaktinfektion leicht möglich.

Pathologie: Wirbeltiervektor: Pestähnliche Erkrankung mit einer Inkubationszeit von 2–5 Tagen. Meerschweinchen sterben nach 1–2 Wochen. Meist Allgemeinerkrankung mit intermittierendem Fieber [beim Menschen bis zu 3 Monaten anhaltend] meist mit Lymphdrüsenbeteiligung. Viele Infektionen bleiben latent. Langdauernde Immunität.

Insektvektor: Vorkommen in vielen blutsaugenden Insekten; Vermehrung in ihnen nicht gesichert; keine pathologischen Veränderungen im Vektor.

Diagnose: Wirbeltiervektor: Nachweis des Erregers durch mikroskopische Untersuchung: in Milzherden massenhaft feine unbewegliche Stäbchen oder kokkenähnliche Formen, $0{,}2 \times 0{,}2$–$0{,}7\ \mu$ groß. Extrem pleomorph. *Pasteurella tularensis* wurde von McCoy und Chapin (1912) als ein kleiner, unbeweglicher, fraglich bekapselter, pleomorpher Organismus beschrieben. Ohara, Kobayhashi, Kudo, Ota beobachteten kokkoide und bazilläre Formen, beweglich durch eine „Geißel", und auch bekapselte Formen. Hesselbrock und Foshay (1945) endlich verglichen die *Pasteurella tularensis* auf Grund ihrer Pleomorphie mit Organismen der PPLO-Gruppe: sie konnten keine Zweiteilung feststellen, dagegen „minimal reproductive units" wie sie Sabin (1941) für PPLO beschrieben hat. Die von früheren Autoren beobachtete „Geißel" wurde von ihnen als eine unbewegliche Fadenstruktur bezeichnet, die mit der Fortpflanzung in Zusammenhang stehen sollte. Untersuchungen von Eigelsbach und Mitarb. (1946) konnten die verschiedenen morphologischen Formen bestätigen. Zur Klärung des „Lebenszyklus" von *P. tularensis* wurden von Ribi und Shepard (1955) eingehende elektronenmikroskopische Untersuchungen in jeder Phase der Wachstumskurve vorgenommen. Dabei konnten Stadien, die auf eine Zweiteilung von *P. tularensis* schließen lassen, während der aktiven Wachstumsphase beobachtet werden. Während der Absterbephase wird die Zellwand fadenförmig ausgezogen [30–40 $m\mu$ ⌀ und einige μ lang] und zeigt so den von früheren Autoren beschriebenen geißelförmigen Fortsatz. Dabei besitzen die Zellen eine geringe Festigkeit und fragmentieren leicht in kleine Teile, die von Hesselbrock und Foshay als „minimal reproductive units" bezeichnet wurden. Ribi und Shepard (1955) erkennen diese Teilchen nicht als morphologische Einheiten an und sprechen ihnen eine Bedeutung für die Reproduktion von *Pasteurella tularensis* ab. Das Vorhandensein eines „Lebenszyklus", vergleichbar den Verhältnissen bei den PPLO im Sinne von Hesselbrock und Foshay konnte also für *P. tularensis* nicht nachgewiesen werden, vielmehr besitzt sie einen ähnlichen Reproduktionsmodus wie die meisten Gram-negativen Bakterien.

Tierversuch: Punktionsmaterial oder Blut wird an Meerschweinchen subkutan verimpft [pestähnlicher Befund] – Serodiagnose: Agglutination [abgetöteter] Aufschwemmungen von *Pasteurella tularensis* durch Patientenserum von der 2–8 Woche [Titer 1:20 sind positiv]; agglutinierende Sera allerdings auch bei latenter Infektion. – Serologie: Weitgehende Receptorengemeinschaft mit *Brucella abortus* und *Brucella melitensis.* Allergische Haureaktion der Patienten mit Bakterienextrakt: Tularin. Kultur aus Tierorganen auf gewöhnlichen Nährmedien nicht möglich.

Insektvektor: Nachweis des Erregers im Tierversuch [Meerschweinchen]; Isolierung der Bakterien aus Leber und Milz der verendeten Tiere.

Vermehrung: Züchtung nach Zwischenschaltung des Tierversuchs auf Spezialnährboden unter aeroben Bedingungen möglich, z. B. auf koaguliertem Eidotter [nach McCoy und Chapin] oder auf Glucose-Blut-Cystin-Agar nach Francis: zu 1 l Nähragar [p_H 7,3] – auf + 50° C abgekühlt – werden zugesetzt: 1 g Na_2CO_3, 1 g Cystin [in 10 ml Wasser heiß gelöst], 50–100 ml defibriniertes Kaninchenblut. [Sofort Röhrchen oder Platten gießen.] Wächst in Form kleiner visköser Kolonien nach 2–5 Tagen.

Für ein optimales Wachstum von *Pasteurella tularense* ist ein Minimum von Polyaminen [10 γ/ml Spermin] und ein gewisser osmotischer Druck [0,10 bis 0,15 mol NaCl] nötig. Temperatur-Optimum + 37° C. Wird bei + 56° C in 10 Minuten abgetötet.

Epizootiologie: Primäre Nagerkrankheit wie die Pest. Vorkommen in USA, Kanada, Japan, USSR, Ost-Europa. In Amerika bilden Microtus-Arten u. a. Mäuse ein Reservoir, in Rußland vornehmlich Wasserratten [*Arvicola terrestris*] und Lemminge. In Ost-Europa „Hasenpest".

Maßnahmen: Hygiene: Klärung des Infektionsweges beim Auftreten einer Epidemie; Vermeidung des Kontaktes mit dem Überträger und Bekämpfung desselben.

Therapie: Antibiotika-Applikation: Streptomycin, Sulfonamide, Tetracycline.

3.3.4. *Micrococcaceae* PRIBRAM

Definition: Kugelige Bakterien, die sich nach verschiedenen Richtungen teilen. Bilden Zellmassen. Zellen ohne Sporenbildung. Gram-positiv. Viele Arten mit Pigmentbildung. Aerobe Kultur auf gewöhnlichen Nährböden möglich. Nur wenige anaerobe Species. Heterotropher Stoffwechsel. Kohlenhydrate werden zu Säuren abgebaut, Gelatine wird oft verflüssigt.

Genera: Micrococcus
(Gaffkya)
(Sarcina)

α) *Micrococcus* COHN

Definition: Zellverbände bilden irreguläre Massen.

Anmerkung: Micrococcus pyogenes var. aureus (ROSENBACH) ZOPF bewirkt nach Injektion in Larven von *Bombyx mori* L. eine Septikämie (keine in Larven von *Galleria mellonella* (L.)).

i. *Micrococcus nigrofaciens* NORTHRUP

Wirte: Lachnosterna spec., Cotinis nitida (L.), *Phyllophaga vandinei* (SMYTH) [*Lachnosterna vandinei* (SMYTH)], *Strategus titanus* F., [*Strategus simson* (L.)], exp. inf.: *Malacosoma americanum* (F.), gelegentlich auch *Periplaneta americana* (L.).

[NORTHRUP 1914.]

Übertragung: Wundinfektion; perorale Infektion; chronische Infektion. Fakultativ pathogen.

Pathologie: Erreger sind in den befallenen peripheren Partien in die Integumentanlagen und in die Hypodermis eingelagert. Auch werden sie zwischen Zellen der Darmwand gefunden. Die Hämocoele ist bakterienfrei. An den Larven sind betroffene Teile scharf umschrieben. Stigmen, Körpersegmente und vor allem Beine werden bevorzugt befallen und sind dann schwarz gefärbt. Ist die Krankheit fortgeschritten, so sind die Larven schwarz-braun. Der Tod setzt bei Häutung oder Verpuppung ein.

Diagnose: Ausstriche von erkrankten Körperregionen. Phasenkontrast: Einzelne oder in Gruppen liegende Kokken. Durchmesser: Kleine Form 0,9 μ; größere Form 1,2–1,4 μ. Gut anfärbbar mit Anilinfarben. Kultur-Verfahren: Isolierung nach KOCHschem Platten-Verfahren.

Kulturelle Eigenschaften: Auf Nähragar: Kleine, opake Kolonien; in Nährbouillon: Trübung, aerobes Wachstum; kraterförmige Gelatineverflüssigung; Lackmusmilch; Reduktion, manchmal Koagulation; Glucose: Säurebildung, kein Gas; Nitritbildung aus Nitrat positiv; Indol – negativ. [NORTHRUP 1914.]

Vermehrung: Auf künstlichem Substrat leicht züchtbar, daher übliche Verfahren zur Massenvermehrung. Kein Virulenzverlust nach 1jähriger Kultur auf künstlichem Nährboden.

Epizootiologie: Weite Verbreitung in den USA. Im Frühjahr 1913 bei *Cotinis nitida* 96% Befall in North Carolina. Im Herbst 1913 bei fast allen *Lachnosterna*-Larven in Michigan, Illinois und Maryland gefunden, 1914 fast 100% Befall in Porto Rico.

ii. ***Micrococcus muscae*** **GLASER**

[syn. *Staphylococcus muscae* GLASER.]

Wirt: Musca domestica L.

[GLASER 1924, 1926.]

Übertragung: Peroral. Absterbezeit: Temperaturabhängig, 7–29 Tage [im Mittel 16 Tage]. Mortalität 50% bei künstlicher Infektion. Fakultativ pathogen.

Pathologie: Deutliche Krankheitssymptome erst 2–5 Tage vor dem Exitus. Das Abdomen erscheint angeschwollen und durchscheinend. Dieses Symptom wird erzeugt durch Ansammlung klarer, seröser Hämolymphe. Diese enthält keine Hämozyten mehr aber große Mengen von Staphylokokken. Daneben noch andere Symptome wie z. B. Paralyse der Extremitäten. Durch den zytolytischen Effekt der Bakterien wird wahrscheinlich die Funktion der Malpighischen Gefäße inhibiert, so daß obengenannte ödematöse Bedingungen eintreten. Die Weibchen sind etwa halb so empfindlich wie die Männchen.

Diagnose: Ausstriche der Hämolymphe. Phasenkontrast: Kokken 0,5 bis 1,0 μ groß, u. U. Ketten bis zu 5 Individuen. Unbeweglich. Gut anfärbbar mit Anilinfarben. Gram-positiv. Keine Kapseln. Bakteriologischer Nachweis durch Kultur-Verfahren auf einfachen Nährböden.

Kulturelle Eigenschaften: Auf Nähragar: gutes Wachstum, weiße, glatte, runde Kolonien; in Nährbouillon: Trübung, später Kahmhaut und Sedimentbildung, bei Klärung der Bouillon; aerobes Wachstum; Gelatine: Fortschreitende Verflüssigung; Blutplatte: Keine Hämolyse; Lackmusmilch: Koagulation nach 6 Stunden; Glucose: Säurebildung, kein Gas; übrige Kohlenhydrate: Maltose – negativ, Saccharose – positiv, Lactose – positiv, Mannit – positiv; Indolbildung – negativ [GLASER 1924].

Vermehrung: Auf künstlichem Substrat leicht züchtbar, daher übliche Verfahren zur Massenvermehrung. Durch Wirtspassage konnte keine Virulenz-Steigerung erzielt werden.

Epizootiologie: Die Krankheit tritt nie epidemisch sondern nur sporadisch auf.

Biologische Bekämpfung: Nach Ansicht GLASERS eignet sich das Bakterium nicht zu einer Bekämpfung der Fliegen, da sich die Krankheit zu langsam entwickelt, so daß die Weibchen vor ihrem Eingehen noch Eier ablegen. Außerdem ist der Erfolg der Infektion temperaturabhängig.

β) Weitere fakultativ insektenpathogene Micrococcaceae

Micrococcus candidus COHN

Wirte: Chironomus plumosus (L.), *Bombyx mori* L.
Von LYSENKO (1959) aus toten Seidenraupen isoliert. In Mücken-Larven als Bestandteil der normalen Darmflora.

Micrococcus varians MIGULA

Wirt: Bombyx mori L., aus septikämischen Seidenraupen isoliert.
[LYSENKO 1959.]

Micrococcus caseolyticus EVANS

Wirt: Bombyx mori L., aus septikämischen Seidenraupen isoliert.
[LYSENKO 1959.] Einige Stämme wahrscheinlich pathogen.

Micrococcus maior ECKSTEIN

Wirt: Lymantria monacha (L.).
[ECKSTEIN 1894.]

Micrococcus vulgaris ECKSTEIN

Wirt: Lymantria monacha (L.).
[ECKSTEIN 1894.]

Micrococcus pieridis BURILL.

Wirt: Pieris rapae (L.).
[CHITTENDEN 1926.]

Micrococcus saccatus MIGULA

Wirt: Euxoa segetum SCHIFF. [*Agrotis segetum* (SCHIFF.)].
[POSPELOV 1927.]

Micrococcus curtisse CHORINE

Wirt: Pyrausta nubilalis (HBN.).
[CHORINE 1929.]

Micrococcus neurotomae PAILLOT

Wirt: Neurotoma nemoralis L.
[PAILLOT 1924.]
[Auch pathogen für *Agrotis segetum* (SCHIFF.) und *Agrotis pronuba* (L.) [*Triphaena pronuba* (L.)].]

Micrococcus acridicida KUFFERNATH

[syn. *Staphylococcus acridicida* KUFFERNATH.]
[KUFFERNATH 1921.]
Wirte: Pieris rapae (L.) *Locusta viridissima* L.

3.3.5. *Lactobacteriaceae* ORLA-JENSEN

Definition: Lange oder kurze Stäbchen oder Kokken, welche sich nur in einer Richtung teilen. Bilden Ketten, niemals Pakete. Gram-positiv. Geringe Pigmentbildung. Geringes Oberflächenwachstum. Mikroaerob bis anaerob. Heterotropher Stoffwechsel. Kohlenhydrate sind essentiell für gutes Wachstum und werden zu Milchsäure, flüchtigen Säuren, Alkohol und CO_2 abgebaut. Geringe Gelatineverflüssigung. Nitrat wird allgemein nicht zu Nitrit reduziert. Abbau von Kohlenhydraten oder Polyalkoholen entweder zu Milchsäure [Homofermentation] oder zu Milchsäure, Essigsäure, Alkohol und CO_2 [Heterofermentation].

Tribus: Streptococcaceae
Lactobacillaceae

3.3.5a. *Streptococcaceae* TREVISAN

Definition: Kettenbildende Kokken. Keine Art wächst reichlich auf festen Nährböden. Katalase negativ.

Genera: Streptococcus
(Diplococcus) u. a.

α) *Streptococcus* ROSENBACH

Definition: Nur Säurebildung aus Glucose [Homofermentation].

Anm.: Injektion von *Streptococcus pyogenes* ROSENBACH [serologische Gruppe A] bzw. *Streptococcus faecalis* ANDREWES et HORDER [serologische Gruppe D] bewirkt in Larven von *Bombyx mori* L., *Galleria mellonella* (L.) und anderen Insekten eine tödliche Septikämie.

i. *Streptococcus pluton* (WHITE) GUBLER.

[syn. *Bacillus pluton* WHITE.]

Wirt: Apis mellifera L.

[WHITE 1912, 1920b.]

Nach BURRI (1943) soll *Streptococcus pluton* eine Variante von *Lactobacillus eurydice* (WHITE) GUBLER sein (s. dort), nach LOCHHEAD (1928) eine Variante von *Bacillus alvei* CHESIRE et CHEYNE (s. dort). Dieser Auffassung wird von anderen Untersuchern [GUBLER 1954 und BAILEY 1956] wohl mit Recht widersprochen.

Übertragung: Perorale Infektion; Absterbezeiten zwischen dem 6. und 12. Tag.

Pathologie: Im Mitteldarm vorkommend innerhalb der peritrophischen Membran von Rundmaden [Larvenalter 3–6 Tage]; bewirkt europäische Faulbrut [oder gutartige Faulbrut, syn. Sauerbrut] zusammen mit *Lactobacillus eurydice* (WHITE) GUBLER [GUBLER 1954; BAILEY 1956].

Aus dem Mitteldarm von Bienenlarven, die von der Faulbrut befallen waren, wurden *Streptococcus pluton* und *Bacterium eurydice* durch Agar-Ausstrich bei anaeroben Bedingungen isoliert. Die Fortzüchtung der Reinkulturen erfolgte auf einem flüssigen Honig-Nährmedium. Suspensionen der Reinkulturen wurden einzeln bzw. sukzedan auf gesunde Bienenstämme abgesprüht. Die ersten Faulbruterkrankungen konnten nach 11 Tagen bei solchen Stämmen beobachtet werden, die mit der Misch-Suspension aus *Streptococcus pluton* und *Bacterium eurydice* infiziert worden waren; nach weiteren 6 Tagen hatte sich die Faulbrut generell ausgebreitet. Die mit *Streptococcus pluton* und *Bacterium eurydice* einzeln infizierten Stämme zeigten keine Anzeichen von Faulbrut (BAILEY 1957). Die kranken Maden sind gelblich verfärbt, später braun bis schwarz-braun, besitzen meist einen säuerlichen Geruch und können nicht entfernt werden, ohne daß das Integument durchbricht. Der Tod tritt vor Erreichung des Streckmadenstadiums [zwischen dem 6. und 12. Tage] ein. Imagines werden nicht befallen.

Diagnose: In Ausstrichen von Darminhalt sauerbrutkranker Maden findet sich massenhaft *Streptococcus pluton* und *Lactobacillus eurydice* (WHITE) GUBLER, daneben *Streptococcus apis* MAASEN oder *Bacillus alvei* CHESIRE et CHEYNE. Phasenkontrast: In Diploform gelagerte Kokken, meist ohne Kettenbildung [Pneumokokken-ähnlich] mit schwacher Kapselbildung. [Größe 0,8 μ.] Färberischer Nachweis der Kapseln nach KLIENEBERGER-NOBEL oder TOMCSIK. Nicht züchtbar auf normalen Nährböden [GUBLER 1954]. Doch gelang neuerdings BAILEY (1957) die reproduzierbare Isolation auf modernen Spezialnährmedien.

Zur Unterdrückung der Begleitflora bei der Isolation empfiehlt BAILEY (1959) die Kulturen von einigen Tagen alten Ausstrichen vorzunehmen: Während *Streptococcus pluton* über ein Jahr den getrockneten Zustand zu ertragen vermag, trifft dies für seinen Begleiter bei der Europäischen Faulbrut, den *Lactobacillus eurydice* und auch für *Streptococcus apis* nicht zu. Ebenso wie *Streptococcus pluton* überlebt auch *Bac. alvei* [der Erreger der amerikanischen Faulbrut] über Jahre den getrockneten Zustand. Jedoch kommt er unter den genannten Kulturbedingungen nicht zur Entwicklung.

Kulturelle Eigenschaften: Auf Nähragar: kein Wachstum; in Nährbouillon: kein Wachstum; streng anaerobes Wachstum, 1% O_2 bewirkt Formverände-

Tabelle 4. *Physiologische Merkmale der Enterococcus- und Milchsäure-Streptococcus-Gruppe*

	Enterococcus	Milchsäure-Streptococcus	*Streptococcus urberis* (Viridans-Gruppe)
Wachstum in 5% NaCl. . .	+	—	—
Wachstum bei p_H 9,6 . . .	+	—	—
Wachstum in 0,1% Methylenblau-Milch . . .	+	—	—
Tyrosin-Dekarboxylase . .	+	—	—
Wachstum bei + 10° C . .	+	+	+
Wachstum bei + 45° C . .	+	—	—

Tabelle 5. *Enterococcus*

	Str. faecalis var. faecalis	*Str. faecalis var. liquefaciens*	*Str .faecalis var. zymogenes*	*Str. faecium*	*Str. durans*
β-Hämolyse	—	+	—	—	d
starke Reduktion d. Lackmusmilch . .	+	d	+	—	—
Gelatineverflüssigung	—	d	+	—	—
Wachstum in K-tellurit 1/2500. . . .	+	+	+	—	—
Reduktion von Tetazoliumchlorid	+	+	+	—	—
Citrat als einzige C-Quelle.	+	+	+	—	—
Glycerin (anaerob) .	+	+	+	—	—
Mannit	+	+	+	d	—
Sorbit.	+	+	+	d	—
Saccharose	+	+	+	d	—
Arabinose	—	—	—	+	—

Tabelle 6. *Milchsäure-Streptococcus*

	Streptococcus lactis	*Streptococcus cremoris*
Wachstum in 4% NaCl . .	+	—
Wachstum bei p_H 9,2 . . .	+	—
Wachstum in 0,3% Methylenblau-Milch	+	—
NH_3 aus Arginin	+	—
Säure aus Maltose	+	—

rungen, der Keim läßt sich aber an aerobes Wachstum adaptieren; keine Gelatineverflüssigung; Lackmusmilch: keine Veränderung; Glucose: keine Säure-, keine Gasbildung, wird aber verwertet; Lactose – negativ; Blutplatte: keine Veränderung; Katalase: für gewöhnlich negativ –, bei Stämmen, die an aerobes Wachstum adaptiert sind, positiv; keine Nitritbildung aus Nitrat; Citrat als C-Quellen, [und zwar Mg-Citrat bei genügendem Phosphatgehalt der Nährlösung] [BAILEY 1957].

Serodiagnose durch Präzipitation nach POLTEV (1958) möglich durch Verwendung spezifischer, durch Hyperimmunisierung gewonnener Sera [Kaninchen]. Die Präzipitation wird so ausgeführt, daß 10 tote Bienen mit dem 10fachen Volumen säugerphysiologischer NaCl-Lösung versetzt und gekocht werden. Das Filtrat wird dem Immunserum überschichtet. Ringbildung nach 15 Minuten in der Grenzschicht ist für *Streptococcus pluton* und Europäische Faulbrut charakteristisch. – Nach GUBLER (1954) serologisch mit *Streptococcus apis* nicht verwandt.

Vermehrung: Kultivierbar auf Spezialnährböden unter anaeroben Bedingungen: 95% H_2, 3,5% CO_2; p_H 6,8; Temperatur + 20 bis + 45°C, Optimum: + 35° C [BAILEY 1957].

Nährmedium: 10 g Glucose, 10 g Hefeextrakt [Difco], 13,6 g KH_2PO_4, 20 g Agar ad 1000 ml Aqua dest.; p_H 6,6–6,8 mit KOH conc. einstellen, im Dampftopf sterilisieren. Auf diesem Medium erscheinen unter anaeroben Bedingungen nach 2 Tagen dicke, weiße Kolonien von *Streptococcus pluton*. Wichtig: geringes Verhältnis Na/K, hohe Konzentration an organischem Phosphat und Wuchsstoffen aus Hefeextrakt, ferner Zusatz von Glucose und Fructose als C-Quelle. Pepton unterdrückt das Wachstum. Erhöhung der CO_2-Spannung führt zu Wachstumsförderung. Aerobes Wachstum von adaptierten Stämmen läßt sich auch auf normalen Nährböden beobachten, sofern sie Glucose, Fructose oder Saccharose enthalten. Direkte Isolation der aeroben Formen gelingt nie aus kranken Larven.

Epizootiologie: Europäische Faulbrut. Fast kosmopolitisch, sowohl in Europa als auch in Amerika bekannt. Weniger gefährlich als die sog. Amerikanische Faulbrut (s. *Bacillus larvae* WHITE).

Maßnahmen: Gebräuchliche Sanierungsmethoden (Kunstschwarmbildung, Entfernung verseuchter Waben, Füttern und Einengen) haben leider nicht immer den gewünschten Erfolg, wirksame Bekämpfung mit Antibiotica, speziell mit Streptomycin [KATZNELSON und Mitarb. 1952], Terramycin und Erythromycin [WILSON und MOFFET 1957] [GUBLER und ALLEMANN 1957].

Anm.: Viele Streptococcen, die aus Insekten isoliert werden, gehören den Enterococcen [Wachstum bei + 10° und + 45° C; Lancefield-Gruppe D] und den Milchsäurestreptococcen (Wachstum bei + 10° C, aber nicht bei + 45° C; Lancefield-Gruppe N) an. In den folgenden Tabb. 4–6 sind die differentialdiagnostischen Merkmale zusammengestellt (n. LYSENKO).

Häufiger isolierte Arten:

ii. *Streptococcus faecalis* ANDREWES et HORDER.

Streptococcus faecalis var. faecalis.
Wirt: Bupalus piniarius (L.).

[LYSENKO 1959].
Übertragung: Offenbar peroral.
Pathologie: Wahrscheinlich Septikämie.
Diagnose: Ausstriche von Körperflüssigkeit. Phasenkontrast: kleine 0,5 bis 1,0 μ große Kokken, paarweise in langen Ketten. Gut anfärbbar mit Anilinfarben. Züchtbar auf gewöhnlichen Nährböden. Auf Nähragar: punktförmige Kolonien [1 mm ⌀] manchmal gelblich. Kulturelle Eigenschaften s. Tafel 4 und 5.
Vermehrung: Auf künstlichem Substrat leicht züchtbar. Temperaturbereich + 10 bis + 45° C; Optimum + 37° C.

Streptococcus faecalis var. liquefaciens.
[syn. *Streptococcis apis* MAASEN].
Wirt: Apis mellifera L.
[MAASEN 1908, HUCKER 1932].
Übertragung: Offenbar peroral [Schmierinfektion].
Isolierung aus Tieren, die an Europäischer Faulbrut erkrankt waren [sekundärer Befall].
Pathologie: In der Darmflora vorkommend. Harmlos.
Diagnose: Wichtig zur Differenzierung gegenüber *Streptococcus pluton*. Ausstriche vom Darminhalt der Made. Phasenkontrast: 0,6–0,8 μ große Kokken, paarweise oder in kurzen Ketten. Gut anfärbbar mit Anilinfarben. Züchtbar auf gewöhnlichen Nährböden. Kulturelle Eigenschaften: Auf Nähragar: kleine transparente Kolonien; Geruch: Ammoniak wird aus Pepton gebildet; in Nährbouillon: Trübung; fakultativ anaerobes Wachstum; Gelatine wird verflüssigt; Lackmusmilch: Entfärbung, Koagulation und Peptonisation; Glucose: Säurebildung; übrige Kohlenhydrate: Fructose – positiv, Arabinose – negativ oder positiv, Maltose – positiv, Saccharose – positiv, Lactose – positiv, Glycerin – positiv, Mannit – positiv; Blutplatte: keine Veränderung; Katalase – negativ; keine Nitritbildung aus Nitrat. [BERGEY]. Weitere kulturelle Eigenschaften s. Tab. 4 und 5.
Serologie: Lancefield-Gruppe D [SHERMAN 1938].
Vermehrung: Auf künstlichem Substrat leicht züchtbar.

iii. „*Streptococcus bombycis*" ZOPF.

Gehört taxonomisch in die Enterococcus-Gruppe [serologische Gruppe D]. Nach Untersuchungen von LYSENKO (1958) sind die Stämme von *Streptococcus bombycis* intermediäre Formen zwischen *Streptococcus faecalis* ANDREWES et HORDER und *Streptococcus faecium* ORLA-JENSEN. Sie sind synonym mit „*Streptococcus bombycis*" SARTIRANA et PACCANARO.
Wirt: Bombyx mori L.
[SARTIRANA und PACCANARO 1906; MIKAILOV 1950].
Übertragung: Perorale Infektion. Fakultativ pathogen. Inkubationszeit etwa 3 Tage. 100% Mortalität nur nach künstlicher Infektion [Injektion] nach etwa 7 Tagen.
Pathologie: Dieses Bakterium findet sich speziell in Tieren, die an Wasserköpfigkeit [frz.: gattine; ital.: macilenze] erkrankt waren. Andererseits

gelang sein Nachweis sowohl in gesunden als auch in kranken Seidenraupen. Auf Grund der p_H-Verhältnisse im Raupendarm [p_H 9,0–10,4] sind die Streptococcen [und Micrococcen] mehr begünstigt als andere Bakterien. Für den Wirt ungünstige Bedingungen bewirken eine starke Vermehrung der Streptococcen, die zu einer Dyspepsie führt. In deren Verlauf wird der Darm geschädigt, und zwar entweder durch bakterielle Fermente oder Toxine; es kommt zu einem Durchbruch der Bakterien in das Hämocoel und damit zu einer sich langsam entwickelnden Septikämie. Phagocytose wird beobachtet. Im Prinzip wirken hierbei aus kranken Tieren isolierte Stämme ebenso wie andere Stämme von *Streptococcus faecalis* oder *Streptococcus faecium* [LYSENKO 1958].

Diagnose: Ausstrich und mikroskopische Untersuchung im Phasenkontrast: Sphärische bis ovale Zellen etwa 0,9 μ groß. Lagerung in Paaren, meist ohne Kettenbildung. Gut anfärbbar mit Anilinfarben. Gram-positiv. Bakterieller Nachweis auf üblichen Nährböden.

Kulturelle Eigenschaften: Auf Nähragar: kleine, runde, milchige Kolonien, manchmal gelblich. In Nährbouillon: Trübung, später Bodensatz und klarer Überstand. Fakultativ anaerobes Wachstum. Keine Gelatineverflüssigung; Lackmusmilch: Säurebildung. Reduktion, keine Peptonisierung; Glucose: Säurebildung. Übrige Kohlenhydrate: Arabinose – negativ [wie *Streptococcus faecalis*] Maltose – positiv, Saccharose – positiv bzw. negativ, Lactose – positiv, Mannit – positiv, Sorbit – positiv; Glycerin [anaerob] – negativ [wie *Streptococcus faecium*] Blutplatte: z. T. vergrünend, z. T. α-Hämolyse oder ohne Veränderung. Citrat nicht als einzige C-Quelle verwertbar. Weitere kulturelle Eigenschaften: Wachstum bei 6,5% NaCl variabel, Wachstum in 1:25000 K-tellurit variabel, Reduktion von Tetrazoliumchlorid variabel [LYSENKO 1958].

Abgrenzung der Intermediärstämme zwischen *Streptococcus faecalis* ANDREWES et HORDER und *Streptococcus faecium* ORLA-JENSEN gegen *Streptococcus lactis:* Thermoresistenz [30 Minuten bei + 65° C], Galleresistenz [40% Galle], Kochsalz-Nährboden [6,5% NaCl] und Alkalinährboden [p_H 9,6].

Vermehrung: Auf künstlichem Substrat, welches Bacto-Tryptose und Glucose enthält [gepuffert p_H 7,0], leicht züchtbar. Temperaturbereich + 10 bis + 45° C; Optimum + 37° C. p_H-Bereich 4,5–9,6.

Epizootie: Enterococcen kommen im Darm von *Bombyx mori*-Larven häufig vor, ohne pathogenetischen Effekt. Offenbar müssen zur Erzielung der Krankheit noch natürliche Stressoren beitragen. Die Epizootie der Krankheit ist noch nicht voll geklärt.

Weitere hierher gehörige Form:

iv. „*Streptococcus disparis*" GLASER.

[*Anm.:* Zuordnung zu anderen Streptococcen auf Grund der bisher bekannten Eigenschaften noch nicht möglich.]

Wirte: Porthetria dispar L. [*Lymantria dispar* (L.)] [nicht pathogen nach Verfütterung für *Bombyx mori* L., *Prodenia spec.* und für Wirbeltiere].

[GLASER 1918b].

Übertragung: Perorale Infektion. Tod tritt je nach Empfindlichkeit 1 bis 16 Tage post infectionem ein. Fakultativ pathogen.

Pathologie: Primär im Darm vorkommend, wo eine ausgesprochene Darmerkrankung verursacht wird: Nahrungsaufnahme wird verweigert, heftige Diarrhoe. In den Darmabgängen befinden sich große Mengen des Erregers. Die Streptokokken durchdringen alsbald die Darmwand und treten in das Hämocoel ein. Besonders charakteristische Veränderung der Muskulatur. Struktur lockert sich auf, Querstreifung verschwindet, anschließend verschwinden auch die Fibrillen. Völlige Desintegration: Koaguliertes Protein und kleine Grana bleiben zurück. Hierdurch verlieren die Tiere mehr und mehr ihre Bewegungs-Koordination, sie wipfeln langsam und gehen alsbald zugrunde.

Diagnose: Ausstriche der Darmabgänge oder des Hämocoelinhalts sterbender Larven. Phasenkontrast: bekapselter Coccus in 3–4gliedrigen Ketten. Gut anfärbbar mit Anilinfarben. Bakterieller Nachweis auf üblichen Nährböden.

Kulturelle Eigenschaften: Auf Nähragar: kleine Kolonien; in Nährbouillon: Trübung; fakultativ anaerobes Wachstum; keine Gelatineverflüssigung; Glucose: Säurebildung; Lactose: Säurebildung; Katalase – negativ; keine Nitritbildung aus Nitrat [GLASER 1918b].

Vermehrung: Auf künstlichem Substrat leicht züchtbar, daher übliche Verfahren zur Massenvermehrung brauchbar. Über Virulenzschwankungen ist nichts bekannt.

Epizootiologie: Bakteriose trat 1917 in Zuchten einer japanischen Rasse von *Lymantria dispar* auf [GLASER 1918b].

Biologische Bekämpfung: Versuche von GLASER. Er konnte im Schwammspinnergebiet von Massachusetts [USA] an zwei Orten eine künstliche Epidemie induzieren.

3.3.5 b. *Lactobacillaceae* WINSLOW et al.

Definition: Unbewegliche Langstäbchen. Schwaches Wachstum auf festen Nährböden. Katalase negativ.

Genera: *Lactobacillus*
(Eubacterium) u. a.

α) ***Lactobacillus*** BEIJERINCK

Definition: Nur Säurebildung aus Glukose (Homofermentation).

i. *Lactobacillus eurydice* (WHITE) GUBLER.

[syn. *Bacterium eurydice* WHITE, syn. *Achromobacter eurydice.* (WHITE) BERGEY et al.].
Wirt: Apis mellifera L.
[WHITE 1920b].

Nach BURRI (1943) soll *Lactobacillus eurydice* eine Variation von *Streptococcus pluton* (WHITE) GUBLER sein.

Übertragung: Perorale Infektion.

Pathologie: Erreger findet sich in Massen neben *Streptococcus pluton* [siehe dort] im Darm von Bienenmaden [Rundmaden], die an Europäischer Faulbrut [syn. Sauerbrut, syn. gutartige Faulbrut] eingegangen sind. Gelegentlich auch in gesunden Bienen [vgl. BURRI 1943]. Bewirkt säuerlichen Geruch der verendeten Maden. Wird von BAILEY (1957b) u. a. Autoren neben *Streptococcus pluton* als Erreger der Europäischen Faulbrut angesehen; Krankheit als Kombinationswirkung. Siehe S. 215.

Diagnose: Ausstriche vom Darminhalt sauerbrutkranker Maden. Neben *Streptococcus pluton* finden sich massenhaft *Lactobacillus eurydice* und evtl. auch *Bacillus alvei* [s. dort] oder *Streptococcus apis*. Phasenkontrast: Feine, gerade, unbewegliche Stäbchen (Größe $0{,}5 \times 2{,}0\ \mu$) ohne Kapsel- und Sporenbildung. Färben sich mit den gewöhnlichen Anilinfarben nur zart an. Gramlabil. Bakteriologischer Nachweis durch Kulturverfahren. Wächst auf normalen Nährböden, wenn auch spärlich. Transparente Kolonien sind auf Agar verschieblich. Die Bakterien aus den Kolonien können in Wasser nicht richtig emulgiert werden [GUBLER 1954; BAILEY 1957].

Kulturelle Eigenschaften: Auf Nähragar: mäßiges Wachstum, glatte, kleine, graue Kolonien, durchscheinend, zeigen nach Tagen einen Hof; in Nährbouillon: spärliches Wachstum nach 4 Tagen, leichte Trübung, feiner Bodensatz; mikroaerophiles Wachstum; keine Gelatineverflüssigung, schlechtes Wachstum; Lackmusmilch: keine Veränderung; Glucose: Säurebildung, Fructose: Säurebildung; Lactose – negativ; Blutplatte: keine Hämolyse; Katalase – schwach positiv bis negativ; keine Nitritbildung aus Nitrat; Methylrot-Test – positiv; VOGES-PROSKAUER-Reaktion – negativ; Indolbildung – negativ.

Vermehrung: Auf üblichen künstlichen Nährböden züchtbar: Oberflächen-Verfahren. p_H 6, $p_{H\max}$ 7, Temperatur-Optimum + 32° C .Anaerob züchtbar auf BAILEYschem Spezialnährboden [für *Streptococcus pluton*], wenn auch schwach. Auch hier [wie wahrscheinlich allgemein für *Lactobacillaeceae*] nur Wachstum bei geringem molarem Verhältnis Na/K [BAILEY 1957a]. Kultivierbar in diesem Medium auch in verschlossenen Flaschen, welche atmosphärische Luft enthalten. *Streptococcus pluton:* Erst starke Entwicklung von *Lactobacillus eurydice*, welcher zunächst O_2 verbraucht, läßt eine anschließende Vermehrung von *Streptococcus pluton* zu.

Epizootiologie: Wirtschaftlich bedeutsam als Miterreger der Europäischen Faulbrut [Prognose: gut bis infaust] der Honigbienen.

Maßnahmen: Desinfektion. Chemotherapie: Aureomycin und Terramycin sind etwa doppelt so gut wirksam wie Streptomycin. Neomycin von unterschiedlichem Erfolg [GUBLER und ALLEMANN 1957]. Siehe auch unter *Streptococcus pluton*.

3.3.6. ***Brevibacteriaceae*** BREED

Definition: Gram-positive Stäbchen, in der Länge variabel. Beweglich oder unbeweglich durch peritriche Geißeln. Einige Arten produzieren unlösliche rote, orange oder braune Pigmente (ähnlich wie Micrococcen oder Flavobacterium). Aerob oder fakultativ anaerob.

[*Anm.:* Keine scharfe Trennungslinie zwischen Brevibacteriaceen und Corynebacteriaceen.]

Genus: Brevibacterium.

α) ***Brevibacterium*** BREED

Definition: Kurze Stäbchen; meist peritriche Begeißelung. Glucose wird verwertet, Lactose nicht angegriffen. Einige Arten produzieren Pigmente, die *nicht* in das Nährmedium diffundieren. Verschiedene Arten werden häufig aus Insekten isoliert; ihre Beziehungen zu den Insekten wurden bisher noch nicht genauer untersucht. Treten häufig in der Darmflora auf.

Einige hierher gehörige Arten:

i. *Brevibacterium tegumenticola* (STEINHAUS) BREED.

[syn. *Bacterium tegumenticola* STEINHAUS.].
Von STEINHAUS isoliert von *Cimex lectularius* L., von LYSENKO (1959) aus *Bupalus piniarius* (L.).

ii. *Brevibacterium minutiferula* (STEINHAUS) BREED.

[syn. *Bacterium minutiferula* STEINHAUS].
Von STEINHAUS (1941) isoliert aus *Sceliphron caementarium* (DRURY).

iii. *Brevibacterium saperdae* LYSENKO

(es ist nahe verwandt mit *B. tegumenticola* und *B. minutiferula* – Unterschiede: Morphologie der Kolonien, Pigmentproduktion, Kohlenhydrat-Verwendungsstoffwechsel).
Von LYSENKO (1959) isoliert aus *Saperda carcharias* L.

iv. *Brevibacterium quale* (STEINHAUS) BREED.

[syn. *Bacterium qualis* STEINHAUS].
Von STEINHAUS (1941) isoliert aus *Lygus pratensis* (L.), von LYSENKO (1959) aus *Bupalus piniarius* (L.).

v. *Brevibacterium protophormiae* LYSENKO

(es ist nahe verwandt mit *B. quale* und *B. stationis* – Unterschiede: Morphologie der Kolonien, Pigmentproduktion, Kohlenhydrat-Verwendungsstoffwechsel).
Von LYSENKO (1959) isoliert aus *Protophormia terrae-novae* (ROB. DESV.).

vi. *Brevibacterium insectiphilium* (STEINHAUS) BREED.

[syn. *Bacterium insectiphilium* STEINHAUS].
Von STEINHAUS (1941) isoliert aus *Thyridopteryx ephemeraeformis* (HAW.).
Von LYSENKO (1959) isoliert aus *Bombyx mori* L.

vii. *Brevibacterium incertum* (STEINHAUS) BREED.

[syn. *Bacterium incertum* STEINHAUS].
Von STEINHAUS (1941) isoliert aus *Tibecen linnei* (SMITH et GROSS).

viii. *Brevibacterium imperiale* (STEINHAUS) BREED.

[syn. *Bacterium imperiale* STEINHAUS].
Von STEINHAUS (1941) isoliert aus *Eacles imperialis* (DRURY).

ix. *Brevibacterium fuscum* (ZIMMERMANN) BREED.

Von LYSENKO (1959) isoliert aus *Bombyx mori* L.

3.3.7. *Bacillaceae* FISCHER

Definition: Stäbchenförmige Zellen, gewöhnlich Gram-positiv. Beweglich durch peritriche Geißeln oder unbeweglich. Befähigt zur Endsporenbildung. Sporen sind zylindrisch, ellipsoid oder sphärisch und innerhalb der Zelle lokalisiert; färben sich mit Anilinfarben nicht leicht an. Ihre Darstellung gelingt mit Sporenfärbung z. B. nach DORNER oder nach MÖLLER [Chromsäurebeizung] oder auch einfacher nach KLEIN[1]). Pigmentbildung selten. Gelatine wird meist angegriffen. Zucker werden allgemein verwertet, manchmal unter Gasbildung.

Genera: *Bacillus*
Clostridium

α) *Bacillus* COHN

Definition: Aerobier (mit Ausnahmen). Stäbchen, oft in Ketten (s. Abb. 28a). Sporangien gewöhnlich nicht von den vegetativen Zellen verschieden (s. Abb. 28b) (s. aber unten). Katalase vorhanden. Oft rauhe Kolonien und Bildung einer Kahmhaut. Kohlenhydrate und Proteine werden mehr oder weniger vollständig abgebaut. Grampositiv bis -negativ.

---

[1]) Eine Aufschwemmung des sporenhaltigen Materials wird mit gleicher Menge filtrierter Karbolfuchsinlösung vermischt und bis zur Dampfbildung erhitzt. Der nach 6 Minuten von dieser Suspension angefertigte Ausstrich wird nach Hitzefixation in 1 %-iger H_2SO_4 kurz differenziert und mit verdünnter Methylenblaulösung gegengefärbt.

Anmerkung: Injektion der folgenden ubiquitär vorhandenen Bazillen – *Bacillus subtilis* COHN, *Bacillus megatherium* DE BARY, *Bacillus cereus* FR. et FR. – bewirkt in verschiedenen Insektenlarven eine tödliche Septikämie: *Bombyx mori* L., *Neodiprion sertifer* (GEOFFR.), *Melolontha melontha* (L.) u. a.

1. Gruppe:

Sporen elliptisch bis zylindrisch.
Sporenlage zentral bis terminal.
Sporangium leicht aufgetrieben.
Stäbchendurchmesser < 0,9 μ
[s. Abb. 21].

Abb. 21

i. *Bacillus subtilis* COHN.

Bacillus subtilis var. *galleriae* CHORINE.
[CHORINE 1927].
Wirt: Galleria mellonella (L.).
Übertragung: Perorale Infektion. Fakultativ pathogen.
Pathologie: Septikämie nach Durchdringung der Darmwand. Leichen färben sich meist schwarz: Graphitose.

Diagnose: Ausstriche von kranken Tieren. Keine merkliche Phagozytose der in die Hämocoele eingedrungenen Bazillen. Phasenkontrast: Stäbchen 0,4–0,6 × 1,6–3,7 μ groß. Ellipsoide Sporen 0,6–0,9 × 1,0–1,5 μ groß, terminal bis subterminal gelegen, Sporangium leicht aufgetrieben. Bakteriologischer Nachweis durch Kultur-Verfahren auf einfachen Nährböden.

Kulturelle Eigenschaften: Auf Nähragar: Runde Kolonien; in Nährbouillon: Trübung und Häutchenbildung; aerobes Wachstum; Gelatine wird verflüssigt; Stärke wird hydrolysiert; Lackmusmilch: Nach Säurebildung teilweise Koagulation; Glucose: Säurebildung, keine Gasbildung; übrige Kohlenhydrate: Maltose – negativ, Saccharose – negativ, Lactose – negativ, Glycerin – schwach positiv, Mannit – schwach positiv; Blutplatte: Hämolyse; Indolbildung – positiv bis negativ.

Vermehrung: Auf künstlichen Nährböden leicht züchtbar, daher übliche Methoden zur Massenvermehrung. Sporen lange haltbar.

Epizootiologie: Der Erreger wurde 1923 erstlich von CHORINE aus kranken *Galleria*-Raupen isoliert.

Bacillus subtilis var.
[syn. *Bacillus galleriae* No. 3 CHORINE].
(CHORINE 1927).
Wirt: Galleria mellonella (L.).
Übertragung: Perorale Infektion. Fakultativ pathogen.
Pathologie: Septikämie nach Durchdringung der Darmwand. Leichen färben sich meist schwarz: Graphitose.

Diagnose: Ausstriche von kranken Tieren. Phasenkontrast: Stäbchen 0,4 bis 0,5 × 1,5–3,2 μ groß. Ellipsoide Sporen ca. 0,3 × 0,7 μ groß, subterminal bis terminal gelegen.

Kulturelle Eigenschaften: Auf Nähragar: Runde Kolonien; in Nährbouillon: Trübung; fakultativ aerobes Wachstum; Gelatine wird verflüssigt; Lackmusmilch: Nach Säurebildung unvollständige Koagulation; Glucose: Säurebildung, keine Gasbildung; übrige Kohlenhydrate: Fructose – positiv, Maltose – positiv, Saccharose – positiv, Lactose – negativ, Glycerin – schwach positiv. Mannit – schwach positiv; Blutplatte: Hämolyse; Indolbildung – negativ.

Vermehrung: Auf künstlichem Nährboden leicht züchtbar.

Epizootiologie: Erreger von CHORINE aus kranken *Galleria*-Raupen isoliert.

Weitere hierher gehörige Form:

Bacillus subtilis var.

Wirte: Gryllidae (Orthoptera) – verschiedene Arten. (KELLER 1949).

Übertragung: Perorale Infektion. Harmloser Darmbewohner.

2. Gruppe:

Sporen elliptisch bis zylindrisch.
Sporenlage zentral bis terminal.
Sporangium nicht aufgetrieben.
Stäbchendurchmesser > 0,9 μ
[s. Abb. 22].

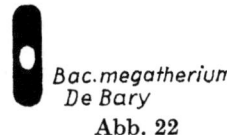

Abb. 22

ii. *Bacillus cereus* FR. et FR.

Bac. cereus var. cereus.

Wirte: Sitophilus oryzae (L.) [STEINHAUS 1953], *Prodenia eridania* CRAM. [*Laphygma eridania* (CRAM.)], *Periplaneta americana* (L.) [BABERS 1938], *Pristophora erichsonii* (HTG.), *Neodiprion lecontei* (FITCH), *Neodiprion americanus banksianae* ROHW, [HEIMPEL 1955] und *Carpocapsa pomonella* (L.), [*Cydia pomonella* (L.)], [STEPHENS 1952].

Übertragung: Perorale Infektion. Absterbezeit: 24–96 Stunden.

LD_{50} bei intracoelomaler Applikation von 1500 Bakterien pro Larve von *Galleria mellonella* (L.) [STEPHENS 1959b].

Pathologie: Als Folge der Darminfektion werden die Darmepithelzellen des Mitteldarms zerstört bei gleichzeitiger vollständiger Auflösung der peritrophischen Membran. Anschließend beginnen die Speicheldrüsen, die Malpighischen Gefäße, dann Muskeln, Nervenzellen und Hypodermis zu degenerieren. Die Bazillen treten erst infolge Ruptur des Mitteldarms in das Hämocoel ein. Der postkomatöse moribunde Zustand tritt ein, bevor die Bakterien die Hämolymphe erreichen. Im Gegensatz etwa zur Infektion von *Bombyx mori* mit *Bac. thuringiensis var. sotto* zeigte *Pristophora erichsonii* nach Infektion mit *Bacillus cereus* keine dem Tod vorausgehende Paralyse [HEIMPEL 1955]. Raupen von *Cydia pomonella* (L.) wurden „sluggish", und es erschienen braune Flecken auf dem Integument. Später wurden die Larven bewegungslos und ganz braun. Zur Zeit des Todes waren sie weich und „flaccid" und fast schwarz [STEPHENS 1952]. Keine allgemeine Proteo- und Lipolyse. Ursache der pathogenen Wirkung: Toxämie als Folge der Produktion von Phospholipase [syn. Lecithinase C] durch die Bazillen [vgl. auch TOUMANOFF 1953]. Variationen von *Bac. cereus*, die *keine* Phospholipase bilden, sind unwirksam gegenüber Insekten [HEIMPEL 1955], und die Phospholipase-Aktivität entspricht direkt der Virulenz des Stammes, wie quantitative Untersuchungen zeigen [KUHNER und HEIMPEL 1957]. Das Ferment baut die Phospholipide des Eidotters und des Insektengewebes speziell Lezithin in hydrophiler Umgebung ab. [Gereinigtes Lezithin wird dagegen nur bei Anwesenheit organischer Lösungsmittel, z. B. Äther, abgebaut.] Die Phospholipase von *Bacillus cereus* verhält sich somit ähnlich wie die von *Clostridium perfringens* Typ A. In gereinigtem Zustand ist diese Lecithinase ein für Wirbeltiere [z. B. Mäuse] tödliches Toxin. Nach HEIMPEL (1953) soll das Darm-p_H für die Anfälligkeit bzw. Resistenz gegenüber *Bacillus cereus*-Infektion ausschlaggebend sein. Da der Wachstumsbereich von *Bacillus cereus* zwischen p_H 5,0 und 9,3 liegt, kann er sich wohl im Darm von Blattwespen *(Hymenoptera)* bei mittlerem Darm-p_H ausbreiten, nicht dagegen im Mitteldarm vieler Lepidopterenarten, wie z. B. *Bombyx mori* L., deren Darm-pH zwischen 9,0 und 10,4 liegen kann.

Außer der Lecithinase wurde von MCCONNEL und RICHARDS (1959) ein hitzestabiles Toxin nachgewiesen. Es ist nicht Darm-wirksam, sondern zeigt nur bei parenteraler Applikation eine Wirkung auf Larven von Lepidopteren, Dipteren und Orthopteren. Das Toxin ist dialysierbar und findet sich im Kulturfiltrat z. Zt. der Proliferationsphase. Keine merkliche Phagozytose der in das Hämocoel eingedrungenen Bazillen.

Diagnose: Ausstriche von toten Tieren. Phasenkontrast: bewegliche große Stäbchen, 0,9–1,4 × 3,0–7,0 μ messend, einzeln oder in Ketten. Ellipsoide Spore, 1,0–1,3 μ groß [treibt Zellwand nur unwesentlich auf]; Sporenlage subterminal bis zentral. Parasporale Körper oder Kristalle fehlen. Außer Sporen gut anfärbbar mit Anilinfarben. Gram-positiv. Nachweis im histologischen Präparat durch Eisenhämatoxylin-Färbung nach HEIDENHAIN nach BOUIN-Fixierung. Bakteriologischer Nachweis durch Kultur-Verfahren auf einfachen Nährböden.

Kulturelle Eigenschaften: Auf Nähragar: runde, große, rauhe, weißliche Kolonien: Eidotter-Nährboden: keine Pigmentbildung. Bei insektenpathogenen Stämmen verschieden starkes Seifenpräzipitat als Folge der Phospholipasewirkung [Phosphatidase C]; in Nährbouillon: Wachstum mit gelegentlicher Kahmhaut: fakultativ anaerobes Wachstum; Gelatine wird verflüssigt; Stärke wird hydrolysiert; Lackmusmilch: Peptonisierung; Glucose: Säurebildung; übrige Kohlenhydrate: Fructose – positiv, Arabinose – negativ [im Gegensatz zu *Bacillus megatherium*], Maltose – positiv, Saccharose – positiv, Lactose – negativ, Glycerin – negativ, Mannit – negativ; Blutplatte: Hämolyse nach 24–48 Stunden; Katalase – positiv; Nitritbildung aus Nitrat positiv; Citrat als einzige C-Quelle verwertbar; Methylrot-Test – positiv oder negativ; VOGES-PROSKAUER-Reaktion – positiv oder negativ; Indolbildung – negativ.

Vermehrung: s. *Bacillus thuringiensis*. Tierpassagen erhöhen die Virulenz (STEPHENS 1952).

Epizootiologie: BABERS (1938) beschrieb eine *Bacillus cereus*-Epizootie bei *Prodenia eridania* CRAM. [*Laphygma eridania* (CRAM.)] und *Periplaneta americana* (L.). STEPHENS (1952) beschrieb eine Laborinfektion bei *Cydia pomonella* (L.). HEIMPEL (1954) isolierte einen pathogenen Stamm aus

Pristophora erichsonii (HTG.), der auch für andere Blattwespen pathogen war [*Neodiprion lecontei* (FITCH) und *Neodiprion americanus banksianae* (ROHW)].

Biologische Bekämpfung: Ein Versuch von STEPHENS (1957b) an *Cydia pomonella* (L.) ohne Erfolg, da Räupchen beim Einbohren zu wenig Sporenmaterial aufnehmen.

Bacillus cereus var.

Wahrscheinlich syn. *Bacillus hoplosternus* PAILLOT.

[PAILLOT 1919].

Wirte: Melolontha melolontha (L.) und verschiedene Lepidopteren-Larven: *Euproctis chrysorrhoea* (L.), *Malacosoma neustria* (L.), *Arctia caja* (L.), *Vanessa urticae* L. [*Aglais urticae* (L.)], [*Lymantria dispar* (L.) ist unempfindlich].

Übertragung: Perorale Infektion. Fakultativ pathogen.

Pathologie: Bewirkt eine vom Darm ausgehende Septikämie, die eine Schwarzfärbung der befallenen Engerlinge zur Folge hat: „Schwarze Gruppe der Engerlingsbakteriose" [KRIEG 1956]. Im Zusammenhang mit der Entwicklung der Septikämie erfolgt Sporulation. Phagozytäre Reaktion bleibt wirkungslos.

Diagnose: s. *var. cereus.*

Vermehrung: s. *Bac. thuringiensis.*

Epizootiologie: Kommt offenbar ubiquitär vor.

iii. *Bacillus thuringiensis* BERLINER.

[BERLINER 1911, 1915].

Bacillus thuringiensis var. *thuringiensis.*

[syn. *Bacillus ephestiae* MET. et CHOR. – METALNIKOV u. CHORINE 1929a].

[syn. *Bacillus cereus* var. *thuringiensis* – TOUMANOFF 1956].

Wirte: Vgl. STEINHAUS (1957): *Arctiidae: Arctia caja* (L.), *Hyphantria cunea* (DRURY) [WEISER und VEBER 1954], *Anisota rubicunda* (F.) [ANGUS 1956a]. *Bombycidae: Bombyx mori* L. [TOUMANOFF und VAGO 1955], *Thaumetopoea processionea* (L.) [GRISON 1956a, 1956b]. *Geometridae: Hibernia defoliaria* (L.) [*Erannis defoliaria* (CLERK)] [GRISON 1956a, 1956b], *Himera pennaria* (L.) [*Colotois pennaria* (L.)] [GRISON 1956a, 1956b], *Himera marginaria* F., *Cheimatobia brumata* L. [*Operophthera brumata* (L.)] [GRISON 1956a, 1956b], *Phigalia pedaria* F., *Alsophila aescularia* SCHIFF. *Lasiocampidae: Malacosoma neustria* (L.) [BURGERJON und GRISON 1958]. *Lymantriidae: Euproctis phaeorrhoea* (DONOV.) [GRISON 1956a, 1956b], *Porthetria dispar* L. [*Lymantria dispar* (L.)] [METALNIKOV und CHORINE 1928b].

Nymphalidae: Vanessa urticae L. [*Aglais urticae* (L.)] [METALNIKOV und CHORINE 1929b], *Junonia coenia* HBN. [STEINHAUS 1951a], *Nymphalis antiopa* (L.) [ANGUS 1956a]. *Piridae: Aporia crataegi* (L.), [METALNIKOV und CHORINE 1929b], *Colias lesbia* FABR. [FALDINI und PASTRANA 1952], *Colias philodice eurytheme* BOISD. [STEINHAUS 1951a, 1951c], *Pieris brassicae* (L.)

[METALNIKOV 1930], *Pieris rapae* (L.) [TANADA 1953], *Euproctis chrysorrhoea* (L.) [KRIEG 1957c]. *Pyralidae: Ephestia kühniella* ZELL. [BERLINER 1911, 1915], *Plodia interpunctella* (HBN.) [STEINHAUS 1951a, 1951b], *Pyrausta nubilalis* (HBN.) [HUSZ 1928], *Hellula undalis* (F.) [TANADA 1956], *Galleria mellonella* (L.) [ZERNOFF 1931; KRIEG 1957b], *Aphomia gularis* (ZELL.) [STEINHAUS 1951a, 1951b]. *Phalaenidae: Heliothis obsoleta* (F.) syn. *Heliothis armigera* HBN. [MAJUMDER und Mitarb. 1955], *Trichoplusia ni* (HBN.) [TANADA 1956], *Peridroma margaritosa* (HAW) [*Rhyacia saucia* HBN. ab. *margaritosa* HAW.] [STEINHAUS 1951a], *Prodenia praefica* GROTE [STEINHAUS 1951a]. *Tortricidae: Choristoneura murinana* (HBN.) [KRIEG 1956a, 1957c], *Tortrix viridana* (L.) [BURGERJON und GRISON 1958].

Weiterhin empfindlich: *Anisota senatoria* (A. u. S.) [ANGUS 1956a], *Phryganidia californica* PACK. [STEINHAUS 1951a], *Hyponomeuta spec.* [KRIEG 1956a, 1957c], *Datana integerrima* (GROTE und ROBINSON) [ANGUS 1956a], *Plutella maculipennis* (CURT.) [HUSZ 1928, 1929], *Protoparce quinquemaculata* (HAW.) [ANGUS 1955], *Protoparce sexta* (JOHANN.) [ANGUS 1955], *Harrisiana brillians* B. et McD. [HALL 1955], *Crambus bonifatellus* HULST [HALL 1954]; außerdem empfindlich nach HALL und DUNN (1958): *Estigmene acrea* (DRURY), *Bucculatrix thurberiella* BUSCK, *Udea rubigalis* (GUEN.), *Amorbia essigana* BUSCK, *Heliothis zea* (BODDIE), *Hypera brunneipennis* (BOH.); außerdem empfindliche Wirte: *Malacosoma disstria* HBN., *Malacosoma pluviale* DYAR, *Malacosoma americanum* (F.), *Hyphantria cunea* (DRURY), *Schizura concinna* (A. u. S.), *Anisota rubicunda* (F.), *Halisidota caryae* HARR., *Nymphalis antiopa* (L.), *Datana ministra* (DRURY), *Vanessa cardui* (L.), *Zeiraphera ratzeburgiana* RATZ., *Antherea pernyi* (GUÉR.), *Phlegethontius quinquemaculatus* (HAW.) [ANGUS und HEIMPEL 1959], *Malacosoma neustria* (HBN.) [KRIEG 1959].

Nach BURGERJON und GRISON (1958) sind speziell unempfindlich gegenüber *Bacillus thuringiensis* die Erdraupen von *Noctuidae*.

Übertragung: Perorale Infektion; Absterbezeit: 1–4 Tage.

LD_{50} bei peroraler Applikation ca. 41×10^3 Sporen pro Larve von *Pieris rapae* (L. [TANADA 1953]. LD_{50} bei peroraler Applikation ca. 2×10^6 Sporen pro Larve von *Bombyx mori* L. (ANGUS 1956b).

Pathologie: Nach MATTES (1927) handelt es sich bei der Infektion von *Ephestia kühniella* um eine Septikämie. Demgegenüber glauben TOUMANOFF und VAGO (1952) auf Grund von Untersuchungen an *Bombyx mori* eher an eine Toxämie. Bereits 1915 fanden AOKI und CHIGASAKI, daß junge vegetative Bazillen, wenn sie mit Nahrung aufgenommen werden, im Darm von *B. mori* abgetötet oder zerstört werden. Auf Grund von Studien über die Abhängigkeit des pathogenen Geschehens vom Darm-p_H des Wirtes deduzierten HEIMPEL und ANGUS (1958) 2 pathologische Typen: (1) Bei Lepidopteren mit hohem Mitteldarm-p_H [8,5–10,7] (wie z. B. Larven von *B. mori* L., *Protoparce quinquemaculata* (HAW.), *Anisota senatoria* (A. n. S.) kommt es im Anschluß an eine Lyse des kristallisierten Endotoxins des *Bacillus thuringiensis* zu einer toxischen Störung der Darmfunktion. [Hierbei soll das Blut-p_H auf Kosten des Darm-p_H ansteigen und eine Paralyse herbeiführen.] Die hohen p_H-Werte im Mitteldarm des Wirtes erlauben keine Keimung und Vermehrung der Bazillen. – (2) Bei Lepidopteren mit niederem Mitteldarm-p_H [6,4–9,3] [wie z. B. Larven von *Choristoneura fumiferana* (CLEM.),

Carpocapsa pomonella (L.) kommt es im Darm zu Sporenkeimung und Vermehrung der Bazillen. [In deren Folge kommt es auch zur Produktion von Phosphatidase C. Von HEIMPEL und ANGUS wird in Anlehnung an TOUMANOFF (1953) dieses Ferment – ähnlich wie bei insektenpathogenen *Cereus*-Arten ohne Kristallbildung – für die pathogene Wirkung bei niederem Darm-p_H verantwortlich gemacht.] Offenbar ist aber auch das kristalline Endotoxin bei niedrigem p_H noch wirksam, da Untersuchungen an *Ephestia kühniella* (ZELL.) zeigen, daß die Phosphatidase-Wirkung zur Erklärung der *Bacillus thuringiensis*-Wirkung auf Wirte mit niedrigem Darm-p_H nicht ausreicht [HEIMPEL und ANGUS 1958].

Auch ließ sich für den Wirkungsmechanismus (1) die von HEIMPEL und ANGUS (1958) postulierte Änderung des Blut-p_H außer bei *Bombyx mori* L. [hier steigt das p_H innerhalb 1 Stunde von 6,8 auf 8,1 an] nur noch bei einigen anderen Raupenarten nachweisen: *Phlegotontius quinquemaculatus* (HAW.) [hier steigt das p_H innerhalb von 6 Stunden von p_H 6,7 auf 7,5 an] und *Antherea pernyi* (GUÉR.) [hier steigt das p_H innerhalb von 7 Stunden von 6,5 auf 7,5 an]. Eine p_H-Änderung im Blut des Wirtes scheint deshalb im allgemeinen für die Wirkung von *Bacillus thuringiensis* nicht charakteristisch zu sein. Das auf den Darm von Lepidopterenraupen wirksame Endotoxin des Bazillus ist wirkungslos bei parenteraler Applikation. Das Toxin ist in parasporalen Einschlüssen des Sporangiums lokalisiert, die die Form rhomboider Kristalle haben und wurde von HANNAY und FITZ-JAMES (1958) isoliert.

Außer der Lecithinase und dem hitzestabilen Darm-wirksamen Toxin wurde von MCCONNEL und RICHARDS (1959) wie bei *Bacillus cereus* ein hitzestabiles, nicht auf den Darm wirkendes Toxin nachgewiesen. Es ist bei parenteraler Applikation wirksam in Larven von Lepidopteren [*Galleria mellonella* (L.)], Dipteren [*Sarcophaga bullata*] und Orthopteren [*Periplaneta americana* (L.)]. Dieses toxische Prinzip ist dialysierbar und findet sich im Kulturfiltrat z. Z. der Proliferationsphase. Die LD_{50} des sterilen Filtrats für Larven von *Galleria mellonella* (L.) betrug 0,002 ml/g Larve.

Diagnose· Ausstriche. Phasenkontrast: meist unbewegliche große Stäbchen, $1{,}2–1{,}8 \times 3{,}0–5{,}0\ \mu$ groß, einzeln und in Ketten (s. Abb. 28a), bei *Bacillus thuringiensis* var. *sotto* auch länger. Ovale Sporen $1{,}0–1{,}5\ \mu$ groß, subterminal, Sporangien nicht geschwollen, oval. *Bacillus thuringiensis* unterscheidet sich vor allem von *Bacillus cereus* FR. et FR. durch seine Kristall-Produktion. Jede sporulierende Zelle bildet nämlich neben der [etwa $0{,}8–0{,}9 \times 2{,}0\ \mu$ großen] Spore [s. Abb. 28b] einen [etwa $0{,}6 \times 2{,}0\ \mu$ großen] kristallinen parasporalen Körper [s. Abb. 28c], den BERLINER (1915) als „Restkörper“ beschrieben hat. TOUMANOFF (1956) sieht in der Bildung dieser Kristalle eine allgemeine Eigenschaft der Species *Cereus* und nicht ein differentialdiagnostisches Kriterium für den *Bacillus thuringiensis* gegenüber *Bac. cereus*. Er glaubt nämlich, daß es ihm gelungen sei, in bestimmten Stämmen von *Bacillus cereus* FR. et FR. mittels Passage durch *Galleria mellonella*-Raupen die Bildung von Kristallen de novo zu induzieren. Entsprechende Versuche liegen auch von seinem Mitarbeiter LE CORROLLER (1958) vor. Da andererseits jedoch bekannt ist, daß *Bacillus thuringiensis*-Stämme unter bestimmten Bedingungen keine Kristalle ausbilden [vgl. VAŇKOVÁ 1957], wird angenommen, daß es sich bei den Beobachtungen von TOUMANOFF und LE CORROLLER um eine adaptive Verstärkung der Kristallbildung in „maskierten“

Thuringiensis-Stämmen handelt. – Die Darstellung der Kristalle gelingt besonders gut, wenn man den Brechungsindex des umgebenden Mediums z.B. durch hochprozentige Gelatine erhöht. Die Kristalle sind unlöslich in Wasser und organischen Lösungsmitteln, leicht löslich dagegen in verdünntem Alkali [HANNAY 1953]. Nach ANGUS (1956d) handelt es sich bei den Kristallen um das Endotoxin; mit ihrer Auflösung geht nämlich die Toxizität in das alkalische Lösungsmittel über. Nach der chemischen Analyse ist das kristalline Toxin ein Protein [ANGUS 1956e]. Außerdem wird ein Antibioticum gegen Gram-positive Bakterien produziert [VAŇKOVÁ 1957]. Der Bacillus färbt sich – außer den Sporen – gut mit Anilinfarben. Gram-positiv. Nachweis im histologischen Präparat durch Eisenhämatoxylin.

Bakteriologischer Nachweis durch Kultur-Verfahren auf einfachen Nährböden. Auf Nähragar: große, rauhe, weißliche Kolonien; Eidotter-Nährboden: Alle Stämme bilden ein Seifen-Präzipitat als Folge der Phospholipasewirkung [= Lezithinase, = Phosphatidase C] TOUMANOFF 1953; in Nährbouillon Wachstum mit Kahmhaut, gelegentlich leichter Satz; fakultativ-anaerobes Wachstum; Gelatineverflüssigung: langsam kraterförmig; Stärke wird hydrolysiert. Lackmusmilch: Peptonisierung mit oder ohne Koagulation; Glucose: Säurebildung; übrige Kohlenhydrate: Fructose – positiv, Arabinose – negativ [im Gegensatz zu *Bacillus megatherium*], Maltose – positiv, Saccharose – positiv, Lactose – negativ, Glycerin – negativ, Mannit – negativ; Eiernährboden s. oben; Blutplatte: Hämolyse nach 24–48 Stunden; Katalase – positiv; Nitritbildung aus Nitrat positiv; Citrat als einzige C-Quelle verwertbar; Methylrot-Test – positiv; VOGES-PROSKAUER-Reaktion – positiv oder negativ; Indolbildung – negativ.

Schlüssel für die Varietäten von *Bacillus thuringiensis*: Lecithinasebildung schwach: *var. galleriae*. [keine: *Bac. entomocidus*.] Häutchenbildung auf Nährbouillon: keine außer *var. thuringiensis*. Gelatineverflüssigung und Verflüssigung von koaguliertem Serum: sehr langsame Verflüssigung: *var. thuringiensis* und *var. galleriae*; langsame Verflüssigung: *var. alesti* [und *Bac. entomocidus*]; rasche Verflüssigung: *var. sotto* und *var. euxoae*; sehr schnelle Verflüssigung: *var. dendrolimus*. Indolbildung: keine außer *var. dendrolimus*. Pigmentbildung auf koaguliertem Eidotter: keine außer *var. euxoae* und *var. alesti*. Pigmentbildung auf Serumagar mit Eidotterzusatz: keine außer *var. alesti*. (Bei diesem chloroformlöslichen rötlichen Pigment handelt es sich um das Chromoproteid eines Carotinoids). (Vgl. HEIMPEL und ANGUS 1958; TOUMANOFF und LE CORROLIER 1959).

Auf Grund seiner Penicillin-Unempfindlichkeit läßt sich zur Isolierung des *Bacillus thuringiensis* aus verunreinigtem Material Penicillin-Nähragar als Selektiv-Nährboden verwenden [KRIEG 1959].

Vermehrung: Auf künstlichem Nährboden leicht züchtbar, entweder auf gewöhnlichem Nähragar im Oberflächen-Verfahren in Schalen [KOLLE-Schalen] oder in Submers-Verfahren in belüfteten Tanks [KLUYVER-Kolben]. Substrat: Pepton, Glucose oder Saccharose, Spurenelemente. Essentielle Aminosäuren: l-Asparagin, l-Prolin, l-Leucin, d-l-Alanin, l-Glutaminsäure, d-l-Serin, d-l-Methionin [PROOM u. KNIGHT 1955]. Tierpassagen erhöhen Virulenz, größere Zusätze von Glucose [u. a. Kohlenhydraten] scheinen sie zu erniedrigen. LEMOIGNE und Mitarb. (1956) geben folgendes Substrat an: 6,800 g KH_2PO_4, 0,123 g $MgSO_4$ (+ 7 H_2O), 0,00223 g $MnSO_4$ (+ 4 H_2O),

0,014 g $ZnSO_4$ (+ 7 H_2O), 0,020 g Fe_2 $(SO_4)_3$, 0,183 g $CaCl_2$ (+ 4 H_2O), 7,5 g Pepton, 20,0 g Saccharose ad 1000 Aq. dest. Temperatur-Optimum + 32° C, p_H 5,0–8,0, Optimum 7,0. Sporenbildung nur unter aeroben Bedingungen, dauert ebenso wie Keimung [polar] bei 20° C etwa 48 Stunden. Ausbeute ca. 1500 g/200 l. Sporen in getrocknetem Zustand jahrelang haltbar. Vegetative Keime ertragen + 60° C 2 Stunden, Sporen + 80° C 2 Stunden.

Epizootiologie: Bacillus thuringiensis wirkt als Begrenzungsfaktor bei verschiedenen Lepidopteren-Arten. Er konnte bisher bei Epizootien isoliert werden u. a. aus:

Ephestia kühniella ZELL.: BERLINER 1911; MATTES 1927; METALNIKOV und CHORINE 1929: *Bacillus thuringiensis var. thuringiensis.*

Aphomia gularis (ZELL.): STEINHAUS 1951a: *Bacillus thuringiensis var. thuringiensis.*

Heliothis obsoleta (F.): MAJUMDER und PINGALE 1955: *Bacillus thuringiensis var. thuringiensis.*

Galleria mellonella (L.): KRIEG 1956: *Bacillus thuringiensis var. thuringiensis.*

Plodia interpunctella (HBN.): VAŇKOVÁ 1957: *Bacillus thuringiensis var. thuringiensis.*

Biologische Bekämpfung: Ältere Untersuchungen: die ersten Versuche mit *Bacillus thuringiensis* wurden an Pyraliden durchgeführt. MATTES (1927) beurteilt die Verwendung des Bacillus zur Bekämpfung von *Ephestia kühniella* aus technischen Gründen nach Vorversuchen negativ. Die gleiche schlechte Erfahrung machte KRIEG (1956b) bei einer Dosierung von 50–100 mg Sporen auf 100 g Mehl zur Bekämpfung von *Ephestia kühniella* [s. jedoch JACOBS 1950]. Erste Versuche an *Pyrausta nubilalis* (HBN.) wurden von CHORINE (1929) in Zagreb (Jugoslawien) durchgeführt. Erfolg: 90% Reduktion. 1930/31 Feldversuche mit gutem Erfolg in Keszthely [Ungarn] [METALNIKOV und CHORINE 1929c; CHORINE 1930, 1931; METALNIKOV und Mitarb. 1930]. HUSZ (1929, 1930, 1931) führte 1929–1931 Feldversuche in verschiedenen Teilen Ungarns durch bei durchschnittlicher Reduktion um 50%. Bekämpfungsversuche ohne Erfolg führte ECKSTEIN (1934) an *Pyrausta nubilalis* in Baden [Südwest-Deutschland] durch.

Neuere Untersuchungen: Erfolgreiche Bekämpfungsversuche wurden an *Ephestia kühniella* ZELL. von JACOBS (1950) durchgeführt. Eine Bekämpfung von *Pyrausta nubilalis* auf Maisfeldern in Nordamerika [Minnesota] von McCONNEL und CUTKOMP (1954) bei einer Dosis von $6–12 \times 10^6$ Sporen/ml zeigte noch keinen sicheren Erfolg. Mortalität bei L_1-Raupen 50%. Neuerdings soll YORK (1957) jedoch in den USA gute Erfolge erzielt haben gegen die 2. Generation (im Jahr) von *Pyrausta nubilalis*. Versuche von KRIEG (1956c) an *Galleria mellonella* mit einem besonders virulenten Stamm zeigten hoffnungsvolle Anfangserfolge [vgl. auch KRIEG und FRANZ 1959]. – Die meisten neueren Erfolge mit *Bacillus thuringiensis* wurden jedoch an Pieriden gewonnen: *Colias philodice eurytheme* BOISD.: Versuch einer biologischen Bekämpfung auf Luzernefeldern in Kalifornien [USA]. Ausbringung des Bacillus mit Rückenspritze. Dosierung $6–13 \times 10^9$ Sporen pro 12×48 yards. Absterben nach 2 Tagen [STEINHAUS 1951a, 1951c].

Colias lesbia FABR.: Versuch einer biologischen Bekämpfung in Argentinien [FALDINI und PASTRANA 1952].

Pieris rapae (L.): Bekämpfung auf Kohlfeldern in Hawaii mit Handspritze. Dosierung 0,25 g Sporen/gal. Spritzbrühe. [Zusatz von Triton B-1956 als Netzmittel [Verdünnung 1:800] oder Weizenmehl als Haftmittel] [TANADA 1956].

Pieris brassicae (L.): Bekämpfung auf Kohlfeld in Südwest-Deutschland von KRIEG (1957c) mit *Bacillus thuringiensis*. Ausbringung mit Handspritze. Dosierung 125×10^6 Sporen/ml [Methylzellulose als Haftmittel], davon 1,7 l/10 qm. Absterben in 6 Tagen (vgl. S. 234).

Erfolgreiche Feldversuche zur biologischen Schädlingsbekämpfung wurden ferner an folgenden Species mit *Bacillus thuringiensis* durchgeführt: *Thaumetopoea pityocampa* (SCHIFF.) [GRISON und BÉGUIN 1954a], *Gnorimoschema operculella* (ZELL.) [TOUMANOFF und GRISON 1954], *Harrisiana brillians* B. et McD. (HALL 1955), *Hellula undalis* (FABR.), *Trichoplusia ni* (HBN.), *Plutella maculipennis* (CURT.) [TANADA 1956; OKA 1957], *Protoparce quinquemaculata* (HAW.) und *Protoparce sexta* (JOHAN.) [RABB und Mitarb. 1957], *Hyphantria cunea* (DRURY) [VASILJEVIĆ 1957]. *Adisura atkinsoni* bzw. *Heliothis obsoleta* FABR. [MAJUMDER und Mitarb. 1957]. *Malacosoma americanum* (F.), *Malacosoma disstria* HBN., *Anisota rubicunda* (F.), *Anisota senatoria* (A. u. S.), *Datana ministra* (DRURY) [ANGUS und HEIMPEL 1959].

Versuche von KRIEG (1955a) und Vorversuche von TADIĆ und VASILJEVIĆ (1956) an *Carpocapsa pomonella* (L.) [*Cydia pomonella* (L.)] waren ohne Erfolg, da die Räupchen beim Einbohren zu wenig Sporenmaterial aufnahmen.

Pathogenitätsprüfung im Zusammenhang mit der praktischen Anwendung: (1.) Prüfung gegenüber Bienen: Nach Untersuchung von KRIEG (1955b) und KAESER (1957) ergaben sich keine toxischen Wirkungen an Bienen nach Applikation von *Bacillus thuringiensis*. (2.) Prüfung gegenüber Mensch und Säugetieren: Nach Angaben von BERLINER (1915, 1957), STEINHAUS (1951a), LEMOIGNE u. Mitarb. (1956) und nach Versuchen von KRIEG und FRANZ (1959) konnten keinerlei gesundheitlich nachteilige Effekte oder gar Erkrankungen festgestellt werden. Ausgedehnte Untersuchungen von FISHER und ROSNER (1959) zeigen, daß *Bac. thuringiensis* gegenüber Warmblütern völlig untoxisch ist und daß er auch nach wiederholten Mäusepassagen keine signifikante Virulenz erkennen läßt. Die toxikologischen Untersuchungen (bei denen der Bazillus in hohen Dosen inhaliert bzw. peroral oder intraperitoneal appliziert wurde) wurden an Mäusen, Ratten, Meerschweinchen und an Menschen durchgeführt.

Bacillus thuringiensis var. *sotto*.

[syn. *Bactillus sotto* ISHIWATA].

[ISHIWATA 1902].

Wirte: Bombyx mori L. [ISHIWATA 1902], *Anisota rubicunda* (FABR.) [ANGUS 1956a, 1956b], *Anisota senatoria* (A. u. S.) [ANGUS 1956a, 1956b], *Erannis tiliaria* (HARR.) [ANGUS 1956a], *Porthetria dispar* (L.) [*Lymantria dispar* (L.)] [ANGUS 1956a, 1956b], *Datana ministra* (DRURY) [ANGUS 1956a, 1956b], *Nymphalis antiopa* (L.) [ANGUS 1956a, 1956b], *Pseudaletia unipuncta* (HAW.) [ANGUS 1956a], *Pyrausta nubilalis* (HBN.) [PAILLOT 1928], *Protoparce quinquemaculata* (HAW.) [ANGUS 1956a, 1956b].

Übertragung: peroral.

LD_{50} bei peroraler Applikation ca. 38×10^3 pro Larve von *Bombyx mori* L. (Angus 1956a). LD_{50} bei peroraler Applikation ca. 2×10^{-7} g Toxin pro Larve von *Bombyx mori* L. (Angus 1956b).

Pathologie: Die Wirkung auf Seidenraupen setzt innerhalb von 1–2 Stunden in Form der Paralyse ein. Die Raupen fressen nur in der ersten halben Stunde gut. – Isolierung des Endo-Toxins erfolgte durch Angus (1956a). Ähnlich anderen parasporalen Körpern quellen die Toxin-Kristalle in Alkali. Sie lösen sich in 0,5–0,02 n NaOH auf. Die Toxin-Kristalle bestehen aus Protein (Aminosäuren bekannt) und enthalten kein Nucleoproteid.

Diagnose: (Bestimmungsschlüssel) s. u. *var. thuringiensis.*

Epizootiologie: Wurde in Seidenraupenzuchten von Ishiwata (1902) isoliert bei einer Schlaffsucht-Epizootie von *Bombyx mori* L. in Japan (vgl. Aoki und Chigasaki 1915).

Maßnahmen: Bei Sotto-Erkrankungen in Seidenraupenzuchten ist die Möglichkeit einer Chemotherapie gering, da Toxinwirkung im Vordergrund steht. Daher Vernichtung kranken Materials. Desinfektion. – Im allgemeinen sind Stämme von *Bac. thuringiensis* und seiner Varianten mäßig empfindlich gegen Streptomycin [auch resistente Stämme bekannt] und relativ unempfindlich gegen Aureomycin, Terramycin und Chloromycetin. Völlig resistent erwiesen sie sich gegenüber Penicillin; offenbar produzieren sie eine Penicillinase [Toumanoff und Lapied, 1954].

Biologische Bekämpfung: Feldversuche wurden durchgeführt von Angus und Heimpel (1959) an *Malacosoma americanum* (F.), *Malacosoma disstria* Hbn., *Anisota rubicunda* (A. u. S.), *Anisota senatoria* (A. u. S.), *Datana ministra* (Drury).

Bacillus thuringiensis var. dendrolimus.

[syn. *Bacillus dendrolimus* Talalaev].

Wirt: Dendrolimus sibiricus Tshetverikov.

[Talalaev 1956].

Pathologie: s. *var. thuringiensis.*

Diagnose: s. *var. thuringiensis.*

Nach Poltev (1958) sind die Sporen-Antigene von *var. dendrolimus* und *var. thuringiensis* verschieden.

Biologische Bekämpfung: Talalaev (1958) erzielte einen Erfolg biologischer Bekämpfung bei *Dendrolimus sibiricus* indem er in den Befallsgebieten einzelne Infektionsherde setzte, die sich auszubreiten vermochten. 65–97% Mortalität wurden gegen die einjährigen Raupen biannueller Rassen erzielt und 90% bei Raupen annueller Rassen.

Bacillus thuringiensis var. alesti.

[syn. *Bacillus cereus var. alesti* Toum. et Vago].

[syn. *Bacillus thuringiensis* Stamm „Anduze"].

[Toumanoff und Vago 1951].

Wirte: Bombyx mori L. (Toumanoff u. Vago 1951), *Hyphantria cunea* (Drury), (Vasiljevic 1957), *Galleria mellonella* (L.) [Toumanoff 1954a, 1955], *Gnorimoschema operculella* (Zell.) [Toumanoff und Grison 1954],

Hyponomeuta cognatella HBN. [TOUMANOFF 1954a, 1955], *Malacosoma spec.* [TOUMANOFF und GRISON 1954], *Pieris brassicae* (L.) [TOUMANOFF und GRISON 1954; TOUMANOFF 1955]; *Spilosoma spec.*, *Arctia caja* L., *Brachionyca sphinx* HEN., *Thaumetopoea processionea* (L.), *Thaumetopea pityocampa* (SCHIFF.), *Himera pennaria* (L.) [*Colotois pennaria* (L.)], *Himera marginaria* F., *Hibernia defoliaria* (L.) [*Erannis defoliaria* (CLERK)], *Phigalia pedaria* F., *Operophtera brumata* (L.), *Alsophila aescularia* SCHIFF., *Malacosoma neustria* (L.), *Ephestia kühniella* ZELL., *Pyrausta nubilalis* (HBN.) und *Tortrix viridana* (L.) [BURGERJON und GRISON 1959].

Pathologie: Über die Histopathologie der Wirkung auf Seidenraupen s. TOUMANOFF und VAGO (1952). Die Isolation des parakristallinen Endotoxins erfolgt durch FITZ-JAMES und Mitarb. (1958). Ähnlich anderen parasporalen Körpern quellen die Toxin-Kristalle in Alkali, um etwa bei pH 11,5 in Lösung zu gehen. Andere Proteine aus Zellen der Proliferationsphase und solche aus Sporen erwiesen sich als nicht toxisch. Alle kristallbildenden Zellen enthalten ein toxisches Protein, welches sich schon bei geringerem pH löst als die freien Kristalle [der Unterschied zwischen beiden dürfte in der Höhe der Polymerisationsstufe liegen.] Das Volumenverhältnis Spore/Kristall beträgt etwa 1:1, das Gewichtsverhältnis 1,5:1.

Epizootiologie: Wurde in Seidenraupenzuchten von VAGO (1952) festgestellt und isoliert. Keine Epizootie. Von DE LAPORTE und BEGUIN wurde die Zugehörigkeit des *Bacillus* zur *Thuringiensis*-Gruppe erkannt.

Biologische Bekämpfung: Auf Kohlfeldern in Südfrankreich von LEMOIGNE und Mitarb. (1956) mit *Bacillus thuringiensis* Stamm „Anduze". Ausbringung mit Handspritze, Dosierung 200×10^6 Sporen/ml, davon 1,4 l/10 qm. Absterben in 15 Tagen.

Weitere Feldversuche wurden von MARTOURET (1959) durchgeführt, und zwar gegen *Pieris brassicae* (L.), *Thaumetopoea pityocampa* (SCHIFF.) und *Tortix viridana* (L.).

Bacillus thuringiensis var. euxoae.

(KRIEG 1956).

Wirte: Agrotis segetum (SCHIFF.), *Pieris brassicae* (L.), *Pieris rapae* (L.), *Aporia crataegi* (L.).

Pathologie: s. *var. thuringiensis.*

Diagnose: s. *var. thuringiensis.*

Weitere hierher gehörige Formen:

Bacillus thuringiensis var.

Wirte: Cicada plebeia (SCOP.), *Hyphantria cunea* (DRURY).

[VAGO 1951; VASILJEVIĆ 1956].

Übertragung: Perorale Infektion. Fakultativ pathogen für Zikaden, pathogen für Lepidopteren.

Epizootiologie: Bakterienseuche der oben genannten Zikade in der Provence Südfrankreich]. Fakultativ pathogene Bakterien-Art, da auch bei 55% aller untersuchten gesunden Tiere der Bacillus als Darmbewohner nachweisbar ist [VAGO 1951].

Biologische Bekämpfung: Von VASILJEVIĆ (1956a) wurden im Labor und Freiland Infektionsversuche an *Hyphantria cunea* durchgeführt. Hierzu wurde das Futter mit einer Bakterien-Suspension [100 ml Wasser/Kultur-Röhrchen] behandelt. Der Infektionserfolg wurde mit dem verschiedener Stämme von *Bacillus thuringiensis* verglichen. Der Stamm aus *C. plebeia* war anderen *Thuringiensis*-Stämmen überlegen. Die Absterbezeiten waren vom Raupenalter abhängig. 100%ige Mortalität wurde erreicht bei L_2 nach 2 Tagen, bei L_4 nach 5 Tagen und bei L_6 nach 9 Tagen und beim Besprühen der Eilarven innerhalb des 1. Tages nach dem Schlüpfen. Im Freiland waren die Absterbezeiten etwas länger als im Labor. Ein weiterer Versuch von VASILJEVIĆ (1956b) an *Carpocapsa pomonella* (L.) [*Cydia pomonella* (L.)] war ohne Erfolg, da die Räupchen beim Einbohren zu wenig Sporenmaterial aufnehmen.

Bacillus thuringiensis var.

[syn. *Bacillus cereus* var. (Stamm P 3)].
[syn. *Bacterium pyrausta* MET. et CHORINE (No. 1–7)].

Wirte: Pyrausta nubilalis (HBN.), *Ephestia kühniella* ZELL., *Stilpnotia salicis* (L.) [*Leucoma salicis* (L.)], *Vanessa urticae* L. [*Aglais urticae* (L.)], *Aporia crataegi* (L.), *Pieris brassicae* (L.) *Malacosoma disstria* HBN.

[METALNIKOV und CHORINE 1929d]. Von TOUMANOFF (1953) als „Stamm P 3" geführt.

Bacillus thuringiensis var.

[syn. *Bacillus cereus* var. TOUM.].
[syn. *Bacterium cazaubon* MET. et. al.].

Wirte: Pyrausta nubilalis (HBN.), *Ephestia kühniella* ZELL., *Stilpnotia salicis* (L.) [*Leucoma salicis* (L.)], *Vanessa urticae* L. [*Aglais urticae* L.], *Aporia crataegi* (L.), *Pieris brassicae* (L.), *Thaumetopoea pityocampa* (SCHIFF.).

[METALNIKOV 1930; TOUMANOFF 1953; GRISON und BEGUIN 1954].

Bacillus thuringiensis var.

[syn. *Bacillus cereus* var. TOUM.].
[syn. *Bacterium gelechiae* MET. et MET.].

Wirte: Gelechia gossypiella (SAUNDERS), [*Platyedra gossypiella* (SAUNDERS), *Prodenia litura* (FABR.), *Pyrausta nubilalis* (HBN.) und *Malacosoma neustria* (L.).

[METALNIKOV und METALNIKOV 1933; TOUMANOFF 1953].

Bacillus thuringiensis var.

[syn. *Bacterium pyrenei* MET. et al.].

Wirte: Pyrausta nubilalis (HBN.), *Ephestia kühniella* ZELL., *Pieris brassicae* (L.), *Aporia crataegi* (L.), *Vanessa urticae* L. [*Aglais urticae* (L.)], *Porthetria dispar* L. [*Lymantria dispar* (L.)], *Stilpnotia salicis* (L.) [*Leucoma salicis* (L.)].

Biologische Bekämpfung: Versuche von METALNIKOV und Mitarb. (1930) in Zagreb [Jugoslawien] mit *Bacillus cazaubon*, *Bacillus pyrenei* [neben *Bacillus thuringiensis* und *Bacillus galleriae*] gegen *Pyrausta nubilalis* (HBN.)

hatten gute Resultate. Weitere erfolgreiche Feldversuche wurden von CHORINE (1930) in Keszthely [Ungarn] mit *Bacillus cazaubon* und *Bacillus pyrenei* [neben *Bacillus galleriae*] angestellt.

METALNIKOV und METALNIKOV (1933) verwendet in der Nähe von Kairo [Ägypten] *Bacillus gelechiae* und *Bacillus cazaubon* [neben *Bacillus thuringiensis*] gegen *Gelechia gossypiella* (SAUNDERS) [*Platyedra gossypiella* (SAUNDERS)].

Bacillus thuringiensis var.

[syn. *Bacterium galleriae* No. 2 CHORINE].

Wirte: Galleria mellonella (L.) und *Pyrausta nubilalis* (HBN.).

[METALNIKOV 1922; CHORINE 1927].

Wahrscheinlich syn. mit *Bacillus cereus var. galleriae*, isoliert von ISAKOVA (1958) aus kranken Larven von *Galleria mellonella* L.

Wirte: Pieris brassicae (L.), *Pieris rapae* (L.), *Aporia crataegi* (L.), *Hyphantria cunea* (DRURY), *Hibernia defoliaria* (L.), *Cheimatobia brumata* (L.), *Hyponomeuta malinella* ZELL., *Hyponomeuta cognatella* HBN., *Plutella maculipennis* (CURT.), *Phalera bucephala* (L.), *Thamnonoma wauaria* L. u. a.

Epizootiologie: Von METALNIKOV 1922 bei einer Epizootie von *Galleria mellonella* isoliert und von CHORINE (1927) nochmals 1925.

Biologische Bekämpfung: 1929 wurden von METALNIKOV, CHORINE und Mitarb. [METALNIKOV und CHORINE 1929c; CHORINE 1930; METALNIKOV und Mitarb. 1930] Versuche zur biologischen Bekämpfung von *Pyrausta nubilalis* mit befriedigenden Resultaten durchgeführt.

Bacillus thuringiensis var.

Wirt: Arctia caja (L.).

Erwähnt bei VASILJEVIĆ (1957).

iv. *Bacillus entomocidus* HEIMPEL et ANGUS.

Bacillus entomocidus var. *entomocidus.*

Wirte: Aphomia gularis (ZELL.) *Bombyx mori* L. [STEINHAUS 1951; HEIMPEL und ANGUS 1958]. *Datana ministra* (DRURY), *Hyphantria cunea* (DRURY), *Anisota senatoria* (A. u. S.) [HEIMPEL und ANGUS 1959].

Bacillus entomocidus var. *subtoxicus.*

Wirte: Plodia interpunctella (HBN.), *Bombyx mori* L.

[HEIMPEL und ANGUS 1958].

Übertragung: Perorale Infektion.

Pathologie: Im Vordergrund der Erkrankung steht eine Paralyse infolge Endotoxinwirkung. Diese tritt z. B. bei *Bombyx mori* innerhalb von 3 Stunden ein bei var. *entomocidus* und erst nach 9–24 Stunden bei var. *subtoxicus*. Unter Umständen tritt auch [sekundär] eine vom Darm ausgehende Septikämie auf. – Isolierung des Endo-Toxins erfolgte durch HEIMPEL und ANGUS (1959).

Diagnose: In Ausstrichen: Meist unbewegliche große Stäbchen, 1,7 bis 3,0 × 5,0 μ groß, einzeln und in Ketten. Zylindrisches Sporangium enthält neben subterminal gelegener Spore einen halbmondförmigen parasporalen Körper [Endotoxin]. Spore 0,9–1,6 μ groß, zylindrisch mit abgerundeten Enden. Der Bacillus färbt sich – außer den Sporen – gut mit Anilinfarben. Gram-positiv. Parasporaler Körper [Kristall] im Gegensatz zur Spore färbbar mit Eisenhämatoxylin. Bakteriologischer Nachweis durch Kulturverfahren auf einfachen Nährböden.

Kulturelle Eigenschaften: Auf Nähragar: große weißliche Kolonien; Eidotter-Nährboden: keine Pigmentbildung und [im Gegensatz zu *Bacillus thuringiensis*] *keine* Phosphatidasewirkung; in Nährbouillon: schwache Trübung mit geringem Bodensatz, keine Kahmhaut; fakultativ anaerobes Wachstum; Gelatine: langsame Verflüssigung; Stärke: wird hydrolysiert; Glucose: Säurebildung; übrige Kohlenhydrate: Fructose – positiv, Arabinose – negativ; Maltose – positiv oder negativ; Saccharose – positiv; Lactose – negativ; Glycerin – negativ. Citrat als einzige C-Quelle verwertbar; Nitritbildung aus Nitrat positiv; VOGES-PROSKAUER-Reaktion – negativ [im Gegensatz zu *Bacillus thuringiensis*]; Indolbildung – negativ.

Vermehrung: s. *Bac. thuringiensis.*

v. *Bacillus megatherium* DE BARY.

Bacillus megatherium var. *bombycis.*

[syn. *Bacillus bombycis* STEINHAUS; identisch mit „vibrion à noyau" von PASTEUR (1870); nicht identisch mit *Bacillus bombycis* von MACCHIATI (1891), *Bacillus bombycis* von CHATTON (1913) und *Bacillus bombycis nonliquefaciens* von PAILLOT (1933); vgl. STEINHAUS (1949)] [PAILLOT 1930].

Wirt: Bombyx mori L.

Übertragung: Perorale Infektion. Fakultativ pathogen.

Pathologie: Bewirkt eine vom Darm ausgehende Septikämie, die eine Schwarzfärbung der befallenen Raupen verursacht: „Flacherie". [Nach Untersuchungen von PAILLOT (1930) ist der Bazillus unfähig, sich im Darmtrakt normaler, gesunder Seidenraupen zu vermehren. Virus-bedingte Dysfunktion ermöglicht jedoch eine schnelle Vermehrung des Bazillus.]

Diagnose: Ausstriche von toten Tieren. Phasenkontrast: Stäbchen 1,2 bis 1,5 × 2,0–4,0 μ mit abgerundeten Enden. Ellipsoide Sporen 1,0–1,2 × 1,5 bis 2,0 μ groß, zentral bis parazentrale Lage. Sporangien nicht aufgetrieben. Parasporale Körper oder Kristalle fehlen. Bakteriologischer Nachweis durch Kultur auf einfachen Nährböden.

Kulturelle Eigenschaften: Auf Nähragar: Große, runde, crème-farbene Kolonien; glatte und rauhe Formen. Eidotter-Nährboden: keine Pigmentbildung und [im Gegensatz zu *Bacillus cereus* und *Bacillus thuringiensis*] *keine* Phosphatidase-Wirkung. Nährbouillon: Trübung mit oder ohne Sediment, keine Häutchenbildung. Aerobes Wachstum. Gelatine: Langsame Verflüssigung. Stärke wird hydrolysiert. Lackmusmilch: Peptonisierung. Glucose: Säurebildung, keine Gasbildung. Übrige Kohlenhydrate: Fructose – positiv, Arabinose – positiv [im Gegensatz zu *Bacillus cereus*], Maltose –

positiv, Saccharose – positiv, Lactose – schwach positiv bzw. negativ, Mannit – positiv; Glycerin: Säurebildung schwach. Keine Nitritbildung aus Nitrat. Citrat als einzige C-Quelle verwertbar. VOGES-PROSKAUER-Reaktion – negativ.

Vermehrung: s. *Bac. thuringiensis.*

Epizotiologie: Seit PASTEURS Untersuchungen über die Seidenraupen besonders in Frankreich bekannt.

Bacillus megatherium var.

Wirt: Melolontha melolontha (L.).

Wahrscheinlich syn. *Bacillus tracheitis* (sive *graphitosis*) KRASS.

[KRASSILTSCHIK 1893].

Übertragung: Perorale Infektion. Fakultativ pathogen.

Pathologie: Bewirkt eine vom Darm ausgehende Septikämie, die eine Schwarzfärbung der befallenen Engerlinge zur Folge hat: „Graphitose" [KRASSILTSCHIK 1893, KRIEG 1956], „Bacteriose noire" [HURPIN und VAGO 1958].

Voraussetzung für das Angehen der peroralen Infektion sind offenbar Läsionen oder Dysfunktionen. Für gesunde Engerlinge sind die Bakterien im allgemeinen ungefährlich.

Im Zusammenhang mit der Entwicklung der Septikämie erfolgt Sporulation. Phagozytäre Reaktion bleibt wirkungslos.

Diagnose: s. *var. bombycis.*

Vermehrung: s. *Bac. thuringiensis.*

Epizootiologie: Kommt offenbar ubiquitär vor [KRIEG 1956, HURPIN und VAGO 1958].

vi. *Bacillus spec.*

Wirt: Galleria mellonella (L.).

[BORCHERT 1940–41].

Übertragung: Perorale Infektion. Absterbezeit: 1–8 Tage.

Pathologie: Bewirkt eine vom Darm ausgehende Septikämie.

Diagnose: Ausstriche von toten Tieren. Phasenkontrast: Große Stäbchen $1{,}6 \times 3{,}6$ μ groß, einzeln oder in Ketten. Ellipsoide Sporen $1{,}0 \times 1{,}8$ μ groß. Außer Sporen gut anfärbbar mit Anilinfarben. Bakteriologischer Nachweis durch Kultur-Verfahren auf einfachen Nährböden.

Kulturelle Eigenschaften: Auf Nähragar: Mattglänzende, grau-weiße, scharfrandige Kolonien; in Nährbouillon: Die anfängliche Trübung verschwindet nach einigen Tagen zugunsten Haut- und Sedimentbildung; aerobes Wachstum; keine Gelatineverflüssigung; Stärke wird hydrolysiert. Glucose: Säurebildung, keine Gasbildung; übrige Kohlenhydrate: Fructose – negativ, Arabinose – negativ, Maltose – positiv, Saccharose – negativ, Lactose – negativ, Glycerin – negativ, Mannit – negativ; Nitritbildung aus Nitrat positiv.

Vermehrung: s. *Bac. thuringiensis.*

Epizootiologie: Spontanes Auftreten in einer Wachsmottenzucht.

vii. *Bacillus spec.*

Wirte: Malacosoma pluviale Dyar, *Malacosoma americanum* (F.).
Resistent: *Malacosoma disstria* Hbn.
[Bucher 1957].
Übertragung: Perorale Infektion. Absterbezeit: 5–6 Tage. Dosen bis herab zu 140 Sporen pro Tier ergaben im allgemeinen 100%ige Mortalität.
Pathologie: Nach der Infektion vermehrt sich der Erreger im Vorder- und Mitteldarm. Hierbei tritt eine alkalische Verschiebung des Darm-p_H auf von normalerweise 6,5–6,8 bis zu 9,0–9,2 auf dem Höhepunkt der Infektion. Die infizierten Larven verweigern die Nahrungsaufnahme und zeigen Vomitus und Dysenterie [Brechdurchfall]. Die Darmlängsmuskulatur kontrahiert sich zunehmend. Infolge Insuffiziens des Verdauungstraktes verhungern die Larven gleichzeitig. Schrumpfung und Mumifikation durch Austrocknung. Die Bazillen durchbrechen nicht die Darmwand und wandern auch nicht im Verlauf der Infektion in die Hämocoele ein.
Diagnose: Ausstrich von Faeces. Phasenkontrast: Stäbchen mit Sporenbildung, $1,0 \times 6,0$–$7,0$ μ groß, einzeln, beweglich. Sporen: $1,2 \times 2,2$ μ groß. Außer Sporen gut anfärbbar mit Anilinfarben. Gram-negativ. Sporenlage zentral bis subzentral. Bakteriologischer Nachweis durch Kultur möglich. Kulturelle Eigenschaften noch nicht beschrieben.
Vermehrung: Züchtung bei strenger Anaerobiose auf Spezialmedien möglich [Näheres nicht bekannt] [Bucher 1959].
Epizootiologie: Die Bakteriose befiel epizootisch 1954 einige Populationen von *Malacosoma pluviale* in der Nähe von Vancouver [Canada].

3. Gruppe:
Sporen ellipsoid.
Sporenlage zentral bis terminal.
Sporangium Spindelform
[s. Abb. 23].

Abb. 23

viii. *Bacillus spec.*

Wirte: Blatta orientalis L., *Blattella germanica* (L.), *Leptinotarsa decemlineata* (Say), *Periplaneta americana* (L.), *Forficula auricularia* L., *Melolontha melolontha* (L.), *Carausius morosus* Brünner, *Hyponomeuta plumbella* (Schiff.).
[Heinecke 1956a].
Übertragung: Perorale Infektion. Absterbezeit: 60–135 Tage.
Pathologie: Befällt alle Stadien. Nach Überwindung der Darmschranke [20–40 Tage post infectionem] und Eindringen des Erregers in die Blutbahn setzt Phagozytose ein, die bei *Periplaneta americana* zur Elimination der Erreger führt, bei den anfälligen Arten dagegen kommt es im Anschluß an die Sporenbildung [etwa vom 25. Tag des Eindringens des Bazillus in die Hämocoele an] zur progressiven Reduktion der Hämozyten bis zum Tode. Einige Tage vor dem Exitus treten äußere Symptome auf: Nachlassende Aktivität führt zu einer aufsteigenden Lähmung. 1–2 Tage prae morte ist nur noch das Zucken einzelner Glieder (Antennen, Tarsen) beobachtbar.

Häutungen verlaufen während der chronischen Infektion normal [HEINECKE 1956a]. Keine Einwirkung auf Fettkörper oder dessen Bacteriozyten und Symbionten [s. dort] bei Blattiden [HEINECKE 1956b].

Diagnose: Im Hämolymphe-Ausstrich. Phasenkontrast: 0,5–0,8 × 2,5–4,5 μ große Stäbchen; Sporen 1,0 × 1,5–1,8 μ groß. Außer Sporen gut anfärbbar mit Anilinfarben. Gram-positiv. Bakteriologischer Nachweis durch Isolation und Kultur auf Glucose-, Maltose- und Kochblutagar bei + 22 °C Subkulturen auch auf Nähragar und in Nährbouillon möglich, auch bei + 37° C. Keine Antigengemeinschaft mit *Bacillus cereus.*

Kulturelle Eigenschaften: Auf Nähragar: Rundliche, leicht erhabene Kolonien, auf feuchtem Nährboden schwärmend, auf vorgetrocknetem Agar Kolonien [Wanderbazillus]; in Nährbouillon: Wächst erst in Subkulturen; Trübung mit Bodensatz; fakultativ anaerobes Wachstum; keine Gelatineverflüssigung; Lackmusmilch: Keine Säurebildung, keine Koagulation; Glucose: Säurebildung; übrige Kohlenhydrate: Fructose – positiv, Arabinose – negativ, Maltose – positiv, Saccharose – negativ, Lactose – negativ, Glycerin – negativ, Mannit – negativ; Blutplatte: Milchig weiße, stark schwärmende Kolonien, keine Veränderung.

Vermehrung: Da auf bakteriologischen Nährböden züchtbar, übliche Verfahren zur Massenvermehrung auf Malz-Agar. Temperatur-Optimum + 24 bis + 32° C. Bei längerer Kultur [2 Jahre] Virulenzverlust [HEINECKE 1956b].

Epizootiologie: Trat 1953 als Erreger einer Epizootie in einer Schabenzucht des Zoologischen Institutes in Jena auf, die praktisch zum Zusammenbruch derselben führte [HEINECKE 1956a].

Biologische Bekämpfung: Es liegen keine Versuche vor. Bei Verfütterung an Schaben Befallsrate ca. 45% [HEINECKE 1956a].

ix. *Bacillus pulvifaciens* KATZNELSON.

Wirt: Apis mellifera L.
[KATZNELSON 1950].

x. *Bacillus apiarius* KATZNELSON.

Wirt: Apis mellifera L.
[KATZNELSON 1955].

xi. *Bacillus alvei* CHESIRE et CHEYNE.

Wirt: Apis mellifera L.
[CHESIRE und CHEYNE 1885].
[Wahrscheinlich syn. *Bacillus para-alvei* BURNSIDE].
[BURNSIDE 1932].
Übertragung: Perorale Infektion.

Pathologie: Im Darm von Bienenmaden, die an Europäischer Faulbrut erkrankt sind, als Begleiter von *Streptococcus pluton* [und *Lactobacterium eurydice*]. Von CHESIRE und CHEYNE (1885) als Erreger dieser Krankheit erachtet. Vergleiche jedoch GUBLER (1954a) und BAILEY (1957b). Bewirkt sekundäre Veränderung der an Europäischer Faulbrut verendeten Larven, indem er sie in eine fadenziehende, penetrant riechende Masse verwandelt.

Diagnose: Ausstriche aus Rückständen von Larven, die an Europäischer Faulbrut eingegangen sind. Phasenkontrast: Bewegliche (begeißelte) oder unbewegliche Stäbchen, $0{,}5$–$0{,}8 \times 2{,}0$–$5{,}0\ \mu$ groß. Sporen: $0{,}7$–$1{,}0 \times 1{,}5$–$2{,}5\mu$ groß; Sporangien spindelförmig, *kein* parasporaler Körper. Unbewegliche Formen sind meist bekapselt. Außer Sporen gut anfärbbar mit Anilinfarben. Gram-labil. Sporen zylindrisch, liegen zentral. Sporangien oft in langen Reihen. Bakteriologischer Nachweis durch Kultur-Verfahren auf üblichen Nährböden.

Kulturelle Eigenschaften: Auf Nähragar: Flache, durchscheinende, glatte, schwärmende, rauhe und mucoide Kolonien; auf getrocknetem Agar teilweise wandernd [Wanderbazillus] [SMITH und CLARK 1938]; Geruch: Fäulnisgeruch in proteinhaltigen Medien; in Nährbouillon: Gleichmäßige Trübung, rauhe Stämme bilden Haut; aerobes Wachstum; langsame Gelatineverflüssigung; Stärke wird hydrolysiert; Lackmusmilch: Koagulation, geringe Säuerung, Peptonisierung; Glucose: Säurebildung; übrige Kohlenhydrate: Fructose – positiv, Arabinose – negativ, Maltose – positiv, Saccharose – positiv, Lactose – positiv oder negativ, Glycerin – positiv, Mannit – positiv oder negativ; Katalase – positiv; Nitritbildung aus Nitrat negativ; Citrat kann nicht als einzige C-Quelle dienen; VOGES-PROSKAUER-Reaktion – positiv.

POLTEV (1958) konnte zeigen, daß die H- und O-Antigene vom Sporenantigen verschieden sind. Ähnlich wie bei *Bacillus larvae* ist hier bei Verwendung spezifischer Sera eine Serodiagnose möglich [POLTEV 1958]. Sie wird hier jedoch zweckmäßigerweise ähnlich wie bei *Streptococcus pluton* als Präzipitation mit Hilfe von Seren durchgeführt, die durch Hyperimmunisation von Kaninchen gewonnen wurden. Die Präzipitation wird so ausgeführt, daß 10 tote Bienen mit dem 10fachen Volumen säugerphysiologischer NaCl-Lösung versetzt und gekocht werden. Das Filtrat wird dem Immunserum überschichtet. Ringbildung nach 15 Minuten in der Grenzschicht ist für *Bacillus alvei* charakteristisch.

Vermehrung: Auf künstlichen Nährböden züchtbar. Thiamin-auxotroph. Glycin, Leucin, Cystin essentiell. Temperaturen $+15$ bis $+45°$ C, Temperatur-Optimum $+30°$ C. Streng aerob. Sporen halten sich längere Zeit.

Epizootiologie: Harmloser Bazillus, soweit er kein Schrittmacher für Europäische Faulbrut ist.

Maßnahmen: Desinfektion; Chemotherapie mit Aureomycin und Terramycin möglich, mit Neomycin und Streptomycin unsicher [GUBLER 1952].

xii. *Bacillus larvae* WHITE.

Wirt: Apis mellifera L.
[WHITE 1906, 1920a].
[syn. *Bacillus brandenburgensis* MAASEN].
[MAASEN 1906, 1907].

Übertragung: Perorale Infektion. Chronischer Infektionsverlauf. LD_{50} bei peroraler Applikation ca. 35 Sporen pro junge Bienenmade [WOODROW 1942].

Pathologie: Nachdem die Bazillen die Darmwand durchdrungen haben, erzeugen sie als Folge der Septikämie eine generalisierte Infektion; keine merkliche Phagozytenabwehr [JAECKEL 1930]: Amerikanische Faulbrut [oder bösartige Faulbrut] der Streckmaden. Amerikanische Faulbrut eine Allgemeinerkrankung im Gegensatz zu der, (eine Darmerkrankung darstellenden) Europäischen Faulbrut. Die sonst weißen Larven verfärben sich braun; der Tod tritt vor der Verpuppung ein. Imagines werden nicht befallen. Die abgestorbenen Larven bilden eine teerartige, fadenziehende Masse, die sich der Wabenwand anheftet.

Diagnose: Ausstriche aus kranken und toten Larven.

Phasenkontrast: $0{,}5–0{,}8 \times 2{,}5–5{,}0\ \mu$ große, schlanke, bewegliche Stäbchen. Einzeln oder in Ketten. Sporen: $1{,}1–1{,}9 \times 1{,}4\ \mu$ groß; Sporangien spindelförmig. *Kein* parasporaler Körper. Außer Sporen gut anfärbbar mit Anilinfarben. Gram-positiv. Nach GIEMSA-Färbung werden peritriche Geißeln sichtbar. Beim Zugrundegehen der Stäbchen legen sich die Geißeln zu Verbänden zusammen, die an Spirochaeten erinnern und die u. U. noch nach Jahrzehnten in Faulbrut-Schorf nachweisbar sind. – Bakteriologischer Nachweis durch Kultur-Verfahren auf Wuchsstoff [Thiamin-]reichen Nährböden, wie Bienenmaden-Agar nach WHITE, Leberbouillon nach TAROZZI, Hefeextrakt nach STURTEVANT, Glucose-Blutagar nach ZEISSLER, Hefe-Pepton-Karotten-Agar nach LOCHHEAD [s. unten].

Kulturelle Eigenschaften [LOCHHEAD 1928]: Auf Nähragar: kein Wachstum, nach Zusatz von Karottenextrakt besseres Wachstum, wird weiter gesteigert durch Hefeextrakt. Kleine, weißliche, glatte Kolonien; in Nährbouillon: Erst nach Zusatz von Karotten- und Hefeextrakt: Fungoides Wachstum, flottierende Bakterienmasse; aerobes [bis fakultativ anaerobes] Wachstum; keine Gelatineverflüssigung, in Karotten-Gelatine schwache Verflüssigung; Stärke wird nicht hydrolysiert. Lackmusmilch: Mit Karottenextrakt Gerinnung, keine Peptonisierung; Glucose: [in Nährböden mit Hefeextrakt-Pepton] Säure-, aber keine Gasbildung; übrige Kohlenhydrate: Fructose – positiv, Arabinose – negativ oder positiv, Maltose – positiv, Saccharose – negativ oder positiv, Lactose – negativ oder positiv, Glycerin – positiv, Mannit – negativ; Blutplatte: Mit Glucose-Zusatz guter Nährboden [STOILOWA], keine Hämolyse; Katalase – positiv; Nitritbildung aus Nitrat positiv; Indolbildung – negativ.

Zur Zeit der Sporulation produziert der Bazillus ein Antibioticum gegen verschiedene Bakterienarten [Gram-positive, Gram-negative und säurefeste Stäbchen] [HOLST 1945].

POLTEV (1958) konnte zeigen, daß die H- und O-Antigene vom Sporenantigen verschieden sind. Ähnlich wie bei *Streptococcus pluton* ist hier durch Verwendung spezifischer Sera eine Serodiagnose möglich [POLTEV 1958]. Sie konnte als Agglutination durchgeführt werden. Hierzu werden etwa 10 Bienen mit säugerphysiologischer NaCl-Lösung zerrieben und durch kurzes Zentrifugieren die Organtrümmer von den noch suspendierten Bazillen ausgeschleudert. Eine Suspension, die *Bacillus larvae* enthält, wird vom spezifischen Anti-Bacillus larvae-Serum bis zu Titer von 1:200 bis 1:400 agglutiniert, was für das Vorliegen von Amerikanischer Faulbrut spricht.

Vermehrung: Auf künstlichem Substrat mit Zusatz von Karotten- und Hefeextrakt züchtbar. Geeignetes Nährmedium: 10 g Preßhefe, 10 g Pepton, 0,5 g K_2PO_4 ad 1000 ml Aq. dest., im Autoklaven erhitzen, klar filtrieren und mit 15 g Agar versetzen. Daneben 200 g zerriebene Karotten in 500 ml Aq. dest. geben, abpressen und klar filtrieren. 1 Teil Karottenextrakt auf 5 Teile Hefepepton-Agar mischen und sterilisieren. – Thiamin-auxotroph; Histidin wahrscheinlich essentiell. Nach STOILOWA (1938) eignet sich auch gut Glucose-Blut-Agar. p_H-Optimum 6,5–7,0; Temperatur-Optimum + 37° C, Temperatur-Maximum + 45° C. Übliche Verfahren zur Massenvermehrung. Verlust der Virulenz bei Züchtung auf künstlichen Nährmedien läßt sich durch Wirtspassagen wieder beheben.

Epizootiologie: Amerikanische Faulbrut [Prognose infaust] fast kosmopolitisch: Tritt auf in Europa, Australien, Neu-Seeland, Kanada, Kuba und an anderen Orten, außerdem in vielen Teilen Nord-Amerikas. Wurde um 1900 als selbständige Krankheit von anderen Bienenkrankheiten abgetrennt. In Amerika dürfte durch sie ein permanenter Verlust an Bienenvölkern von 5–10% entstehen [STEINHAUS 1949].

Maßnahmen: Gebräuchliche Sanierungsmethoden wie Selbstheilung durch Völker-Ersatz [Einführung von Bienenvölkern mit erhöhtem Putzbetrieb führt nicht immer zum gewünschten Erfolg.] *Bacillus larvae* ist im allgemeinen resistent gegenüber Streptomycin und empfindlich gegenüber Penicillin. Gegenüber Chloramphenicol, Neomycin und Bacitracin verhalten sich die einzelnen Stämme verschieden [TOUMANOFF und MALMANCHE 1959]. Desinfektion: 5 Minuten bei + 100° C vernichtet Sporen, desgl. 20%iges Formol in 5 Minuten, 10%iges aber erst nach Stunden.

xiii. *Bacillus popilliae* DUTKY.

Bac. popilliae var. popilliae.

Anm.: Pathogenität der verschiedenen Varietäten auf bestimmte Wirtsarten beschränkt.

Wirte: Larven von *Scarabeidae: Popillia japonica* NEWM. [DUTKY 1940], *Anomala orientalis* WATERHOUSE, *Autoserica castanea* ARR., *Cyclocephala borealis* ARR., *Strigodermella pygmea* (F.), außerdem exp. inf.: *Strigoderma arboricola* (F.), *Phyllophaga bipartita* HORN [*Lachnosterna bipartita* HORN]. *Phyllophaga fusca* (FRÖHL.) [*Lachnosterna fusca* (FRÖHL.)], *Phyllophaga ephilida* (SAY) [*Lachnosterna ephilida* (SAY)], *Phyllophaga rugosa* (MELSH.) [*Lachnosterna rugosa* (MELSH.)], [DUTKY 1941], *Amphimallon majalis* (RAZOUM.) [TASHIRO und WHITE 1954]. Nach BEARD (1956) weiterhin wirksam gegen *Aphodius howitti* HOPE, *Heteronychus sancta-helenae* BLANCH und *Sericesthis pruinosa* (DALM.); außerdem wirksam gegen *Cyclocephala immaculata* OLIVER und *Cyclocephala borealis* ARR. [WHITE 1947]. Exp. (intracoelomale Inj.): *Melolontha melolontha* (L.), *Amphimallon solstitialis* (L.), *Amphimallon majalis* (RAZOUM.), *Cetonia aurata* L. und *Oryctes nasicornis* L. [HURPIN 1959].

—

Bacillus popilliae var. new zealand.
Wirt: Odontria spec.
[DUMBLETON 1945].

—

Bacillus popilliae var. fribourgensis.
[syn. *Bacillus fribourgensis* WILLE].
[syn. *Bacillus popilliae melolontha* HURPIN].
Wirt: Melolontha melolontha (L.) [WILLE 1956; HURPIN 1955].
Exp. (intracoelomale Inj.): *Amphimallon solstitialis* (L.) und *Amphimallon majalis* (RAZOUM.). [HURPIN 1959].

—

Übertragung: Perorale Infektion. Chronischer Infektionsverlauf. Krankheitsverlauf Temperatur-abhängig. Frühester Tod bei + 25° C nach 20 bis 25 Tagen; *var. popilliae* wirkt im Gegensatz zu *var. fribourgensis* auch bei niederen Temperaturen gut.

LD_{50} bei intracoelomaler Applikation von *Bac. popilliae var. popilliae* ca. 11×10^3 Sporen pro Larve bei peroraler Applikation ca. 2×10^6 Sporen pro Larve von *Popillia japonica* (NEWM.) [BEARD 1944].

Pathologie: Erreger bewirkt in den Larven, nachdem er die Darmwand durchdrungen hat, eine Septikämie. Sobald sich die Bakterien in der Hämolymphe hinreichend vermehrt haben, gehen sie zur Sporulation über. Das Blut verliert seine melanisierenden Eigenschaften [BEARD 1945]: durch Verlust der Tyrosinoxydase bedingt. Resistenz der Puppen physiologisch bedingt. Käfer sterben sofort nach dem Schlüpfen. Geringe pathologische Veränderungen im Darm, Fettkörper und Trachealmatrix. Im Blut keine pH-Änderung; geringer Abfall des Redoxpotentials [STEINKRAUS 1957a]. Schwache Phagozytose. Kernpyknose bei Plasmatozyten [Mikronucleozyten]. Exotoxinwirkung wahrscheinlich. Die sonst farblose Hämolymphe ist durch die Masse der Erreger weiß verfärbt: „milky disease" [Typ A]. Die Krankheit verläuft chronisch. Allmählicher Turgorverlust der Tiere, besonders auffallend am Abdomen.

Antagonismus von *Bacillus popilliae* gegenüber *Bacillus lentimorbus* [„milky-disease"-Typ B]. Wird den Käferlarven eine Mischung beider Sporen injiziert, so entwickelt sich nur ein Typ, je nach Überwiegen einer der beiden Sporentypen oder wenn ein Typ wesentlich früher [2 Tage] als der andere appliziert wird. Unter gleichen Bedingungen scheint *B. popilliae* der anderen Art überlegen zu sein. Als Erklärung wird antibiotische Wirkung der jeweiligen Stoffwechselprodukte der einen auf die andere Bakterien-Art vermutet [BEARD 1946].

Diagnose: Im Hämolymphe-Ausstrich. Phasenkontrast [s. Abb. 29]: unbewegliche, schlanke Stäbchen, $0{,}9 \times 5{,}2\ \mu$ groß [DUTKY 1940] [*var. fribourgensis*: $1{,}0 \times 8{,}0\ \mu$ groß [WILLE 1956]], einzeln oder paarweise oder charakteristische Sporangien. Bei der Sporulation schwellen die Stäbchen spindelförmig an. Sporenlage subterminal. Neben der Spore, $0{,}9 \times 1{,}8\ \mu$ groß [DUTKY 1940] [*var. fribourgensis:* $1{,}3 \times 2{,}2\ \mu$ groß [WILLE 1956]] tritt ein parasporaler, ebenfalls lichtbrechender Körper auf, welcher etwa die halbe

Größe der Endspore erreicht. Die Spore umgibt ein Sporangium von etwa 1,6 × 5,5 μ Größe [DUTKY 1940] [*var. fribourgensis:* 1,4–7,1 μ groß [WILLE 1956]]. Mit Anilinfarben färben sich die vegetativen Stäbchen und das Sporangium, nicht dagegen Spore und parasporaler Körper an. Gramvariable Stäbchen. Sporenfärbung nach DORNER färbt Spore und parasporalen Körper, nicht dagegen das Sporangium an; Karbolfuchsin nach KLEIN färbt nur die Spore, nicht den parasporalen Körper an.

Routinemäßiger, bakteriologischer Nachweis durch Kultur auf Nährböden bisher nicht möglich. Züchtung unter anaeroben Bedingungen in Spezialmedien wie das von STEINKRAUS und TASHIRO (1955) nicht sicher reproduzierbar. Die „Kultur-Bazillen" sollen folgende Eigenschaften besitzen: Aerobes Wachstum; Verwendung verschiedener Kohlenhydrate: Glucose, Fructose, Maltose, aber nicht Saccharose. Nach Passagen soll sich auch eine Beweglichkeit der vegetativen Zellen einstellen.

Vermehrung: Züchtung im spezifischen Wirtstier durch Fütterung oder intracoelomale Injektion, in dessen Hämolymphe unter mikroaerophilen Bedingungen bei + 16 bis + 36° C. Dosis ca. 3×10^8 Sporen pro Larve. Zur Gewinnung von sauberen Sporensuspensionen für Injektion wird die Käferlarve nach 3 Wochen [nach vorheriger äußerlicher Desinfektion mit NaOCl] unter sterilen Kautelen entblutet. Hämolymphe wird auf sterilem Objektträger angetrocknet. Zur Gewinnung von infektiösem Material für perorale Infektionen werden die Leichen getrocknet und zermahlen. Die Sporen sind hitzeresistent: sie ertragen für 10 Minuten + 80° C. Ca. 20 Jahre lebensfähig. Nach neueren Arbeiten von STEINKRAUS [1957b, 1957c] lassen sich die vegetativen Zellen von *Bacillus popilliae var. popilliae* auf folgendem Spezialnährboden bei + 25 bis + 37° C kultivieren: Trypton 10 g, Hefeextrakt 6 g, K_2HPO_4 3 g, Aktivkohle 6 g, Glucose 1 g, Fructose 1 g, Maltose 1 g, Saccharose 1 g, Salicin 1 g, Amylum solubile 10 g und Agar 15 g ad 1000 ml Aq. dest.; sie sporulieren jedoch nicht. Zur Sporenbildung wird von STEINKRAUS vorgeschlagen, die vegetativen Zellen in folgendes Hungermedium bei 32 bis 45° C einzubringen: $(NH_4)_2HPO_4$ 1 g, KCl 0,2 g, $MgSO_4$ 0,2 g, Hefeextrakt 0,2 g, Aktivkohle 3 g, Amylum solubile 10 g und Agar 15 g ad 1000 ml Aq. dest. Verlust der Virulenz bei Züchtung auf künstlichem Nährboden und abortive Ausbildung von Spore und/oder parasporalem Körper (STEINKRAUS 1957c).

Epizootiologie: var. popilliae als Begrenzungsfaktor von *Popillia japonica* NEWM. im nordöstlichen Teil Nordamerikas [HAWLEY und WHITE 1935].

Biologische Bekämpfung: Ausgedehnte Versuche mit *var. popilliae* gegen Japankäfer, bzw. dessen Larven in Nordamerika seit 1935 durch DUTKY [s. POLIVKA 1956]. Übliche Dosierung 10^8 Sporen/g Trägermaterial [Talkum + Kalk], 2 pound/acre [= 2,25 kg/ha] bewirken 90%ige Reduktion nach 2–3 Jahren nach Einbringung in den Boden. Nach CLAUSEN (1956) wird das Ausbringen der Sporen im geschlossenen Verbreitungsgebiet von *Popillia japonica* NEWM. aus Rentabilitätsgründen eingeschränkt; dafür werden neue Befallsgebiete in den Randzonen behandelt, um hier das Entstehen von Massenvermehrungen einzudämmen. Zum Teil Mischanwendung mit *Bacillus lentimorbus* DUTKY.

Epizootiologie: var. new zealand als Begrenzungsfaktor von *Odontria spec.* in Neuseeland nachgewiesen.

Biologische Bekämpfungsversuche stehen noch aus.

—

Epizootiologie: var. fribourgensis als Begrenzungsfaktor von *Melolontha spec.* in Westeuropa (Schweiz, Frankreich) nachgewiesen [WILLE (1956), HURPIN und VAGO (1958)].

Biologische Bekämpfungsversuche stehen noch aus.

xiv. *Bacillus lentimorbus* DUTKY.

Bac. lentimorbus var. *lentimorbus.*

Wirte: Popillia japonica NEWM., *Amphimallon majalis* (RAZOUM.). [TASHIRO 1957], *Anomala orientalis* WATERHOUSE, *Autoserica castanea* ARR. [Nicht wirksam gegen *Aphodius howitti* HOPE und *Heteronychus sancta-helenae* BLANCH.]

[DUTKY 1940]. [BEARD 1956].

—

Bacillus lentimorbus var. *australis.*

Wirte: Popillia japonica NEWM., *Sericesthis pruinosa* (DALM), *Aphodius howitti* HOPE, *Heteronychus sancta-helenae* BLANCH, *Anomala orientalis Waterhouse, Autoserica castanea* ARR.

[BEARD 1956].

—

Übertragung: Perorale Infektion. Chronischer Verlauf; temperaturabhängig.

Pathologie: Erreger verursacht, nachdem er die Darmwand durchdrungen hat, in den Larven eine Septikämie. Bewirkt ferner im Gegensatz zu *Bacillus popilliae* eine Allgemeininfektion. Sobald sich die Bazillen in der Hämolymphe hinreichend vermehrt haben, gehen sie zur Sporulation über. Blut verliert nur z. T. seine melanisierenden Eigenschaften. Die sonst farblose Hämolymphe ist durch die Masse der Erreger weiß verfärbt: „milky disease" [Typ B]. Überwinternde kranke Larven bleiben im Gegensatz zu solchen, die von *Bacillus popilliae* befallen sind [milky disease Typ A] nicht weiß, sondern verfärben sich schokoladenbraun. Sterben spätestens z. Z. der Verpuppung. Nach DUTKY kommt es zur Bildung von Blutgerinnsel und durch diese zum peripheren Zirkulationsblock, sekundär zur gangränösen Destruktion. Bezüglich Antagonismus gegenüber *Bacillus popilliae* [„milky-disease"-Typ A] s. *Bac. popilliae.*

Diagnose: Im Hämolymphe-Ausstrich. Phasenkontrast: Unbewegliche Stäbchen $1{,}0 \times 5{,}0\ \mu$ oder Sporangien. Bei der Sporulation schwellen die Stäbchen spindelförmig an. Sporenlage: Subterminal. Die etwa $0{,}9 \times 1{,}8\ \mu$ große Spore ist von einem Sporangium umgeben, etwa $1{,}4 \times 3{,}9\ \mu$ groß. *Kein* parasporaler Körper (!). Außer Sporen gut anfärbbar mit Anilinfarben. Gram-positiv.

Bakteriologischer Nachweis durch Züchtung auf Nährböden bisher nicht möglich.

Vermehrung: Züchtung im spezifischen Wirtstier durch Fütterung oder intracoelomale Injektion in dessen Hämolymphe unter mikroaerophilen Bedingungen bei + 16 bis + 30° C. Sporengewinnung wie bei *Bac. popilliae.* Sporen sind hitzeresistent: Sie ertragen für 10 Minuten + 85° C.

Epizootiologie: var. lentimorbus. Begrenzungsfaktor von *Popillia japonica* in Nordamerika.

Biologische Bekämpfung: Verwendung von *Popillia japonica* in Nordamerika in Mischung mit *Bacillus popilliae.* Dosis ebenfalls 10^8 Sporen/g Trägermaterial [= Talkum + Kalk], 2 pound/acre [2,25 kg/ha]. Bei Versuchen an *Amphimallon majalis* (RAZOUM.) durch TASHIRO und WHITE (1955) nach Bodeninfektion mit Sporen etwa 31–70%ige Reduktion nach 4 Wochen.

—

Epizootiologie: var. australis. Begrenzungsfaktor von *Sericesthis pruinosa* (DALM.) in Australien. – Keine biologischen Bekämpfungsversuche bisher.

xv. *Bacillus euloomarahae* BEARD.

Wirte: Heteronychus sancta-helenae BLANCH, *Sericesthis pruinosa* (DALM.), *Popillia japonica* NEWM., *Anomala orientalis* WATERHOUSE, *Autoserica castanea* ARR., *Oryctes rhinoceros* (L.). [BEARD 1956].

Exp. (intracoelomale Inj.): *Melolontha melolontha* (L.) (HURPIN 1959).

Übertragung: Perorale Infektion; $LD_{50} \sim 4{,}5 \times 10^4$ Sporen pro Tier.

Pathologie: Milky disease.

Diagnose: Im Hämolymphe-Ausstrich. Phasenkontrast: Unbewegliche, Gram-positive Stäbchen, $0{,}3 \times 3{,}0\ \mu$ groß. Sphärische Sporen mit Durchmesser von 0,2–0,4 μ. Sporenlage zentral, spindelförmiges Sporangium. *Kein* parasporaler Körper (!) Außer Sporen gut anfärbbar mit Anilinfarben. Bakteriologischer Nachweis durch Züchtung auf Nährböden bisher nicht möglich.

Vermehrung: Züchtung nur im spezifischen Wirtstier durch Verfütterung oder intracoelomale Injektion in dessen Hämolymphe unter mikroaerophilen Bedingungen bei + 30° C. Sporengewinnung wie bei *Bac. popilliae.*

Vermehrung: Bisher nur im spezifischen Wirtstier.

Epizootiologie: Begrenzungsfaktor von *Heteronychus sancta-helenae* in Australien.

Keine biologischen Bekämpfungsversuche.

4. Gruppe:

Sporen sphärisch.
Sporenlage terminal.
Sporangium Trommelschlägerform
[s. Abb. 24].

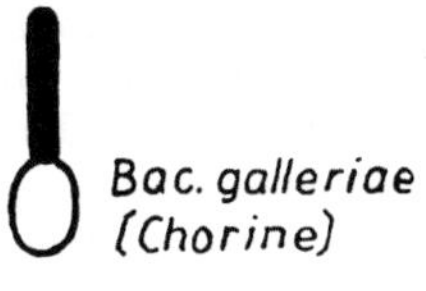

Abb. 24

xvi *Bacillus galleriae* CHORINE.

[syn. *Bacillus galleriae* No. 1 CHORINE].

[METALNIKOV 1922; CHORINE 1927a].

Wirte: Galleria mellonella (L.), *Pyrausta nubilalis* (HBN.). und *Ephestia kühniella* ZELL.

Übertragung: Perorale Infektion.

Pathologie: Septikämie nach Durchdringung der Darmwand. Leichen färben sich schwarz: Graphitose.

Diagnose: Ausstriche von toten Tieren. Phasenkontrast: Kleine Stäbchen, 0,25–0,35 × 1,0–7,0 μ groß. Außer Sporen gut anfärbbar mit Anilinfarben. Sphärische Sporen mit Durchmesser von ca. 1,0–2,0 μ, terminal gelegen. Sporangien: Clostridienform. Keine merkliche Phagozytose der in die Hämocoele eingedrungenen Bazillen. Bakteriologischer Nachweis durch Kultur-Verfahren auf einfachen Nährböden.

Kulturelle Eigenschaften: Auf Nähragar: Runde Kolonien; in Nährbouillon Trübung; aerobes Wachstum; Gelatine wird verflüssigt; Lackmusmilch: Säurebildung, Entfärbung, langsame Koagulation; Glucose: Säurebildung, keine Gasbildung; übrige Kohlenhydrate: Fructose – negativ, Maltose – positiv, Saccharose – positiv, Lactose – positiv, Glycerin – positiv, Mannit – negativ; Blutplatte: Hämolyse; Indol – positiv bis negativ.

Vermehrung: Auf künstlichen Nährböden leicht züchtbar, daher übliche Methoden zur Massenvermehrung. Sporen lange haltbar.

Epizootiologie: 1923 beobachteten KITAJIMA und METALNIKOV (1923) eine Epizootie bei *Galleria mellonella.*

xvii. *Bacillus spec.*

[syn. „*Bacillus X*" KERN].

Wirte: Melolontha melolontha (L.) und *Amphimallon solstitialis* (L.). [KERN 1950].

Übertragung: Perorale Infektion. Absterbezeit: 15–45 Tage. Mindestkeimzahl pro Tier 15×10^3 Bakterien i. c. [KERN 1950].

Pathologie: Die peritrophische Membran wird durch den Bakterienbefall zerstört. Ihr Zerfall läßt sich auch in vitro bei Bakterienbefall demonstrieren. Im Zuge der Vermehrung der Erreger wird das Darmepithel angegriffen; es zerfällt weitgehend, so daß vom Mitteldarm nur die äußere Hülle übrigbleibt. Dieser pathologische Befund ist von folgenden äußeren Symptomen begleitet: Verminderter Turgor, Einstellung der Nahrungsaufnahme, geringe Bewegung, orale und rectale Ausscheidung von Darminhalt, Flüssigkeitsverlust, weitere Eintrocknung und leicht bräunliche Verfärbung. Innerhalb der folgenden 5–14 Tage sterben die so veränderten Engerlinge, da die Bakterien den Darm durchbrechen und in der Hämocoele sich stark vermehren. Geringe Mengen der Bakterien werden phagozytiert. Die Hämozyten verschwinden. Tod des Wirts tritt wahrscheinlich durch Vergiftung mit Stoffwechsel-Endprodukten des Erregers ein. Die Tiere verfärben sich postmortal schwarz – Graphitose-Gruppe. Es erfolgt eine saprophytische Zersetzung der Gewebe, die meist nur die chitinisierten Teile übrigläßt.

Diagnose: Im Hämolymphe-Ausstrich. Phasenkontrast: Unbewegliche Stäbchen, 0,9–1,0 × 2,3–3,0 μ groß. Außer Sporen gut färbbar mit Anilinfarben. Sporenlage: Terminal, Trommelschlägerform. Sporengröße: 0,9 bis

$1{,}0 \times 1{,}0$–$1{,}2$ μ. Bakteriologischer Nachweis durch Kultur-Verfahren auf üblichen Nährböden.

Kulturelle Eigenschaften: Auf Nähragar: Oberflächenkolonien: Rund, milchig-gelb. Tiefenkolonien: Gelappt, durchsichtig weiß, in Nährbouillon: Trübung; fakultativ aerobes Wachstum; keine Gelatineverflüssigung, Gasbildung (!); Lackmusmilch: Keine Veränderung; Glucose: Säure und Gasbildung; übrige Kohlenhydrate: Fructose – positiv, Arabinose – negativ, Maltose – positiv oder negativ, Glycerin – positiv, Mannit – negativ; Citrat wird nicht als einzige C-Quelle verwertet; VOGES-PROSKAUER-Reaktion – negativ; Indolbildung – positiv.

Vermehrung: Kann auf gewöhnlichem Nähragar erfolgen.

Epizootiologie: Nicht weiter bekannt. Kranke Engerlinge stammen aus der Schweiz.

Biologische Bekämpfung: Vorversuche von KERN mit 2×10^{12} Sporen/kg Erde ergaben nach 4–5 Wochen 100%ige Mortalität.

xviii. *Bacillus spec.*

Wirt: Melolontha melolontha (L.).

[WIKÉN und WILLE 1953].

Übertragung: Perorale Infektion.

Pathologie: Ähnlich wie beim vorigen Bacillus.

Diagnose: Im Hämolymphe-Ausstrich. Phasenkontrast: gerade oder schwach gekrümmte Langstäbchen von $1{,}0 \times 2{,}5$–$6{,}0$ μ Größe. Außer Sporen gut anfärbbar mit Anilinfarben. Sporenlage: terminal. Sporengröße: $1{,}2 \times 1{,}5$ μ.

Bakteriologischer Nachweis durch Kultur-Verfahren auf üblichen Nährböden. Sonstige kulturelle Eigenschaften nicht beschrieben.

Vermehrung: Kann unter aeroben Bedingungen auf gewöhnlichem Nähragar erfolgen. Optimale Entwicklung in belüfteten Nährlösungen [p_H 6,5 bis 7,3], die Wuchsstoffe enthalten [Aneurin-, Biotinauxotroph]. Übliche Verfahrung zur Massenvermehrung. Sporen widerstehen 10 Minuten lang $+ 80°$ C.

Epizootiologie: Es liegen keine Beobachtungen über die Bedeutung des Erregers als natürlichem Begrenzungsfaktor vor. Kranke Engerlinge stammen aus der Schweiz (AESCH).

Biologische Bekämpfung: Es wurden von WIKÉN und Mitarb. 1953 Feldversuche in verschiedenen Gegenden der Schweiz durchgeführt [WIKÉN und Mitarb. 1954; WILLE 1954]. Bei diesen Versuchen ergab sich bei einer Dosis von 5–9×10^{10} Keimen/qm eine Mortalität von $\sim$ 50%.

β) **Clostridium** PRAZMOWSKI

Definition: Durch peritriche Geißeln bewegliche, gelegentlich unbewegliche Stäbchen. Bei Sporulation häufig aufgetriebenes Sporangium: Clostridienform, Plectridienform, Keulenform oder Schiffchenform. Die Bazillen besitzen keine Katalase und sind mikroaerophil bis streng anaerob. Biochemisch sehr aktiv. Viele Species greifen Kohlenhydrate an unter Bildung von Säure [im allgemeinen Buttersäure und Essigsäure] und Gas [CO_2, H_2, manchmal auch CH_4] neben Alkohol, Aceton u. a. Andere Arten greifen Proteine an. Grampositiv.

Clostridien werden häufig in der Enddarmflora verschiedener holzfressender Insektenlarven gefunden, z. B. in Melolonthinen und Tipuliden. Einer eingehenden Untersuchung wurde von WERNER (1926) die Gärkammer von *Potosia cuprea* F. unterworfen, in der er eine Zellulose-abbauende Clostridienart fand (s. unten). Ähnliche Clostridien isolierte POCHON (1939) aus *Tipula oleracea* L. und *Rhagium sycophanta* SCHRK.

i. *Clostridium werneri* BERGEY.

[syn. *Bacillus cellulosam fermentans* WERNER].
[wahrscheinlich verwandt mit *Clostridium omelianskii* (HENNEBERG) SPRAY].
Wirt: Potosia cuprea F. [syn. *Cetonia floricola* HABST.].
[WERNER 1926a, 1926b].
Übertragung: Wahrscheinlich Schmierinfektion.
Symbiontologie: Vorkommen in der Gärkammer des Wirtes: extrazellulär.
Diagnose: Ausstriche des Rectuminhaltes. Phasenkontrast: bewegliche Stäbchen mit einer Größe von 0,5–0,7 × 1,5–7,0 μ, meist einzeln, nicht in Ketten. Sporen ovoid; Sporangien terminal angeschwollen: Plectridiumform. Färbbar mit Anilinfarben. Gram-negativ(!) Auf Nähragar [anaerob] kein Wachstum, desgl. nicht in Nährbouillon. Anaerobes Wachstum auf Zellulose-Agar nur bei Zellulosekontakt, Wachstumsfarbe: schwarz-grau, Gasproduktion. Zellulose-Bouillon: schwaches Wachstum. Bessere Kultur in Omelianski-Medium mit Zellulose: Zellulose wird abgebaut unter Gasproduktion [H_2, CO_2]. Glucose u. a. Kohlenhydrate werden nicht angegriffen.
Vermehrung: Auf zellulosehaltigem Substrat züchtbar. Temperatur-Optimum: + 33 bis 37° C.
Bedeutung:
Das *Clostridium* bewirkt Aufschluß der Zellulose in der Nahrung. Sinkt die Temperatur auf + 13° C, so vermögen die Bakterien die Zellulose nicht mehr abzubauen und die bei dieser Temperatur gehaltenen Larven stellen ihr Wachstum ein.

Weitere hierher gehörige Art:

ii. *Clostridium leptinotarsae* SARTORY et MEYER.

Wirt: Leptinotarsa decemlineata (SAY).
[SARTORY und MEYER 1941].

Literatur zu Kap. V, Abschnitt 3.3

ANGUS, T. A., Diss. Mc.Gill University, Montreal 187, 1955; Canad. J. Microbiol. **2**, 416–426 (1956); Canad. Dep. Forest. Insect. Invest. Bi-monthly Progr. Rep. **12**, 1 (1956a); Canad. Entomol. **88**, 138–139 (1956); **88**, 280–283

(1956); Canad. J. Microbiol. **2,** 111–121 (1956a). — ANGUS, T. A. und HEIMPEL, A. M., Bi-monthly Progr. Rept. Div. Forest Biol. Dept. Agric. Canada **14,** 4 (1958). — BABERS, F. H., Ann. Entomol. Soc. Amer. **31,** 370–373 (1938). — BAHR, L., Skand. Vet. Tidsh. **9,** 25–40, 45–60 (1919). — BAILEY, I. W., Nature **178,** 1130 (1956); J. Gen. Microbiol. **17,** 39–48 (1957). — BAIRD, R. B., Nature **180,** 1214–1215 (1957). — BEARD, R. L., Connecticut Agric. Exp. State Bull. **491,** 505–581 (1945); Canad. Entomol. **88,** 640–647 (1956); BEARD, R. L., Science **103,** 371–372 (1946). — BERGEY's Manual 6. Aufl., S. 1226 (New York 1948). — BERLINER, E., Z. ges. Getreidewesen **3,** 63–70 (1911); Z. angew. Entomol. **2,** 29–56 (1915); (Pers. Mitteil. 1957). — BORCHERT, A., Zbl. Bakteriol. II **103,** 311–313 (1940/41). — BUCHER, G. E., Canad. J. Microbiol. **3,** 695–709 (1957). — BURGERJON, A. und GRISON, P., 2. Insektenpath. Colloquium d. CILB (Paris 1958). — BURRI, R., Schweiz. Bienenztg. **1,** 209 (1943). — BURNSIDE, C. E., Amer. Bacteriol. J. **72,** 433 (1932). — CAO, G., Ann. Igiene Sper. **16,** 645–664 (1906). — CHESIRE, F. R. und CHEYNE, W. W., J. R. Microb. Soc. 2/II. **5,** 581–601 (1885). — CHITTENDEN, F. H., U.S. Dept. Agric. Farmers Bull. **1926,** 1461. — CHORINE, V., Ann. Inst. Pasteur **41,** 1114–1125 (1927); **43,** 1657–1678 (1929); Int. Corn. Borer Invest. Sci. Repts. **3,** 94–98 (1930); Ann. Inst. Pasteur **46,** 326–336 (1931). — LE CORROLLER, Y., Ann. Inst. Pasteur **94,** 670–673 (1958). — CLARKE, H. P. und TRACEY, M. V., J. Gen. Microbiol. **14,** 188–196 (1956). — CLAUSEN, C. P., U.S. Dept. Agric. Techn. Bull. Nr. 1139, 1–151 (1956). — DOUGLAS, J. R. und WHEELER, C. M., J. Infect. Dis. **72,** 18–30 (1943). — DOVNAR-ZAPOLSKY, D. P., Bibliogr. Biological Control USSR 1955–1957, Hektogr. Ber. (Moskau 1958). — DUMBLETON, L. J., N. Zealand J. Sci. Technol. **27,** 76–81 (1945). — DUTKY, S. R., J. Agric. Res. **61,** 57–68 (1940); J. Econ. Entomol. **34,** 215–216 (1941). — ECKSTEIN, K., Z. Forst- u. Jagdwesen **26,** 3–20, 228–241 (1894); **26,** 285–298, 413–424 (1894). — Arb. physiol. Angew. Entomol. Berlin-Dahlem **1,** 119–120 (1934). — EIGELSBACH, H. T., CHAMBERS, L. A. und CORIELL, L. L., J. Bact. **52,** 179 (1946). — FALDINI, J. D. und PASTRANA, J. A., Rev. argent. agron. **19,** 154–165 (1952). — FINK, R., Z. Morph. Ök. Tiere **44,** 329–366 (1956). — FRANCIS, E. und LAKE, G. C., Pub. Health Repts. **36,** 1747–1753 (1921); **37,** 83–95, 96–101 (1922). — GAMBETTA, L., J. Agric. Res. **13,** 515–522 (1918). — GLASER, R.W., Ann. Entomol. Soc. Amer. **11,** 19–42 (1918); Amer. J. Hyg. **4,** 411–415 (1924); Ann. Entomol. Soc. Amer. **19,** 193–198 (1926). — GRISON, P., Ann. Epiphyties **4,** 543–562 (1956); Coll. d'Antibes Comm. Internat. Lutte Biol. Nov. 20–22, 119–124 (1956). — GRISON, P. und BÉGUIN, A., Compt. rend. Acad. Agric. France **40,** 413–416 (1954); [Wiss. Sitzung. Acad. Agric. France, Paris 1954]. — GUBLER, H. U., Schweiz. Bienenztg. (1952) H. 12, 526–530; Schweiz. Z. Path. Bakteriol. **17,** 507–513 (1954). — GUBLER, H. U. und ALLEMANN, O., Schweiz. Bienenztg. **1957** (12); Hilgardia **22,** 536–565 (1954). — HALL, I. M., J. Econ. Entomol. **48,** 675–677 (1955). — HALL, I. M. und DUNN, P. H., J. Econ. Entomol. **51,** 296–298 (1958). — HANNAY, C. L., Nature **172,** 1004 (1953). — HATADA, J., SHIMIZU, K. und MATSUYAMA, T., Gunna J. Med. Sci. **6,** 109–112 (1957). — HASEMANN, L., J. Econ. Entomol. **39,** 5–7 (1946); **41,** 120 (1948). — HAWLEY, I. M. und WHITE, G. F., J. N. Y. Entomol. Soc. **43,** 405–412 (1935). — HEIMPEL, M., Canad. Entomol. **86,** 73–77 (1954); Canad. J. Zool. **33,** 311–326 (1955). — HEIMPEL, A. M. und

Angus, T. A., Proc. 10. Int. Congr. Ent. (Montreal 1956), **4,** 711–722 (1958); Can. J. Microbiol. **4, 531–541 (1958).** — Heinecke, H., Zbl. Bakteriol. II. **109,** 524–535 (1956), (Pers. Mitteil. 1956). — Herbert, D., Brit. J. exp. Path. **30,** 509 (1949). — D'Herelle, F., Compt. rend. Acad. Sci. Paris **152,** 1413–1415 (1911). — Hesselbrock, W. und Foshay, L., J. Bact. **49,** 209 (1945). — Hollande, A. C. und Vernier, P., Compt. rend. Hebdom Acad. Sci. **1920,** 206–208. — Holst, E. C., Science **102,** 593–594 (1945). — Hucker, G. J., N. Y. Agric. Exper. Techn. Bull. **190, 17** (1932). — Hurpin, B., Compt. rend. Soc. Biol. **149, 1966** (1955). — Hurpin, B. und Vago, C., Entomophaga **3,** 285–330 (1958). — Husz, B., Int. Corn. Borer Invest. Sci. Repts. **1,** 191–193 (1928); **2,** 99–110 (1929); **3,** 91–93 (1930); **4,** 22–23 (1931). — Isakova, N. P.: Rev. Ent. URSS **37,** 846–855 (1958). — Ishiwata, S., Kyoto Imp. Univ. State Sericole, Rep. **1902,** Nr. 2. — Jacobs, S. E., Proc. Soc. Appl. Bacteriol. **13,** 83–91 (1950). — Jaeckel, S., Arch. Bienenkunde **11,** 41–93 (1930). — Kaeser, W., (Pers. Mitteil. 1957). — Katznelson, H., J. Bact. **59,** 153–155 (1950); **70,** 635–636 (1955). — Katznelson, H., Arnott, J. H. und Bland, S. E., Sci. Agric. **32,** 180–184 (1952). — Keller, H., Dissertation (Erlangen 1949). — Kern, F., Dissertation ETH (Zürich 1950). — Kitajima, F. und Metalnikov, S., Compt. rend. Soc. Biol. **88,** 476–477 (1923). — Krassiltschik, J. M., Nom. Soc. Zool. France **6,** 245–285 (1893). — Kraus, R., Zbl. Bakteriol. II. **45,** 594–599 (1916). — Krieg, A., (Unveröffentlicht 1955); (Unveröffentlicht 1956); Entomophaga **1,** 98 (1956); Z. Pflanzenkrkh. **64,** 321–327 (1957). — Krieg, A. und Franz, J., Naturwiss. **46,** 22–23 (1959). — Kudler, I., Lysenko, O. und Hochgemuth, R., 1. Int. Kongr. f. Insektenpath. u. Biol. Bek. (Prag 1958); Lesn. práce **37,** 400–405 (1958). — Kuffernath, H., Ann. Gembloux Brüssel **27,** 253–257 (1921). — Kushner, D. J. und Heimpel, A. M., Canad. J. Microbiol. **3,** 574–551 (1957). — LaBaume, W., In Bücher und Mitarb., Monogr. Angew. Entomol. **3,** 273–274 (1918). — Léger, L. und Duboscq, O., Bull. Acad. R. Belg. Sci. **8,** 831–885 (1909). — Leiner, M., Naturwiss. Rdsch. **1957,** 211–218. — Lemoigne, M. A., Bonnefoi, A., Beguin, S., Grison, P., Martouret, D., Schenk, A. und Vago, C., Entomophaga **1,** 19–34 (1956). — Lepesme, P., C. r. Soc. Biol. **125,** 492–494 (1937); Sci. Agric. **9,** 84 (1928). — Lochhead, A. G., Science **67,** 159–160 (1928); Sci. Agric. **9,** 84 (1928). — Lysenko, O., (Pers. Mitteil. 1958a); Čs. Mikrobiol. **3,** 306–311 (1958b); J. Gen. Mikrobiol. **18,** 774–781 (1958c); Entomophaga (1959 im Druck); Folia biologica (Prag) **4,** 342–347 (1958d). — Maasen, A., Mitt. Kaiserl. Biol. Anst. Land- u. Forstwiss. **1906,** Nr. 2, 28; **1908,** Nr. 6, 53–70; **1907,** Nr. 7, 24. — Mackie, D. B., Philippine Agr. Rev. **6,** 538 (1913). — Majumder, S. K., Muthu, M. und Pingale, S. V., Curr. Sci. (Bangalore) **24,** 122–123 (1955). — Majumder, S. K., Muthu, M. und Pingale, S. V., Ind. J. Ent. (Neu Dehli) **18,** 397–407 (1957). — Masera, A., R. staz. bac. sper. Padua ann. **47,** 90–98 (1934); **47,** 99–102 (1934); **48,** 409 bis 416 (1936); **48,** 417–422 (1936). — Mattes, O., Ges. Naturw. Sitzungsber. (Marburg) **62,** 381–417 (1927). — Metalnikov, S., Compt. rend. Acad. Sci. Paris **175,** 68–70 (1922); Compt. rend. Soc. Biol. **105,** 535–537 (1930). — McLeod und Heimpel, M., Canad. Entomol. **87,** 128–131 (1955). — Metalnikov S. und Chorine, V., Compt. rend. Acad. Sci. Paris **186,** 546–549 (1928); Int. Corn. Borer Invest. Sci. Repts. **2,** 54–59 (1929); Ann. Inst. Pasteur **43,** 136–151 (1929); **43,** 1391–1395 (1929). — Metalnikov, S., Hergula, B.

und Strail, D. M., Int. Corn. Borer Invest. Sci. Repts. **3**, 148–151 (1930). — Metalnikov, S., Ermolaev, J. und Skorbaltzyn, V., Int. Corn. Borer Invest. Sci. Repts. **3**, 28–36 (1930). — Metalnikov, S. und Metalnikov, S. S., Compt. rend. Soc. Biol. **113**, 169–172 (1933). — McConnel, E. und Cutkomp, L. K., J. Econ. Entomol. **47**, 1074, 1082 (1954). — McCoy G. W. und Chapin, C. W., J. Infectious Disease **10**, 61 (1912). — Michailov, E. N., Sericulture (Moskau 1950). — Monsour, V. und Colmer, A. R., Bact. Proc. **63**, 57–58 (1951). — Morris, E. J., J. gen. Microbiol. **19**, 305–311 (1958). — Müller, H. J., Z. Morph. Ök. Tiere **44**, 459–482 (1956). — Northrup, Z., Zbl. Bakteriol. II. **41**, 321–339 (1914). — Ogata, M., Zbl. Bakteriol. **21**, 769 bis 777 (1897). — Ohara, H., Korbayashi, T. und Kudo, J., Tohoko J. Exper. Med. **25**, 650 (1935). — Oka, I. N., Tehnik Pertanian (Bogor) **6**, 113–134 (1957). — Paillot, A., Compt. rend. Soc. Biol. Paris **79**, 1102–1103 (1916); Ann. Inst. Pasteur **33**, 403–419 (1919); Compt. rend. Acad. Sci. **178**, 246–249 (1924); Int. Corn Borer Invest. Sci. Repts **1**, 77–106 (1928); L'infection chez insectes (Trevoux 1933). — Parker, R. R., Proc. 5th Pacific Sci. Congr. **6**, 3367–3374 (1933). — Parker, R. R. und Spencer, R. R., Pub. Health Repts **41**, 1403–1407 (1926). — Pesson, P., Toumanoff, C. und Harasas, C., Ann. Epiphyties (Paris) **6**, 315–328 (1955). — Pesson, P. und Harasas, C., 3, Bull. Microsc. Appl. Ser. II, **5**, 78–80 (1955). — Pochon, J., Compt. rend. Acad. Sci. **208**, (1939). — Pospelov, V. P., Dept. Bur. Appl. Entomol. **3**, 1–23 (1927). — Proom, H. und Knight, B. C., J. gen. Microbiol. **13**, 474–480 (1955). — Polivka, J. B., J. Econ. Entomol. **49**, 4–6 (1956). — Rabb, R. L., Steinhaus, E. A. und Guthrie, F. E., J. Econ. Entomol. **50**, 259–262 (1957); Report of the Enterobacteriaceae Subcommittee of the Nomenclature committee of the Intern. Assoc. of Microbiol. Soc. [Rep. Int. Bull. Bact. Nom. Tax. 8, 25–70 (1958).] — Ribi, E. und Shepard, C., Exper. Cell. Res. **8**, 474 bis 487 (1955). — Roubaud, E. und Descazeaux, J., Compt. rend. Acad. Sci. **177**, 716–717 (1923). — Sabin, A. B., Bact. Rev. **5**, 1 (1941). — Sartirana, S. und Paccanaro, A., Zbl. Bakteriol. I. O. **40**, 331–336 (1906). — Sartory und Meyer, Compt. rend. Acad. Sci. **212**, 819 (1941). — Sergent, E. und Foley, H., Ann. Inst. Pasteur **24**, 337–373 (1910). — Sergent, E. und Lheritier, A., Ann. Inst. Pasteur **28**, 408–419 (1914). — Sherman, J. Bacteriol. **35**, 81 (1938). — Simond, P. L., Ann. Inst. Pasteur **12**, 625 (1898). — Smith, N. R. und Clark, F. E., J. Bacteriol. **35**, 59–60 (1938). — Steinhaus, E. A., J. Bacteriol. **42**, 757–790 (1941); J. Econ. Entomol. **38**, 718 (1945); Principles of Insect pathology (New York 1949); Hilgardia **20**, 359–381 (1951); **20**, 629–678 (1951); Calif. Agric. **5**, 5 (1951); J. Econ. Entomol. **38**, 718 (1954); Mimeogr. Ser. Nr. 4, Lab. Insect. Pathol. Dept. Biol. Control. Univ. of Calif. (Berkely 1957). — Steinkraus, K. H., J. Bacteriol. **74**, 621–624 (1957); **74**, 625–632 (1957); **75**, 38–42 (1957). — Stephens, J. M., Canad. J. Zool. **30**, 30–40 (1952); Canad. J. Microbiol. **3**, 995, 1000 (1957); Canad. Entomol. **89**, 94–96 (1957). — Stevenson, I. P., Nature **174**, 222 (1954). — Stevenel, L., Bull. Soc. Path. Exot. **6**, 356 (1913). — Stoilowa, E. R., Zbl. Bakteriol. II. **99**, 124–130 (1938). — Stutzer, M. J. und Wsorow, W. J., Zbl. Bakteriol. II. 113–129 (1927). — Tadić, M. und Vasiljevic, L., Plant Prot. (Beograd) **38**, 70–75 (1956). — Talalaev, E. V., Microbiologija (USSR) **25**. Append. **1**, 7 (1956); Ref. 1. Internat. Congr. f. Insektenpath. u. Biol. Bek. (Prag 1958). — Tanada, Y.,

Proc. Haw. Entomol. Soc. **15,** 159–166 (1953); J. Econ. Entomol. **49,** 320–329 (1956). — Tashiro, H., J. Econ. Entomol. **50,** 350–352 (1957). — Tashiro, H. und Steinkraus, K. H., Science **121,** 873–874 (1955). — Tashiro, H. und White, R. T., J. Econ. Entomol. **47,** 1087, 1092 (1954); Hektogr. Ent. Res. Agric. Res. Serv. USA **1955.** — Thal, E. und Chen, T. H., J. Bact. **69,** 103 (1955). — Toumanoff, C., Ann. Inst. Pasteur **83,** 421–422 (1952); **83,** 634–639 (1952); **85,** 90–98 (1953); **86,** 570–579 (1954); **87,** 486 (1954); **89,** 644–653 (1955); **90,** 660–664 (1956). — Toumanoff, C. und Grison, P., Compt. rend. Acad. Agric. **40,** 277 (1954). — Toumanoff, C. und Lapied, M., Ann. Inst. Pasteur **87,** 370 (1954). — Toumanoff, C. und Vago, C., Compt. rend. Acad. Sci. **233,** 1504–1506 (1951); Ann. Inst. Pasteur **83,** 421–422 (1952); **83,** 634–638 (1952); **88,** 388–392 (1955). — Vago, C., Compt. rend. Acad. Sci. **1950**; Bull. Soc. Zool. France **76,** 383–386 (1951); Entomophaga (1958 im Druck). — Vaňková, J., Fol. Biol. (ČSR) **3,** 175–182 (1957). — Vasiljević, L. A., Mem. Inst. Plant Prot. Beograd **7,** 79 (1957); Entomophaga **1,** 98–100 (1956); Int. Bull. Plant. Prot. Beograd **38,** 71–75 (1956). — Velu, H., Bull. Soc. Path. Exot. **12,** 362–364 (1919). — Weiser, J. und Lysenko, O., Microbiol. ČSR **1,** 216–222 (1956). — Weiser, J. und Veber, J., Fol. Zool. Entomol. ČSR **3,** 55–68 (1954). — Werner, E., Z. Morph. Ök. Tiere **6,** 150–206 (1926a); Zbl. Bakteriol. II. **67,** 297 (1926b). — Wessman, G. E., Miller, D. J., Surgalla, M. J., J. Bact. **76,** 368–375 (1958). — Weyer, F. und Peters, D., Z. Naturforschg. **7b,** 357–361 (1952). — White, G. F., US Dept. Agric. Bur. Ent. Tech. Bull. **14,** (1906); Dept. Circ. US Dept. Agric. **157,** (1912); US Dept. Agric. Bull. **809,** (1920); **810,** 39 (1920); J. Agric. Res. **26,** 477–486 (1923); **26,** 487–496 (1923); Proc. Entomol. Soc. Washington **30,** 71–72 (1928); J. Agric. Res. **51,** 223–234 (1935); J. Econ. Entomol. **40,** 912–914 (1947); US Dept. Agric. Bull. **14,** (1956). — Wiken, T. und Wille, H., Zbl. Bakteriol. II. **107,** 259 (1953). — Wiken, T., Bovey, P., Wille, H. und Wildbolz, T., Z. angew. Entomol. **36,** 1–19 (1954). — Wille, H., Hektrogr. Ber. Schweiz. Maikäferbek. **1954**; Mitt. Schweiz. Entomol. Ges. **29,** 271–282 (1956). — Willson, W. T. und Moffett, J. O., J. Econ. Entomol. **50,** 194–196 (1957). — Zacharias, A., Z. Morph. Ök. Tiere **10,** 676–737 (1928). — Zernoff, V., Compt. rend. Soc. Biol. **106,** 543–546 (1931).

Nachtrag bei der Korrektur

Angus, T. A., Canad. J. Microbiol. **2,** 122–131 (1956b). — Angus, T. A., Canad. J. Microbiol. **2,** 416–426 (1956). — Angus, T. A. und Heimpel, A. M., Canad. Ent. **91,** 352–358 (1959). — Bailey, L., J. Insect Pathol. **1,** 80–85 (1959). — Bailey, L., Nature **180,** 1214–1215 (1957a). — Beard, R. L., J. econ. Ent. **37,** 702–708 (1944). — Biliotti, E., Entomophaga **1,** 95–98 (1956). — Bucher, G. E., Proc. 10. Int. Congr. Ent. (Montreal 1956), **4,** 695–701 (1958). — Buchner, P., Arch. Protistenkde. **26,** 1–116 (1912); Z. Morph. u. Ökol. Tiere **4,** 88–245 (1925). — Burgerjon, A. und Grison, P., Entomophaga **4,** 207–209 (1959). — Burgerjon, A. und Klingler, K., Ent. exper. appl. **2,** 100–109 (1959). — Eisler, D. M., Kubik, G. und Preston, H., J. Bact. **76,** 41–47 (1958). — Fisher, R. und Rosner, L., Agric. Food Chem. **7,** 686–688 (1959). — Fitz-James, P. G., Toumanoff, C. und Young, I. E., Canad. J. Microbiol. **4,** 385–392 (1958). — Hannay,

C. L. und FITZ-JAMES, P. G., zit. n. FITZ-JAMES und Mitarb. (1958). — HEIMPEL, A. M. und ANGUS, T. A., J. Insect. Path. **1,** 152–170 (1959). — HEIMPEL, A. M. und WEST, A. S., Canad. J. Zool. **37,** 169–172 (1959). — HORBER, E. und Mitarb., Mitt. Schweiz. Landw. **11,** 161 (1953). — HURPIN, B., Entomophaga **4,** 233–248 (1959). — KOLB, G., Z. Morph. u. Ökol. Tiere **48,** 1–71 (1959). — KRIEG, A. (1959) unveröffentlicht. — LECOCQ, E., Ann. Inst. Pasteur (Paris) **95,** 187–193 (1958). — MAGER, J., Nature **167,** 933 bis 934 (1955). — MARTOURET, D., Entomophaga **4,** 211–220 (1959). — MCCONNELL, E. und RICHARDS, A. G., Canad. J. Microbiol. **5,** 161–168 (1959). — MÜLLER, H. J., Forschg. u. Fortschr. **18,** 193–197 (1942). — MURRIS, E. J., J. gen. Microbiol. **19,** 305–311 (1958). — STEINHAUS, E. A., Hilgardia **28,** 351–380 (1959). — STEPHENS, J., Canad. J. Microbiol. **5,** 73–77 (1959a); **5,** 203–228 (1959b); **5,** 313–315 (1959c). — STEVENSON, J. P., J. Insect. Path. **1,** 129–141 (1959). — TOUMANOFF, C. und LE CORROLLER, Y., Ann. Inst. Pasteur **96,** 680–688 (1959). — TOUMANOFF, C. und GRISON, P., Acad. agr. France, Extrait du procès verbal de séance du 7 Avril (1954). — TOUMANOFF, C. und MALMANCHE, L., Ann. Inst. Pasteur **96,** 140–144 (1959). — TOUMANOFF, C. und TOUMANOFF, CH., Compt. rend. Acad. Agric. **45,** 216 bis 218 (1959). — WOODROW, A. W., J. econ. Ent. **35,** 892–895 (1942).

3.4. *Actinomycetales* LEHM. et NEUM.

Definition: Sie besitzen lange, oft fadenförmige Zellen und ein verzweigtes Mycel mit einem Durchmesser von 1 μ oder kleiner. Zellwand ähnlich wie bei Eubacteriaceen. Neben Formen, die sich durch Teilung fortpflanzen, gibt es solche, die Konidien und/oder Oidien bilden. Manchmal säurefest; unbeweglich.

Insektenpathologische Bedeutung:
Von ihnen kommen, soweit bekannt, nur wenige Arten im Zusammenhang mit Insekten vor [als Symbionten].

Familien: *(Mycobacteriaceae)*
Actinomycetaceae
(Streptomycetaceae) u. a.

Anm.: Mycobacterien in die Hämocoele verimpft werden dort eingekapselt, so z. B. *Mycobacterium tuberculosis* LEHM. et. NEUM. bei *Galleria melonella* (L.) [s. S. 21—22].

3.4.1. *Actinomycetaceae* BUCHANAN

Definition: Es wird ein echtes Mycel produziert. Das vegetative Mycel teilt sich durch Abtrennung in bazilläre oder kokkoide Elemente.

Genera: *(Actinomyces)*
Nocardia.

α) ***Nocardia*** TREVISAN

Definition: Obligat aerobe Formen. Einige säurefeste Arten.

i. *Nocardia rhodnii* (ERIKSON) BERGEY.

[syn. *Actinomyces rhodnii* ERIKSON].
[ERIKSON 1935].
Wirte: Rhodnius prolixus STÅL, *Triatoma infestans* (KLUG.)
[WIGGLESWORTH 1936, 1943; BRECHER und WIGGLESWORTH 1944]

Übertragung: Durch äußerlich infizierte Eier; Schmierinfektion. Symbiontisches Gleichgewicht. Keimfrei gemachte Tiere [s. weiter unten] lassen sich peroral mit *Nocardia rhodnii* reinfizieren oder auch ersatzweise mit *Nocardia rubra* (KRASS.), *Nocardia flava* (KRASS.) und *Nocardia citrea* (KRASS.), ja sogar mit *Mycobacterium smegmatis* (TREVISAN) CHESTER. [Unwirksam waren dagegen *Streptomyces olivaceus* (WAKSMAN) und *Streptomyces griseus* (KRAINSKY), desgl. der als Begleitbacterium von *Nocardia rhodnii* vorkommende *Streptococcus liquefaciens* STERNBERG] [BEWIG und SCHWARTZ 1956]. Während BEWIG und SCHWARTZ in den Darmsymbionten von *Rhodnius* und *Triatoma* Typen der gleichen Art sehen, nimmt GOODCHILD (1955) an, daß es sich bei den Symbionten von *Triatoma* um ein *Corynebacterium* handelt.

Symbiontologie: Vorkommen in Zellen der vorderen Mitteldarmzone [Proventriculus] von Reduviiden *(Heteroptera)*. Sie finden sich auch extrazellulär im Darm; wenn nämlich das Insekt sich häutet, werden die Mikroorganismen von den Darmzellen in das Darmlumen ausgestoßen.

Diagnose: Nachweis durch übliche Bakterienfärbung im Ausstrich oder Schnitt, nicht säurefest; Gram-negativ. Während sich die extrazellulären Formen mit Anilinfarben kräftig anfärben, tingieren sich die intrazellulär gelagerten nur schwach. Dies ist wahrscheinlich der Grund dafür, daß GOODCHILD (1955) die Symbionten von *Rhodnius* grundsätzlich in extrazellulärer Position beschreibt. Isolierung der Symbionten aus dem Proventriculus und Kultur auf Nähragar. Die so gezüchteten Symbionten weisen auf diesem bei $+ 30°$ C innerhalb 24 Stunden einen Formenwechsel auf: Fadenform → Stäbchenform → Kokkenform. Diese Formen finden sich nach BAINES (1956) auch in Ausstrichen von künstlich infizierten [vorher symbiontenfrei gemachten] Wanzen; Dauer des Formenwechsels 5–8 Tage.

Kulturelle Eigenschaften: Auf COONS und CZAPEKS Agar kleine farblose Kolonien. Ferner Wachstum auf Glucose-, Glycerin-, Serum- und Blut-Agar; Farbe der Kolonien: erst weiß, später [wie bei anderen Actinomyceten] abhängig vom Nährboden: Glucose- und Glycerin-Agar: korallenfarben; Serum-Agar: rötlich, Blut-Agar: rotbraun. Bouillon: lachsrote Flocken als Sediment und Oberflächenkolonien, nach 2 Wochen reichliches Wachstum und Verfärbung des Mediums. Gelatine wird schnell verflüssigt, dabei weißlich-rosa gefärbtes Oberflächenhäutchen und Sedimentbildung. Stärke wird hydrolysiert. In Milch keine Veränderung, gutes Wachstum bei orangefarbener Pigmentbildung. Die kleinen Kolonien auf Agar bestehen aus etwa 0,8 μ dicken [nicht stark lichtbrechenden] Hyphen. Diese bilden Hyphensegmente mit angulärem Zuwachs. Das Luftmycel ist kurz und gestreckt.

Später wird das Wachstum extensiv und es entstehen z. T. lange, echt verzweigte Filamente. Nach 2 Wochen anguläre Verzweigung sehr typisch: es entstehen Muster, die an ein Fischskelett erinnern.

Vermehrung: Leicht züchtbar auf einfachem Nährboden [s. dort]. Erste Kolonien bei + 30° C nach 48 Stunden.

Bedeutung: Durch äußerliche Desinfektion der Eier mit Gentianaviolett (gesättigte Lösung) erhält man nach WIGGLESWORTH (1943) keimfreie Wanzen, desgl. durch Verfütterung von Terramycin nach HALFF (1956). Andere Antibiotica waren unwirksam. Die keimfreien Wanzen zeigen schwere Entwicklungsstörungen und bleiben fast durchweg in der Metamorphose stecken. Keimfreie Weibchen produzieren keine Eier mehr und ihre Ovarien degenerieren. Nach BRECHER (1944) und WIGGLESWORTH (1943) handelt es sich bei diesen Erscheinungen um Symptome einer extremen Avitaminose. Nach BAINES (1956) liefern die symbiontischen Actinomyceten den Wanzen Vitamine der B-Gruppe [hauptsächlich Pyridoxal, Pantothensäure, Nicotinsäureamid und Thiamin].

Literatur zu Kap. V, Abschnitt 3.4

BAINES, S., J. Exper. Biol. **33**, 533–541 (1956). — BEWIG, F. und SCHWARTZ, W., Arch. Microbiol. **24**, 174–208 (1956). — BRECHER, G. W. und WIGGLESWORTH, V. B., Parasitology **35**, 220 (1944). — ERIKSON, D., Med. Res. Counc. Sep. Nr. 203 (London 1935). — GOODCHILD, A. J. P., Parasitology **45**, 441–449 (1955). — WIGGLESWORTH, V. B., Parasitology **28**, 284–289 (1936); Proc. Roy. Soc. (B) **131**, (1943).

3.5. *Spirochaetales* BUCHANAN

Definition: Schlanke, flexible Zellen mit Spiralform von 3–500 μ Länge. Vermehrung durch Querteilung. Keine Geißel; gut beweglich.

Insektenpathologische Bedeutung:

Von ihnen kommen, soweit bekannt, nur wenige Arten in Verbindung mit Arthropoden vor. Bei diesen sind jedoch die Beziehungen recht eng und reichen wie bei den Rickettsien bis zu den Arachnoiden; von Zecken werden diese Arten auch transovariell übertragen. Auch hier scheinen die Insekten phyletisch sekundäre Wirte der Spirochaeten zu sein. Besonders wichtig ist die Gruppe der Recurrens-Spirochaeten, welche sich in Zecken und Insekten zu vermehren vermögen. Wenige andere Arten wurden nur in Verbindung mit Arthropoden gefunden.

Familien: (Spirochaetaceae)
Treponemataceae.

3.5.1. *Treponemataceae* SCHAUDINN

Definition: Spiralige, flexible Zellen von 4–16 μ; längere Formen entstehen bei unvollkommener Teilung. Protoplasmatischer Aufbau nicht deutlich erkennbar. Manche Formen sind so schwach lichtbrechend, daß sie nur im Dunkelfeld zu erkennen sind. Manche Formen nehmen Anilinfarben nur schwer an; Giemsa-Farbstoff wird einheitlich gut angenommen. Sind gegen gallensaure Salze empfindlich.

Genera: *Borrelia*
(Treponema)
(Leptospira).

α) ***Borrelia*** SWELLENGREBEL

Definition: Zellen haben etwa den gleichen Brechungsindex wie Eubakterien; färben sich im Gegensatz zu den Spirochaeten der anderen Genera mit gewöhnlichen Anilinfarben leicht an.

i. *Borrelia recurrentis* (LEBERT) BERGEY et al.
[syn. *Protomycetum recurrentis* LEBERT].
[syn. *Spirochaeta obermeieri* COHN].
[OBERMEIER 1873].
Wirbeltiervektor: Mensch, Affe, Ratte, Maus.
Arthropodvektor: *Pediculus humanus corporis* DEG., *Pedicinus longiceps* PIAC., auch in Zecken gefunden, aber nicht von ihnen übertragen.

Übertragung: Infizierte Läuse [16. bis 28. Tag] → durch Wundinfektion ins Blut des Zwischenwirtes [Mensch] [Inkubationszeit: 6–8 Tage] → Blutnahrung der Laus [Inkubationszeit ca. 6 Tage bei + 37° C] → infizierte Läuse. Kein Anhaltspunkt für eine transovarielle Übertragung durch Läuse.

Pathologie:

Wirbeltiervektor: Der infektiöse Prozeß erzeugt Rückfallfieber [Febris recurrentis]. Einige Tage dauerndes hohes Fieber mit anschließendem starkem Temperaturabfall unter + 37° C. Nach etwa 8 Tage langer Apyrexie erneuter Fieberanfall. Auf eine wiederum 8 Tage dauernde Apyrexie erfolgt meist noch ein dritter Fieberanfall. Ursache der Fieberrückfälle noch nicht hinreichend geklärt, wahrscheinlich aber durch Wechselspiel zwischen Erreger und Immunitätsreaktion bedingt. Antikörperbildung bewirkt nur unvollkommene Immunität [1 Jahr].

Arthropodvektor: Die von den Läusen mit der Nahrung in den Darmtraktus aufgenommenen Spirochaeten verschwinden im Magen alsbald sehr schnell. Nach Eintritt eines Teils in die Hämocoele sind sie nach etwa 8 Tagen in verschiedenen Körpergeweben nachweisbar, vor allem in der Körperhöhle. Nicht gefunden werden sie in den Speicheldrüsen oder im Magen-Darmtraktus. Die Übertragung erfolgt daher durch infizierte Hämolymphe der Läuse, die [etwa beim Zerdrücken der Tiere] auf die Haut des Wirbeltieres bzw. Menschen gelangt. Die Wirbeltierhaut setzt den Spirochaeten keinen starken Widerstand entgegen. Andere Verhältnisse herrschen bei der Übertragung durch Zecken. Nach DAVIS (1942) sind die Rückfallfieber-Spirochaeten für die einzelnen Zecken artspezifisch. Auf diese Weise lassen sich die sonst nicht leicht voneinander zu differenzierenden Typen der Recurrens-Spirochaeten trennen.

Diagnose: Nachweis im Wirbeltier: Während der Fieberanfälle sind die Spirochaeten im Blut gut nachweisbar. Daher Untersuchung von Blutfrischpräparaten im Phasenkontrast oder Dunkelfeld: Morphologie: 0,35 bis 0,50×8–16 μ große, lockere Spiralen mit, [bei Bewegung] sich ändernden Windungen; leicht beweglich, Spiralamplitude 1,5 μ. Ausstrichpräparate färben sich nach Giemsa [violett] oder mit verdünnter Fuchsinlösung innerhalb 5 Minuten [rot]. Gram-negativ. Werden durch gallensaure Salze [10%ige] völlig aufgelöst. Übertragbar auf weiße Mäuse. Bakteriologischer Nachweis durch Kulturverfahren: infiziertes Blut nach Gerinnung mit der 1,5fachen Menge eines Gemisches aus 8 Teilen physiologischer NaCl-Lösung und 2 Teilen 1%iger Peptonlösung versetzen und bei + 20 bis + 30° C bebrüten.

Nachweis im Arthropod: Ausstrichuntersuchung von Hämolymphe [wie oben angeführt]. Am zweckmäßigsten reißt man der Laus die Beine ab, welche oft massenhaft Spirochaeten enthalten.

Vermehrung: Anaerobe Züchtung nach NOGUCHI in Ascites, welcher ein Stückchen Kaninniere als Redoxpuffer enthält; die Kulturen werden mit Paraffinöl überschichtet. Nach UNGERMANN gelingt die Züchtung auch im Kaninchenserum, welches 30 Minuten auf + 58 bis + 60° C erhitzt wird und welches nach Abkühlung gegen Luftzutritt mit sterilem Paraffinöl abgeschlossen wird. Passagen empfehlen sich etwa alle 5 Tage. Bebrütungstemperatur + 25° C.

Epidemiologie: Im vorigen Jahrhundert trat Europäisches Rückfallfieber zeitweise in Form großer Epidemien, besonders in Irland, Schottland, England, Polen und Rußland auf. In Deutschland kam es zur größeren Verbreitung in den Jahren 1868–1872 und von 1879–1880. Während des 1. Weltkrieges, besonders bei Truppen, aber auch in der Zivilbevölkerung beobachtet. In den ersten Jahren nach dem Krieg traten von Osten kommend auch in Westeuropa nochmals Erkrankungen gehäuft auf. Während des 2. Weltkrieges und danach spielte das Rückfallfieber in Europa keine Rolle mehr. Kommt heute besonders in Indien und China vor.

Anmerkung: Fast alle in anderen Erdteilen auftretenden Rückfallfieber sind Zecken-übertragene Formen!

Maßnahmen: Vernichtung des Insektvektors. Chemotherapeutische Behandlung mit Salvarsan und Neosalvarsan. Meist gelingt durch einmalige Gabe während eines Fieberanfalls eine vollständige Heilung. Auch Penicillin ist wirksam.

ii. *Borrelia berbera* (SERGENT et FOLEY) BERGEY et al.
[syn. *Spirochaeta berbera* SERGENT et FOLEY].
[SERGENT und FOLEY 1910].
Wirbeltiervektor: Mensch, Affen, Ratten, Mäuse.
Arthropodvektor: *Pediculus humanus coporis* DEG.
Diagnose: Serologisch verschieden von *B. recurrentis*, sonst keine Unterschiede.
Epidemiologie: Rückfallfieber in Nordafrika.

iii. *Borrelia carteri* (MACKIE) BERGEY et al.
[syn. *Spirochaeta carteri* MACKIE].
Wirbeltiervektor: Mensch, Affen, Ratten, Mäuse.
Arthropodvektor: Pediculus humanus corporis DEG.
Diagnose: Serologisch verschieden von *B. recurrentis,* sonst keine Unterschiede.
Epidemiologie: Rückfallfieber in Indien.

iv. *Borrelia glossinae* (NOVY et KNAPP) BERGEY et al.
[syn. *Spirillum glossinae* NOVY et KNAPP].
[NOVY und KNAPP 1906].
Wirt: Glossina palpalis (ROB. et DESV.).
Übertragung: Unbekannt; wahrscheinlich peroral. Kein Wirtswechsel.
Pathologie: Im Magen-Darmtraktus vorkommend. Harmlos.
Diagnose: Ausstrich vom Darminhalt, Färbung mit GIEMSA.
Morphologie: Spirochaeten von $0{,}2 \times 8{,}0\ \mu$. Etwas kürzer und mehr Spiralen als *Borrelia recurrentis.*

β) Weitere Arten deren Zugehörigkeit zum Genus Borrelia noch fraglich:

i. *Spirochaeta culicis* JAFFÉ.
[JAFFÉ 1907].
Wahrscheinlich identisch mit der von SINTON und SHUTE (1939) aus *Anopheles maculipennis* isolierten Spirochaete.
Wirt: Culex spec.
Übertragung: Perorale Infektion wahrscheinlich.
Pathologie: Im Magen-Darmtraktus und den Malpighischen Gefäßen vorkommend. Harmlos.
Diagnose: Ausstrich vom Darminhalt, Färbung mit GIEMSA.

Anmerkung: Auch in anderen Dipteren wurden Spirochaeten gefunden, so in *Trichoptera* [MACKINNON 1910], *Chironomus plumosus* BURILL [LEGÉR 1902], *Phlebotomus perniciosus* NEWSTEAD [PRINGAULT 1921], *Simulium reptans* L. [JIROVEC 1930], *Simulium noelleri* FRIEDR. [ZUELZER 1925], *Anopheles maculipennis* MEIG. [SERGENT und SERGENT 1906; SINTON und SHUTE 1939], *Ptychoptera contaminata* (L.) [LÉGER und DUBOSCQ 1909], *Culex nebulosus* THEOB. [TAYLOR 1930], *Aedes aegypti* (L.) [STEVENEL 1930; NOC 1920], *Melophagus ovinus* (L.) [PORTER 1910].

ii. *Spirochaeta pieridis* PAILLOT.
[PAILLOT 1940].
Wirt: Pieris brassicae (L.) [*Bombyx mori* L. nicht empfindlich].
Übertragung: Parenteral, bei i. c. Infektion ist die Erkrankung am 2. Tag nachweisbar.
Pathologie: Septikämie. Auch die Zellen der Hypodermis werden befallen. Phagozytose beobachtet. Keine äußeren Symptome.
Diagnose: Färbung von Ausstrichen mit GIEMSA.
Morphologie: $0{,}1–0{,}2 \times 5–12\ \mu$, 2–7 Spiralen, Amplitude ca. $1{,}5\ \mu$.

Vermehrung: Versuche von PAILLOT die Spirochaete in Nährmedien unter Zusatz von Raupenblut zu züchten verliefen negativ.

Epizootiologie: 1939 bei Saint-Genis-Laval beobachtet. Keine größere Epizootie.

Anmerkung: In anderen Ordnungen wurden ebenfalls harmlose Spirochaeten gefunden: Bei Orthopteren, und zwar bei *Blattidae* von DOBELL 1912 und TEJERA 1926, bei Isopteren, und zwar bei *Termes* von DOBELL 1911, DOFLEIN 1911 und DAMON 1926. Eine wahrscheinlich parasitische Spirochaete fand PATTON 1912 bei der Aphaniptere *Ctenocephalides felis* (BOUCHÉ).

Literatur zu Kap. V, Abschnitt 3.5

DAMON, S. R., J. Bacteriol. **11,** 31–36 (1926). — DAVIS, G. E., Publ. Amer. Assoc. Adv. Sci. **18,** 41–47 (1942). — DOBELL, C., Quart. J. Microscop. Sci. **56,** 507–540 (1911); Arch. Protistenkde. **26,** 117–240 (1912). — DOFLEIN, F., Probleme der Protistenkunde II. Die Natur der Spirochaeten (Jena 1911). — JAFFÉ, J., Arch. Protistenkde. **9,** 100 (1907). — JIROVEC, O., Zbl. Bakteriol. I. O. **118,** 77–80 (1930). — LÉGER, L., Compt. rend. Acad. Sci. Paris **134,** 1317–1319 (1902). — LÉGER, L. und DUBOSCQ, O., Bull. Acad. Roy. Belg. Sci. **8,** 831–885 (1909). — MACKINNON, D. L., Parasitology **3,** 245–254 (1910). — NOVY, F. G. und KNAPP, R. E., J. Infect. Dis. **3,** 291 (1906). — OBERMEIER, O., Centr. med. Wiss. **11,** 145 (1873). — PAILLOT, A., Compt. rend. Acad. Sci. **210,** 615–616 (1940). — PATTON, W. S., Ann. Trop. Med. **6,** 357 (1912). — PORTER, A., Quart. J. microsc. Sci. **55,** 189–224 (1910.) — PRIGAULT, E., Compt. rend. Soc. Biol. **84,** 209 (1921). — SINTON, J. A. und SHUTE, P. G., J. Trop. Med. Hyg. **42,** 125–126 (1939). — SERGENT, E. und SERGENT, E., Compt. rend. Soc. Biol. **60,** 291 (1906). — TAYLOR, A. W., Ann. Trop. Med. **24,** 425–535 (1930). — TEJERA, E., Compt. rend. Soc. Biol. **95,** 1382–1384 (1926). — ZUELZER, M., In PROWAZEKS Handbuch der pathogenen Protozoen, 1627–1974 (Leipzig 1925).

4. Obligat symbiontische Bakterien

Hier wurden vorläufig eingeordnet: nicht-sporenbildende, unbewegliche, bakterienähnliche, symbiontische Mikroorganismen, die im Zytoplasma bestimmter Zellen [Mycetozyten, Bacteriozyten] oder bestimmter Organe [Mycetome] von Arthropoden, speziell Insekten, vorkommen und auf einfachen Nährböden nicht züchtbar sind.

Genetisches Material in Form von DNS ließ sich in verschiedenen Fällen bei obligaten Symbionten nachweisen (z. B. bei den Symbionten von *Blattella germanica* (L.), *Blatta orientalis* L., *Oryzaephilus surinamensis* (L.), *Camponotes ligniperdus* (LATR.) in anderen Fällen dagegen nicht [z. B. bei den Symbionten, von *Calandra oryzae* (L.), *Pediculus humanus corporis* DEG., *Haematopinus suis* (L.), a-Symbionten von *Aphrophora salicis* DEG.]. Im letzteren Falle bleibt noch zu klären, warum die angewandte FEULGEN-Färbung versagte [KOLB 1959]. Es ist durchaus denkbar, daß der DNS-Gehalt dieser Symbionten infolge komplementärer genetischer Anpassung von Symbiont und Wirt bis an die Grenze der Nachweisbarkeit reduziert wurde. Gegen einen Zweifel an der Mikroorganismen-Natur dieser obligaten Symbionten sprechen die Ergebnisse der Ausschaltungsversuche und die Lebenszyklen der Symbionten.

Die obligaten Symbionten werden germinativ übertragen. Stäbchenförmige, schlauchförmige oder kugelförmige Mikroorganismen mit z. T. starkem Pleomorphismus. Weitgehende Parallelität zwischen Metamorphose des Wirtes und Formwechsel der Bakterien. Meist zwei Entwicklungsphasen: Vegetative Phase [oft Riesenformen] und reproduktive Phase [Migrations- oder Infektionsformen]. In den weiblichen Tieren machen die symbiontischen Bakterien meist einen zyklischen Formenwechsel durch, in den männlichen Tieren einen azyklischen [hier oft eine degenerative Phase]. Die offenbar weit zurückliegende Aquisition dieser intrazellulären Symbionten hat zur Ausprägung stark divergierender Charaktere geführt, die eine systematische Einordnung und Zuordnung der Symbionten-Arten zueinander sehr erschwert. Daß sie für den Wirt lebenswichtig sind, konnte in mehreren Fällen bewiesen werden. Ihre physiologische Bedeutung besteht entweder in der Produktion von Wuchsstoffen [Vitamine] oder in der Rückführung unverwertbarer [N-haltiger] Stoffwechselprodukte. – Es wurden hier nur verhältnismäßig gut untersuchte Symbionten aufgenommen.

Unberücksichtigt blieben hier alle Symbionten, die leicht und überzeugend züchtbar waren und daher in andere Familien eingereiht werden konnten. So werden hier nicht aufgeführt: die Symbionten der heteropteren Wanzen, soweit sie im Darm oder in Anhängen desselben extrazellulär vorkommen und nicht ovariell übertragen werden. Die Symbionten der Pentatomiden und Cydmiden sind größten Teils *Pseudomonas*- bzw. *Aeromonas*-Arten, die der Triatomiden *Nocardia*-Arten. Aus dem gleichen Grunde blieben ebenfalls hier unberücksichtigt die Symbionten der Trypetiden und *Hylemya*-Arten (Dipteren), bei denen es sich meist um Pseudomonaden handelt.

Da keinerlei taxonomische Untersuchungen über die obligaten bakteriellen Symbionten bisher vorliegen, wurde als Ersatz für ein System hier eine Einteilung gewählt, die einmal auf morphologische Verhältnisse und zum andern auf die systematische Verbreitung der Symbionten, d. h. auf deren Wirtskreis, achtet.

4.1. Bakterielle Symbionten größerer systematischer Wirtsgruppen

Bakterien, deren symbiontische Aquisition wahrscheinlich sehr lange [Ende des Palaeozoikums] zurückliegt und so zum monophyletischen Symbiontenerwerb größerer systematischer Gruppen führte. – Stäbchenförmige Mikroorganismen ohne ausgeprägten Pleomorphismus [s. Abb. 30]; Infektionsform mit Mycetom-Symbionten identisch.

α) **Blattopteroidea-Gruppe**

Definition: Symbionten bei Blattiden *(Orthoptera)* und Mastotermitiden *(Isoptera)* allgemein verbreitet. Stäbchenförmige Bakterien ohne ausgeprägten Pleomorphismus und ohne ausgeprägten Formwechsel. In Bakteriozyten des Fettkörpers lokalisiert.

i. *Symbiont aus Blatta orientalis* L., *Blattella germanica* (L.) und *Periplaneta americana* (L.) *(Orthoptera)*.
[Blochmann 1887].

Anmerkung: Ähnliche Verhältnisse wie hier findet man auch bei anderen Blattiden bei entsprechenden artspezifischen Abänderungen [hierzu s. Buchner 1953].

Übertragung: Transovariell.

Symbiontologie: Vorkommen in Bakteriozyten des viszeralen Fettkörpers, deren Plasma sie fast vollkommen verdrängen. Urat-Ansammlungen nur an symbiontenfreien Teilen des Fettkörpers; Symbionten sollen nach Keller Harnsäure angreifen. Riesenbakteriozyten 256–512-ploid [Baudisch 1956]. Außerdem Vorkommen in Gonaden und in dem sich entwickelnden Embryo. Serologische Differenzierung gegenüber dem Wirtsgewebe durchgeführt [Neukomm 1932]. EM-Untersuchungen von Dünnschnitten durch Bakteriozyten von *Blatta orientalis* wurden von Meyer und Frank (1958) durchgeführt. Sie konnten keinerlei Reaktion von Kern, Mitochondrien oder Zytoplasma der Wirtszellen gegenüber den Bakterien erkennen. In den symbiontischen Bakterien waren jedoch keine Hellzonen nachzuweisen, die den Kernäquivalenten entsprechen. Die Bakterien zeigten vielmehr ein homogenes Aussehen bei relativ dichtem Plasma. Ihr Aufbau erinnert sehr an Zellen von *Escherichia coli*, die sich unter optimalen Bedingungen in der logarithmischen Phase befinden. Dies spricht nach Ansicht der Autoren für eine ausgeglichene Symbiose.

Diagnose: Mit Hilfe von Phasenkontrast oder durch übliche Bakterienfärbung im Ausstrich nach vorausgehender feuchter Fixierung in Methylalkohol; gute Ergebnisse mit Methylenblau oder mit Giemsa [blau]; färben sich homogen oder gebändert an. Mit Feulgen-Reaktion gelang der Nachweis von Kernäquivalenten in Symbionten von *Blattella germanica* (L.) [Rizki 1954]. Über Kernäquivalente bei *Blatta orientalis* L. berichtete Frank (1956). Gram-positiv.

Morphologie: Stäbchen $0{,}5 \times 2{,}7$–$5{,}3\ \mu$ groß [s. Abb. 30]. Im fixierten Ausstrich oder Schnitt färben sich die Bakterien u. a. mit Hämalaun und mit Eisenhämatoxylin nach Heidenhain.

Vermehrung: Nur im homologen Wirtstier und im Fettkörper-Explantat [de Haller 1955]. Implantationsversuche von Bakteriozyten in künstlich symbiontenfrei gemachten Blattiden [s. unter „Bedeutung"] gelingen nur bei gleicher Art [Brooks und Richards 1956]. Keine Züchtung auf Hühnerembryonen gelungen. Den zahlreichen erfolglosen Versuchen [BLOCHMANN, HEYMONS, FORBES, HOLLANDE, FAVRE, GUBLER u. a.] stehen zahlreiche Fehlisolationen [MERCIER, GROPPENGIESSER, GIER u. a.] gegenüber, zu denen auch das von GLÄSER (1930) isolierte *Corynebacterium periplanetae* zu rechnen ist [STEINHAUS 1947]. Neuerdings will KELLER (1950) den Symbionten auf Fettkörper- und Harnsäure-Agar gezüchtet haben. KELLER bezeichnet seine „Kultur-Symbionten" als *Rhizobium uricophilum*. Während der Kultur nehmen die Stäbchen von *R. uricophilum* langsam Kokkobazillen- und schließlich Kokken-Form an. Die „Kultur-Symbionten" greifen Harnsäure an [Uricase]. Antigengemeinschaft zwischen Symbionten und *R. uricophilum* als Indentitätsnachweis.

Bedeutung: Wahrscheinliche Bedeutung der Symbionten für den Wirt: Vitamin-Lieferant [NOLAND und Mitarb. 1949] und evtl. Harnsäure-Verwertung für Eiweißsynthese [KELLER 1950]. Vollkommene künstliche Elimination der Symbionten durch Temperaturbehandlung bei + 39° C, ferner durch Sulfonamid-Behandlung und Anwendung von Antibiotica wie z. B. Penicillin, Terramycin und Aureomycin möglich. [Streptomycin und Chloromycin induzieren resistente Stämme.] Folge: Sukzessiver Abbau der Symbionten in Fettkörper-Bakteriozyten bringen geringe Körpergröße und verlangsamte Entwicklung mit sich. Degeneration der Eier unter lytischen Prozessen. Keine entwicklungsfähigen Nachkommen [FRANK 1956]. Die Replantation von Symbionten in das Hämocoel artifiziell symbiontenfreier Tiere, führt zur erneuten Besiedlung ehemaliger Bakteriozyten [wobei die Symbionten die Zellmembran durchdringen müssen] MEYER und FRANK (1957).

4.2. Bakterielle Symbionten mittlerer systematischer Wirtsgruppen

Bakterien, deren symbiontische Aquisition wahrscheinlich lange zurückliegt und so zum monophyletischen Symbiontenerwerb bestimmter systematischer Gruppen führte. – Relativ große Mikroorganismen mit ausgesprochenem Pleomorphismus [s. Abb. 31a] und besonderen Infektionsformen. Symbionten von einer semipermeablen Membran umgeben, die sich gelegentlich deutlich abhebt [s. Abb. 31b].

Anoplura-Mallophaga-Gruppe
Homoptera-a-Gruppe
Homoptera-x-Gruppe
Aphida-Gruppe
Oryzaephilus-Gruppe.

α) Anoplura-Mallophaga-Gruppe

Definition: Symbionten von schlauchförmiger Gestalt. Bei *Anoplura* und *Mallophaga* allgemein verbreitet. Wahrscheinlich monophyletischer Symbiontenerwerb. Teilweise enge Beziehungen zum Darmtraktus.

i. *Symbiont aus Pediculus humanus corporis* DEG. *(Anoplura).*
(RIES 1930, 1931).

Anmerkung: Ähnliche Verhältnisse wie hier findet man auch bei anderen Anopluren bei entsprechenden artspezifischen Abänderungen [hierzu s. RIES 1931 und BUCHNER 1953].

Übertragung: Transovariell.

Symbiontologie: Vorkommen in den etwa 10–16 Fächern des als „Magenscheibe" bezeichneten Mycetoms. Die Mycetozyten bilden im Gegensatz zur bisherigen Auffassung kein Syncytium. Das larvale Mycetom besteht aus 2 Teilen: (1) der Hülle – entsteht unter dem Enddarm und wandert unter den Mitteldarm – (2) das eigentliche Mycetom, das sich durch den Einfluß der Hülle vom Mitteldarm separiert (BAUDISCH 1958).

[*Anmerkung:* Bei anderen Arten engerer Kontakt mit Darmtraktus z. B. bei dem Symbionten aus *Pedicinus rhesi* Farenh. oder dem Symbionten aus *Haematopinus suis* (L.).]

Die stärkste Vermehrung der Symbionten erfolgt in den ersten beiden Tagen der Ei-Entwicklung. Die Vermehrungsstadien sind 1,5–2,0 μ dicke Kugeln und Kurzschläuche von inhomogener Struktur. Diese wachsen in den späteren Embryonalstadien zu homogenen Schläuchen aus, welche bei weiblichen Larven 25 μ, bei männlichen etwa 50 μ erreichen. In den Mycetomen der adulten Männchen wachsen sie sogar auf mehr als 100 μ heran und degenerieren dann. Bei den weiblichen Tieren bilden sich die schlauchförmigen Symbionten des Mycetom z. Z. der 3. Häutung zu ellipsoiden Migrationsformen [Infektionsformen] um und wandern zur Ei-Infektion in die Ovarialampullen aus. Bei den männlichen Tieren veröden zu gleicher Zeit die Mycetome, und die vorher homogenen schlauchförmigen Symbionten degenerieren zu inhomogenen elliptischen bis runden Formen [PUCHTA 1956; RIES 1930, 1931].

Diagnose: Nachweis im Ausstrich und histologischen Schnitt. Mit Feulgen-Reaktion ließen sich bisher keine Kernäquivalente nachweisen [KOTTER 1955; KOLB 1957]. Gram-negativ.

Morphologie: Schlauchförmige Symbionten von etwa 1 μ Breite und unterschiedlicher Länge [s. unter „Symbiontologie"]

Vermehrung: Im homologen Wirtstier. PUCHTA (1956) will den Symbionten aus dem Mycetom mit Hilfe einer Ammenkultur [Kokken aus dem Läusedarm als Amme] gezüchtet haben. Die gezüchteten „Kultur-Symbionten" ließen sich in Passagen auch auf Nährböden ohne Ammen-Assistenz ziehen. PUCHTA bezeichnete seinen „Kultur-Symbionten" als *Corynebacterium*-ähnlich. Vgl. Kritik hierzu bei KOTTER (1955).

Bedeutung: Vollkommene künstliche Elimination der Symbionten gelang durch Ektomie der „Magenscheibe" oder durch Zentrifugieren der Embryonen vor der 3. Häutung [ASCHNER 1932; PUCHTA 1954; BAUDISCH 1958]. Durch das Zentrifugieren wird die Hülle (s. o.) so verlagert, daß die Symbionten die Mycetocyten nicht mehr besiedeln können. Sie werden im Mitteldarm verdaut. Folge: Wachstum und Nahrungsaufnahme werden eingestellt. Ovarien degenerieren und Embryonen gehen zugrunde. Adulte Läuse, bei denen das Mycetom normalerweise verödet ist, ertragen den Eingriff ohne schwerwiegende Folgen. Symbiontenverlust ließ sich durch Vitamingaben [B-Gruppe] einigermaßen kompensieren [Symbionten als Wuchsstoff-Lieferanten].

ii. *Symbiont aus Columbicola columbae* (L.) *(Mallophaga).*

[RIES 1931].

Anmerkung: Ähnliche Verhältnisse wie hier findet man auch bei anderen Mallophagen bei entsprechenden artspezifischen Abänderungen [hierzu s. RIES 1931 und BUCHNER 1953].

Übertragung: Transovariell.

Symbiontologie: Vorkommen intrazellulär in Mycetozyten, die lockere Nester im Bereich der Hypodermis bilden. Übertragung der Symbionten auf die Eier wie bei dem Symbiont aus *Pediculus* durch Infektion der Ovarialampullen. Diese erfolgt hier einfacher und zwar dadurch, daß z. Z. der 3. Häutung die Mycetozyten unverändert an die Ampullenanlagen wandern und dort eintreten. Keine Veränderung in männlichen Tieren.

Diagnose: Nachweis im Ausstrich und histologischen Schnitt.

Morphologie: Symbionten von etwa 1 μ Breite und unterschiedlicher Länge.

Vermehrung: Im homologen Wirtstier.

β) **Homoptera-a-Gruppe**

Definition: Sog. (a-)Symbionten von bestimmten taxonomischen Gruppen der *Homoptera:* Peloriiden, Cicadinen und Pseudococcinen. Schlauchförmige Bakterien mit charakteristischen hypertrophierten Vakuolen, die das der Vakuolenwand anliegende Bakterium in eine gekrümmte Form zwingen. In meist lebhaft gefärbten Mycetomen lokalisiert.

Während MÜLLER (1951) versuchte, eine Urhomopteren-Symbiose zu postulieren und für sämtliche homopteren Wanzen einen monophyletischen Stammbaum aufzustellen, will BUCHNER (1953) das Vorkommen dieser Symbiontengruppe auf die *Peloriidae, Cicadoidae* und *Fulgoridae* beschränkt wissen. Er nimmt für *Aleurodina, Psyllina, Aphidina* [mit Ausnahme der *Pseudococcinae*] je einen [monophyletisch] sich entwickelnden Stamm-Symbionten an. Bei den *Coccina* liegt nach BUCHNER (1953) sogar ein typischer Fall für polyphyletischen Symbiontenerwerb vor.

i. *(a-)Symbiont aus Pseudococcus citri* RISSO *(Homoptera).*

[RESÜHR 1938; FINK 1952].

Anmerkung: Ähnliche Verhältnisse wie hier findet man auch bei anderen Pseudococcinen bei entsprechenden artspezifischen Abänderungen [hierzu s. BUCHNER 1953; s. dort auch bezügl. Ausnahmen].

Übertragung: Transovariell.

Symbiontologie: Vorkommen in einem wohlbegrenzten und mit Tracheen versorgten unpaaren Mycetom, ventral vom Darm, das beim weiblichen Geschlecht maximal ausgebildet ist und etwa $^1/_3$ der gesamten Körperlänge erreicht. Das Mycetom besteht aus vielen großen Mycetozyten und ist von einem gelbe Pigmentgranula enthaltenden Epithel umgeben, das auch Fortsätze zwischen den Mycetozyten ausbildet. Die Mycetozyten besitzen einen großen Kern; ihr Plasma enthält 3–4 Schleimballen, in welchen die Symbionten dicht gelagert sind [PIERANTONI 1911; BUCHNER 1921; FINK 1952]. Alle Bakterien in einem Schleimballen befinden sich im gleichen Entwicklungsstadium. Starke Vermehrung zeigen die Symbionten in der Embryonalentwicklung und während der Reifezeit des Ovars. In dieser Zeit werden sog. Infektionsformen gefunden, das sind kleine ovale Symbionten mit homogenem Plasma [reproduktive Phase]. Zur übrigen Zeit der Entwicklung herrscht eine aufgetriebene, granulierte Form vor [vegetative Phase]. In den adulten Weibchen treten aus dem Mycetom Schleimballen mit den Infektionsstadien des Symbionten aus und infizieren die Eizelle vom oberen Pol her. [Bezügl. Ausnahmen s. BUCHNER 1953.]

Diagnose: Durch übliche Bakterienfärbung im Ausstrich oder im Schnitt nach Färbung mit Eisenhämatoxylin, Hämalaun, GIEMSA.

Morphologie: Jeder der wurstförmigen, konvex gekrümmten Symbionten liegt an der Wandung einer hypertrophen symbionteneigenen Vakuole. Diese Vakuole verschwindet weitgehend bei kombinierter Hunger- und Kälte-Behandlung. Stäbchendurchmesser: 1–5 μ, Vakuolendurchmesser: bis 7,5 μ.

Vermehrung: Nur im homologen Wirtstier. FINK (1952) will den Symbionten aus dem Mycetom mit Hilfe einer Ammenkultur [*Micrococcus pyogenes* var. *aureus* als Amme] gezüchtet haben. Die gezüchteten „Kultur-Symbionten" ließen sich in Passagen auch auf Nährböden ohne Ammen-Assistenz ziehen. FINK bezeichnete seinen „Kultur-Symbionten" als *Corynebacterium dactylopii.*

Bedeutung: Künstliche Elimination der Symbionten durch Kombination von Hunger und Wärme [+39° C]. Symbiontenfrei gemachte Schildläuse zeigen schwere Schädigungen. Partielle oder totale Degeneration der Ovariolen und vorzeitiger Tod [FINK 1952].

ii. *(a-)Symbiont aus Hemiodoecus fidelis* EVANS *(Homoptera).*

[MÜLLER 1951].

Übertragung: Transovariell.

Symbiontologie: Vorkommen in vier wohlbegrenzten und mit Tracheen versorgten, paarig angeordneten, orange-farbenen, kugeligen Mycetomen, die in der Larve im 5. und 6. Abdominalsegment liegen. Sie bestehen aus einem Syncytium, das von einem abgeplatteten Epithel umgeben ist. Das Plasma des Syncytiums ist angefüllt von den Symbionten. Zu deren Übertragung auf die Eier bilden sich dort, wo die Mycetome das Ovidukt berühren, in der sonst sterilen Epithelhülle „Infektionshügel" aus, die von BUCHNER (1953) zuerst bei Zikaden beschrieben wurden. Infektionstüchtige Symbionten dringen in die sich spezialisierenden Epithelzellen ein und vermehren sich in ihnen. Aus den cystenartigen Epithelnestern treten die Infektionsstadien der symbiontischen Bakterien schließlich in die Hämocoele aus und können so die reifen Ovarien infizieren.

Diagnose: Im histologischen Schnitt nach Färbung mit Eisenhämatoxylin.

Morphologie: Jeder der etwa 1,5 μ breiten, oft mehrere μ langen Symbionten liegt der Wandung einer Vakuole einseitig an, die dessen Schlauchform zu spiraliger Aufrollung oder Umschlingung zwingt. Die Vakuole ist empfindlich gegen nicht isotonische Medien. Innerhalb der Vakuole werden Teilungen des Symbionten beobachtet. Die Infektionsstadien sind gedrungene Formen, die sich besser färben lassen als die Symbionten im Syncytium des Mycetoms. [Abweichend hiervon *Phaenococcus*-Typ.]

Vermehrung: Nur im spezifischen Wirtstier.

iii. *(a-)Symbionten der Cicadina (Homoptera).*

[MÜLLER 1951; BUCHNER 1953].

Anmerkung: Bei den als Wirte in Frage kommenden homopteren Wanzen kommen ferner Hefen als Hauptsymbionten vor. Außerdem sind Nebensymbionten bekannt [die mit kleinen lateinischen oder griechischen Buchstaben bezeichnet werden] und schließlich noch Begleitsymbionten.

Die hier interessierenden sog. (a-)Symbionten der *Cicadoidea* und *Fulgoridae* sind in zwei paarigen, meist lebhaft gefärbten Mycetomen, sog. a-Organen, untergebracht, ganz ähnlich wie die Symbionten von *Hemiodoecus.* Die Mycetome bestehen meist aus zahlreichen Syncytien [bei einigen Arten kommen auch einkernige Mycetozyten vor], zwischen die das umgebende Epithel Fortsätze ausbildet. Die Mycetome sind oft stark in die Länge gezogen und gelegentlich mit Einschnürungen versehen. Weiterhin kommen segmental angeordnete Teilstücke vor; schließlich findet man die paarigen bilateralen Mycetome durch traubenförmige Verbände und Haufen von kugeligen Teilmycetomen ersetzt. Verwickelte Verhältnisse treten durch die Polysymbiotie bei den verschiedenen Cicadoiden und Fulgoriden auf. So treten neben Hefen speziell bei Fulgoriden noch (x-)Symbionten als Hauptsymbionten auf. Als Nebensymbionten, die hier in diesem Abriß nicht behandelt werden, sind bei den Fulgoriden die (f-)Symbionten und bei Cicadiden die (t)-Symbionten zu erwähnen (s. MÜLLER 1951 und BUCHNER 1953).

Die Übertragungsverhältnisse bei den (a-)Symbionten der Cicadina sind die gleichen wie bei der Peloriiden-Symbiose: Bildung von Infektionshügeln und Infektionsnestern in dem die a-Organe umhüllenden Epithel. Die Mycetome der Männchen sind gewöhnlich kleiner und bilden keine Infektionshügel.

Als Beispiel:
a-Symbiont aus *Aphrophora salicis* DEG. (*Cercopidae*).
(BUCHNER 1912, 1925; KOLB 1959).

Übertragung: Transovariell.

Symbiontologie: Vorkommen in lappenförmigen und mit Tracheen versorgten paarig angeordneten intensiv rot gefärbten Hauptmycetomen. In den Buchten des Hauptmycetoms befinden sich zwei kleinere gelb gefärbte Nebenmycetome. Das Hauptmycetom besteht aus zumeist zweikernigen Riesenzellen, die die a-Symbionten enthalten. (Die Nebenmycetome bestehen aus einkernigen Zellen von geringerer Größe und enthalten schlanke stäbchenförmige Neben-Symbionten). Übertragungsverhältnisse sind die gleichen wie bei der Peloriiden-Symbiose. [Ei-Infektion auch durch Nebensymbionten].

Diagnose: Im Schnitt nach Färbung mit Eisenhämatoxylin.

Morphologie: a-Symbionten stellen große gewundene bis zu etwa 300μ große Schläuche dar. Gram-negativ. Mit FEULGEN-Färbung und HCl-GIEMSA-Färbung nach PIEKARSKI-ROBINOW lassen sich keine Kernäquivalente nachweisen [KOLB 1959].

Vermehrung: Nur im spezifischen Wirtstier.

Ähnliche Verhältnisse herrschen bei *Aphrophora alni* FALL.

γ) Homoptera-x-Gruppe

Definition: Sog. (x)-Symbionten von unterschiedlicher Form: Polymorphismus: Riesensymbionten und schlauchförmige Bakterien innerhalb von Membranen. [s. Abb. 25].

Sie sind für Fulgoriden charakteristisch und auf sie beschränkt. Treten hier neben symbiontischen Hefen und (a-)Symbionten als Hauptsymbionten auf. (Außerdem kommen meist noch Nebensymbionten vor, z. B. (f-)Symbionten und Begleitsymbionten). Wahrscheinlich monophyletischer Erwerb der (x-)Symbionten.

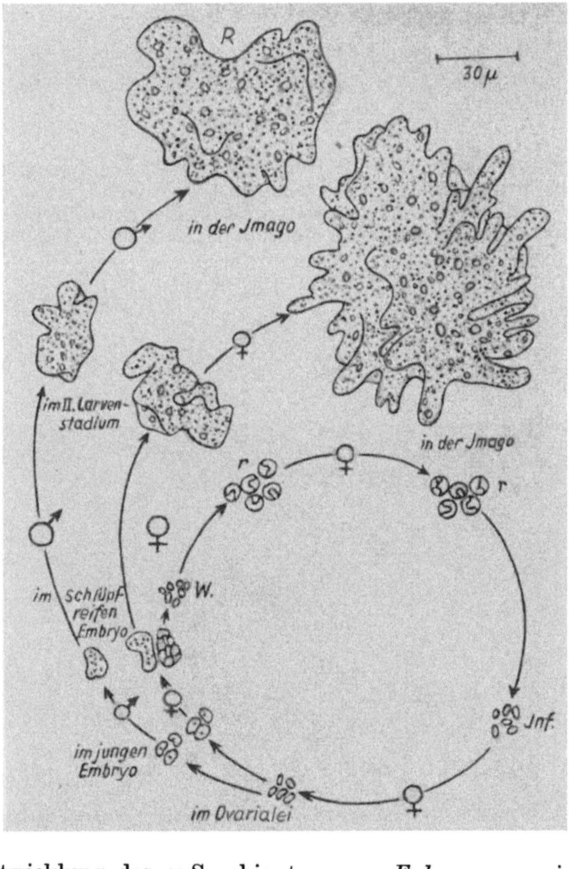

Abb. 25. Entwicklung des x-Symbionten von *Fulgora spec.* im ♂ und ♀ Individual-Zyklus (R = Riesenformen, r = Rektalformen, *Inf.* = Infektionsformen, W = Migrationsformen) (n. Müller 1942)

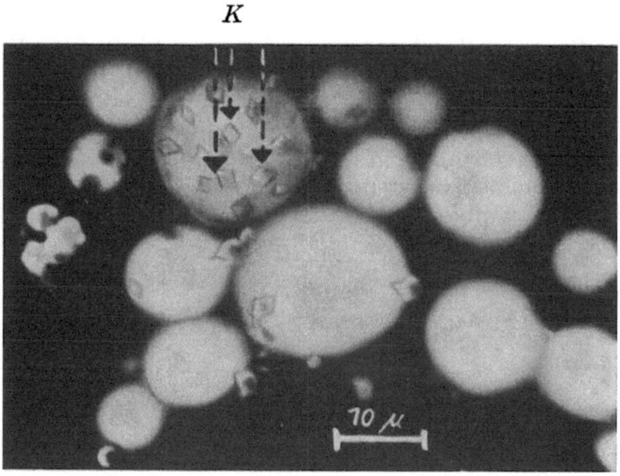

Abb. 26. Vakuolenartige Gebilde (sog. NR bodies) aus dem Zytoplasma der Corpus adiposum-Zellen einer rickettsiösen Larve von *Melolontha melolontha* (L.) – gefüllt mit Rickettsien und Begleitkristallen (= *K*)
Lichtmikroskop, Dunkelfeld; Medium $n_D = 1{,}33$) – Abb. M. 1000:1

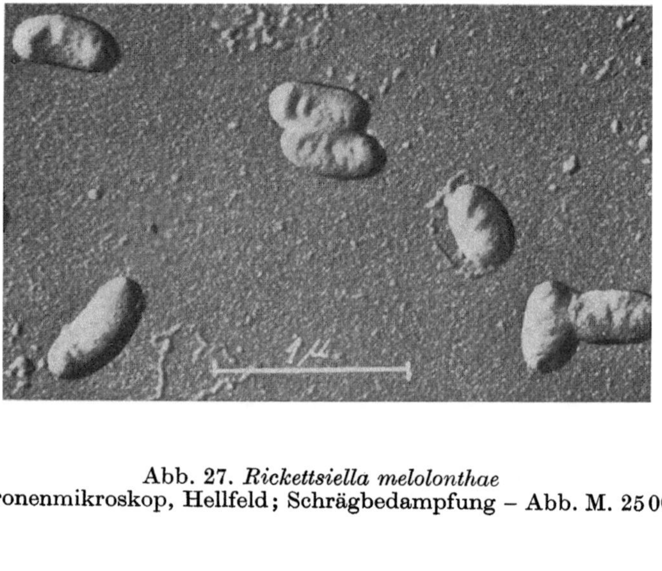

Abb. 27. *Rickettsiella melolonthae*
Elektronenmikroskop, Hellfeld; Schrägbedampfung – Abb. M. 25000:1

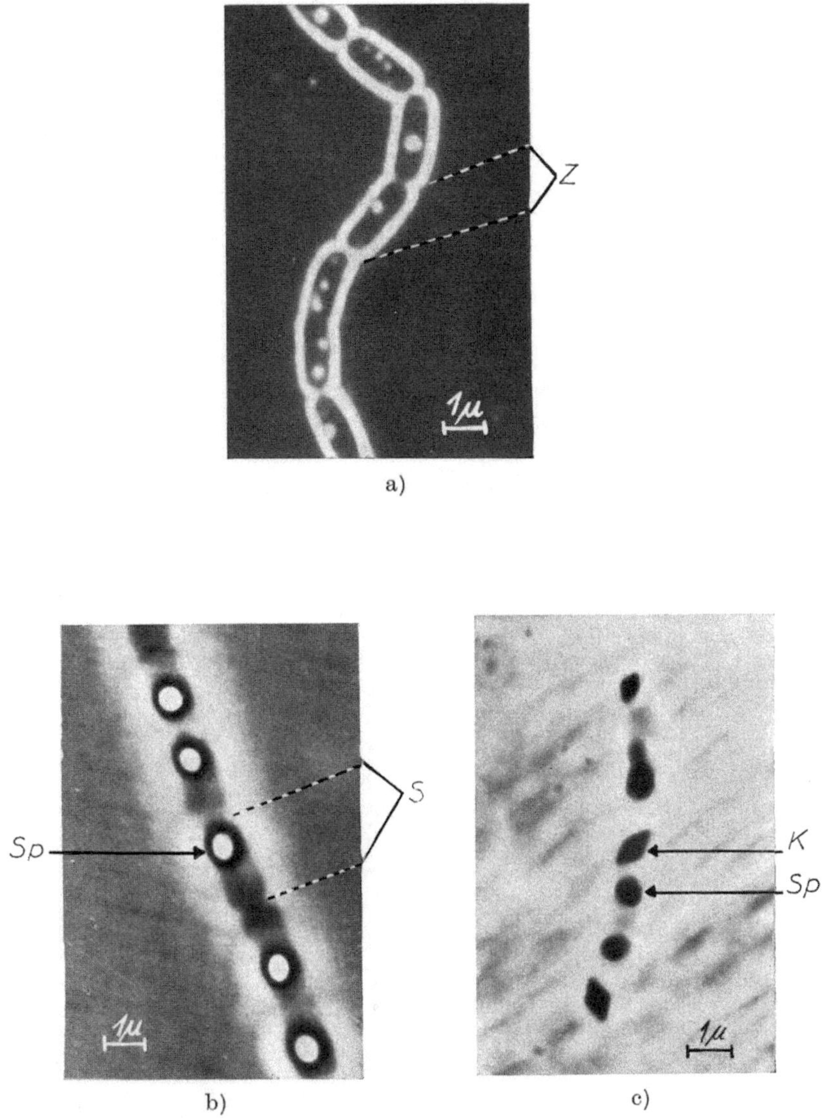

Abb. 28. *Bacillus thuringiensis* – a) Vegetative Zellen (*Z*) – Lichtmikroskop, Dunkelfeld; (Medium $n_D = 1{,}33$) – Abb. M. 6000:1 – b) Sporangien (= *S*) und Sporen (= *Sp*) – Lichtmikroskop, Phasenkontrast; (Medium $n_D = 1{,}33$) Abb. M. 6000:1 – c) Sporen (= *Sp*) und Kristalle (= *K*) – Lichtmikroskop, Phasenkontrast; (Medium $n_D = 1{,}38$) Abb. M. 6000:1

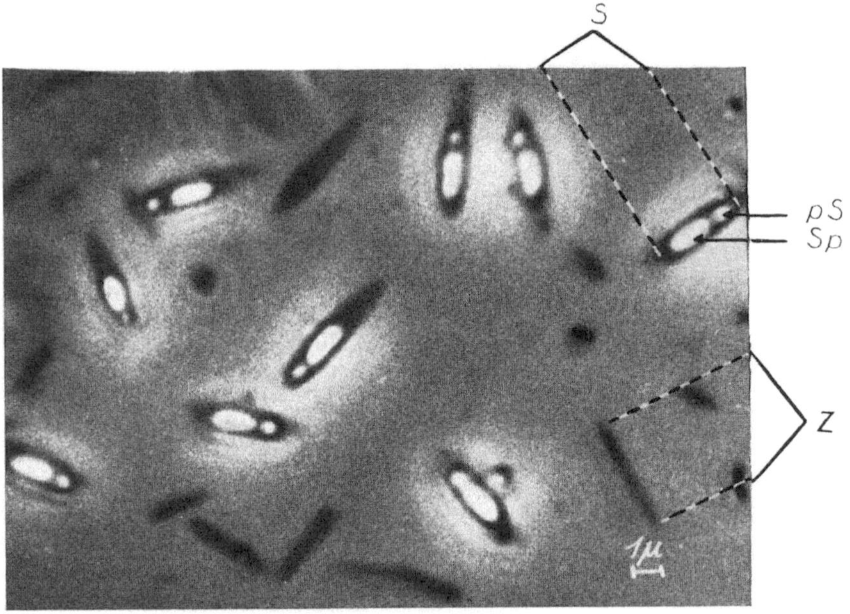

Abb. 29. *Bacillus popilliae* – Vegetative Zellen (= Z); Sporangien (= S) mit Sporen (= Sp) und parasporalem Körper (= PS) Lichtmikroskop, Phasenkontrast; (Medium n_D = 1,33) – Abb. M. 4000:1

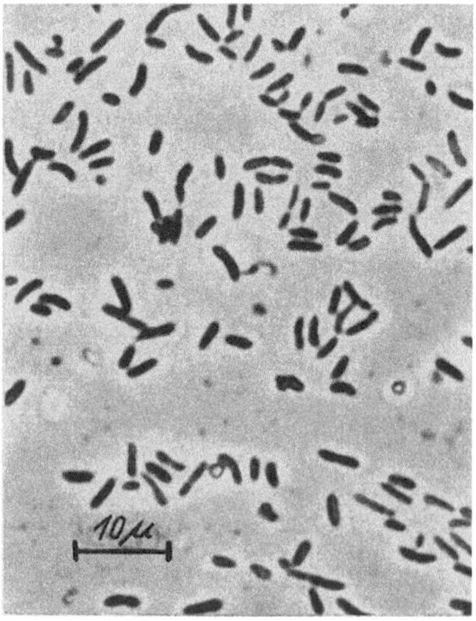

Abb. 30. Symbionten aus *Periplaneta americana* (L.) – Lichtmikroskop, Phasenkontrast; (Medium n_D = 1,33) – Abb. M. 1000:1

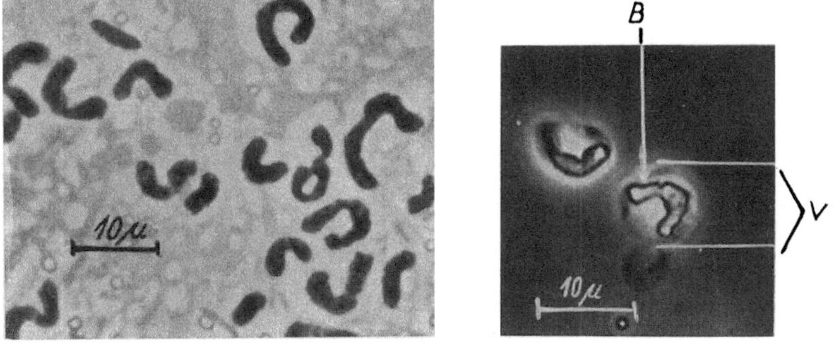

a) b)

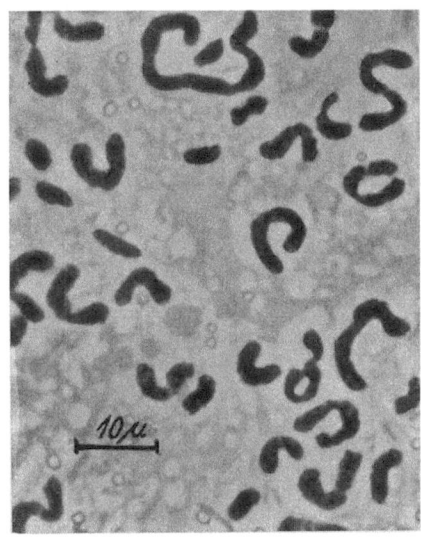

Abb. 31. Symbionten aus *Oryzaephilus surinamensis* (L.) – a) Übersichtsaufnahme – Lichtmikroskop Phasenkontrast; (Medium n_D = 1,33) – Abb. M. 1000:1 – b) Symbiont (= *B*) in „Vakuole" (= *V*) – Lichtmikroskop, Phasenkontrast; (Medium n_D = 1,33) – Abb. M. 1200:1

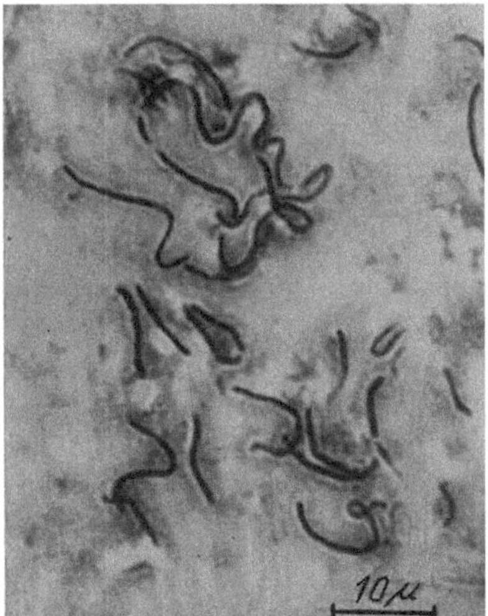

Abb. 32. Symbionten aus *Sitophilus granaria* (L.) Lichtmikroskop, Phasenkontrast; (Medium n_D = 1,35) – Abb. M. 1000:1

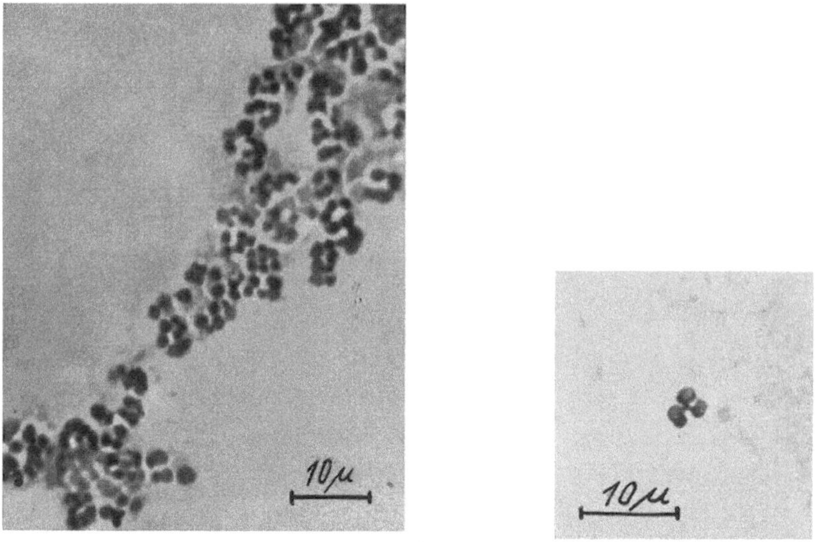

a) b)

Abb. 33. Symbionten aus *Rhizopertha dominica* (F.) – a) Übersichtsaufnahme – Lichtmikroskop, Phasenkontrast; (Medium $n_D = 1{,}35$) – Abb. M. 1000:1 – b) Mehrere zusammenhängende gestielte Symbionten – Lichtmikroskop, Phasenkontrast; (Medium $n_D = 1{,}35$)

i. *(x-)Symbiont aus Mysidia spec. (Homoptera).*
[MÜLLER 1951].

Anmerkung: Ähnliche Verhältnisse wie hier findet man auch bei anderen Fulgoriden mit entsprechenden artspezifischen Abänderungen [hierzu s. BUCHNER 1953], die meist durch Polysymbiotie komplizierter sind.

Übertragung: transovariell.

Symbiontologie: Vorkommen in wohlbegrenzten paarigen Mycetomen (sog. x-Organe). Sie sind im männlichen Geschlecht weniger gut ausgebildet als im weiblichen und kleiner. Das syncytiale Mycetom, welches von einer zellulären Hülle umgeben ist, enthält mehr oder minder verzerrte Kerne innerhalb von zentralen Plasmainseln. Die Symbionten selbst sind sehr große, granulierte, polygonale oder rundliche Gebilde. Im weiblichen Geschlecht tritt zu diesen x-Organen noch ein weiteres unpaares Mycetom zwischen Darmepithel und Muscularis, welches sich Hernien-artig in den Enddarm vorwölbt und als Rektalorgan bezeichnet wird. Es enthält [2-kernige] Mycetocyten und gedrungene schlauchförmige Symbionten: Infektionsform. In diesem Sinne ist das Rectalorgan nach BUCHNER den Infektionshügeln der a-Organe analog oder dem Filialmycetom der Anopluren oder Mallophagen.

Diagnose: Im histologischen Schnitt nach Färbung mit Eisenhämatoxylin; evtl. Gegenfärbung mit Eosin.

Morphologie: Die Formen in den x-Organen sind mehrere große, polymorphe, z. T. tief gelappte Riesenformen mit eosinophilen Granula. Die Formen im Rectalorgan der Weibchen sind gedrungene, schlauchförmige Gebilde, die lebhaft an die (a-)Symbionten erinnern, insbesondere da sie von einer Membran umgeben sind, die sich gelegentlich deutlich abhebt und die Symbionten in eine gekrümmte Form zwingt. Die Membran ist empfindlich gegen nichtisotonische Medien.

Vermehrung: Nur im spezifischen Wirtstier.

δ) **Aphida-Gruppe**

Definition: Symbionten von sphärischer bis schlauchförmiger Gestalt. Bei Aphida allgemein verbreitet. Wahrscheinlich monophyletischer Symbiontenerwerb. In Mycetomen lokalisiert.

Wurden von älteren Untersuchern (PIERANTONI 1910, ŠULC 1910 u. a.) als Hefen angesprochen. Heutzutage setzt sich die Auffassung durch, daß es sich um Bakterien handelt (PAILLOT 1933, KLEVERHUSEN 1927, TÓTH 1933, RONDELLI 1928, BUCHNER 1953). Die Auffassung von PEKLO (1912, 1916), wonach es sich bei den Symbionten um *Azotobacter*-Arten handelt, muß abgelehnt werden (PAILLOT 1933, STAMMER 1952). MÜLLER (1951) sieht in diesen Symbionten ebenso wie in den (a-)Symbionten der Cicadina Abkömmlinge eines Urhomopteren-Symbionten.

i. *Stammsymbionten der Aphidina (Homoptera).*

[PIERANTONI 1910, ŠULC 1910, BUCHNER 1912, SELL 1919, RONDELLI 1925, 1928, KLEVERHUSEN 1927, PAILLOT 1930, 1931, 1933, TÓTH 1933, 1937, SCHOEL 1934, PROFFT 1937, MAHDIHASSAN 1947, BUCHNER 1953].

Anmerkung: Bei den als Wirte in Frage kommenden homopteren Wanzen kommt im allgemeinen noch ein Nebensymbiont von klassischer Bakterienform vor, der infolge seiner Verschiedenheit bei den Arten offenbar später und polyphyletisch aquiriert wurde. PAILLOT hingegen nahm an, daß die beiden Symbionten verschiedene Entwicklungsformen des gleichen Bakteriums seien, dem primär eine kokken- bis stäbchenförmige Gestalt zukäme. Diese Annahme ist heute allgemein zugunsten einer Theorie der Disymbiontie verlassen (KLEVENHUSEN, TÓTH, RONDELLI, BUCHNER, MAHDIHASSAN). Gelegentlich tritt auch Trisymbiotie auf.

Die Symbionten der *Aphidina* sind in einem Mycetom untergebracht, das meist lebhaft gefärbt und gut mit Tracheen versorgt, aus 2 länglichen Strängen besteht, die miteinander verbunden sind. Unter Umständen sind die Mycetome auch zerklüftet oder laufen in eine hintere unpaare Spitze aus. Das Mycetom durchzieht eine Reihe von Abdominalsegmenten. Es besteht aus einzelnen großen einkernigen Mycetocyten, die gleichmäßig mit Symbionten erfüllt sind, und ist von einer Hülle umgeben.

Die Übertragungsverhältnisse: Durch eine fakultative Öffnung der Follikel in der Nähe des hinteren Pols wandern Symbionten in Eier (befruchtete Wintereier) oder Embryonen (parthogenet. aus Sommereiern) ein. Zum Teil Rudimentierung der Symbionten in Imagines. Sie betrifft meist die Männchen (azyklische Symbiose), manchmal auch beide Geschlechter in der Sexuales-Generation (außer den Eiern), nicht jedoch die Weibchen der Virginal-Generation.

Ähnliche Verhältnisse bei *Pemphiginae* und *Adelginae (Chermesinae)*. Die Symbionten der letzteren stehen der Form nach zwischen den sphärischen Aphidinen-Symbionten und den schlauchförmigen (a-)Symbionten der Cicadinen.

Als Beispiel:
Stamm-Symbiont aus *Macrosiphum jaceae* (L.).
[KLEVERHUSEN 1927, PAILLOT 1930].
Übertragung: Transovariell.

Symbiontologie: Vorkommen in großen einkernigen Mycetocyten eines Mycetoms, das nach hinten einen Fortsatz bildet und nach vorn zwei Schenkel. (Neben dem Hauptsymbiont ist zwar im gleichen Mycetom, aber in besonderen wenig kernigen Mycetocyten der Nebensymbiont untergebracht. Die Mycetocyten des Nebensymbionten liegen in dem Winkel zwischen den Mycetomschenkeln. Beide Sorten von Mycetocyten sind durch Hüllzellen getrennt.) – Als Voraussetzung zur germinativen Übertragung der Symbionten wandern die Stammsymbionten (und ebenso die Begleitsymbionten) aus den Mycetocyten aus und in die Follikel ein. Bei der sich parthenogenetisch fortpflanzenden Sommergeneration werden die Embryonen, die sich aus den dotterarmen Sommereiern entwickeln, im mütterlichen Organismus vom hinteren Pol her infiziert. Nach erfolgter Infektion des Amnion schließt sich die fakultative Follikelöffnung wieder und die Stammsymbionten treten in die syncytiale Mycetomanlage ein. Ihnen folgen die Nebensymbionten, welche sich im Zentrum des Syncytiums ansammeln. Nun erst beginnt die zelluläre Kammerung der Mycetomanlage und die Einwanderung der Hüllzellen. Die Infektion der befruchteten dotterreichen Wintereier geschieht vom hinteren Eipol her. Auch hier beobachtet man eine fakultative Öffnung des Follikels als Voraussetzung für die Infektion. Nach dem Eindringen der Symbionten in die Oozyte (hier nicht in das Embryo!) bildet sich in dieser – infolge starker Vermehrung der Symbionten – ein von Dotter und Eiplasma umgebener großer Symbiontenballen. Er enthält das mikrobiologische Ausgangsmaterial für die Mycetomanlage des Embryos.

Diagnose: Nachweis im Ausstrich mittels Phasenkontrast-Verfahren oder im histologischen Schnitt nach Eisenhämatoxylin-Färbung.

Morphologie: Sphärische 2–4 μ große Mikroorganismen. Vermehren sich durch Teilung (hantelförmige Teilungsstadien). (Gelegentlich können auch die Symbionten ungewöhnlich anwachsen bis auf den 10fachen normalen Durchmesser.) Die Cytologie der Stammsymbionten bedarf noch eingehender Prüfung. Während PAILLOT einen stärker färbbaren „Pseudonukleus“ beschreibt, welcher von einer Vakuole umgeben scheint und dessen Teilung der des gesamten Mikroorganismus vorausgeht, findet TÓTH (1933) einen mit Eisenhämatoxylin einheitlich schwarz gefärbten Innenkörper, der allein das Bakterium darstellen soll; den Rest erklärt er für Hüllbildung. Gram-negativ; Feulgen-negativ.

Vermehrung: Nur im homologen Wirtstier. Zwar berichteten SCHOEL (1934), UISCHANKO (1924), TÓTH (1946) und MAHDIHASSAN (1947) über

Züchtung von Aphiden-Symbionten, doch bedürfen diese Befunde dringender Nachprüfung, da es u. a. SCHWARZ (1924) trotz angestrengter Bemühungen nie gelungen ist, solche Symbionten zu kultivieren.

ε) Oryzaephilus-Gruppe

Definition: Symbionten von schlauchförmiger Gestalt. Bisher nur bei *Oryzaephilus (Cucujida, Coleoptera)* gefunden. Keine Beziehungen zum Darmtraktus.

i. *Symbiont aus Oryzaephilus surinamensis* (L.) *(Coleoptera).*
[PIERANTONI 1929, 1930; KOCH 1931].
Übertragung: Transovariell [PIERANTONI 1930].

Symbiontologie: Vorkommen in vier runden bis ovalen Mycetomen, die in den Fettkörper eingebettet sind. Es handelt sich um Gebilde, die aus 12 bis 15 Bakteriozyten-Syncytien aufgebaut sind. Um einen hypertrophen Zentralkern jedes Syncytiums lagern pleomorphe, meist schlauchförmige, bis 70 μ lange symbiontische Bakterien. Mit dem Schlüpfen der Larven beginnt die histologische Differenzierung der noch einfach gebauten Mycetome, in denen sich bereits lange Symbiontenschläuche befinden. Die Mycetome bleiben von der Larve bis zur Imaginalentwicklung unverändert. Während jedoch die Mycetome der adulten Männchen der Degeneration anheimfallen, kommt es in den Mycetomen der geschlechtsreifen Weibchen zum Zerfall der Symbionten in runde bis ovale Migrationsformen [Infektionsformen], die die Eier in den Ovarien am unteren Pol infizieren.

Diagnose: Nachweis im histologischen Schnitt. Gram-negativ. Mit FEULGEN-Färbung läßt sich DNS in den Symbionten nachweisen [KOLB 1959].

Morphologie: Etwa 1,5 μ im Durchmesser messende und im Durchschnitt 12–15 μ lange schlauchförmige Organismen [s. Abb. 31a], die etwa 3–6 μ lange Migrationsformen bilden können. Bei Benutzung des Phasenkontrasts läßt sich im Ausstrich eine semipermeable Membran nachweisen [empfindlich gegen nichtisotonische Medien] [s. Abb. 31b].

Vermehrung: Nur im homologen Wirtstier. Bisher nicht züchtbar. PANT und Mitarb. (1957) wollen die Symbionten in einfachem Lactose-Nährmedium kultiviert haben, was unwahrscheinlich erscheint.

Bedeutung: KOCH (1936) gelang es, die Symbionten durch Wärme-Behandlung bei + 32° C zu eliminieren. Diese Untersuchungen wurden von HUGER (1956) erfolgreich fortgesetzt; er gelangte zu gleichen Ergebnissen, außerdem zu Eliminationen durch Kältebehandlung bei + 4° C; weiter gelang ihm die Ausschaltung durch Anwendung von Antibiotica [Aureomycin und Terramycin].

4.3. Bakterielle Symbionten kleinerer systematischer Wirtsgruppen

Bakterien, deren symbiontische Aquisition wahrscheinlich erst nach der Differenzierung der Wirte in Gattungen eintrat. Unterschiedlich gestaltete Formen, z. T. in Mycetomen, z. T. auch noch im Darm lokalisiert.

Symbionten aus Glossinen und Hippobosciden
Symbionten aus Cimiciden

Symbionten aus Camponotinen
Stäbchenförmige Symbionten aus Coleopteren
Kokkenförmige Symbionten aus Coleopteren.

Hier wären auch die Neben- und Begleitsymbionten homopterer Wanzen aufzuführen.

α) Symbionten aus Glossinen und Hippobosciden

Definition: Symbionten von unterschiedlicher Form [von gedrungener Form über Stäbchen bis zu schlauchförmigen Gebilden]. Bei pupiparen *Diptera* allgemein verbreitet. Wahrscheinlich monophyletischer Symbiontenerwerb. Enge Beziehungen zum Darmtraktus. Übertragung über die „Milchdrüsen" auf die Larven.

i. *Symbiont aus Glossina palpalis* (ROB.-DESV.) *(Diptera).*

[ROUBAUD 1919; WIGGLESWORTH 1929].

Anmerkung: Ähnliche Verhältnisse wie hier findet man auch bei anderen Glossinen bei entsprechenden artspezifischen Abänderungen [hierzu s. ROUBAUD 1919 und BUCHNER 1953].

Übertragung: Über die „Milchdrüsen" auf die im Uterus sich entwickelnde Larve.

Symbiontologie: Mit der „Milch" werden die Larven infiziert. Intrazellulär; fakultativ extrazellulär. Die Symbionten siedeln sich im Mitteldarm der Larven an, und zwar in den vordersten Zellen des Proventriculus. Bei der Verpuppung wird der Symbiontensitz mit dem larvalen Darm abgestoßen. Die aus den Mycetozyten entlassenen Bakterien siedeln sich in einer stark verdickten mittleren Region des imaginalen Darmes an. Der Übertritt der Symbionten in die Milchdrüsen ist noch nicht geklärt.

Diagnose: Nachweis im histologischen Schnitt und im Ausstrich. Färbung mit Eisenhämatoxylin.

Morphologie: 3–10 μ lange, 0,9 μ breite Stäbchen, meist senkrecht zur Zellbasis orientiert; mit stärker und schwächer färbbaren Abschnitten. Neben Teilungen auch knospenähnliche Bildungen, die ROUBAUD veranlaßten, in ihnen Hefen zu erblicken. Sonst mit Hefen keine Ähnlichkeit.

Vermehrung: Im homologen Wirtstier.

ii. *Symbiont aus Melophagus ovinus* (L.) *(Diptera).*

[JUNGMANN 1918; SIKORA 1918; ZACHARIAS 1928].

[Möglicherweise identisch mit den „Kultur-Rickettsien" von NÖLLER (1917), mit denen von HERTIG und WOLBACH (1924) und mit den „Kultur-Symbionten" von MAHDIHASSAN (1946)].

Anmerkung: Ähnliche Verhältnisse wie hier findet man auch bei anderen *Hippobosciden* bei entsprechenden artspezifischen Abänderungen [hierzu s. BUCHER 1953].

Übertragung: Über die „Milchdrüsen" auf die im Uterus sich entwickelnde Larve [ZACHARIAS 1928].

Symbiontologie: Vorkommen intrazellulär; fakultativ extrazellulär. Mit der „Milch" werden die Larven infiziert. Die Symbionten besiedeln den vordersten Teil des larvalen Mitteldarms. Bei der Verpuppung geht der larvale Darm zugrunde und ähnlich wie bei den Glossinen besiedeln die aus den Mycetozyten freiwerdenden Bakterien nun eine mittlere Region des imaginalen Darms. Wie der Übertritt in die Milchdrüsen erfolgt, ist noch nicht geklärt. Nach ZACHARIAS soll dies dadurch erfolgen, daß Symbionten die Darmwand durchdringen.

Diagnose: Nachweis im histologischen Schnitt und im Ausstrich. Färbung mit Eisenhämatoxylin.

Morphologie: Kugelige und gedrungene stäbchenförmige, sich gleichmäßig färbende Symbionten, ca. 0,8 μ breit und 1,5–3,0 μ lang [ASCHNER 1931].

Anmerkung: Daneben kommen extrazelluläre Rickettsien vor: $0{,}4 \times 0{,}4$ bis 0,6μ große Kokken oder Stäbchen [NÖLLER 1917]: Siehe unter *Rickettsoides melophagi* (NÖLLER). Färben sich schwächer an als die Symbionten: Bilden Bürstenbesatz auf dem Epithel des Mitteldarms. Während JUNGMANN (1918), ferner ARKWRIGHT und BACOT (1921) sowie ANIGSTEIN (1927) die Rickettsien für identisch mit den Symbionten ansahen, wurde sowohl von ROUBAUD (1919) und SIKORA (1918) als auch von HERTIG und WOLBACH (1924) der Standpunkt vertreten, daß es sich um zwei verschiedene Organismen handelt. ZACHARIAS (1928) konnte eine Entscheidung zugunsten der letzten Auffassung treffen.

Vermehrung: Im homologen Wirtstier.

β) Symbionten aus Cimiciden

Definition: Symbionten von stäbchenförmiger Gestalt mit Tendenz zur Pleomorphie. Bei bestimmten heteropteren Wanzen (Cimiciden) vorkommend. Wahrscheinlich polyphyletischer Symbiontenerwerb. Beziehung zum Darmtraktus wechselnd. Übertragung durch Nährzellen auf die Eier.

i. *Symbiont aus Cimex lectularius* L. *(Heteroptera).*

[BUCHNER 1921b, 1923; PFEIFFER 1931].

[s. a. unter Rickettsiales: *Wolbachia lectularia* ARKWRIGHT et al.]

Übertragung: Transovariell.

Symbiontologie: Vorkommen in paarigen Mycetomen, die bei Weibchen in der Gegend des 4. Abdominalsegments, bei Männchen mit den Vasa deferentia der Hoden leicht verwachsen sind. Sie bestehen aus vielen Syncytien. Sitz der Symbionten wird über die Metamorphose hin beibehalten. Infektion der Eier erfolgt durch Übertragung der symbiontischen Bakterien durch die Nährzellen der Ovarien. Nach PFEIFFER (1931) machen die Symbionten eine zyklische Formänderung durch [vgl. auch BUCHNER 1921b, 1923].

Diagnose: Im Schnittpräparat nach Färbung mit Eisenhämatoxylin nach HEIDENHAIN: Das Zytoplasma der Zellen ist so dicht mit Bakterien angefüllt, daß es im Schnitt fein granuliert aussieht. Erst die Untersuchung von zerquetschten Organen gibt Aufschluß über die Morphologie der Symbionten. Im Ausstrich gut färbbar mit üblichen Bakterienfarbstoffen. Gram-negativ.

Morphologie: Starker Pleomorphismus. Neben schlanken geraden Stäbchen von etwa 0,5 μ Durchmesser und einer Länge bis zu 4,0 μ finden sich auch gewundene Fäden, Filamentballen und eigenartige scheibenförmige Gebilde. Von ARKWRIGHT, ATKIN und BACOT (1921) ebenso wie von STEINHAUS (1947) zu den Rickettsien gestellt. Nach BUCHNER (1953) spricht kein Hinweis für ihre Rickettsien-Natur, vielmehr ihr Vorkommen in Mycetomen dagegen.

Vermehrung: Nur im homologen Wirtstier. Weder ARKWRIGHT, ATKIN und BACOT (1921) gelang die Züchtung des Mikroorganismus auf den verschiedenen Nährböden, noch PFEIFFER (1931) die Züchtung in Gewebekulturen.

Weitere Formen siehe bei BUCHNER (1953).

γ) Symbionten aus Camponotinen

Definition: Stäbchenförmig bis pleomorph gestaltete Symbionten; bei bestimmten *Hymenoptera* (Camponotinen) vorkommend. Wahrscheinlich monophyletischer Symbiontenerwerb.

i. *Symbiont aus Camponotus herculeanus ligniperdus* (LATR.) *(Hymenoptera)*.

[BLOCHMANN 1892; BUCHNER 1953; KOLB 1957, 1959].

Anmerkung: Nach BUCHNER (1953) finden sich die gleichen Symbionten bei allen Camponotinen.

Übertragung: Transovariell.

Symbiontologie: Vorkommen in Mycetozyten bei Larven, Puppen und Imagines zwischen normalen Epithelzellen des Mitteldarmes. Ihr Plasma ist dicht von stäbchen- bis fadenförmigen Symbionten erfüllt, die Infektion der Eier erfolgt durch frühzeitige Infektion der Follikelzellen. Die primären Mycetozyten [der Embryonen] befinden sich nicht im Darm, sondern in der Hämocoele als „transitorische Mycetozyten". Diese laden die Symbionten, bevor die Larve schlüpft, in sterile kleine interstitielle Zellen um, welche als sekundäre Mycetozyten in das Darmepithel eingefügt werden. Während die Symbionten in Larven und Puppen Bakterienform aufweisen, findet man besonders in älteren Imagines Involutionsformen von unregelmäßiger Gestalt.

Diagnose: Nachweis durch übliche Bakterienfärbung im Ausstrich oder im Schnitt.

Morphologie: Pleomorphe Formen zwischen Stäbchen [3–7 μ Länge], Fäden [bis 22 μ lang] und verzweigten Formen wechselnd. Dicke der Formen zwischen 0,6 μ und größer 1 μ. Gram-negativ. FEULGEN-Färbung und HCl-GIEMSA-Färbung nach PIEKARSKI-ROBINOW lassen kugelige Kernäquivalente erkennen [KOLB 1957 und 1959]. Involutionsformen z. T. keulenförmig, z. T. L-Formen-ähnlich [KOLB 1959].

Vermehrung: Nur im homologen Wirtstier.

δ) Stäbchenförmige Symbionten aus Coleopteren

Definition: Symbionten von stäbchenförmiger Gestalt [s. Abb. 32]. Bei bestimmten Coleopteren (Curculioniden) vorkommend. Polyphyletischer Symbiontenerwerb.

Unterschiedlich enge Beziehungen zum Darmtraktus.

i. *Symbiont aus Cleonus piger* (Scop.) *(Curculionidae).*

[Buchner 1953].

Übertragung: Durch äußerlich infizierte Eier.

Symbiontologie: Symbionten kommen intrazellulär und fakultativ extrazellulär in den Übertragungsorganen vor. Bei Larven in Ausstülpung am Anfang des Mitteldarmes [ähnlich bei anderen Cleotinen und Lixinen]. Das Darmepithel in diesem Bereich besitzt hypertrophe Kerne, und die Zellen sind vollgepfropft mit meist senkrecht zur Zellbasis orientierten Bakterien, die ins Darm-Lumen abgestoßen werden. Diese Organe werden bei der Metamorphose abgebaut. Die Männchen werden symbiontenfrei, und bei den Weibchen werden die sog. Spritzen von Bakterien infiziert. Diese sind im Konnex mit der Vagina ausgebildete Schläuche, die der Schmierinfektion der Eischale dienen.

Diagnose: Im Ausstrich nach Färbung mit üblichen Bakterienfarbstoffen und im histologischen Schnittpräparat nach Färbung mit Eisenhämatoxylin.

Morphologie: Stäbchen oder Fäden ohne ausgeprägten Pleomorphismus.

Vermehrung: Nur im homologen Wirtstier.

Weitere Formen s. Buchner (1953).

ii. *Symbiont aus Calandra oryzae* (L.) [*Sitophilus oryzae* (L.)] und *Calandra granaria* (L.) [*Sitophilus granaria* (L.)] *(Curculionidae)*

[Pierantoni 1927; Mansour 1927, 1934a; Buchner 1933; Scheinert 1933].

Übertragung: Transovariell.

Symbiontologie: Vorkommen bei der Larve in Mycetomen von unpaar Y-förmiger Gestalt, die ventral am Übergang von Vorder- zum Mitteldarm, zwischen Nervensystem und Darm liegen. Aus einzelnen Bakteriozyten aufgebaut. Starke Vermehrung der stäbchenförmigen Symbionten im Embryonalstadium. Im Embryo bereits Infektion der Urgeschlechtszellen mit dem symbiontischen Bakterium, so daß die Ovariolen ein Symbionten-Reservoir darstellen, das der erblichen Übertragung der Bakterien dient. Embryonale Bakteriozyten bilden Mycetome aus. Das larvale Mycetom enthält als vegetative Formen Stäbchen, die in kettenartigen Verbänden eine Länge von 40–60 μ erreichen. Zur Zeit der Verpuppung tritt [ebenso wie bei *Gymnetron villosulum* Gyll., *Hylobius abietis* (L.) und *Coryssomerus capucinus* (Beck.)] eine Verlagerung des Mycetoms an die Ventralseite des vordersten Mitteldarm-Abschnittes ein; die Bakteriozyten, die das Organ aufbauen, gleiten zwischen Darmepithel und Muscularis nach hinten und sind bei der Imago am Grunde der vordersten Darmzotten zu finden [Bakteriozyten-durchsetzte Mitteldarm-Krypten].

Diagnose: Im Ausstrich durch übliche Bakterienfärbung; feuchte Fixierung der Ausstriche in Methylalkohol; gute Ergebnisse mit Methylenblau oder mit Giemsa-Romanowski [lau]; färben sich homogen an. Grampositiv.

Morphologie: Stäbchen $0{,}7–1{,}0 \times 25–60\ \mu$; daneben noch Stäbchen von $3–6\ \mu$, in die die Fäden [besonders bei Ausstrichen] zerfallen (vgl. Abb. 32). Feulgen-Färbung und HCl-Giemsa-Färbung nach Piekarski-Robinow lassen keine Kernäquivalente erkennen [Kolb 1959].

Vermehrung: Nur im homologen Wirtstier.

Bedeutung: Vollkommene Elimination der Symbionten aus den Imagines durch Wärme-Behandlung möglich: *Calandra granaria* bei + 32° C. Die gleiche Wirkung hat Behandlung mit Aureomycin und Terramycin. Folge: Sukzessiver Abbau des Symbiontenbestandes in Mycetomen, bzw. Darm-Krypten und Ovariolen. Wirkung des Symbiontenverlustes macht sich erst in der F_2-Generation bemerkbar: Wachstumshemmung – Imagines sind kleiner; Larven sterben nach dem Schlüpfen aus dem Ei ab. Diese Ausfallserscheinung ließ sich durch Applikation von Wuchsstoffen kompensieren [Schneider 1954, 1956]. Ausfallserscheinungen an bestimmte [wuchsstoffarme] Ernährung gebunden: Hafer, Gerste, Mais. Bei Verwendung von Weizen und Milokorn [Sorghum] keine Ausfallserscheinungen.

Weitere Formen siehe Buchner (1953)

ε) Kokkenförmige Symbionten aus Coleopteren

Definition: Symbionten von kugelförmiger bis pleomorpher Gestalt [s. Abb. 33a], oft mit einer hyalinen Hülle oder Kapsel. Tendenz zur Bildung von Rosetten gestielter Zellen [s. Abb. 33b]. Bei verschiedenen Coleopteren vorkommend. Beziehung zum Darmtraktus unterschiedlich. Übertragung durch äußerlich infizierte Eier oder transovariell.

i. *Symbiont aus Cassida viridis* L. *(Chrysomelidae).*

[Stammer 1936].

Übertragung: Durch äußerlich infizierte Eier [Bakterienkäppchen].

Symbiontologie: Im allgemeinen intrazellulär vorkommend, fakultativ extrazellulär, in kugeligen Ausstülpungen am Anfang des Mitteldarms bei Larven und in ähnlichen Gebilden der Imagines, deren Epithel charakteristisch verändert ist. Basales, dichtes Protoplasma mit Hülle oder Kern; distales, grobmaschiges Plasma, in dem die Symbionten einzeln von je einer hyalinen Hülle oder Kapsel umgeben sind. In den weiblichen Imagines kommen sie außerdem noch im Lumen von paarigen, in die Vagina mündenden Schläuchen vor. Diese dienen der Versorgung der abzulegenden Eier mit Symbionten.

Diagnose: Nachweis im histologischen Schnitt nach Färbung mit Eisenhämatoxylin nach Heidenhain.

Morphologie: Kokkenförmige Mikroorganismen von etwa 1 μ Größe. Einzeln in Schleimballen.

Vermehrung: Nur im homologen Wirtstier.

ii. *Symbiont aus Bromius obscurus* L. [*Adoxus obscurus* (L.)] *(Chrysomelidae).*

[Stammer 1936].

Übertragung: Durch äußerlich infizierte Eier [Bakterienkäppchen].

Symbiontologie: Vorkommen im allgemeinen intrazellulär; fakultativ extrazellulär. In kugeligen Ausstülpungen am Anfang des Mitteldarms bei Larven; bei Imagines in fingerförmigen Zotten am Anfang des Mitteldarms untergebracht. Epithel ähnlich wie bei *Cassida:* Dichtes, basales, kernhaltiges Protoplasma und distales, grobmaschiges Plasma, in dessen Maschen die sphäroiden Mikroorganismen liegen. Der Übertragung dienen wie bei *Cassida* paarige, in die Vagina mündende Schläuche, die mit Symbionten angefüllt sind.

Diagnose: Nachweis im histologischen Schnitt.

Morphologie: Gut anfärbbare, etwa 1 μ große, kokkenförmige Organismen, die in der Larve rosettenartig (in einer hyalinen Hülle oder Kapsel eingebettet) liegen. Die Symbionten der Imagines haben wieder eher das Aussehen der *Cassida*-Symbionten.

Anmerkung: In den Malpighischen Gefäßen der Larven und in fingerförmigen Zotten am Ende des Mitteldarms der Imagines kommt noch eine zweite Art von stäbchenförmigen Symbionten vor.

Vermehrung: Nur im homologen Wirtstier.

iii. *Symbiont aus Rhizopertha dominica* (F.) *(Bostrychidae).*

[Mansour 1934b; Buchner 1954; Huger 1956].

Übertragung: Transovariell [Buchner 1954] und nicht transseminell, wie Mansour (1934b) behauptet.

Symbiontologie: Vorkommen in Bakteriozyten eines paarigen Mycetoms beiderseits des Darmes. Es handelt sich um Gebilde, die aus 10–15 Syncytien [Buchner 1954] aufgebaut sind. Im Embryo erfolgt die Besiedlung bereits vorgebildeter Mycetom-Anlagen. Vermehrung der Symbionten schon im Embryonalstadium. Neben einfachen Kokkenketten finden sich traubige Gebilde, die schließlich in der Projektion eine charakteristische Rosettengestalt zeigen; diese füllen die Syncytien des Mycetoms. Die Rosetten haben einen Durchmesser von mehreren μ. Die Mycetome befinden sich bei jungen Larven in der Nähe der Gonaden, eingebettet in die lateralen Fettkörperlappen. Später kommen sie in die Gegend des 1. bis 2. Abdominalsegments zu liegen. In dieser Zeit entstehen in den Mycetomen Riesennester rosettenartiger Symbiontengruppen. Im Puppenmycetom sind die Symbiontengruppen kleiner. Während die Mycetome der adulten Männchen allmählich einer vollkommenen Degeneration anheimfallen, kommt es in den adulten Weibchen zur Bildung von Migrationsformen, bestehend aus Gruppen von dicht gepackten, kokkenförmigen Gebilden. Diese infizieren Eier durch Spalträume des Follikelepithels.

Diagnose: Nachweis im histologischen Schnitt. Gram-negativ.

Morphologie: Etwa 1 μ große kokken- bis tropfenförmige Mikroorganismen, die rosettenförmige Kolonien [Gruppen, Nester] bilden [vgl. Abb. 33a]. Diese sind in einer hyalinen Substanz eingeschlossen.

Vermehrung: Nur im homologen Wirtstier. Nach Pant (1957) auch auf einfachen Nährböden züchtbar, was unwahrscheinlich ist.

Bedeutung: Huger (1956) gelang es, mit Hilfe der Temperatur-Behandlung (Wärme: + 38° C oder Kälte: + 4° C) die Symbionten teilweise auszuschalten: Degeneration. [Aureomycin und Terramycin induzieren resistente Stämme]. Nach Steinhaus und Bell (1953) ist eine Ausschaltung zwar nicht mit Terramycin, wohl aber mit Streptomycin möglich.

iv. *Symbiont aus Lyctus linearis* Goeze *(Lyctidae)*.

[Gambetta 1927; Koch 1936].

Übertragung: Transovariell.

Symbiontologie: Vorkommen intrazellulär in typisch paarigen Mycetomen, die in den Fettkörper eingesenkt sind. Diese sind heterogen: Etwa 10 kleinere Syncytien in der Rindenschicht enthalten die rosettenartig angeordneten und in einer hyalinen Hülle oder Kapsel eingeschlossenen Symbionten. Die Mycetome überdauern die Metamorphose ohne Änderung ihres Zustandes. Zur Zeit der Geschlechtsreife ändern die Symbionten in den weiblichen Imagines ihre Form und werden zu knorrigen pleomorphen Gebilden, die aber stets von der hyalinen Hülle umschlossen bleiben: Migrationsformen. Diese infizieren Gonaden und Eier. Während der Embryonalentwicklung entstehen wieder kleine Rosettenformen.

Diagnose: Nachweis im histologischen Schnitt.

Morphologie: Etwa 1μ große kokkenförmige Mikroorganismen, die rosettenförmige Kolonien bilden.

Anmerkung: In den großen zentral gelegenen Syncytien [auch etwa 10 an der Zahl] mit bizarren Kernen ist ein weiterer stäbchenförmiger Symbiont von etwa 0,5–1,5 μ Größe lokalisiert, der in gleicher Weise übertragen wird.

Vermehrung: Nur im homologen Wirtstier.

Literatur zu Kap. V, Abschnitt 4

Anigstein, L., Arch. Protistenkde. **57**, 209–246 (1927). — Arkwright, J. A. und Bacot, A., Trans. Roy. Soc. trop. Med. Hyg. **15** (1921). — Arkwright, J. A., Atkin, E. E. und Bacot, A., Parasitology **13**, 27–36 (1921). — Aschner, M., Z. Morph. Ök. Tiere **20**, 368–442 (1931); Naturwiss. **20**, 501–505 (1932). — Baudisch, K., Naturwiss. **43**, 158 (1956); Dissertation (München 1958). — Blochmann, F., Z. Biol. **24**, (N. F. G.) 1–15 (1887); Zbl. Bakteriol. **11**, 234–240 (1892). — Brooks, M. A. und Richards, A. G., J. Exper. Zool. **132**, 447–465 (1956). — Buchner, P., Arch. Protistenkde. **26**, 1–116 (1912); **46**, 225–263 (1923); Tiere und Pflanzen in intrazellulärer Symbiose, 1. Auflage (Berlin 1921); Biol. Zbl. **41**, 570–574 (1921); Z. Morph. Ök. Tiere **4**, 88–245 (1925); **42**, 550–633 (1954); **26**, 709–777 (1933); Endosymbiose der Tiere mit pflanzlichen Mikroorganismen (Basel 1953). — De Haller, G., Arch. Sci. (Genève) **8**, 229–304 (1955). — Fink, R., Z. Morph. Ök. Tiere **41**, 78–146 (1952). — Frank, W., Z. Morph. Ök. Tiere **44**, 329–366 (1956). — Gambetta, L., Ric. Morf. Biol. anim. (Napoli) **1**, (1927). — Glaser, R. W.: J. Exper. Med. **51**, 59 und 903 (1930). — Hertig, M. und Wolbach, S. B., J. Med. Res. **44**, 329–374 (1924). — Huger, A., Z. Morph. Ök. Tiere **44**, 626–701 (1956). — Jungmann, P., Dtsch. med. Wschr. **44**, 1346–1348 (1918). — Keller, H., Z. Naturforschg. **5b**, 269 (1950). — Koch, A., Z. Morph. Ök. Tiere **23**, 389–424 (1931); **32**, 137–180 (1936). — Kolb, G., Naturwiss. **44**, 546 (1957); Z. Morph. Ök. Tiere **48**, 1–71 (1959). — Kotter, L., Arch. Microbiol. **23**, 38–66 (1955); Z. Naturforschg. **10b** 34–37 (1955). — Mahdihassan, S., Curr. Sci. (Bangalore) **15**, (1946). — Mansour, K., Quart. J. Microsc. Sci. **71**, (1927); **77**, 255–272 (1934); **77**, 243–253 (1934). — Meyer, G. F. und Frank, W., Z. Zellforschg. **47**, 29 bis 42 (1957). — MÜLLER, H. J., Zool. Anz. **146**, (1951). — NEUKOMM, A., Compt. rend. Soc. Biol. **111**, 928–929 (1932). — NOLAND, I. L., LILLY, J. H. und BAUMANN, C. A., Ann. Entomol. Soc. Amer. **42**, (1949). — NÖLLER, W., Arch. Schiffs- Tropenhyg. **21**, 53 (1917). — PANT, N. C., Curr. Sci. (Bangalore) **26**, 150–151 (1957). — PANT, N. C., NAYER, J. K. und GUPTA, P., Experientia **13**, 241 (1957). — PFEIFER, H., Zbl. Bakteriol. **123**, 151–171 (1931). — PIERANTONI, U., Boll. Soc. Nat. Napoli **24**, 303–304 (1911); Rend. Accad. Sci. fis. mat. (Napoli) **3**, 35 (1927); Rend. Accad. Lincei **9**, 6 (1929); Atti Accad. Sci. fis. mat. Napoli Ser. **18**, 1–16 (1930). — PUCHTA, O., Naturwiss. **41**, 71–72 (1954); Z. Morph. Ök. Tiere **44**, 416–441 (1956). — RESÜHR, B., Arch. Mikrobiol. **9**, 31 (1938). — RIES, E., Zbl. Bakteriol. I. O. **117**, 268 (1930); Z. Morph. Ök. Tiere **20**, 233–357 (1931). — RIZKI, M. T. M., Science **120**, 35–36 (1954). — ROUBAUD, E., Ann. Inst. Pasteur **33**, 489–536 (1919). — SCHEINERT, W., Z. Morph. Ök. Tiere **27**, 76–128 (1933). — SCHNEIDER, L., Nature **41**, 147–148 (1954); Z. Morph. Ök. Tiere **44**, 555–685 (1956). — SIKORA, H., Arch. Schiffs- Tropenhyg. **22**, 442–446 (1918). — STAMMER, H. J., Z. Morph. Ök. Tiere **31**, 682–697 (1936). — STEINHAUS, E. A., Insect Microbiology, 264ff. (New York 1947); 205 (New York 1947). — STEINHAUS, E. A. und BELL, C. R., J. Econ. Entomol. **46**, 582–598 (1953). — WIGGLESWORTH, V. B., Parasitology **21**, 288–321 (1929). — ZACHARIAS, A., Z. Morph. Ök. Tiere **10**, 676–737 (1928).

Nachtrag bei der Korrektur.

BUCHNER, P., Arch. Protistenkde. **26**, 1–116 (1912); Z. Morph. Ökol. Tiere **4**, 88–245 (1925). — KLEVERHUSEN, F., Z. Morph. Ökol. Tiere **9**, 97–165 (1927). — MAHADIHASSAN, S., Curr. Sci. Bangalore **16** (1947). — PAILLOT, A., Compt. rend. Acad. Sci. **190**, 330–332 (1930); **193**, 300–301 (1931); L'infection chez les insectes. Trévoux 1933. — PEKLO, J., Ber. dtsch. Bot. Ges. **30**, 416–419 (1912); Zemědělský arch. **7**, 18 (1916); — PIERANTONI, U., Boll. Soc. Nat. Napoli **24**, 1–4 (1910). — PROFFT, J., Z. Morph. Ökol. Tiere **32**, 289–326 (1937). — RONDELLI, M., Atti. R. Accad. Sci. Torino **60** (1925); Ric. Morfol. Biol. anim (Napoli) **1** (1928). — SCHOEL, W., Botan. Archiv **35** (1934). — SELL, W. zit. n. BUCHNER (1953). — SCHWARZ, W., Biol. Zbl. **44**, 487–527 (1924). — STAMMER, H. J., Tijdschr. Entomol. **95**, 23 (1952). — ŠULC, K., Sitz.ber. Böhm. Ges. Wiss. Math.-Nat. Kl. **3**, 1–39 (1910). — TÓTH, L., Z. Morph. Ökol. Tiere **27** (1933). — UISCHANKO, L. B., Philipp. J. Sci. **24** (1924).

Verzeichnis der Infektionen

Wirts-Register

Erreger-Register

Fortschritte der Serologie

2., völlig umgearbeitete und bedeutend erweiterte Auflage

Von Dr. **Hans Schmidt**

Prof. emerit. für Hygiene der Universität Marburg und Leiter des Instituts für experimentelle Therapie „Emil von Behring", Marburg/L.

XXIV, 1114 Seiten mit 87 Abb. 1955. Kunstleder DM 150,—

Aus dem Inhalt:

Man muß dem Verfasser sehr dankbar sein, daß er sich der mühevollen Arbeit zu diesem Standardwerk unterzogen und sie in erstaunlicher Leistung vollendet hat. Nicht nur die Serologie im engeren Sinne mit ihren Beziehungen zur Chemie und Bakteriologie, sondern auch die serologisch bearbeiteten Grenzgebiete zur Klinik kommen gebührend zu Wort. Es ist sicher, daß Schmidt's „Fortschritte" für die nächste Zukunft das serologische Orientierungswerk bilden und daß Theoretiker wie Kliniker sich seiner mit großem Nutzen bedienen werden.

Zentralblatt für Bakteriologie

Es ist bewunderungswürdig, wie Hans Schmidt die gesamte Serologie beherrscht, zumal diese Wissenschaft besonders in den letzten Jahrzehnten überaus reich durch Chemie, Physik und Mathematik bereichert wurde. Man spürt beim Lesen jedes Kapitels, daß der Autor mit der Materie zutiefst vertraut ist und daß er es nach übergeordneten Gesichtspunkten verstanden hat, den ungeheuren Stoff in übersichtlicher Form zu ordnen. Daß dem serologisch interessierten Fachmann, dem Kliniker und Praktiker ein derart hervorragendes, umfassendes und übersichtliches Nachschlagewerk zur Verfügung steht, ist ein unschätzbares Verdienst von Professor Hans Schmidt.

Medizinische Klinik

DR. DIETRICH STEINKOPFF VERLAG · DARMSTADT

Berichtigungen zu

GRUNDLAGEN DER INSEKTENPATHOLOGIE
von A. Krieg
(Wissenschaftliche Forschungsberichte Bd. 69)
Dr. Dietrich Steinkopff Verlag, Darmstadt 1961

Seite 35 (Zeile 15 von oben), Seite 94 (Zeile 4 von oben und Zeile 14 von unten), Seite 228 (Zeile 16 von oben), Seite 232 (Zeile 12 von oben), Seite 292 (Zeile 4 von unten) muß stehen *Harrisina* anstatt *Harrisiana.*

Seite 129 (Zeile 12 von unten) muß stehen *sollicitans* anstatt *solicitans.*

Seite 139 (Zeile 7 von oben) muß stehen *Culex* anstatt *Cules.*

Seite 182 (Zeile 8 von unten), Seite 199 (Zeile 20 von oben), Seite 290 (Zeile 9 von oben) muß stehen *pellucida* anstatt *pelludica.*

Seite 192 (Zeile 20 von unten) muß stehen TRACEY anstatt TRACEA.

Seite 198 (Zeile 16 von unten) muß stehen *fluorescens var.* anstatt *flourescensvar.*

Seite 224 (Zeile 4 von oben) muß stehen *melolontha* anstatt *melontha.*

Seite 256 (Zeile 22 von unten) muß stehen *Gram-positiv* anstatt *Gram-negativ.*

Seite 281 (Zeile 6 von unten) muß stehen *blau* anstatt *lau.*

MIX
Papier aus verantwortungsvollen Quellen
Paper from responsible sources
FSC® C105338
FSC
www.fsc.org

If you have any concerns about our products,
you can contact us on
ProductSafety@springernature.com

In case Publisher is established outside the EU,
the EU authorized representative is:
Springer Nature Customer Service Center GmbH
Europaplatz 3, 69115 Heidelberg, Germany

Printed by Libri Plureos GmbH
in Hamburg, Germany